多媒体教学应用系列

建筑设备与环境工程 CAD

傅斌　刘晓东　罗宁　张勤　编著

中国建筑工业出版社

图书在版编目（CIP）数据

建筑设备与环境工程CAD/傅斌等编著. —北京：中国建筑工业出版社，2006
（多媒体教学应用系列）
ISBN 978-7-112-08277-3

Ⅰ. 建… Ⅱ. 傅… Ⅲ. ①房屋建筑设备-计算机辅助设计②环境工程-计算机辅助设计 Ⅳ. TU8-39 ②X5-39

中国版本图书馆CIP数据核字（2006）第036433号

多媒体教学应用系列
建筑设备与环境工程CAD
傅斌 刘晓东 罗宁 张勤 编著
*
中国建筑工业出版社出版、发行（北京西郊百万庄）
各地新华书店、建筑书店经销
霸州市顺浩图文科技发展有限公司制版
廊坊市海涛印刷有限公司印刷
*
开本：787×1092毫米 1/16 印张：20¾ 字数：500千字
2006年6月第一版 2015年2月第六次印刷
定价：**50.00**元（含光盘）
ISBN 978-7-112-08277-3
(14231)

本书以 AutoCAD 为平台介绍建筑设备与环境工程 CAD 的基础知识与常用开发技术。其中，建筑设备主要含建筑暖通、空调、燃气和建筑给水排水。

本书共分 3 篇。基础篇按 3 个相关专业设计绘图的共同需求来介绍 AutoCAD 基础；应用篇结合国家最新规范与标准，分章介绍 CAD 在建筑暖通、空调、燃气、建筑给水排水以及环境工程中的应用；提高篇针对工程设计实例介绍 AutoCAD 二次开发方法与技术，试图通过开发应用实例揭示 AutoCAD 与专业 CAD 软件的内在联系。

该书所配光盘含教学课件、开发程序、工程设计实例等，具有较高的实用和参考价值。

本书内容丰富、语言通俗易懂、图文并茂、可操作性强。既可作为普通高等院校建筑暖通、空调、燃气、建筑给水排水工程以及环境工程计算机辅助设计基础、培训与继续教育教材，也可供广大工程设计人员参考使用。

* * *

责任编辑：刘爱灵　张莉英
责任设计：赵明霞
责任校对：孙　爽　张　虹

前　言

建筑设备与环境工程 CAD 技术就是设计人员利用计算机辅助设计完成暖通、空调、燃气、建筑给水排水以及环境工程的计算分析，设计绘图技术。本书将结合建筑设备与环境工程设计绘图要求，以 AutoCAD 软件为设计平台，重点介绍计算机辅助设计绘图方法与技术，为工程设计打下坚实基础。

一、本书内容

全书分为基础篇、应用篇和提高篇 3 个部分，可满足不同层次的需求。安排如下：

第 1～5 章为基础篇。重点以 AutoCAD 为主线，介绍建筑设备与环境工程常用绘图、修改、显示、查询、写字、标注、打印等相关命令，强化图层、图块、属性、比例、模型（图纸）空间、文字（点、标注）样式、对象特性等重要概念，结合建筑设备与环境工程所采用的标准图例和工程设计实例介绍 AutoCAD 绘图、修改方法与技巧。

第 6～8 章为应用篇。严格根据我国最新建筑类制图标准，如《暖通空调制图标准》、《给水排水制图标准》等，分章介绍暖通空调燃气、建筑给水排水以及环境工程的计算机设计制图方法、步骤以及关键技术，用以帮助读者综合应用 AutoCAD 基础完成工程设计绘图工作。

第 9～11 章为提高篇。立足于 AutoCAD 基础，着眼于建筑设备与环境工程 CAD 二次开发技术。通过自定义形、专业线型、幻灯与图像控件菜单、脚本文件等手段详细介绍专业 CAD 软件的基本开发方法，以弥补 AutoCAD 在专业设计应用中的不足。试图通过第 11 章的开发应用实例，帮助读者理解辅助设计的真正含义，突出 AutoCAD 的重要地位，把握专业软件的脉搏，以不变应万变。

只要读者跟随本书内容循序渐进，相信能够掌握建筑设备与环境工程 CAD 基础，了解 AutoCAD 二次开发技术，感受计算机辅助设计魅力，产生浓厚学习兴趣与开发热情。

二、本书特点

作者根据认知规律，按由浅到深顺序组织安排本书内容，全书结构清晰，有利于组织教学或自学。若作教材使用，建议主讲基础篇，辅以应用篇、自学提高篇，课堂教学 24 学时，上机练习 24 学时。其中，基础篇目录前带 * 的小节为选学内容。

该书以计算机辅助设计为主，适时介绍建筑设备与环境工程相关制图标准，尽量融入工程设计实例，充分发挥计算机软件基础与数据库技术基础知识在专业设计中的应用。试图通过信息整合，涵盖从入门到精通的相关知识，全面提高读者综合应用能力。全书尽可能利用图表说明概念、步骤、效果等，把抽象问题具体化、复杂问题简单化，以增加直观和感性认识。

本书旨在创造一种综合掌握建筑设备与环境工程 CAD 技术的全新方法：以住宅建筑给水排水工程设计为开发应用实例，介绍工程设计步骤；并通过关键步骤附应用程序注释，详细描述 AutoCAD 设计绘图技巧；为完成实例绘图而编写的应用程序不仅具有较高的实用价值，还可引导读者领悟计算机辅助设计的真谛。

该书所配光盘含有教学课件、重点难点视频演示、相关程序、工程设计全套施工图范例等，可供读者参考使用。

三、适用范围

该书适用于普通高等院校建筑环境与设备工程（暖通、设备、燃气方向）、环境工程与给水排水工程以及建筑类相关专业，作计算机辅助设计基础教材或培训教材，或建筑类专业的参考教材，也可供广大工程设计人员参考使用。

四、编后语

本书由傅斌、张勤、刘晓东、罗宁编著。具体分工是：第 1～5、9～11 章由傅斌编著；第 6 章由刘晓东编著；第 7 章由张勤编著；第 8 章由罗宁编著。附录 A、B 由刘晓东整理，附录 C、D 由傅斌整理。

特别感谢重庆大学教材科的支持，感谢重庆大学 2002 级给水排水工程专业学生的支持。书中不足之处在所难免，敬请读者批评指正。

目　录

基　础　篇

第1章　计算机绘图概论……3
1.1　CAD概述……3
1.1.1　CAD系统……3
1.1.2　CAD发展……3
1.1.3　CAD在建筑工程领域的应用……4
1.1.4　CAD在建筑设备与环境工程中的现状与前景……5
1.2　AutoCAD简介……7
1.2.1　安装与启动……7
1.2.2　AutoCAD操作界面……8
1.2.3　AutoCAD工作方式……14
1.2.4　命令参数与坐标系……16
1.3　AutoCAD文件……20
1.3.1　文件操作……20
1.3.2　文件类型……21
1.3.3　文件保护……22
1.4　使用帮助……23
第2章　CAD设计初步……25
2.1　绘制二维图……25
2.1.1　基本图形……25
2.1.2　对象捕捉……28
2.1.3　绘图实例……33
2.1.4　点样式……36
2.1.5　栅格与捕捉……37
2.1.6　几何体与系统图……39
2.1.7　图案填充……40
2.2　AutoCAD图形与工程图纸……42
2.2.1　比例……42
2.2.2　图幅……43
2.2.3　图线……45
2.2.4　对象特性……47

2.2.5 图层…… 49
2.3 画图框…… 52
2.4 使用底图…… 52
第3章 对象修改 …… 55
3.1 选择对象…… 55
3.1.1 选择方法…… 55
3.1.2 过滤选择集…… 57
3.1.3 对象编组…… 58
3.2 控制对象基本特性…… 59
3.2.1 特性选项板…… 59
3.2.2 特性匹配…… 60
3.3 修改对象几何特性…… 61
3.3.1 修改方法…… 61
3.3.2 修改实例…… 64
3.4 修改合成对象…… 66
3.4.1 多段线…… 66
3.4.2 多线…… 66
3.4.3 图案填充…… 69
3.5 综合修改实例…… 69
3.5.1 双线管…… 69
3.5.2 管道连接…… 73
3.6 使用夹点编辑…… 75
3.6.1 夹点、拾取框、靶区…… 75
3.6.2 夹点编辑方法…… 75
第4章 显示、查询与图块 …… 78
4.1 显示…… 78
4.1.1 缩放与平移视图…… 78
4.1.2 命名视图…… 82
4.1.3 三维视图…… 83
4.1.4 视口…… 86
4.1.5 重生成与重画…… 87
4.2 查询…… 88
4.3 图块…… 90
4.3.1 使用图块…… 90
4.3.2 专业图库…… 93
*4.4 属性 …… 97
4.4.1 属性定义…… 97
4.4.2 属性显示…… 98
4.4.3 属性修改…… 99

4.4.4 属性提取 …… 100
第 5 章 图纸说明与尺寸标注 …… 103
5.1 文字 …… 103
5.1.1 文字样式 …… 103
5.1.2 样式名与字体 …… 104
5.1.3 输入文字 …… 106
5.1.4 修改文字 …… 110
5.2 标注 …… 112
5.2.1 标注样式概述 …… 112
5.2.2 图纸尺寸标注 …… 112
5.2.3 标注样式管理器 …… 113
5.2.4 标注样式实例 …… 117
5.2.5 标注途径与命令 …… 118
5.2.6 标注类型与方法 …… 120
5.3 修改标注 …… 123
5.4 出图 …… 126
5.4.1 更名 …… 126
5.4.2 清理 …… 126
5.4.3 打印 …… 126

应 用 篇

第 6 章 CAD 在建筑暖通、空调、燃气工程中的应用 …… 133
6.1 暖通、空调、燃气工程中常用图例 …… 133
6.1.1 水、汽管道 …… 133
6.1.2 风道 …… 136
6.1.3 暖通空调设备 …… 138
6.1.4 调控装置及仪表 …… 139
6.2 暖通、空调、燃气工程中常用模块 …… 140
6.3 暖通、空调、燃气工程平面图绘制 …… 140
6.3.1 准备工作 …… 140
6.3.2 绘制步骤 …… 142
6.4 暖通、空调、燃气工程系统图绘制 …… 145
6.4.1 准备工作 …… 145
6.4.2 绘制步骤 …… 145
6.5 暖通、燃气工程管网图绘制 …… 148
6.5.1 准备工作 …… 148
6.5.2 绘制步骤 …… 148
第 7 章 CAD 在建筑给排水工程中的应用 …… 151

7.1　建筑给排水方案及初步设计 …… 151
7.1.1　图纸编排 …… 151
7.1.2　建筑给水排水工程方案设计 …… 151
7.1.3　建筑给水排水工程初步设计 …… 152
7.2　建筑给排水施工图设计 …… 154
7.2.1　图纸目录 …… 154
7.2.2　设计总说明 …… 154
7.2.3　建筑物室外及建筑小区给排水工程施工图 …… 154
7.2.4　建筑物内部给排水工程施工图 …… 155
7.2.5　主要设备材料表 …… 158
7.2.6　计算书 …… 158
7.3　设计图绘制 …… 158
7.3.1　建筑底图要求 …… 158
7.3.2　给水排水制图要求 …… 158
7.3.3　图例 …… 161
第8章　CAD在环境工程中的应用 …… 168
8.1　环境工程CAD制图概述 …… 168
8.1.1　环境工程制图概述 …… 168
8.1.2　城市市政排水工程图 …… 168
8.1.3　污水处理厂工程总图 …… 168
8.1.4　污水处理构筑物工艺图 …… 169
8.2　城市排水工程规划图 …… 169
8.2.1　城市排水工程总体布置图 …… 169
8.2.2　雨水、污水干管纵剖面图 …… 174
8.3　污水处理厂工艺流程图 …… 177
8.4　污水处理厂总平面图 …… 179
8.5　污水处理高程图 …… 182
8.6　氧化沟工艺图 …… 182
8.7　二沉池工艺图 …… 185

提　高　篇

第9章　常用开发方法及应用 …… 191
9.1　命令用户化 …… 191
9.1.1　外部命令 …… 191
9.1.2　命令别名 …… 193
9.2　图形样板 …… 195
9.3　形 …… 195
9.3.1　形定义格式 …… 196

9.3.2 形定义实例 …… 199
9.3.3 形调用过程 …… 199
9.3.4 形与字体 …… 200
9.4 专业线型 …… 202
9.4.1 线型文件格式 …… 202
9.4.2 定义专业线型 …… 202
9.4.3 线型开发方法 …… 206
9.5 幻灯片与图像控件菜单 …… 207
9.5.1 制作幻灯片 …… 207
9.5.2 查看幻灯片 …… 207
9.5.3 创建幻灯片库 …… 208
9.5.4 查看幻灯片库 …… 209
9.5.5 定义图像控件菜单 …… 210
9.6 数据库 …… 210
9.6.1 数据库连接 …… 211
9.6.2 数据库应用 …… 213
第10章 常用程序开发方法 …… 218
10.1 命令脚本 …… 218
10.1.1 编写与调用脚本 …… 218
10.1.2 用脚本展播幻灯 …… 220
10.1.3 脚本与高级语言 …… 221
10.2 图形交换文件 …… 224
10.2.1 DXF文件结构 …… 225
10.2.2 表节的构成 …… 226
10.2.3 实体节的组码 …… 226
10.2.4 DXF接口技术 …… 228
10.3 程序文件 …… 231
10.3.1 开发环境与程序 …… 231
10.3.2 AutoLISP语言特点 …… 231
10.3.3 Visual LISP编辑器 …… 234
10.3.4 运行AutoLISP程序 …… 236
第11章 CAD开发应用实例 …… 237
11.1 初始化绘图环境 …… 237
11.2 画图框 …… 242
11.3 绘制与标注轴线 …… 246
11.4 建筑构件 …… 250
11.4.1 柱子 …… 250
11.4.2 墙线 …… 252
11.5 门、窗、设备 …… 253

11.5.1 插入门…………………………………………………………………………… 253
11.5.2 插入窗…………………………………………………………………………… 256
11.5.3 插入设备………………………………………………………………………… 257
11.6 管线……………………………………………………………………………… 258
11.6.1 单线管…………………………………………………………………………… 258
11.6.2 双线管…………………………………………………………………………… 263
11.7 阀门……………………………………………………………………………… 265
11.7.1 阀门块…………………………………………………………………………… 265
11.7.2 插入阀门………………………………………………………………………… 267
11.8 标高……………………………………………………………………………… 269
11.9 文字……………………………………………………………………………… 272
11.9.1 常用词组………………………………………………………………………… 272
11.9.2 修改字高………………………………………………………………………… 276
11.10 添加程序到菜单 ……………………………………………………………… 278
上机实验与思考……………………………………………………………………… 281
附录 A AutoCAD 常用命令 ………………………………………………………… 291
附录 B AutoCAD 常用系统变量 …………………………………………………… 295
附录 C DXF 文件组码 ……………………………………………………………… 299
附录 D 常用 AutoLISP 函数 ……………………………………………………… 302
D.1 赋值与计算 ………………………………………………………………………… 302
D.2 逻辑函数 …………………………………………………………………………… 303
D.3 程序控制函数 ……………………………………………………………………… 305
D.4 字符串与类型转换函数 …………………………………………………………… 305
D.5 表处理函数 ………………………………………………………………………… 307
D.6 自定义函数 ………………………………………………………………………… 308
D.7 交互数据输入函数 ………………………………………………………………… 309
D.8 文件操作与 I/O 函数……………………………………………………………… 310
D.9 系统操作与设备访问函数 ………………………………………………………… 312
D.10 选择集与符号表 ………………………………………………………………… 313
参考文献……………………………………………………………………………… 317

基　础　篇

第1章　计算机绘图概论

1.1　CAD概述

计算机辅助设计（Computer Aided Design）简称为CAD，它是以人为主、计算机为辅、人机结合的现代化设计手段。CAD利用计算机强有力的计算功能和高效率的图形处理能力，以取得创新成果为目的，辅助人们进行工程设计与产品分析。它已广泛深入到建筑、电子、机械、造船、航空、汽车等设计和生产领域中，其关键作用是解放生产力。

1.1.1　CAD系统

CAD系统是指人们进行CAD作业时所需要的硬件及软件两部分。

1）硬件系统：包括主机、图形输入设备、图形输出设备。常用图形输入设备有键盘、鼠标、扫描仪等；图形输出设备有显示器、打印机、绘图仪等（图1-1）。

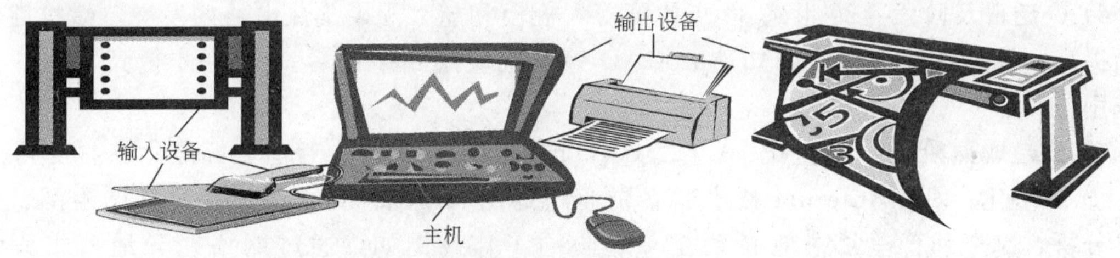

图1-1　CAD硬件系统

2）软件系统：含系统软件与应用软件，应用软件又分为通用软件与专用软件（图1-2）。

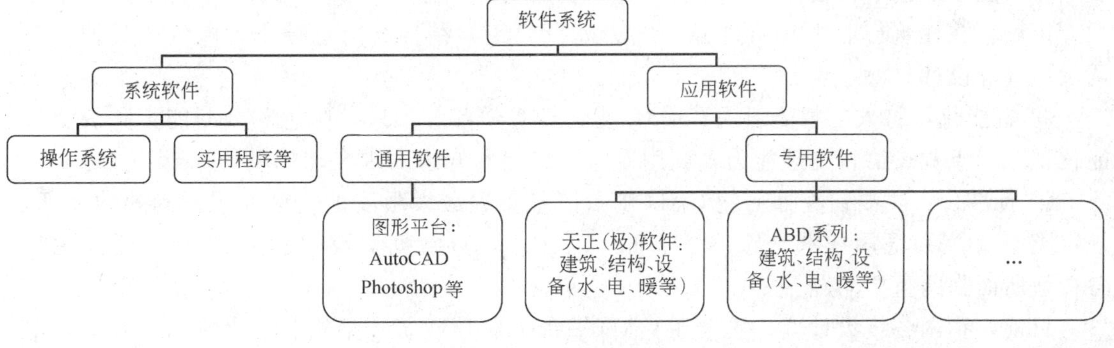

图1-2　CAD软件系统

1.1.2　CAD发展

CAD技术是一项集计算机图形学、数据库、网络通信等计算机及其他知识于一体的综合性高新技术，它随计算机及其外围设备、图形设备以及软件技术的更新而发展。从诞生至今主要经历了5个发展阶段：

1）准备阶段：20世纪50～60年代计算机主要用于科学计算，图形设备仅有输出功能。美国麻省理工学院开发SAGE战术防空系统时，第一次使用了具有指挥功能和控制功能的阴极射线管CRT（Cathode Ray Tube），操作者可以用光笔在屏幕上确定目标。这预示着交互式图形生成技术的诞生，为CAD技术发展作了必要的准备。

2）诞生阶段：20世纪60年代对CAD作了开拓性研究。1963年Coons在题为《计算机辅助设计需求纲要》报告中将CAD描绘为：设计者坐在显示器前用光笔操作，从概念设计、生产设计直到制造都通过人机对话方式获得计算机协助。美国通用汽车公司和IBM公司率先开发了用于汽车外形设计的DAI-1（Design Augmented by Computer）系统，I. E. Sutherland提出了用光笔在显示器上选取、定位图形要素的Sketch-pad系统，使设计者可在控制台上对问题及问题的解决直接通信，随心所欲地增加、删除、修改计算机图形，在10多分钟内完成通常需要几个星期才能做完的设计工作，为交互式图形学和计算机辅助绘图技术奠定了基础。

3）实际应用阶段：20世纪70年代计算机硬件从集成电路发展到大规模集成电路，大幅度提高了小型计算机的性价比，开始出现基于小型机的CAD系统，中、小企业开始关注并使用CAD。70年代末，一个以CAD技术为代表的新技术改革浪潮席卷全球，几乎影响到全部技术领域，冲击着传统工作模式，成了衡量一个国家工业设计技术水平的重要标志。

4）广泛普及阶段：20世纪80年代随着大规模和超大规模集成电路的发展，微机性能不断提高、价格逐渐下降，诸如AutoCAD等系统应用到微机后，CAD才得到真正广泛的应用。

5）日趋成熟阶段：20世纪90年代CAD向着开放、集成、智能和标准化方向发展。

① 网络化：利用Internet技术建立企业内部网（Intranet），将计算机辅助绘图、设计、分析、制造和管理紧密地联系在一起协同工作。例如，通过网络在异地搞工程设计等。

② 集成化：通过信息集成、过程集成或企业集成，实现信息的正确、高速共享与交换，尽可能多地把串行设计变为并行设计，利用全球制造资源以便更快、更好、更节省地响应市场。在建筑行业中常用过程集成法进行建筑、结构、给水排水、电气、暖通、空调、燃气等设计。

③ 智能化：将人工智能引入CAD，使它具有学习、推理、联想和判断能力，以及智能化视觉、听觉、语言处理能力，利用专家的经验和知识实现自动化设计。

④ 标准化：主要研究如何使CAD技术信息实现最大限度地共享并进行有效的管理，规定类似《CAD通用技术规范》等标准。其中，CAD数据交换问题是CAD广泛应用后各行业所面临的重要问题。

目前，我国各级设计院几乎全在CAD平台上进行建筑、结构、给水排水、暖通、电气等设计，计算机辅助设计方法应为设计人员必须掌握的基本技能。

1.1.3 CAD在建筑工程领域的应用

计算机辅助建筑设计（Computer Aided Architecture Design）简称为CAAD，它是

CAD在建筑方面的应用，并为建筑设计带来了一场真正的革命。随着CAAD软件从最初的二维通用绘图发展到如今的三维建筑模型，CAAD技术已被广为采用。它不仅能提高设计质量、缩短工程周期，还可节约2%～5%的建设投资，所省经费是相当可观的。

目前，CAD技术在我国建筑业应用的深度、广度与发达国家相差无几。自主版CAD支撑软件及其应用软件都能满足"甩掉图板"的要求，并已形成一定产业。主要应用有：

① 建筑设计：包括方案设计、三维造型、建筑渲染图设计、平面布置、建筑构造设计、小区规划、日照分析、室内设计等各类CAD应用软件。

② 结构设计：包括有限元分析、结构平面设计、框/排架结构计算和分析、高层结构分析、地基及基础设计、钢结构设计与加工等。

③ 设备设计：包括给水排水、电气、暖通、空调、燃气等各种设备及管道设计。

④ 城市规划与交通设计：如城市道路、高架、轻轨、地铁等市政工程设计。

⑤ 市政管线设计：如自来水、污水排放、燃气、电力、热力、通信（含电话、有线电视、数据通信等）各类市政管道线路设计。

1.1.4 CAD在建筑设备与环境工程中的现状与前景

建筑设备与环境工程CAD就是利用计算机协助设计人员完成暖通空调燃气、建筑给水排水以及环境工程的计算分析和设计绘图。国内开发的水、暖、电等套装CAD软件已初具规模并逐渐成熟。工程设计人员的计算机出图率已达到95%以上，基本甩掉了图板。

1）建筑暖通、空调、燃气工程

1990年CAD技术（AutoCAD R10.0～R12.0）就被引入我国，就建筑设计部门而言，早已实现了CAD技术应用的第一阶段，也就是为设计人员配置微机和输入输出设备，使用集成化建筑CAD软件对设计人员进行培训。在建筑暖通、空调、燃气方向的应用，由最初的仅限个人开发使用的短小程序发展到现在的集团化、产业化，相应的功能也由最初的仅绘制一个阀门或风管等发展到现在可以系统完成负荷计算、采暖设计、空调设计、通风设计、水力计算、出施工图、材料统计等。具有代表性的软件公司或产品有理正、浩辰、天正、ABD、House、鸿业、AEC、APM、Archstar等，它们的支撑软件AutoCAD也由R10.0、R14.0、R2000、R2000i发展到R2006多个版本。

现在，各个专业设计软件的发展已经开始实施CAD技术应用的第二阶段，也就是计算机网络辅助设计与管理，进而达到建筑设计各个专业以及管理部门间网络数据的共享和打印输出，以减少设计周期、提高设计效率。

2）建筑给水排水工程

虽然CAD技术发展了40多年，但国内建筑给水排水CAD的发展只有十几年，微机使用初期仅局限于管网水力计算等，几乎与图形处理无关。1990年我国开始推出在AutoCAD平台上二次开发的建筑给水排水CAD软件。它不仅能够进行水力计算，还提供了给水排水专业图库，使用定标设备交互输入等，具有较强的行业性。真正意义上的商品软件出现在1994年，针对当时建设行政部门制定的达标要求，设计单位争相开发、引进专业软件，并培育了一批专业软件开发商，为建筑给水排水CAD软件的迅速发展奠定了基础。

而今，用于辅助建筑给水排水设计的常用软件有ABD、理正、天正、天极、浩辰、

House 等。它们都是基于 AutoCAD 平台的二次开发产品，绘图功能较强，具有室内给水排水、热水、消火栓、自动喷水、中水等系统的辅助设计功能和室外雨水设计、排水附属构筑物设计选型等辅助设计功能。这些 CAD 软件通常具有中文编辑处理功能，可以自动统计材料表，自动生成水力计算表等。但也有一些欠缺，如：

① 不能生成三维系统图，没有解决由二维管线平面图生成三维系统图的关键技术。

② 兼容性较差，专业 CAD 软件之间不能相互调用专业图库，图库更新与国家标准图集的废止和修订不同步，扩充与维护都困难。

③ 标准化程度低，在新标准颁布以后没有及时修改图库，致使设备表示方法不统一，给建设审查部门及施工单位造成麻烦，导致设计图纸不符合国家新标准等。

因此，在建筑给水排水 CAD 发展中急需解决给水排水专业的设计手册、标准、典型设备、通用管件及新产品的电子化工作，增加图块、图库数量，提高质量、完善功能以方便使用。除此之外还可从以下几方面努力：

① 增强和完善计算功能，实现图形与数据的完整统一。主要计算包括各种水量、流量计算，给水排水管线水力计算，水箱、水池计算，环状管网计算以及多种系统的分析计算等，从而摒弃繁琐的数据手册，建立给水排水专业数据库，以便能自动选择设备。

② 新增必要的专业功能，向优化设计发展以形成专家系统。例如，自动设计给水排水管道避开、绕过或穿过梁柱等障碍物；自动根据规范检查管道管径、坡度、埋深、间距；自动布置消防系统的消火栓与喷淋喷头并确定喷洒强度；自动选择布置化粪池、检查井并连接管线；自动选择泵并做出基本无需改动的泵房设计图；自动为管道系统添加必要配件（如清扫口、泄水阀等）；自动对给水排水设计进行优化等。对于复杂的给水排水系统，能判别系统形式，迅速进行水力计算，及时产生设计方案，提出管道最佳走向和设备的最佳布置等。

③ 进一步加强微机联网，共享软件资源。把所有的微电脑组成局域网与高速的 Internet 相联，以便共享软件资源，有利于检索查询，避免软盘之间病毒的感染。

3）环境工程

受诸多因素影响，CAD 在水处理行业的应用比其他行业相对较慢。20 世纪 90 年代初，政府为治理我国日益突出的环境污染投入了大量的资金，使环境工程 CAD 随计算机软、硬件技术的发展与普及逐步得到应用，并走向成熟。

我国在 AutoCAD 平台上开发的环境工程 CAD 软件比较偏重于市政管网设计，如室外给水排水管网计算、给水排水管道纵断面图绘制、给水排水外部管网设计等。在环境工程的其他领域，特别是水处理领域，因开发难度大、投资回报低，软件公司往往不愿意涉足，致使环境工程 CAD 技术发展比较缓慢，在水处理系统设计优化方面尤为突出。现在虽然都使用了计算机出图，但多数用户仅停留在使用 AutoCAD 命令或市政管网软件来绘制 2D 图（二维），而用 CAD 技术来辅助工程设计人员计算、绘图一体化，以提高工程设计质量与效率还远远不足。

水处理是环境工程的一个重要分支，占 60%以上，它包括给水处理和污水处理。设计内容含：确定工艺流程、工程平面布置、设备选型、非标准设备设计、管道布置等。因设计对象在原水性质、浓度、水质处理要求上差异较大，故给水与污水处理工程的工艺、设备以及管渠设置皆有较大不同。用设计院、软件公司和部分高校开发的计算程序可以解决固定的、有规律的计算，用环保总局所发布的水处理计算软件包能够解决常用工程的工艺计算。过去，在水处理工程领域中主要是用计算机来进行计算，而不是进行图形处理。现在，设计人员可根据计算结果用AutoCAD进行绘图了，势必对计算机在该领域的图形设计带来重大影响。在工程CAD技术发展比较成熟的今天，将图形处理及计算技术运用于水处理工程设计领域，研究该领域CAD技术的应用与发展将具有广阔的前景。

目前，国外环境工程设计中仅用于三维管道设计的软件就不下十余种。在此环境中先建立三维管道的设计模型，再根据需要将3D模型投影到不同平面以产生二维视图，以便于输出管道在不同角度的图纸图形，以及各种设备的材料表。

总之，CAD初级阶段是以图形处理为主，在我国应用广泛，用它绘制图形（矢量图）只须存放绘图指令与相关参数，占用磁盘空间小、无级缩放不失真，在工程设计绘图中比图像处理更具优势。AutoCAD的巨大成功主要得益于它的开放性，我国许多标准、廉价、方便、高效的专用CAD软件都以它为开发平台，如理正、天极、建筑之星等。许多渲染、着色、动画软件都能和它交换图形信息，比如把AutoCAD模型导入3D Studio环境进行三维变换或制作动画等，甚至有些软件是专门为它而设计的。因此，AutoCAD是建筑设备与环境工程CAD的基础，本书将以AutoCAD 2004（中文版）为平台，结合专业设计实例介绍AutoCAD基础与应用。

1.2 AutoCAD简介

AutoCAD微机绘图设计软件包最初于1982年由Autodesk公司推出。其中，从R1.0发展至R2006经历了若干次版本升级与更新，每次升级都代表着重大技术突破或功能增强。影响较大的版本是R2.18、R10、R12、R14、R2000、R2002、R2004。AutoCAD主要提供绘制真三维图形功能，现已成为标准Windows应用程序，并提供了Microsoft标准多文档设计环境，嵌有AutoLISP编程语言和ObjectARX开发工具，增加了设计中心、工具面板、小型免费查看器等，提高了网络支持功能与数据共享能力等。本节重点介绍AutoCAD的操作界面与操作方法，以及操作中如何做出响应等。

1.2.1 安装与启动

一般而言，AutoCAD版本越高功能越完善，但要求内存越大，配置也越高。由于本书所涉内容与版本联系不大，使用R14便可满足基本要求，条件允许安装版本可高于R2000。

安装之前须关闭正在运行的应用程序（含杀毒软件），查验软、硬件配置环境以满足AutoCAD安装需求。运行AutoCAD安装盘，自动执行安装程序或双击安装程序setup.exe以启动安装向导，按向导指引更改或选择缺省设置，接受软件许可协议、输入序列号、填写用户信息、选择安装类型、目录、文本编辑器等，待输入信息确认无误后开始安装。

用鼠标左键双击桌面AutoCAD图标，Windows将以快捷方式启动AutoCAD软件（图1-3）。快捷方式创建路径为：

Windows \ 开始 \ 程序 \ Autodesk \ AutoCAD 2004-Simplified Chinese \ AutoCAD 2004

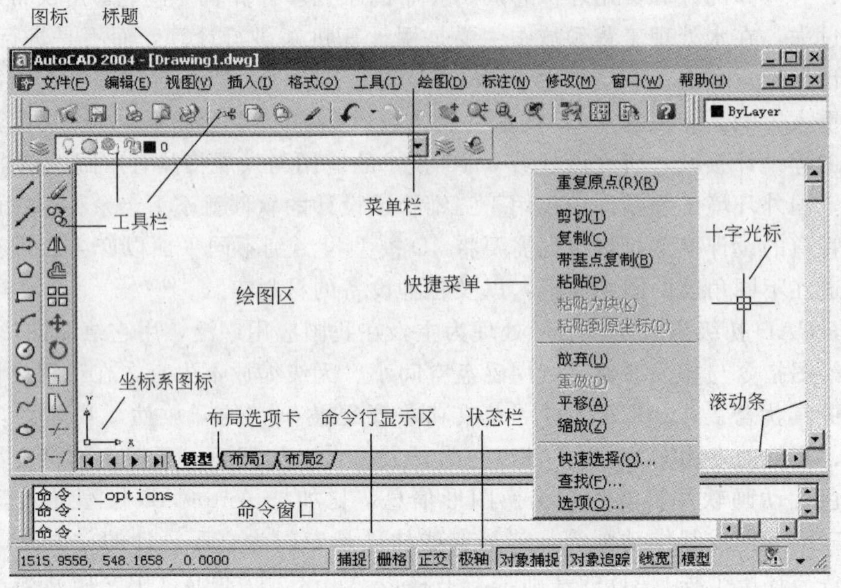

图 1-3　AutoCAD 操作界面

1.2.2　AutoCAD 操作界面

启动 AutoCAD 意在进入计算机辅助设计操作平台，操作平台界面与图 1-3 类似，程序主窗口与 Windows 应用程序主窗口风格一致，主要包括：窗口图标、标题、最大最小化按钮、系统菜单、工具栏、绘图窗口、命令窗口、状态栏、边框、垂直水平滚动条。其中，绘图窗口含绘图区、坐标系图标、布局选项卡、十字光标等；系统菜单含菜单栏、快捷菜单、屏幕菜单、对象捕捉菜单。操作方法与其他 Windows 应用程序类似，本书将避免雷同或力求简述。为方便表述约定使用符号"/"表示所涉对象从属关系，如上下级菜单与菜单选项，或窗体与窗体按钮、下拉列表框等控件间的包含关系等。

1.2.2.1　系统菜单

AutoCAD 系统菜单含菜单栏、屏幕菜单、快捷菜单和对象捕捉菜单。默认菜单栏位于主窗口顶部，快捷菜单与对象捕捉菜单随上下文内容和鼠标当前位置而变，屏幕菜单不显示。若要显示屏幕菜单应在**选项**对话框中设置，即选中**选项**对话框**选项/显示/显示屏幕菜单**前复选框（图 1-9 虚线所圈处）。启动**选项**对话框（图 1-9）有以下 3 种方法：

① 在命令行提示符后输入命令 options，按下回车（Enter）或空格（Spacebar）键后开始执行。

② 拾取**菜单栏/工具(T)/选项(N)** …。

③ 单击命令窗口鼠标右键，或单击放在绘图区（无任何运行命令和选择对象情况下）上的鼠标右键，拾取**快捷菜单/选项(O)** …。

执行显示屏幕菜单操作后将在绘图窗口右方显示。屏幕菜单几乎含有全部 AutoCAD 命令，由于执行命令的操作速度不如菜单栏命令与工具栏命令快，故不推荐使用。为方便叙述，把第①种执行命令的方式简称为命令行命令，命令行命令与大小写无关。

1）菜单栏：位于 AutoCAD 主窗口顶部。选择菜单选项方法有以下几种：

① 单击菜单名以显示选项列表，执行菜单选项的方法是：用键盘键 ↑ 或 ↓ 移动选择，按下回车键（Enter）后开始执行，或用鼠标左键拾取菜单选项。

② 同时按下组合键：Alt+字母。其中，字母是菜单选项后下划线上的字母。例如，如菜单栏中**文件(F)** 中的字母 F，同时按下组合键 Alt+F 将打开**文件(F)** 的选项列表。

AutoCAD 菜单栏含有 11 个下拉式菜单，每个下拉式菜单项或为 AutoCAD 命令或为子菜单。子菜单逐级向下分解最终还是 AutoCAD 命令和程序，使用时由菜单项的后带符号加以识别：

① 后带▶符号的菜单项表示含有子菜单。如，**菜单栏/视图(V)/缩放(Z)** ▶含下级菜单（图 1-4）。

② 后带…符号的菜单项是以对话框界面显示的命令。如，拾取**菜单栏/插入(I)/块(B)** …选项后将出现**插入**对话框（图 1-5）。

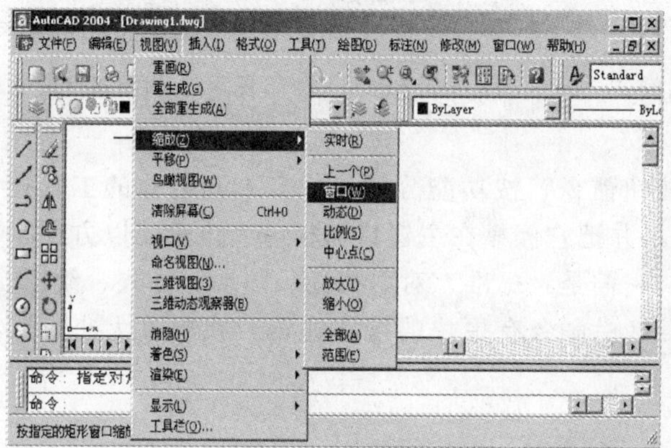

图 1-4　子菜单示例

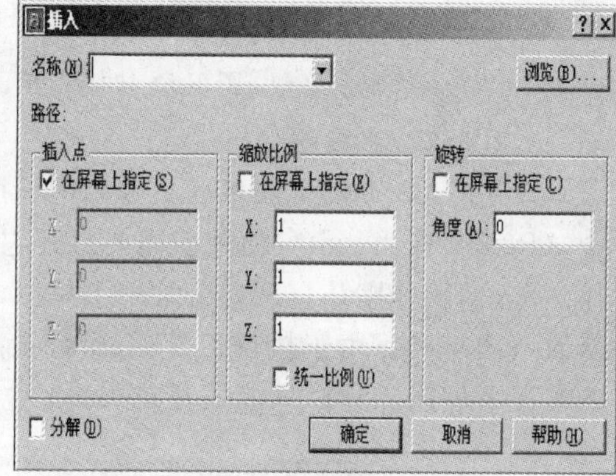

图 1-5　插入对话框示例

2）快捷菜单：快捷菜单提供对当前操作的相关命令的快速访问。在屏幕的不同区域单击右键时，可以显示不同的快捷菜单，包括：

① 绘图区域内选定了一个或多个对象。

② 绘图区域内没有选定任何对象。

③ 绘图区域内一个命令期间。

④ 在文字和命令窗口中。

⑤ 绘图区域内和设计中心中的图标上。

⑥ 绘图区域内和多行文字编辑器中的文字上。

⑦ 工具栏或选项板上。

⑧ 模型或布局选项卡上。

⑨ 状态栏或状态栏按钮上。

例如，鼠标位于绘图区显示快捷菜单如图 1-3 所示，位于工具栏、状态栏、命令显示区、布局选项卡不同位置的快捷菜单如图 1-6 所示。

3）对象捕捉菜单：默认对象捕捉菜单列出了对象捕捉和追踪选项（图 1-7）。按住 Shift 键并单击鼠标右键，将在光标位置显示相应的对象捕捉菜单。

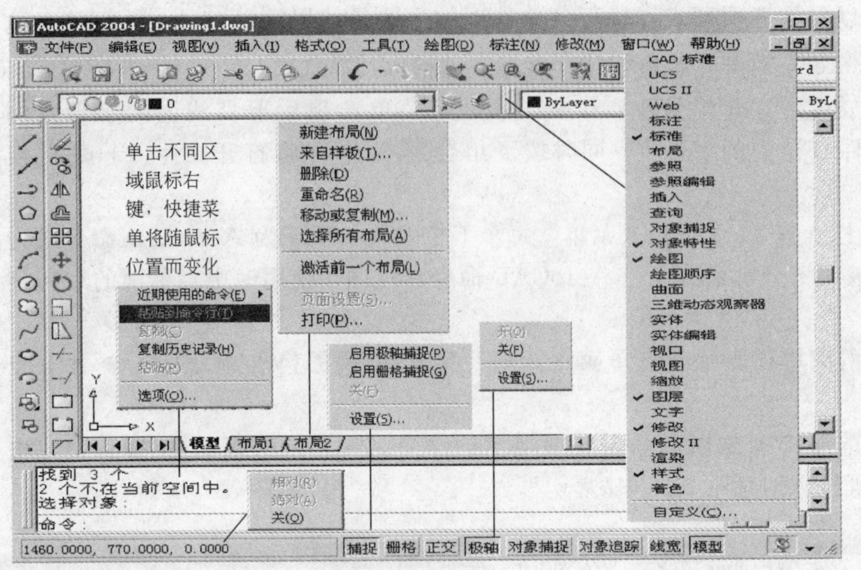

图 1-6　快捷菜单示例

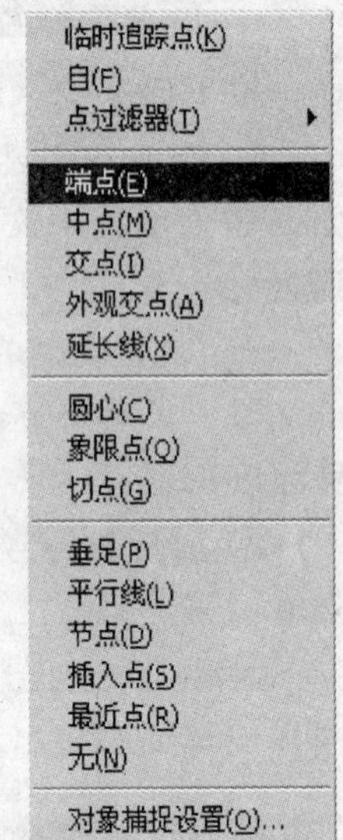

图 1-7　对象捕捉菜单

1.2.2.2　工具栏

AutoCAD 提供了众多的工具栏图标按钮命令，按功能分类组织到不同名称的工具栏中（R2004 有 29 个），使用前需要打开它，并把它停靠在主窗口面板适当位置处以方便操作。AutoCAD 默认打开 6 个常用工具栏，它们是：标准、对象特性、图层、样式、绘图、修改（图 1-8）。由于执行工具栏命令比菜单栏命令有更快的操作速度，在屏幕大小有限的情况下使用工具栏只能随开随关。

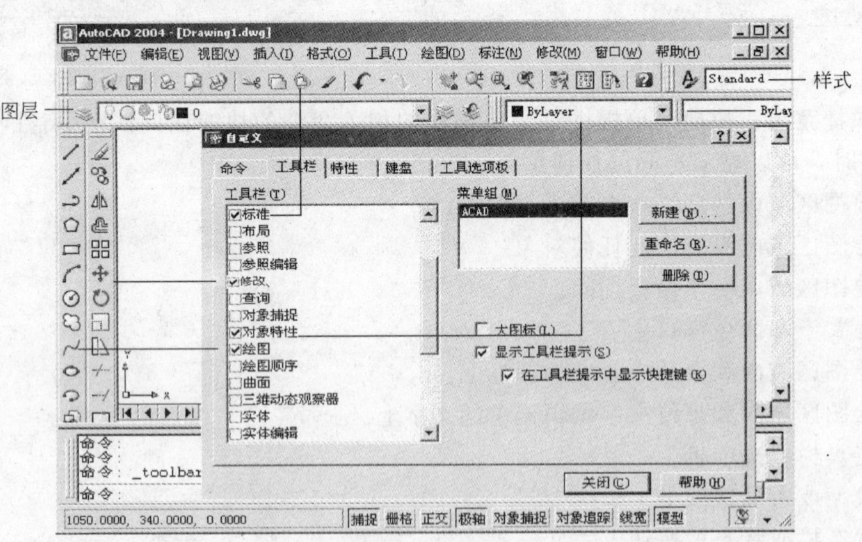

图 1-8　工具栏示例

打开或关闭工具栏有 2 种方法：

① 改变对话框**自定义/工具栏/工具栏(T)** 名称前复选框的设置（图 1-8）。

② 单击工具栏上鼠标右键，拾取工具栏快捷菜单工具栏选项。

启动**自定义**对话框的方法有 2 种：

① 执行命令行命令 toolbar。

② 拾取**菜单栏/视图(V)/工具栏(O)** …选项。

调整工具栏位置的方法：按下放在工具栏上的鼠标左键，拖动到指定位置后释放它。

1.2.2.3 绘图窗口

绘图窗口含绘图区、坐标系图标、布局选项卡、十字光标等。

1）绘图区：类似于图板或图纸，主要用于绘制、修改、显示 AutoCAD 图形。十字光标是绘图的主要工具，滚动条用于调整绘图区可见性的位置。绘图方法是用绘图参数响应绘图命令。默认绘图区颜色配置为黑底白线，改变它需在**选项**对话框（参见 1.2.2.1）中按如下步骤操作。

① 单击对话框**选项/显示/颜色**按钮，弹出**颜色选项**窗体（图 1-9）。

② 选中**颜色选项/颜色**下拉列表框中所需颜色，单击**应用并关闭**按钮将返回。

③ 单击**选项/确定**按钮将立即生效。按图 1-9 设置完毕并确定后，绘图区将变为白底黑线。

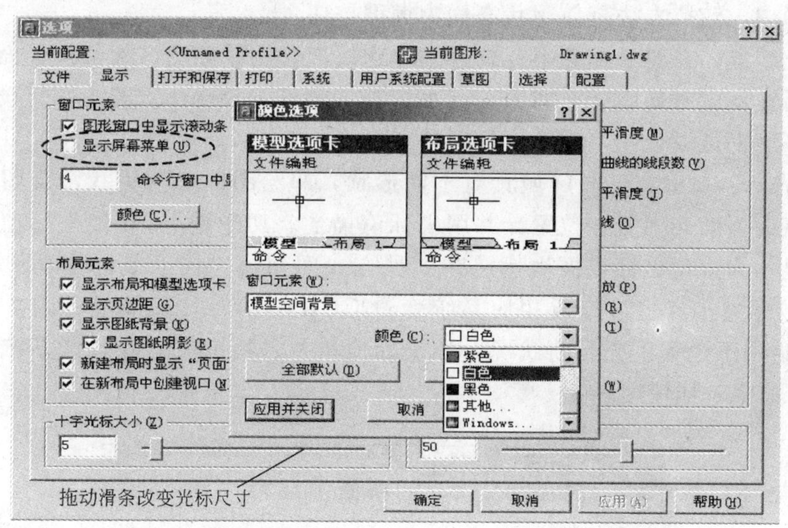

图 1-9　改变绘图区颜色

2）坐标系图标：显示当前坐标系 X、Y、Z 轴的方位，以了解图形空间位置与视点所处位置。默认坐标系图标显示在绘图区左下角，正 Z 方向垂直屏幕（按右手法则定）。也可指定图标显示在原点或关闭它的显示（见 1.2.4.2）。图 1-10 为坐标系图标与视图间的关系，若想尝试改变视点可参考 4.1.3.3。

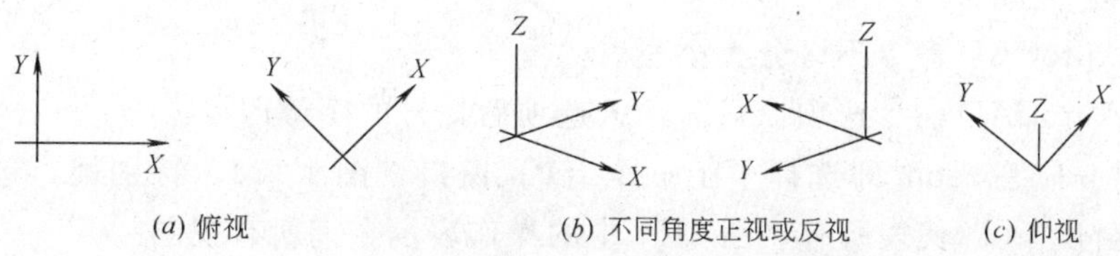

(*a*) 俯视　　(*b*) 不同角度正视或反视　　(*c*) 仰视

图 1-10　图标形状与视图示例

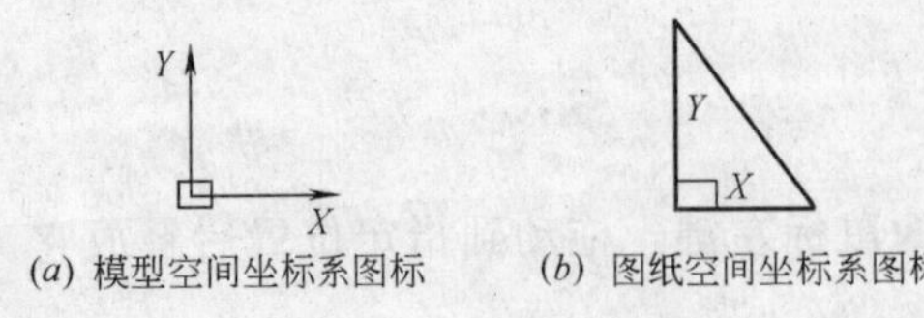

图 1-11 坐标系图标

3）布局选项卡： 布局选项卡位于绘图区左下方，默认有：[模型] [布局 1] [布局 2]。它们分别代表 AutoCAD 窗口的两个并行工作环境：模型空间与图纸空间，并用坐标系图标区分（图 1-11）。[模型] 仅有模型空间，[布局 *i*]（$i=1$，2…）含模型与图纸 2 个工作环境，但默认为图纸空间。

模型空间是任意延伸的三维绘图空间，类似我们生活的现实世界，通过改变视点能看到真实的三维图形，如 AutoCAD 中的三维给排水系统图。布局中的图纸空间是三维图形在某个平面上的投影或快照（平面图），好比房地产公司的房屋模型在某玻璃罩面上的投影。由模型空间的三维图形可生成不同视角的投影而产生不同布局，每个布局图纸空间可以展现模型的不同部分，并可按指定比例来观察模型的全部细节，如给排水系统图的左视图、正视图等。必要时还可在布局的图纸空间中补充图形或对图形加以注释以方便设计人员分析、观察。一般而言，模型空间三维图形的变化将影响到每个布局，图纸空间所作修改与模型空间三维图形无关。惟有将布局的图纸空间转换为模型空间后，所做修改方才反映到模型空间中，转换方法是使用状态栏中**模型**按钮。

根据以上特点，在建筑配套串行设计中，建议把公用基础图（如建筑平面图）放入模型空间，然后在不同布局图纸空间中进行水、暖、电等配套设计。若为并行设计中随便选用哪个工作环境都可以。

4）十字光标： 鼠标在不同区域具有不同形状，非绘图区呈箭头状，绘图区呈十字交叉状，交叉点为当前光标所在位置，并用坐标值描述。功能键 F6 可使坐标值静态或动态显示，也可显示为直角坐标或极坐标，在 3 种方式间切换。按下鼠标拖动滑条（图 1-9）可调整十字光标大小，也可修改相应系统变量 CURSORSIZE 当前值（图 1-12）。AutoCAD 系统变量用于记载系统当前状况，如坐标值单位、精度等，除只读系统变量外都可像 AutoCAD 命令一样使用。

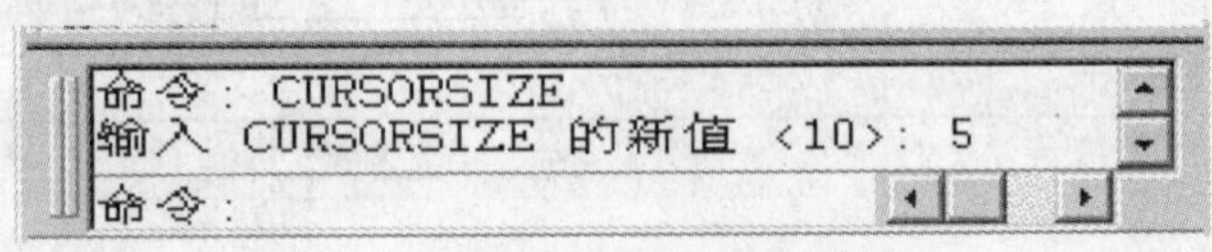

图 1-12 修改十字光标变量值

1.2.2.4 命令窗口

命令窗口紧邻状态栏与绘图窗口，用于显示命令、系统变量、选项、信息和提示。用鼠标拉动上边框可调整窗口大小，用功能键 F2 可打开历史操作文本框。执行命令行命令时需注意：

① 输入 AutoCAD 命令不区分大小写。

② 应答 AutoCAD 命令选项，只需输入选项后括号的字母即可。

例如，用 p 应答 zoom 即选择了**上一个（P）**窗口（图 1-13）。特别地，选项“?”表示查询，通配符“*”代表所有，图 1-14 中的操作表示查询所有视图。

③ 用 Esc 功能键中止正在执行的操作命令。

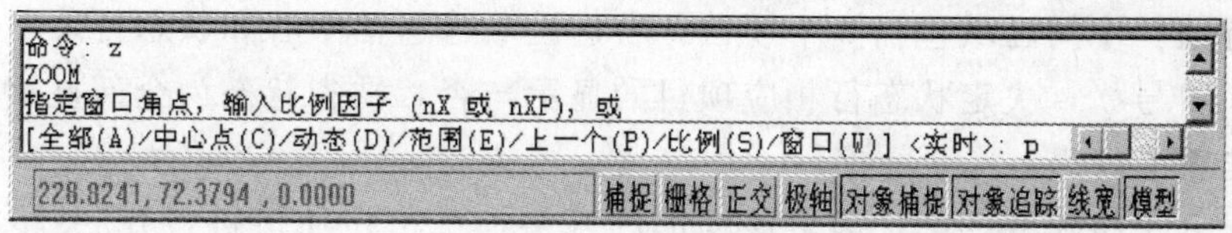

图 1-13　应答命令选项

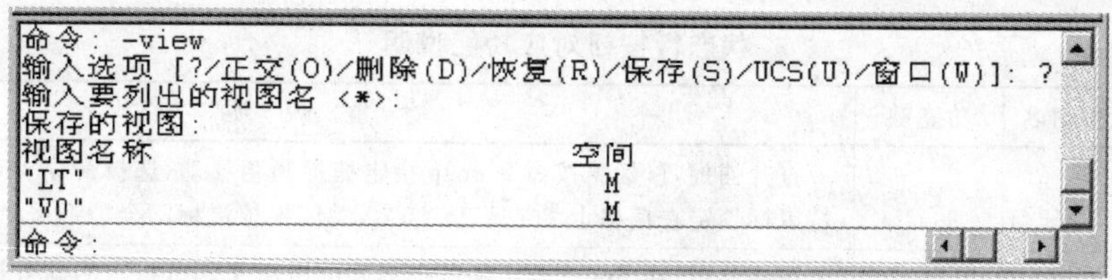

图 1-14　特殊选项意义与使用

④ 无论用什么方式执行 AutoCAD 命令，相关信息都会在命令窗口显示，它是人—机对话的重要环境。

在 AutoCAD 操作中，回车键（Enter）是使用最频繁的功能键，其作用大致如下：

① 在命令提示符后按回车，表示重复执行上一命令。

② 在命令行命令后按回车，表示执行键盘命令。

③ 在带尖括号＜ ＞的命令选项提示后按回车，表示认同系统提供的默认参数。

④ 在**选择对象**提示后按回车，表示结束对象选择。

⑤ 在各种点输入提示后按回车，结束当前正在运行的命令。

空格键（Spacebar）的用法与回车键基本相同，不同点在于用空格键响应默认标注测量值时不像回车那样起确认作用，而是产生标注空白字符的效果。

1.2.2.5　状态栏

状态栏位于 AutoCAD 主窗口下方（图 1-15），按功能大致分为 3 个区域：左边区域

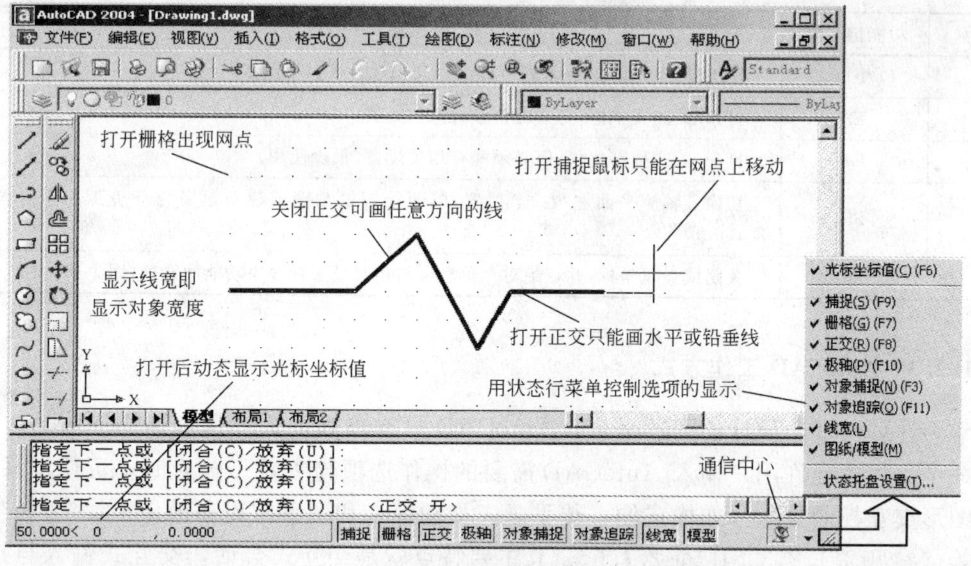

图 1-15　状态栏选项及功能

显示光标坐标值，中间区域包括 8 个项目，右边区域含通信中心和状态行菜单。状态行菜单选项前有无符号√，决定状态行相应项目的显示与否，缺省状态为全部显示，即状态行菜单选项前全都有√。

中间区域 8 个按钮的凹凸代表着该功能的开关，单击按钮可进行开/关转换，也用表 1-1 中对应功能键或它们的快捷菜单来实现功能转换。

状态行按钮对应功能说明 **表 1-1**

序号	状态栏按钮名	功能键	功 能 说 明
1	捕 捉	F9	打开捕捉，鼠标将按命令 snap 指定捕捉间距移动，选择命令 grid 捕捉(S)，可将鼠标锁定在栅格上（参见 2.1.5）。关闭捕捉鼠标不会等距移动
2	栅 格	F7	栅格显示，在 limits 确定的图形界限内按命令 grid 指定的栅格间距显示网点，类似使用坐标纸，以方便定位(参见 2.1.5)。关闭栅格将不显示网点
3	正 交	F8	打开正交，鼠标只能按水平或铅垂方向移动，确保产生笔直的水平/铅垂线。若绘制任意方向的直线，必须关闭正交(图 1-15)
4	极 轴	F10	打开极轴，绘图过程中将按所设极轴角增量追踪显示(参见图 2-6)。关闭极轴将不按所设极轴角增量显示极角
5	对象捕捉	F3	打开对象捕捉，AutoCAD 按指定方式执行对象捕捉。如捕捉中点、端点、交点等(参见图 2-4)。关闭对象捕捉即取消执行对象捕捉
6	对象追踪	F11	打开对象追踪，AutoCAD 将显示指定点与捕捉点的临时对齐路径，以方便定位绘图(参见 2.1.2.5)
7	线 宽	无	显示线宽即显示对象的线宽特性(参见 2.2.4.3)
8	模 型	无	在同一布局中实现图纸空间与模型空间的转换

按钮功能详见表 1-1，而表 1-2 是对其余功能键用法的补充说明。以上皆为乒乓开关，即按同一功能键时将自动进行开/关转换。

其余功能键的用法 **表 1-2**

序号	功能键名称	用 法
1	F1	用于打开 AutoCAD 帮助窗口，与命令 Help 或？功用相同(见 1.4)
2	F2	打开/关闭文本框，打开时可查看操作历史
3	F4	打开/关闭数字化仪，但必须配有相关设备(很少使用)
4	F5	切换等轴测平面左/右/上位置，以便绘制轴测图或建筑设备与环境工程系统图(见 2.1.6.1)
5	F6	关闭或显示坐标，并在绝对直角坐标与相对极坐标 3 个功能间转换(图 1-15)

1.2.3 AutoCAD 工作方式

作为计算机辅助设计的图形平台，AutoCAD 具有很强的人—机会话交互能力，即在执行命令过程中允许用户输入 AutoCAD 需要的操作选项与参数。输入时，可使用系统提供的图形交互控制技术（如橡皮筋、徒手画、拖动等）和图形与设备的定位、定向、定量技术等（参见 2.1.2、2.1.5、2.1.6）。其主要特点就是交互式会话，交互式输入与控制。通常情况下，操作 AutoCAD 可靠直接输入命令来完成，并把这种工作方式简称为命令方式。随着使用的深入和能力的提高，还可以使用 AutoCAD 提供的各种接口技术来调用程序，按程序方式工作。

1.2.3.1 命令方式

初学者以命令工作方式为主。执行操作命令有以下 3 种方式：

① 执行命令行命令，最好使用命令别名。

② 用鼠标左键拾取菜单命令选项，即可执行菜单选项命令。

③ 用鼠标左键单击工具栏图标按钮，即可执行工具按钮命令。

其中，命令别名是 AutoCAD 的命令缩写，定义在 *acad.pgp* 文件中，使用它是为简化键盘输入，提高操作速度。如，缩放命令 zoom 别名为 z（图 1-13），可减少输入 3 个字符。修改命令别名即修改 *acad.pgp* 文本文件中的别名定义（参见 9.1），打开文件 *acad.pgp* 的简单方法是：拾取**菜单栏/工具（T）/自定义（C）/编辑自定义文件（E）/程序参数（acad.pgp）（P）**选项。也可用 AutoLISP 程序定义命令别名（参见 11.1）。

显然，用命令行别名执行 AutoCAD 操作比其他方式更具有优势。无论使用哪种方式执行命令，在操作过程中都需了解哪些命令可以透明执行，怎样才能禁止显示命令的对话框形式。

1）透明命令：在其他命令执行过程中被启用的命令称为透明命令，用于透明执行的命令应在输入命令前加一半角单引号以示区别。许多 AutoCAD 命令都可透明执行，但不是全部。经常需要透明执行是显示控制命令，如在绘直线过程中缩放窗口（图 1-16）。透明操作类似于调用子函数，子函数运行结束后将返回到调用点。

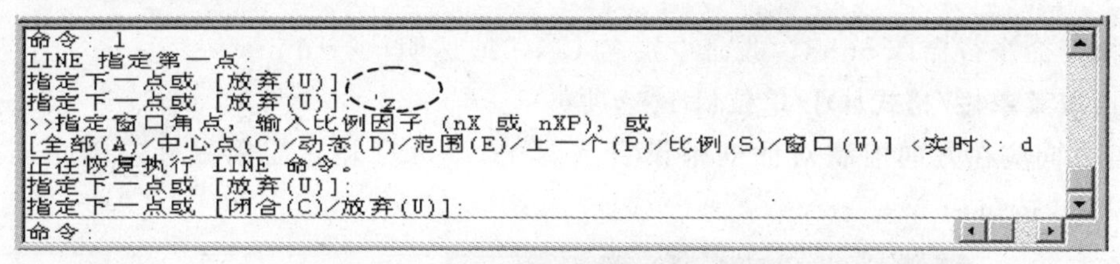

图 1-16 透明执行缩放命令

2）禁止显示对话框：许多命令既有命令行界面又有对话框界面，默认情况显示对话框界面。需要禁止显示对话框界面时，应在执行命令前面加上“-”连字符，以便显示命令行界面。例如，使用命令 view 的-view 版本是为了强制显示命令行界面（图 1-15）。

在执行 AutoCAD 命令过程中，撤消上次操作应单击**工具栏/标准/放弃**图标按钮，撤消上次操作的 AutoCAD 命令是 U；撤消最近几次操作需从**工具栏/标准/放弃▼**下拉式列表框中选择，撤消多次操作的 AutoCAD 命令是 undo。若要重做刚刚放弃的一次操作，应单击**工具栏/标准/重做**图标按钮，重做刚刚放弃的多次操作需从**工具栏/标准/重做▼**下拉式列表框中选择，AutoCAD 中重做命令是 redo。

1.2.3.2 程序方式

程序工作方式就是在 AutoCAD 中通过运行计算机程序来实现辅助绘图设计。这些计算机程序包括了命令脚本、图形交换文件与二次开发程序文件等。用程序方式操作更能体现计算机辅助设计的优势。

脚本文件（*.scr*）是一个由 AutoCAD 命令（参数）序列组成的文本文件，运行它将依次自动执行该文件中的 AutoCAD 命令（参见 10.1）。

图形交换文件（*.dxf*）主要用于和外部交换数据，简称为 *DXF* 文件，它是文本格式的图形文件（参见 10.2）。任何图形（*.dwg*）都可以另存为扩展名为 *.dxf* 的文件；打开 *DXF* 文件时系统又会把它的文本信息自动转化为 AutoCAD 图形。

常见的二次开发程序文件扩展名有 *lsp*、*arx* 与 *dvb*，其开发环境是 Visual LISP、ObjectARX 与 VBA（参见表 10-6），使用这些二次开发的应用程序需先用 appload 加载。

1.2.4 命令参数与坐标系

无论使用命令工作方式还是程序工作方式，显示命令行界面还是对话框界面，都需响应命令提问以实现交互式对话。若把用户响应输入统称为命令参数的话，它主要包含字符、坐标、数值、角度等。例如，画圆方式（2P/3P/T）、圆心坐标、半径等。而点、距离、角度等数据不仅可用键盘输入，还能使用鼠标、光笔等设备进行动态交互输入。但两种输入都与所用单位和坐标系密切相关。

1.2.4.1 单位设置

AutoCAD 提供了 5 种长度类型：分数、工程、建筑、科学、小数，以及 5 种角度单位：百分度、度/分/秒、弧度、勘测单位、十进制度数。在建筑设备与环境工程中常按实际尺寸绘图，故应以毫米作为**拖放比例**单位。并取精度为 0 的**小数**作为长度单位，精度为 0 的**十进制度数**作为角度单位，以方便绘图和智能化标注。角度以正北方向为 0°，逆时针旋转为正角。单位设置应在**图形单位**对话框中完成（图 1-17），并用如下方法打开对话框：

① 执行命令行命令 units，或命令别名 UN，或透明执行'units。

② 拾取**菜单栏/格式(O)/单位(U)** 选项。

角度方向应在**方向控制**对话框中设置（图 1-17），打开它需用鼠标左键单击**图形单位/方向(D)** 按钮。

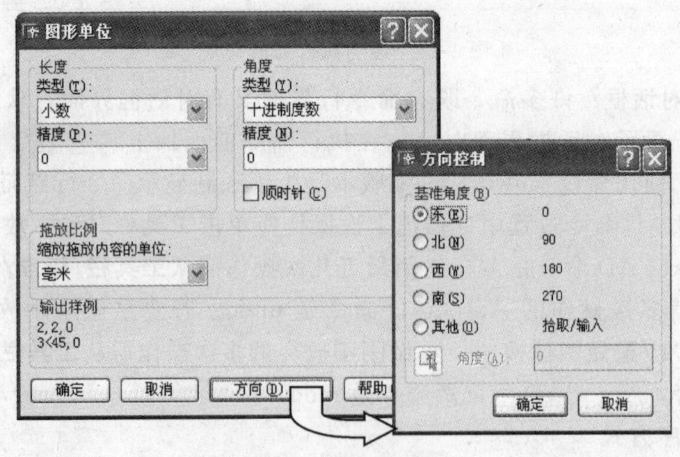

图 1-17 单位设置

1.2.4.2 坐标系

AutoCAD 模型空间类似人们赖以生存的现实空间，现实空间定位需要参照，最佳参照是三维坐标系。我们把 AutoCAD 默认的惟一不变的世界坐标系简称为 WCS（World

Coordinate System)，WCS 的 XY 平面与显示器重合，按右手法则正 Z 轴应与屏幕垂直。系统也允许用户自定义坐标系简称为 UCS（User Coordinate System）。WCS 与 UCS 两者之间有着平移、旋转变换的关系（图 1-18），常用于绘制三维图。如，以长方体底面直角边为 X、Y 轴建立 UCS，在该 UCS 中画屋顶细部将更容易。

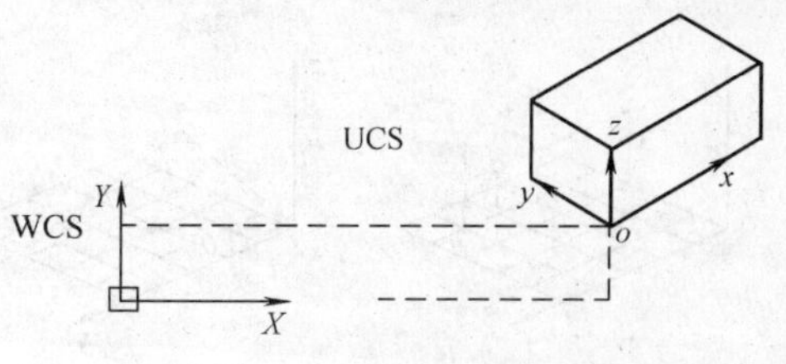

图 1-18　UCS 与 WCS 的变换关系

按表 1-3 步骤操作，执行命令行命令 UCS 后，通过指定 X、Y、Z 轴上 3 点，可以新建一个用户坐标系。表 1-3“命令执行过程”栏中，下划线上文本是响应命令的键盘输入值，无下划线的阿拉伯数字是响应命令的鼠标输入点，括号中字为作者所加注释，其余是执行命令过程中的提示信息。结合图示有助于理解命令执行过程。

用 UCS 命令建立用户坐标系　　**表 1-3**

命令执行过程	图　示
命令：UCS 当前 UCS 名称：* 世界 * 输入选项 [新建(N)/移动(M)/正交(G)/上一个(P)/恢复(R)/保存(S)/删除(D)/应用(A)/?/世界(W)]<世界>：N 指定新 UCS 的原点或[Z 轴(ZA)/三点(3)/对象(OB)/面(F)/视图(V)/X/Y/Z]<0,0,0>：3 指定新原点<0,0,0>：　1　（鼠标输入点 1，以下 2 点输入类似） 在正 X 轴范围上指定点<769.0147,437.8032,0.0000>：2 在 UCS XY 平面的正 Y 轴范围上指定点<768.0147,438.8032,0.0000>：3	绘图窗口 y 3　x 1　2

除 3 点法外还可选用其他方法，请查阅帮助 UCS 命令新建选项。它不仅用于定义用户坐标系，还可用它完成诸如赋名保存、删除、恢复、应用以及回到 WCS 等操作。最好每个用户坐标系都赋名存贮（即命名）以方便恢复（调用）。在建筑设备与环境工程设计绘图中常以 WCS 为当前坐标系。

无论模型空间有多少个坐标系，但是只显示当前正在使用的坐标系图标。例如，表 1-3 图示中的坐标系图标显示在当前坐标系原点而不是屏幕左下角。改变坐标系图标显示常用以下 2 种方法：

① 执行命令行命令 ucsicon 并响应提示：[开(ON)/关(OFF)/全部(A)/非原点(N)/原点(OR)/特性(P)]；

② 拾取**菜单栏/视图(V)/显示(L)/UCS 图标(U)** 菜单选项。

按此操作可以控制坐标系图标是否显示，或是否显示在原点。

1.2.4.3　点坐标

AutoCAD 的点对象有多种表示方法，大致可分为绝对坐标、相对坐标和通用坐标。

1）绝对坐标：用于表示点与当前坐标系原点的位置关系。坐标类型有：直角坐标、极坐标、球面坐标、柱面坐标（图 1-19），在建筑设备与环境工程设计中常用前 2 种表示方法。

① 直角坐标：表示为 x，y，z。缺 z 时取默认值 0。如 4，3，3 或 5，2 均表示点的直角坐标。

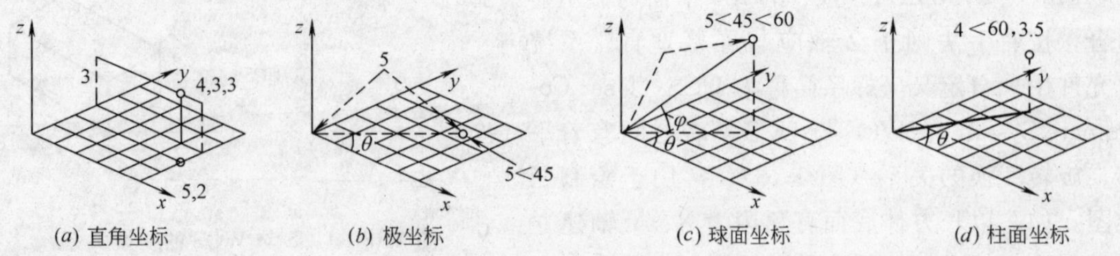

(*a*) 直角坐标　　(*b*) 极坐标　　(*c*) 球面坐标　　(*d*) 柱面坐标

图 1-19　绝对坐标及意义

② 极坐标：l（到原点的 2D 距离）＜θ（在 xy 平面上的夹角）。如 5＜45 表示点的极坐标。

③ 球面坐标：l（到原点的 3D 距离）＜θ（在 xy 平面上的夹角）＜φ（到 xy 平面的夹角）。例如，5＜45＜60 表示点的球面坐标。

④ 柱面坐标：l（到原点 2D 的距离）＜θ（在 xy 平面上的夹角），z。例如，4＜60，3.5 表示点的柱面坐标。

2）相对坐标：用于表示坐标系中当前点与前一点的相对位置关系。因与绝对坐标有别，表示时需要在坐标值前加"@"。相对坐标是建筑设备与环境工程设计绘图中使用最多的坐标表示方法。例如，以 A 为起点沿箭头所标方向绘直线，其余各点的相对坐标如图 1-20 中所示。

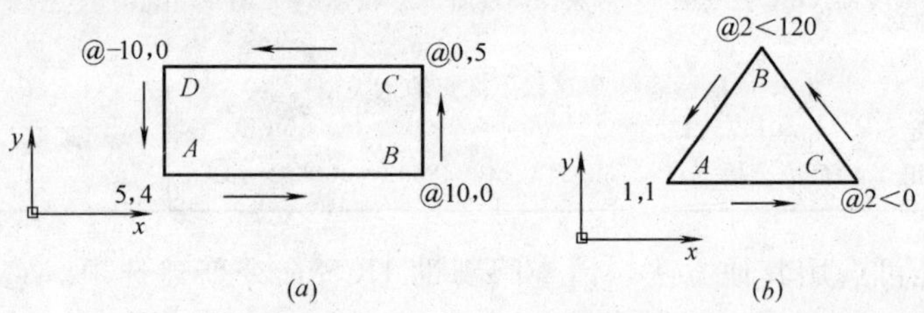

(*a*)　　(*b*)

图 1-20　相对坐标及意义

3）通用坐标：用于表示点与 WCS 的位置关系，而不是与当前坐标系的位置关系。表示时需在坐标值前加"*"。例如，通用坐标 *2，5 或 *@5＜30 均表示点与 WCS 的位置关系，无论当前坐标系是否为 WCS。

1.2.4.4　响应方法

用点、距离、角度响应 AutoCAD 无论哪种交流界面的提问，输入方法都有两种：键盘输入法和鼠标交互输入法。特别地，在命令行界面中作答要注意以下 2 点：

① 尖括号＜　＞内是系统提供的默认参数，用回车响应表示认同。

② 方括号［　］内为可选内容，没有选择表示忽略。

如果命令参数是非默认字符只能用键盘输入作答，是非默认数据既可用键盘输入也可用光标输入作答。

1）键盘输入法：在建筑设备与环境工程设计绘图初始阶段，没有适当参考对象时，常用此法准确定位。

① 数值：用键盘输入数值允许使用如下字符：＋、－、0、1、2、3、4、5、6、7、8、9、E，数值表示法与数学实数表示法一样。在 AutoCAD 中常用数值响应长、宽、高、

两点间距离、半径、直径、行列数等提问。其中负值表示反向，当需要反向偏移、阵列或拷贝时常常会用到。

② 角度：用键盘输入角度不需输入单位，即应省略度符号“°”。例如，响应转角提示时应输入 30 而不是 30°。

③ 点：用键盘输入点坐标时，应恰当选择坐标表示方法，输入时不要带括号。

2）光标输入法：光标输入法以鼠标为工具，它是在绘图操作中使用最频繁且最有效的工具，其功能远远超过了绘图笔，初学者往往不易把握。鼠标按键功能大致分配如下：

① 左键：亦称拾取（Pick）键，常用于输入点位置，选择编辑对象，拾取菜单项选项、对话框按钮和字段，拉动并改变窗体尺寸等。

② 右键：主要功能与回车键（Enter）相同。另外，单击右键可以显示快捷菜单、对象捕捉菜单以及工具栏对话框等，其操作取决于上下文。使用**自定义右键单击**窗体（图 1-21）可查看与修改右键的定义，单击**菜单栏/工具(T)/选项(O)/用户系统配置/自定义右键单击(T)** …按钮可以打开该窗体。

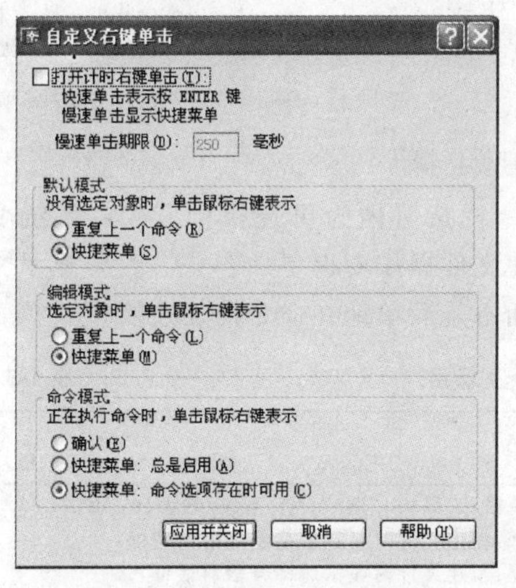

图 1-21　自定义鼠标右键单击

AutoCAD 支持的滑轮操作　表 1-4

到…	操作…
放大或缩小	转动滑轮：向前，放大；向后，缩小
缩放到图形范围	双击滑轮按钮
平移	按住滑轮按钮并拖动鼠标
平移（操纵杆）	按住 Ctrl 键以及滑轮按钮并拖动鼠标
显示“对象捕捉”菜单	将 MBUTTONPAN 系统变量设置为 0 并单击滑轮按钮

③ 滑轮：滚动滑轮可缩放视图，按下滑轮可移动视图，AutoCAD 支持的滑轮操作见表 1-4。

用鼠标响应操作命令的数据参数比键盘具有更快的操作速度，输入方法如下：

a）点：只需在屏幕上按一下鼠标左键即可输入一个三维点。

b）数值：通常情况下系统需要两个输入点来计算，但多数情况都已提供了一个默认点。

c）角度：用鼠标确定角度，系统往往提供了可供参照的对象，只需输入一个点即可。

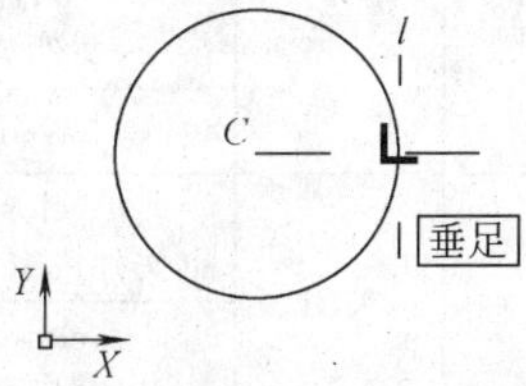

虽然光标输入更直观和快捷但不如键盘输入准确，只有配合一些定位工具才会完美，比如自动寻找一些几何体的特征点以辅助定位，这种工具称为对象捕捉，而特征点称为捕捉点。如图 1-22 所示，绘制一个圆 C 使它与已知直线 l 相切，若系统

图 1-22　光标输入与对象捕捉

能自动捕捉半径与直线 l 的垂足便能准确绘图。

1.3 AutoCAD 文件

与其他 Windows 应用程序一样，菜单栏中**文件（F）**菜单选项主要用于文件操作，与文件操作相关的还有文件类型与保护。本节将对文件操作与保护作常识性介绍。

1.3.1 文件操作

做建筑设备与环境工程设计绘图时，主要与 AutoCAD 图形文件打交道，而图形文件扩展名为 *.dwg*。基本操作有新建、打开、保存、关闭、退出等。操作方法不外乎有 3 种：使用菜单选项、工具栏图标按钮或命令行命令。**文件(F)**下拉式菜单选项顺序与众多 Microsoft 软件基本一致，工具按钮也是放在标准工具栏中（图 1-23）。

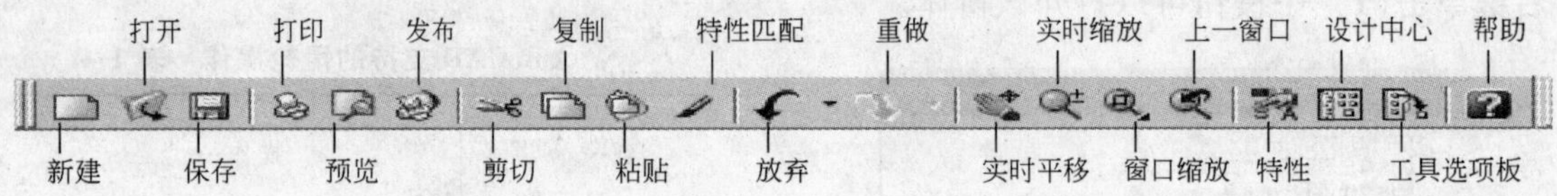

图 1-23 标准工具文件操作按钮

文件基本操作命令及功用见表 1-5，表中命令栏括号内为可选执行方式，系统变量 FILEDIA=1 使文件操作以对话框界面显示，这使文件操作变得更加容易。若要显示文件操作的命令行界面须置系统变量 FILEDIA=0，而不是简单地在命令前加连接符“-”。

文件基本操作命令及功用 **表 1-5**

序号	功能	命令（可选执行方式）	说明（当系统变量 FILEDIA 为默认值 1 时）
1	新建	new（文件菜单）	新建文件操作与**菜单栏/工具(T)/选项(N)/系统/启动**设置有关：①显示“启动”对话框：新建文件时显示**创建新图形**对话框；②不显示启动对话框：新建文件时显示**选择样板**对话框
		qnew（标准工具栏）	若**菜单栏/工具(T)/选项(N)/文件/搜索路径、文件名和文件位置/图形样板设置/快速新建的默认样板文件名**非空，就不会出现**选择样板**对话框
2	打开	open（文件菜单和工具栏）	在**选择文件**对话框中指定需要打开的文件
3	保存	save	第一次执行时显示**图形另存为**对话框，并以当前文件名或输入文件名保存图形。因高版本 *dwg* 文件不能在低版本中打开，保存时应选择文件类型或版本
		qsave（文件菜单和工具栏）	如果图形未命名，保存图形时显示**图形另存为**对话框，已命名则不显示
		saveas（文件菜单）	与 save 类似，对只读图形修改后必须以另一名称才能保存，从而创建一个新存文件
		saveimg	显示**保存图像**对话框，可选扩展名有 **.bmp*、**.tga*、**.tiff*
4	关闭	close（文件或窗口菜单）	关闭当前图形，若图形有变化 AutoCAD 将提醒用户保存
		closeall（窗口菜单）	关闭所有窗口
5	退出	quit（文件菜单）	若图形无变化将直接退出 AutoCAD。反之，退出前提醒用户保存

AutoCAD 启动后，新文件使用系统提供的默认图形样板 *acadiso.dwt*。若长期从事工程设计最好自建一个符合建筑设备与环境工程设计的图形样板（参见 9.2 与 11.1），并指定设置到**菜单栏/工具(T)/选项(N)/文件/搜索路径、文件名和文件位置/图形样板设置/快速新建的默认样板文件名**处（图 1-24）。以便用 qnew 新建图形文件自动将它选为图形样板。还可在图 1-25 中设置**工程文件搜索路径、支持**（CAD 开发）**文件搜索路径**、自动保存文件位置等。

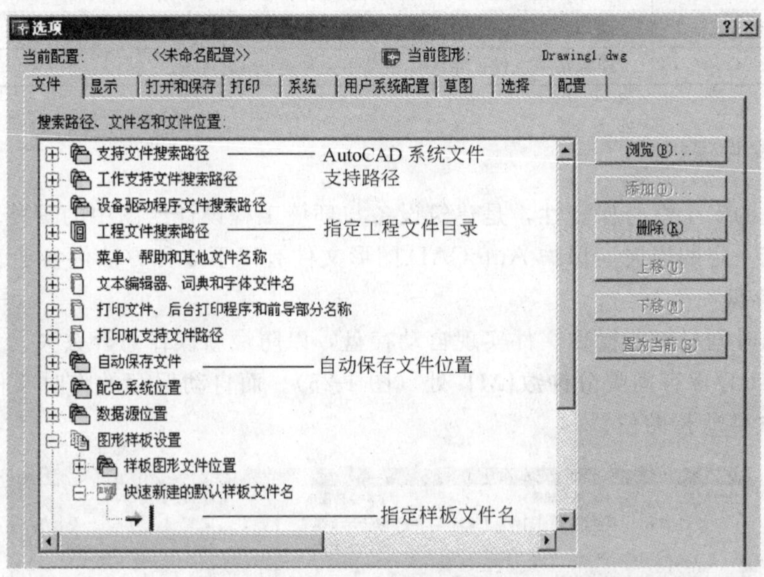

图 1-24　文件操作搜索路径

1.3.2　文件类型

根据不同用途可将 AutoCAD 文件分为用户文件和系统文件 2 类。系统文件直接影响 AutoCAD 的操作界面与效果，如菜单、线型、图案、命令别名定义等。而用户文件只对工程设计产生影响，如图形文件、备份文件、图形交换文件等。文件的作用往往通过扩展名来识别，如应用程序扩展名（*.*lsp*、*.*arx*）与开发工具有关。常见文件扩展名及说明见表 1-6。

常见文件扩展名及说明　　**表 1-6**

序　号	文件扩展名	说　　明
1	*.*dwt*	样板文件(参见 9.2)。供新建文件时选用,默认样板文件为 *acadiso.dwt*
2	*.*dwg*	图形文件。用于存放用户图形
3	*.*dws*	CAD 标准文件
4	*.*bak*	同名图形文件*.*dwg* 的备份。更改*.*bak* 为*.*dwg* 后才能使用
5	*.*dxf*	图形交换文件(参见 10.2)。若将当前图形另存为*.*dxf* 能起到一定的保护作用
6	*.*plt* 或*.*dwf*	出图文件(参见 5.5.3 图 5-23 表 5-16)
7	*.*shx*	已编译形文件供输入文字或图形时选用(参见 9.3)
8	*.*dcl*	对话框文件(参见 11.9)。ACAD.DCL 存放 AutoCAD 的所有对话框
9	*.*sld*	幻灯片文件(参见 9.5.1)。用于存放 AutoCAD 系统幻灯片或用户自定义幻灯片

续表

序 号	文件扩展名	说 明
10	*.*slb*	幻灯片库文件(参见 9.5.3)。存放 AutoCAD 系统幻灯片库或自定义幻灯片库
11	*.*lin*	线型文件(参见 9.4)。用于存放系统线型或用户自定义线型,如虚线、轴线等
12	*.*pat*	图案文件。存放 AutoCAD 系统图案或用户自定义图案,如墙砖、地砖等
13	*.*pgp*	命令别名(参见 9.1.2)。定义 AutoCAD 命令别名的文件是 *acad.pgp*
14	*.*mns*	菜单源代码(参见 11.10)。系统菜单源代码文件是 *acad.mns*
15	*.*mnc*	编译菜单(参见 11.10)。系统菜单编译文件是 *acad.mnc*
16	*.*mnu*	样板菜单文件。系统样板菜单文件是 *acad.mnu*

1.3.3 文件保护

图形文件的安全性与保密性，是建筑设备与环境工程设计绘图中的重要环节，丢失或泄密都会造成一定的损失。保护 AutoCAD 图形文件有以下 5 种方法供参考。

1）自动存盘

选择恰当时间段对所操作文件实现自动存盘，以防最新操作意外丢失。设置位置在**选项/自动保存(U)/保存间隔分钟数(M)** 处（图 1-25）。而自动保存的临时文件存放在图 1-24 **自动保存文件**所指的位置。

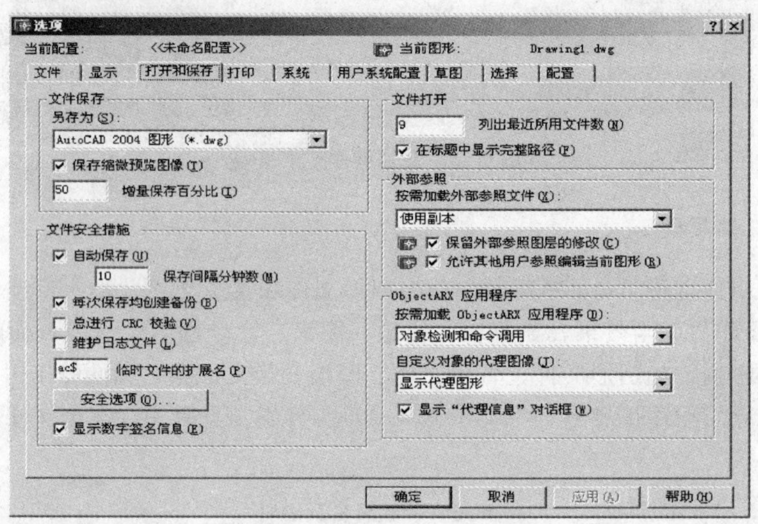

图 1-25 设置自动保存时间

2）实时备份

当用户执行 save、saveas、qsave 命令后，AutoCAD 将最新图形存放在*.*dwg* 文件中，同时原*.*dwg* 文件变为同名备份文件*.*bak*。如果*.*dwg* 被空白文件覆盖，只要不存盘且立即关闭或退出，然后将原*.*bak* 文件更名为*.*dwg* 后便可找回丢失的文件。

另外，定时创建图形数据交换文件*.*dxf*，也是较好的文件保护方法。存盘时应在**图形另存为/文件类型**处将文件类型指定为 **AutoCAD 2004 DXF (*.*dxf*)**。打开 *dxf* 文件的方法与 *dwg* 文件一样。使用 *dxf* 格式存盘的好处是不易被空白图形文件（*.*dwg*）覆盖。

3）文件核查

由于 AutoCAD 图形文件所存数据是操作命令与命令参数，完全可能因为不当操作而损坏数据。执行文件核查命令 audit，或拾取**菜单栏/文件(F)/绘图实用程序(U)/核查(A)** 选项，AutoCAD 将会修复图形文件数据中存在的错误，并向用户报告修复情况（图 1-26）。

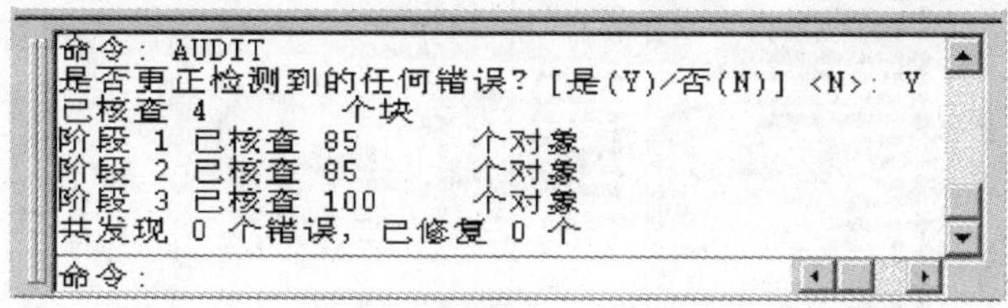

图 1-26　文件核查示例

4）文件修复

当不能正常打开图形文件（*.*dwg*）时，应对它进行修复，修复后便可自动打开。步骤如下：

① 执行命令行命令 recover，或拾取**菜单栏/文件(F)/绘图实用程序(U)/修复(R…)** 选项；

② 在**选择文件**对话框中输入图形文件名或选择不能打开的图形文件；

③ 开始修复文件并将结果显示在文本窗口，在修复结束的同时打开该文件。

5）设置密码

通过设置密码或数字签名能够阻止未授权人使用，惟有正确输入密码才能打开图形文件。可按如下途径进入**安全选项**窗体（图 1-27）。

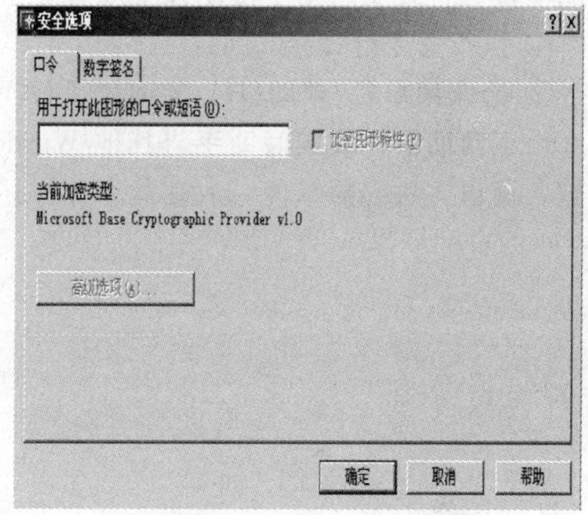

图 1-27　设置用户密码

① 拾取**菜单栏/文件(F)/另存为(A)** …/**工具(L)/安全选项(S)** …。

② 拾取**菜单栏/工具(T)/选项(N)/打开与保存/安全选项(O)** …。

1.4　使用帮助

AutoCAD 帮助是初学者最有效的学习辅助工具，从中可查询命令用法、参数意义、系统变量、AutoLISP 函数等几乎所有相关概念、操作步骤及其用法。启动 AutoCAD 帮助窗口（图 1-28）的方法有：

① 按下功能键 F1。

② 拾取**工具栏/标准/?** 图标按钮。

③ 拾取**菜单栏/帮助（H）/帮助（H）** 选项。

④ 执行命令行命令 help 或?。

通过了解帮助窗口，很快便会掌握按需获取帮助的方法。再打开系统提供的**实时助手**（图 1-28），每次操作都能快速获得帮助，因为实时助手能根据当前操作动态链接到相应

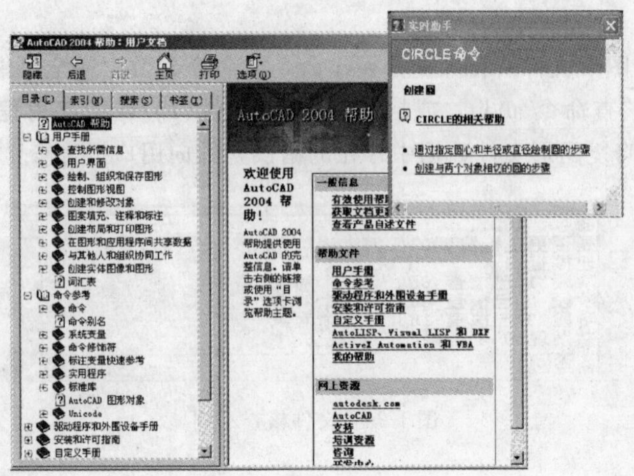

图 1-28　系统帮助界面

帮助项目。打开实时助手常用以下 2 种方法：

① 执行命令行命令 assist。

② 拾取**菜单栏/帮助(H)/实时助手(A)** 选项。

由于**帮助**窗口或**实时助手**与其他 Windows 软件风格一致，操作界面比较友好且容易理解，操作方法容易掌握，故在此不作详述。

第 2 章　CAD 设计初步

2.1　绘制二维图

新建图形文件后，由默认图形样板 *acadiso.dwt* 提供基本绘图环境，它是一个以WCS为参照的模型空间工作环境。在WCS中xy平面与显示器屏幕重合，光标输入点或键盘输入无Z坐标的点，系统都把它视为Z值为0的三维点。尽管AutoCAD提供了相应的三维绘图功能，实际应用中除建筑外观常用三维图形进行多方位效果表现外，其他建筑配套设计还是二维图形表现为主，如建筑设备与环境工程中的平面图、大样图等。即使绘制具有立体感的系统图，也可用2½维的轴测图来表现，使它看似三维图实为二维图。如此做法既不需要太多的空间想象力又能减少绘图中点输入难度，为此本节主要介绍基本二维图的画法。

2.1.1　基本图形

AutoCAD提供了10多个基本图形，它们是构成建筑设备与环境工程设计图的主要对象。这些基本图形含点、直线、多线段、圆、圆环、圆弧、矩形、正多边形、填充图案等。按命令工作方式绘制基本图形的方法是：先发出绘图命令，再输入绘图参数。为此，需要用坐标或数值准确表达决定图形的关键特征，并按AutoCAD的对话方式与约定实时作出响应。

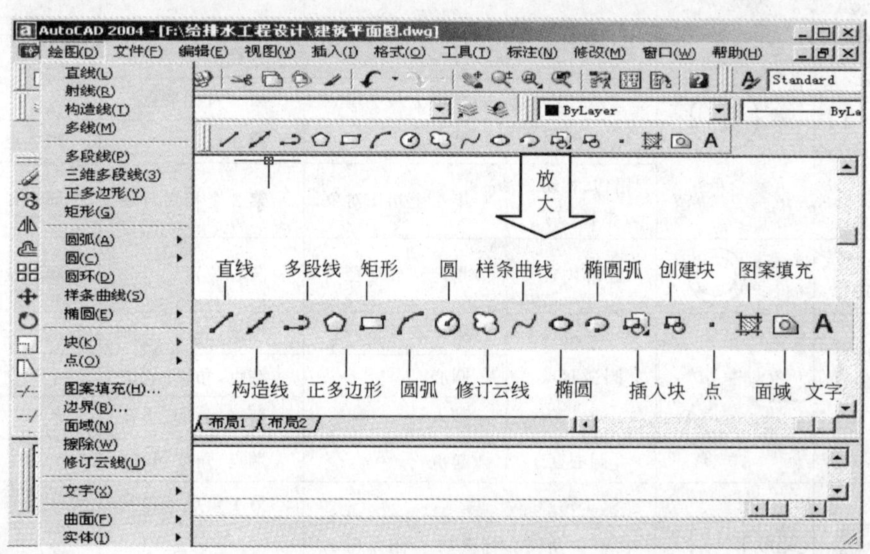

图 2-1　绘图菜单与工具栏

执行命令的方式有 3 种：拾取**菜单栏/绘图（D）**菜单命令选项，或单击**工具栏/绘图**图标按钮，或执行命令行命令。把这 3 种执行方式分别简称为菜单命令、工具栏命令与命令行命令。绘图菜单选项与工具栏图标按钮见图 2-1，图中对绘图菜单与工具栏所做移动与放大是为节约篇幅。实际操作中最快速度的输入方法是命令行命令的别名形式。

表 2-1 列出了常用基本图形的绘制步骤与选项，横看是绘图主要步骤，纵看为相应步骤可选项。如画多线第一步骤有 3 个可选项，以后只需指定下一点，在点输入提示后用回车响应将中止绘图。特别地，表中命令别名用大写字母表示仅为突出它，而与使用无关。

常用基本图形绘制步骤与选项 **表 2-1**

序号	命令（别名）	功能	选项与参数			
			1	2	3	4
1	point(Po)	点 •	点位置			
2	line (L)	直线 ——	第 1 点	下一点或［放弃(U)］	下一点或［放弃(U)］	下一点或［闭合(C)/放弃(U)］…
3	mline (ML)	多线	指定起点	下一点或［放弃(U)］	下一点或［放弃(U)］	下一点或［闭合(C)/放弃(U)］…
			对正(J)	上(T)	无(Z)	下(B)
			比例(S)	用于指定多线(两线)间距	对正方式说明光标点与多线的位置	
			样式(ST)	默认样式为 STANDARD		
3	pline (PL)	多段线	起点位置	下一点	下一点或［放弃(U)］	下一点或［闭合(C)/放弃(U)］…
			画线可选项为:或［圆弧(A)/半宽(H)/长度(L)/放弃(U)/宽度(W)］			
			画弧可选项为:或［角度(A)/圆心(CE)/方向(D)/半宽(H)/直线(L)/半径(R)/第二个点(S)/放弃(U)/宽度(W)			
4	circle (C)	圆	圆心	半径长		
				直径	直径长	
			2 点(2P)	直径上一个端点	另一直径端点	
			3 点(3P)	第 1 点	第 2 点	第 3 点
			相切、相切、半径(T)	第 1 个相切对象	第 2 个相切对象	圆半径
5	donut (DO)	圆环	圆环内径	指定圆环外径	圆心位置	圆心位置…
6	arc (A)	圆弧	圆弧起点	第 2 点	端点	
				圆心	端点、角度、长度	
				端点	角度、方向、半径	
			［圆心(C)］	起点	端点、角度、长度	
7	rectang (REC)	矩形	第 1 角点		另 1 角点	
			或［倒角(C)/标高(E)/圆角(F)/厚度(T)/宽度(W)］		或［尺寸(D)］	指定矩形长度、宽度

续表

<table>
<tr><th rowspan="2">序号</th><th rowspan="2">命令
(别名)</th><th rowspan="2">功　能</th><th colspan="4">选 项 与 参 数</th></tr>
<tr><th>1</th><th>2</th><th>3</th><th>4</th></tr>
<tr><td rowspan="2">8</td><td rowspan="2">polygon
(POL)</td><td rowspan="2">正多边形</td><td rowspan="2">边数数目</td><td>正多边形中心</td><td>[内接于圆(I)/外切于圆(C)] <I></td><td>指定圆半径</td></tr>
<tr><td>或[边(E)]</td><td>指定边的第 1 个端点</td><td>边的第 2 个端点</td></tr>
<tr><td rowspan="5">9</td><td rowspan="5">ellipse
(EL)</td><td rowspan="5">椭圆</td><td rowspan="2">指定椭圆轴端点</td><td rowspan="2">指定椭圆另一端点</td><td>另一条半轴长度</td><td></td></tr>
<tr><td>或[旋转(R)]</td><td>绕长轴旋转角度</td></tr>
<tr><td rowspan="2">中心点(C)</td><td rowspan="2">指定椭圆中心点</td><td>另一条半轴长度</td><td></td></tr>
<tr><td>或[旋转(R)]</td><td>绕长轴旋转角度</td></tr>
<tr><td>圆弧(A)</td><td>按以上步骤画椭圆</td><td>起始角度</td><td>终止角度</td></tr>
<tr><td>10</td><td>solid
(SO)</td><td>曲面
(二维填充)</td><td>第 1 点</td><td>第 2 点</td><td>第 3 点</td><td>第 4 点或<退出></td></tr>
</table>

从表 2-1 可知，只要理解构成图元参数的意义便可得心应手画图了。表 2-2 是部分图元的绘制过程与方法，其中键盘输入值用下划线表示，鼠标输入点用数字表示，括号内是对当前步骤的说明。

部分绘图实例　　**表 2-2**

命令执行过程	图示及说明
命令：L LINE 指定第一点：1　　(用鼠标点屏幕即指定一点) 指定下一点或[放弃(U)]：2　　(需关闭正交) 指定下一点或[放弃(U)]：3 指定下一点或[闭合(C)/放弃(U)]：C	含3条line线　3 C 1　2 选项 C 将与起点闭合，U 将后退一步
命令：C CIRCLE 指定圆的圆心或[三点(3P)/两点(2P)/相切、相切、半径(T)]：0,0　　(若输入括号内字符则选项执行下一操作) 指定圆的半径或[直径(D)] <77.3684>：500　　(未取默认半径)	R=500 0,0
命令：REC RECTANG 指定第一个角点或[倒角(C)/标高(E)/圆角(F)/厚度(T)/宽度(W)]：W 指定矩形的线宽<0.0000>：10 指定第一个角点或[倒角(C)/标高(E)/圆角(F)/厚度(T)/宽度(W)]：1 指定另一个角点或[尺寸(D)]：2	它是一个整体，但可用explode命令炸开变为4条没有宽度的line线 2 1

续表

命令执行过程	图示及说明
命令：ML MLINE 当前设置：对正＝上，比例＝20.00，样式＝STANDARD 指定起点或[对正(J)/比例(S)/样式(ST)]： J 输入对正类型[上(T)/无(Z)/下(B)]＜上＞： Z 当前设置：对正＝无，比例＝20.00，样式＝STANDARD 指定起点或[对正(J)/比例(S)/样式(ST)]： S 输入多线比例＜20.00＞： （回车认同默认） 当前设置：对正＝无，比例＝20.00，样式＝STANDARD 指定起点或[对正(J)/比例(S)/样式(ST)]：1 指定下一点：2 （画水平线或铅垂线时应打开正交） 指定下一点或[放弃(U)]：3 指定下一点或[闭合(C)/放弃(U)]：4 指定下一点或[闭合(C)/放弃(U)]：5 指定下一点或[闭合(C)/放弃(U)]：6 指定下一点或[闭合(C)/放弃(U)]： （用回车响应中止命令）	多线常用于画墙线，它是一个整体，炸开前编辑需用 mledit 命令，也可将它炸开成(10 条)line 线后再编辑 3 4 1 2 5 6 多段线常用于画管线，与多线类似炸开前需用 pedit 命令编辑，线炸开后不含宽度。如左箭头由两段构成（一个整体），第 1 段等宽，第 2 段起始宽度不等，炸开后变成 2 段 line 线 炸开前 炸开后

2.1.2 对象捕捉

熟练掌握基本绘图命令需要循序渐进，只要多动手，认真领会操作提示并仔细作答，在**实时助手**帮助下很快便会掌握基本图形的画法。关键是在建筑设备与环境工程设计绘图中如何使用鼠标实现快速、准确的定位输入，以便找到当前点与已知对象的几何关系，本节就此问题加以介绍。

2.1.2.1 对象捕捉的作用

绘制建筑设备与环境工程设计图时，构成总图的基本图形之间常常存在一些明确的几何关系。例如，插入阀门时管线应垂直平分阀门短边，水龙头应与管道无缝连接，考虑污水池的排水口在池中央等。图 2-2 反映了构成污水池图形对象间的几何关系，要求对角线与矩形顶点重合，代表排水口的圆心恰好在矩形对角线交点上。在这种情况下用键盘输入圆心或对角线端点应如何计算点坐标？用光标输入它又如何确保准确呢？

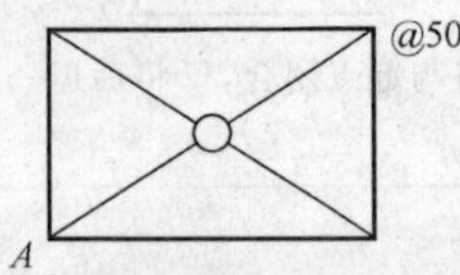

图 2-2 基本图形间的几何关系

对象捕捉就是将指定点限制在现有对象的确切位置上的一种工具。例如，捕捉图 2-2 中的交点或端点等。使用对象捕捉可以迅速定位对象上的精确位置，而不必知道坐标或绘制构造线。其功用就是按照用户要求搜索并捕捉图形对象几何特征点，并用它响应命令提示中的点输入。

2.1.2.2 捕捉单个点

AutoCAD 提供了强大的捕捉功能，能捕捉到 10 余个图形对象特征点，以下简称为捕捉点。最常用的捕捉点有：端点、中点、交点、中心、垂足、切点、插入点、最近点等。执行单点捕捉方法是先用捕捉点名称响应点输入。输入方法有 3 种：

① 拾取**对象捕捉**菜单中捕捉点名称选项（参见图 1-7）。

② 单击工具栏上鼠标右键，拾取**对象捕捉**选项将出现对象捕捉工具栏（图 2-3），单

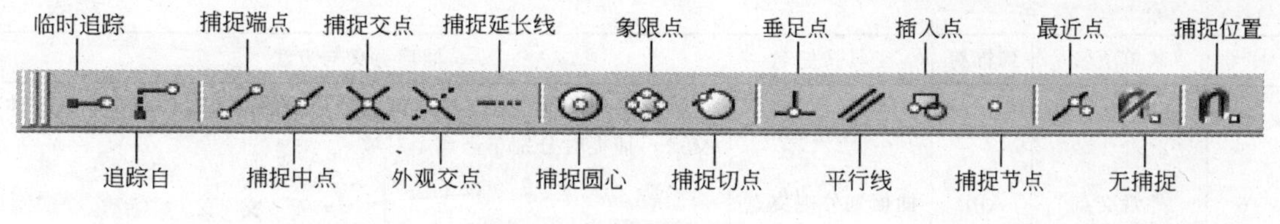

图 2-3　对象捕捉工具栏

击对象捕捉工具栏上捕捉点名称按钮。

③ 输入捕捉点名称或捕捉名称修饰符（名称前 3 个字母）。如交点 int、端点 end 等（表 2-3）。

指定对象捕捉时，光标将变为对象捕捉靶框。选择对象时，AutoCAD 将捕捉离靶框中心最近的符合条件的捕捉点。当十字光标移到捕捉点时所现黄色几何符号为自动捕捉标记。

2.1.2.3　捕捉点的意义及方法

为准确实施捕捉，既要明确捕捉点的意义，也需掌握捕捉方法。表 2-3 按捕捉名称（修饰符）用图示方法解释了捕捉点的意义及方法。特别地，图中与□、△等大小相当的符号是自动捕捉标记。

捕捉点的意义以及捕捉方法　　　　**表 2-3**

序号	菜单项名	修饰符	工具按钮名	捕捉意义与方法
1	临时追踪点	TT	临时追踪点	用于创建“对象捕捉”临时点。例如，按字母顺序绘制截止阀为确定 D 点，应选 B 为临时追踪点 A　C　B　D　轨迹点:237,4825<0°
2	自	FRO	捕捉自	定位点自参照点的偏移。例如，为定位管线 l 的终点 B，应以垂足 p 为参照点 管线 l　墙线 g　100　p　A　B
3	端点	END	捕捉到端点	捕捉最靠近靶框的对象端点。例如，最靠近靶框的直线 l 的端点是 B l　A　B　端点　点p
4	中点	MID	捕捉到中点	捕捉对象中点。如捕捉直线 l 的中点 l　中点
5	交点	INT	捕捉到交点	捕捉最近交点。例如，画污水池时需捕捉矩形顶点以便画对角线 极轴:交点

续表

序号	菜单项名	修饰符	工具按钮名	捕捉意义与方法
6	外观交点	APP	捕捉到外观交点	捕捉看似相交但在三维空间可能不交的两个对象的交点或延伸交点。捕捉时分别单击两个对象  交点
7	延长线	EXT	捕捉到延长线	捕捉椭圆弧或直线假想延伸线上的点，如椭圆弧延长线上一点，捕捉时先将鼠标滑过椭圆弧直至出现捕捉框 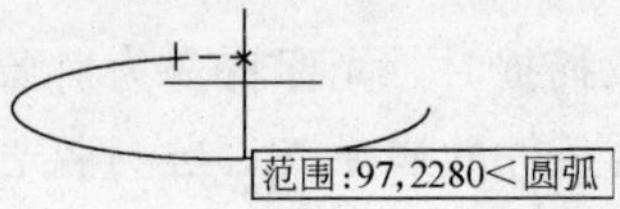 范围:97,2280<圆弧
8	圆心	CEN	捕捉到圆心	捕捉圆或椭圆中心。捕捉前应将鼠标放在捕捉对角上直至出现捕捉框 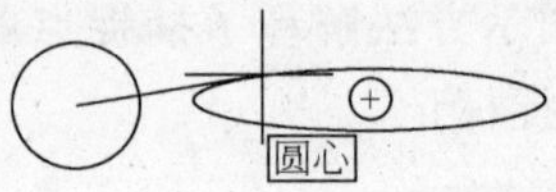 圆心
9	象限点	QUA	捕捉到象限点	捕捉圆弧或椭圆弧象限点，象限点位置用小圆标出 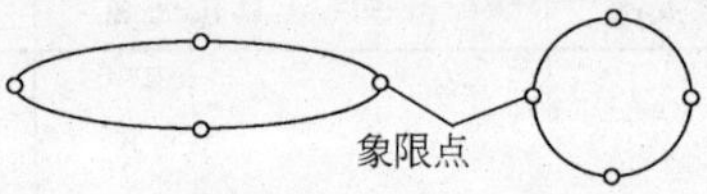 象限点
10	切点	TAN	捕捉到切点	捕捉圆弧、椭圆弧或曲线的切点。如过点 p 作圆的切线，先将鼠标放在圆上即能找到切点 t 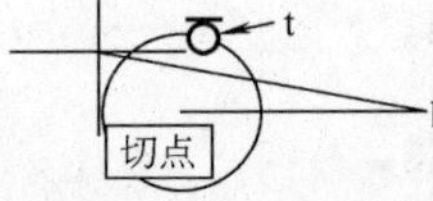 t p 切点
11	垂足	PER	捕捉到垂足	捕捉垂直于对象的点。如作直线 l 的垂线，将鼠标放到 l 上就能找到垂足 直线 l 垂足 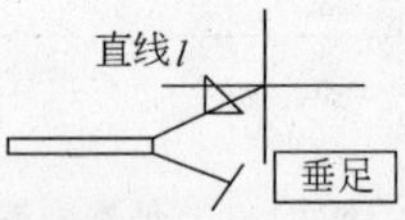
12	平行线	PAR	捕捉到平行线	捕捉直线斜率。例如，作直线 l 的平行线 g，应先将鼠标放在 l 上出现捕捉框后再由斜率定 g 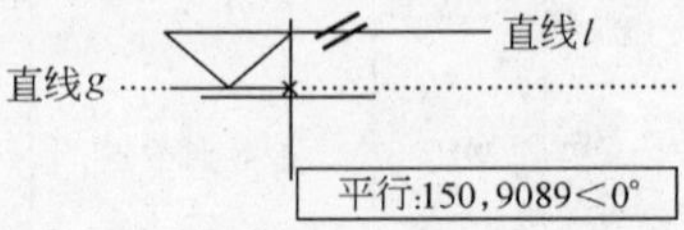 直线 l 直线 g 平行:150,9089<0°
13	插入点	INS	捕捉到插入点	捕捉文字、块或属性的插入点。捕捉前将鼠标放到捕捉对象上将显示插入点 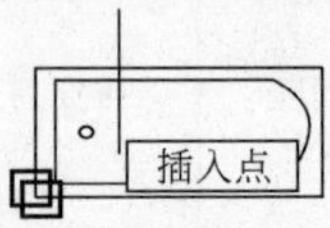 插入点

续表

序号	菜单项名	修饰符	工具按钮名	捕捉意义与方法
14	节点	NOD	捕捉到节点	捕捉节点对象。若在弧上等距布设消火栓，应先用 measure 命令测量并产生节点，以便插入时捕捉它
15	最近点	NEA	捕捉到最近点	例如，将鼠标放在圆上，会找出与当前点 A 距离最近的圆上的点 p
16	无捕捉	NON	无	取消所有捕捉操作。因为捕捉将影响和前一点相对距离较短的点输入

2.1.2.4 执行对象捕捉

画图时可以使用多种方法打开对象捕捉。按 2.1.2.2 介绍的方法执行单点捕捉仅对即将输入的下一点生效。如果需要重复使用同一捕捉方法，可以将其设置为执行对象捕捉，还可把执行对象捕捉模式设置为一种或多种捕捉方法。当打开（F3）多个执行对象捕捉后，如端点、交点、中心点等，AutoCAD 将使用最适合选定对象的捕捉点。如果有两个可能的捕捉点同时落在选择区域，AutoCAD 将捕捉离靶框中心最近的符合条件的点，直到关闭该功能为止。在建筑设备与环境工程设计绘图中，一般应将频繁使用的端点、中点、圆心、交点、垂足、切点、最近点作为对象捕捉设置。图 2-4 是对象捕捉设置示例，当前设置仅有端点、交点、圆心 3 类。

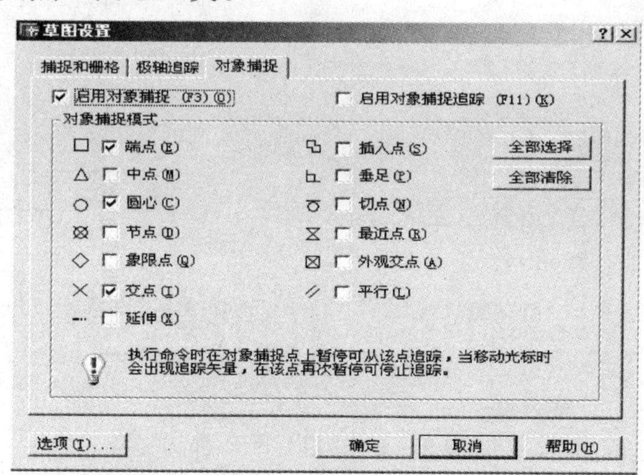

图 2-4　对象捕捉设置示例

启动**草图设置**（图 2-4）有以下 4 种方法：

① 执行命令行命令 osnap。

② 拾取**状态栏/对象捕捉/设置(S)** …选项。

③ 拾取**对象捕捉菜单/对象捕捉设置(O)** …选项。

④ 单击**工具栏/对象捕捉/对象捕捉设置**图标按钮。

调整捕捉靶框大小，可拉动**菜单栏/工具(T)/选项(O)…/草图/靶框大小(Z)**滑条控件

(见图 2-7)，亦可改变系统变量 APERTURE 设定值。改变自动捕捉标记大小也可拉动**菜单栏/工具(T)/选项(O)…/草图/自动捕捉标记大小(S)** 滑条控件（见图 2-7）。

特别地，按当前设置执行对象捕捉不能满足需求时，可用单点捕捉方法加以补充，AutoCAD 将按单点捕捉优先原则，先执行捕捉单个点然后回到原对象捕捉执行状态（表 2-4）。

对象捕捉单点优先 **表 2-4**

命令执行过程		图　示
命令：LINE 指定第一点：　1 指定下一点或［放弃(U)］：　MID 于　　2 指定下一点或［放弃(U)］：　3 指定下一点或［闭合(C)/放弃(U)］：	 （执行端点或交点捕捉） （设置为捕捉中点） （单点优先，捕捉中点） （回到端点或交点捕捉） （回车结束）	3 2 1

2.1.2.5　自动追踪

自动追踪包括极轴追踪和对象捕捉追踪。打开自动追踪功能，AutoCAD 将按当前极角增量设定值显示当前点与指定点或相关点（捕捉点或上一点等）的位置关系。其中，当前点、指定点、相关点都不需要用户输入，系统将根据绘图情况与鼠标滑过的路径自动识别与确定，并产生用虚线表达的临时对齐路径。使用自动追踪可以精确角度与位置，以便创建新图形（图 2-5）。

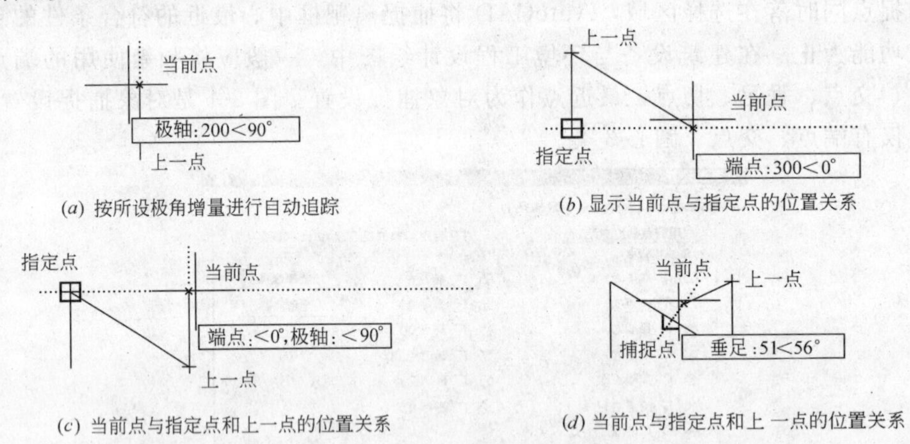

(*a*) 按所设极角增量进行自动追踪　　(*b*) 显示当前点与指定点的位置关系

(*c*) 当前点与指定点和上一点的位置关系　　(*d*) 当前点与指定点和上 一点的位置关系

图 2-5　自动追踪示例

打开或关闭极轴追踪和对象捕捉追踪可用以下 2 种方法：

① 使用功能键 F10 或 F11（参见表 1-1），或单击状态栏**极轴**、**对象追踪**按钮（参见图 1-15）；

② 置复选框**草图设置/极轴追踪/启用极轴追踪(F10)（P）**为☑（图 2-6），或置复选框**草图设置/对象捕捉/启用对象捕捉追踪(F11)（K）**为☑（图 2-4）。

特别地，显示自动追踪的极角增量应在图 2-6 中**草图设置/极轴追踪/极轴角设置增量角(I)** 中指定。

自动捕捉靶框与自动捕捉标记的开关、大小、颜色，以及自动追踪矢量长短等都可在

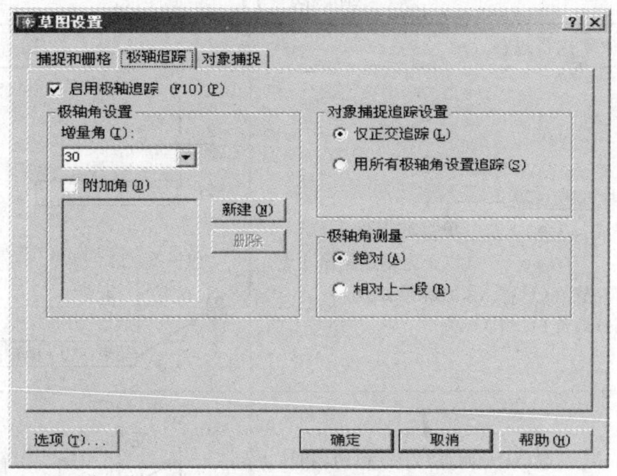

图 2-6　设置自动追踪极角增量

图 2-7 **选项**窗体中设置。启动**选项**窗体参见 1.2.2.1。特别地，图 2-7 下部的白底图文是作者为说明选项效果而增补。

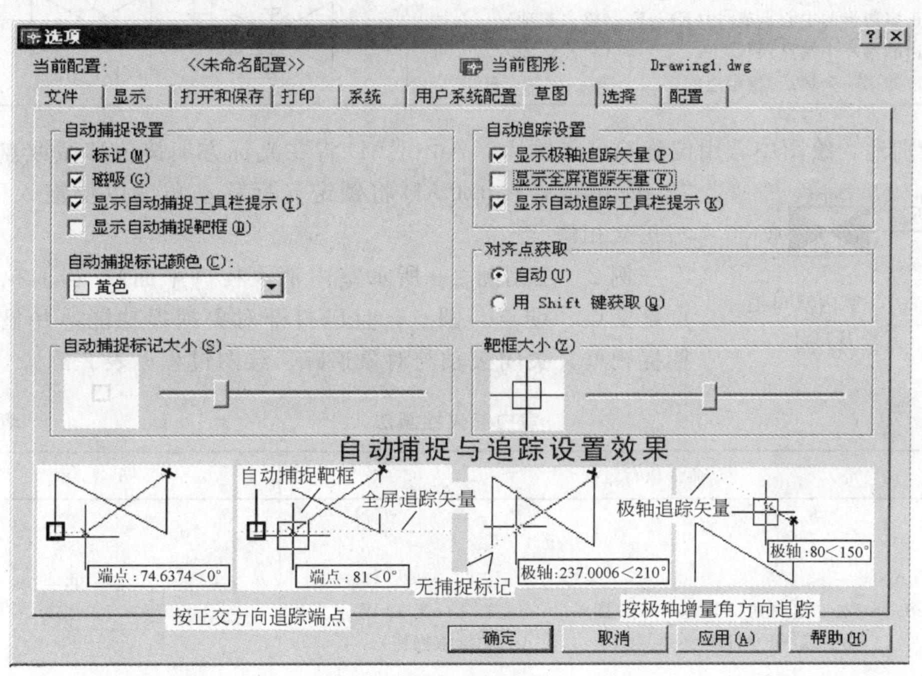

图 2-7　自动捕捉与追踪设置示例

2.1.3　绘图实例

例 1：按尺寸绘制阀门（图 2-8）。

当前执行捕捉模式设备为交点和端点，极轴、对象捕捉、对象追踪功能已打开。绘图时应将单位 cm 转换为 mm 且长度与角度精度置 0。绘图过程见表 2-5。

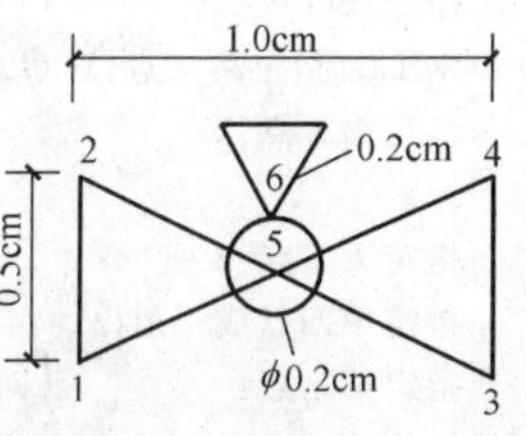

图 2-8　阀门及尺寸

画　阀　门　　　　**表 2-5**

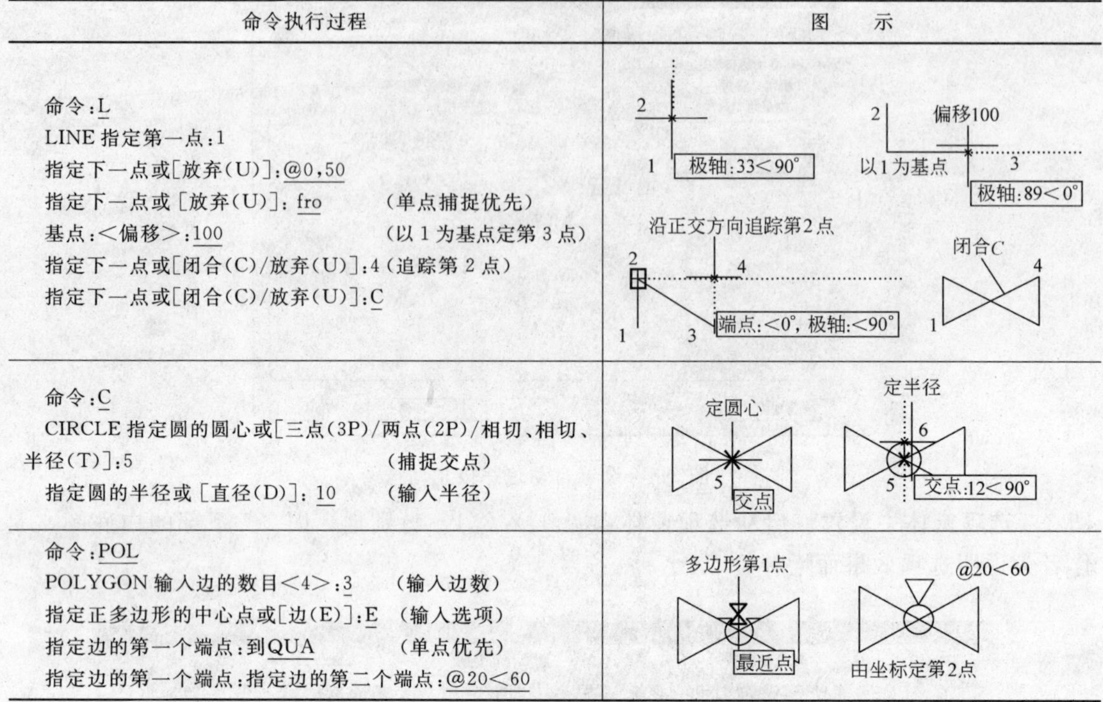

命令执行过程	图　示
命令：L LINE 指定第一点：1 指定下一点或[放弃(U)]：@0,50 指定下一点或 [放弃(U)]：fro　　（单点捕捉优先） 基点：<偏移>：100　　（以 1 为基点定第 3 点） 指定下一点或[闭合(C)/放弃(U)]：4（追踪第 2 点） 指定下一点或[闭合(C)/放弃(U)]：C	2　1　极轴：33<90° 2　偏移100　以1为基点　3　极轴：89<0° 沿正交方向追踪第2点　2　4　1　3　端点：<0°，极轴：<90° 闭合C　4　1
命令：C CIRCLE 指定圆的圆心或[三点(3P)/两点(2P)/相切、相切、半径(T)]：5　　（捕捉交点） 指定圆的半径或 [直径(D)]：10　　（输入半径）	定圆心　5　交点 定半径　6　5　交点：12<90°
命令：POL POLYGON 输入边的数目<4>：3　　（输入边数） 指定正多边形的中心点或[边(E)]：E　（输入选项） 指定边的第一个端点：到QUA　　（单点优先） 指定边的第一个端点：指定边的第二个端点：@20<60	多边形第1点　最近点 @20<60　由坐标定第2点

特别地，绘图中若用位移响应点输入，AutoCAD 将在光标方向按位移截取点；若用“<θ”响应，AutoCAD 将锁定光标移动角度以便输入下一点，与正交相似。

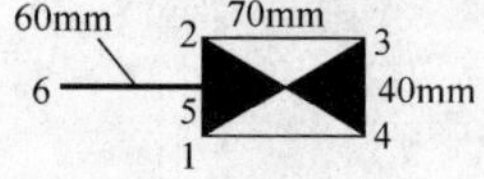

图 2-9　室内双口消火栓及尺寸

例 2：绘制图 2-9 所示室内消火栓（平面）。当前执行捕捉点是交点、端点、圆点，且已打开对象捕捉功能，并显示自动捕捉靶框，关闭极轴与对象追踪。绘图过程见表 2-6。

室内消火栓画法　　　　**表 2-6**

命令执行过程	图　示
命令：REC RECTANG 指定第一个角点或[倒角(C)/标高(E)/圆角(F)/厚度(T)/宽度(W)]：1 指定另一个角点或[尺寸(D)]：@70,40　　（自动结束操作）	3　1
命令：SO　　（按后 4 点顺序连续绘制二维曲面） SOLID 指定第一点：1（以下按图中所示顺序执行对象捕捉） 指定第二点：2 指定第三点：3 指定第四点或<退出>：4 指定第三点：　　（回车结束命令，若需连续绘图可继续输入点坐标） 效果	1　端点　2　端点 3　端点　4　端点

续表

命令执行过程	图　示
命令：PL PLINE 指定起点：MID　　　　　　　　(单点捕捉优先) 于　5 当前线宽为 0 指定下一个点或[圆弧(A)/半宽(H)/长度(L)/放弃(U)/宽度(W)]：W 指定起点宽度<0>：5　　　　　　　　(输入多段线起点宽度) 指定端点宽度<5>：　　　　　　　　(回车确认起始点等宽) 指定下一个点或[圆弧(A)/半宽(H)/长度(L)/放弃(U)/宽度(W)]： <正交开>　@-60,0　　　　　　　　(画等宽多段线) 指定下一点或[圆弧(A)/闭合(C)/半宽(H)/长度(L)/放弃(U)/宽度(W)]：　　　　　　　　(回车结束)	5 中点 6　5

特别地，每个二维填充曲面皆由 4 个点构成，执行 solid 命令可产生系列连续二维填充曲面，每个曲面的填充效果与所选 4 点顺序有关，点绕同一方向与按平行方向选效果截然不同（图 2-10）。

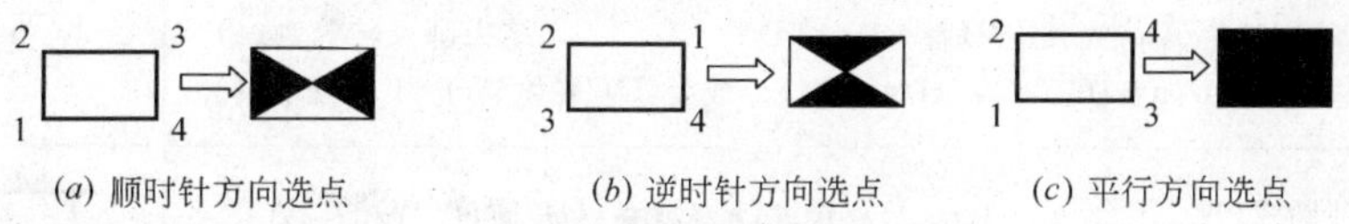

(a) 顺时针方向选点　(b) 逆时针方向选点　(c) 平行方向选点

图 2-10　solid 命令选点顺序与效果

也可将某两点选在同一位置，使它产生一个填充三角形（图 2-11（a））。但画填充圆不用此法，因为它可看成内径为 0 的圆环，与填充圆有关的图形应在填充圆上剪切而得（图 2-11（b））。

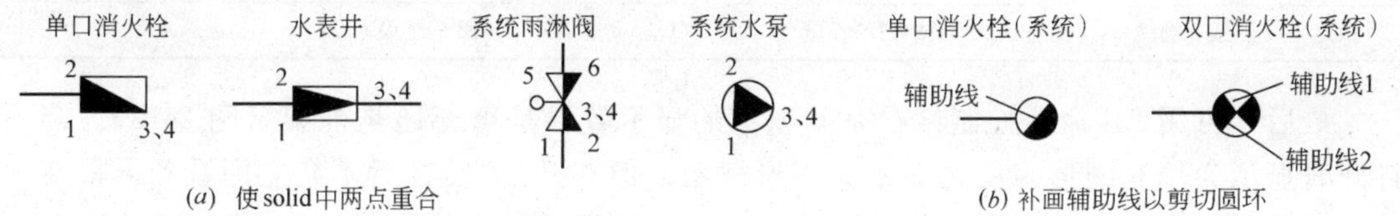

(a) 使solid中两点重合　(b) 补画辅助线以剪切圆环

图 2-11　专业图例画法

另外，多段线类似于多线，无论看似多少个基本图形，只要是同一命令产生的图形都只能算一个，必要时可用 explode 命令将 pline 对象炸开，分成独立的多个基本图形，但宽度信息将丢失。用 pline 命令可以画直线也可以画圆弧，并且在画图过程中可随时为某段图元指定宽度，当起始宽度相等时产生类似管道的等宽线，当起始宽度不等时产生梯形

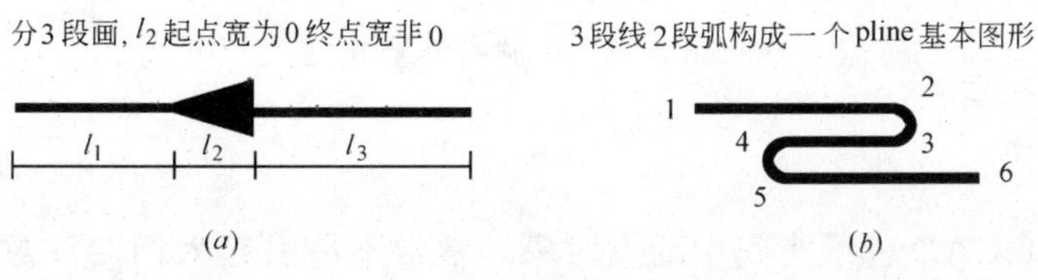

(a)　(b)

图 2-12　pline 命令应用实例

或箭头线（图 2-12（*a*））。在建筑设备与环境工程中我们常用它来绘制具有准确宽度的管线，画管线时若两点间距离太近必须取消捕捉，否则 AutoCAD 将执行捕捉甚至定位到当前点，致使无法产生新对象，如图 2-12（*b*）中点 5 的输入。

例 3：绘制图（3-12（*b*））快速管式热交换器，对象捕捉与自动追踪全打开，绘图过程见表 2-7。

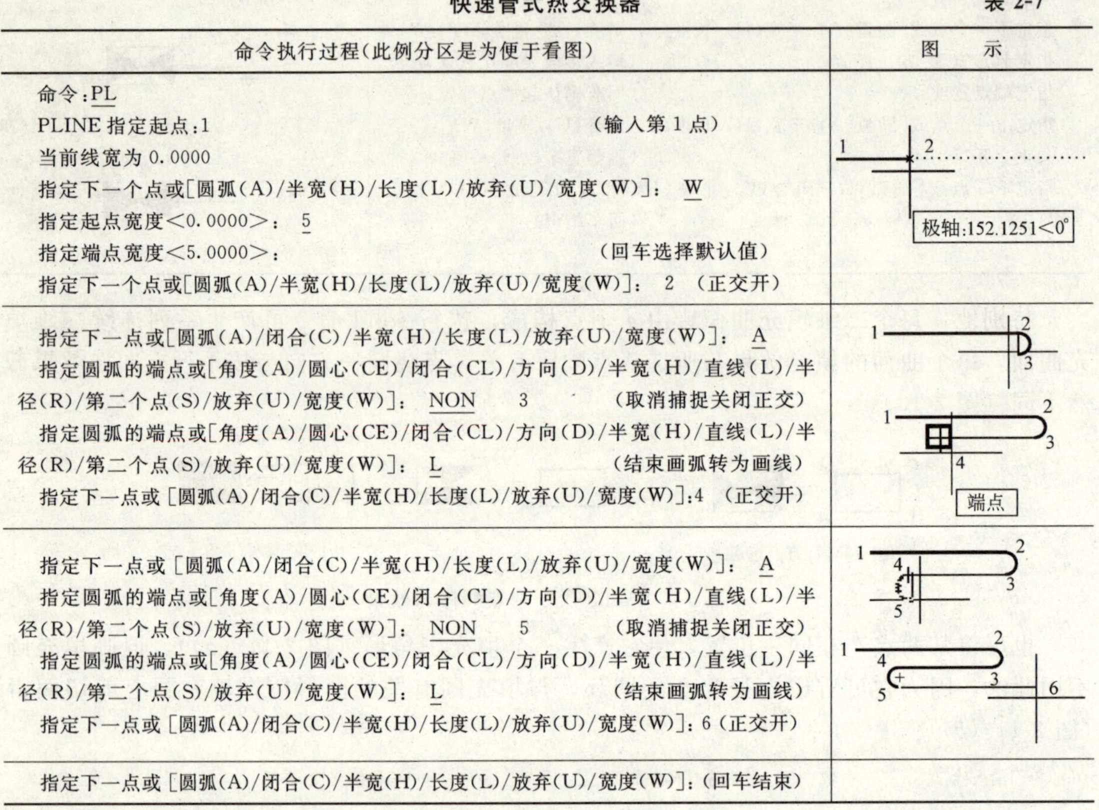

快速管式热交换器　　　　表 2-7

命令执行过程(此例分区是为便于看图)	图　示
命令:PL PLINE 指定起点:1　　　　(输入第 1 点) 当前线宽为 0.0000 指定下一个点或[圆弧(A)/半宽(H)/长度(L)/放弃(U)/宽度(W)]： W 指定起点宽度<0.0000>： 5 指定端点宽度<5.0000>：　　　　(回车选择默认值) 指定下一个点或[圆弧(A)/半宽(H)/长度(L)/放弃(U)/宽度(W)]： 2 （正交开）	1　2 极轴:152.1251<0°
指定下一点或[圆弧(A)/闭合(C)/半宽(H)/长度(L)/放弃(U)/宽度(W)]： A 指定圆弧的端点或[角度(A)/圆心(CE)/闭合(CL)/方向(D)/半宽(H)/直线(L)/半径(R)/第二个点(S)/放弃(U)/宽度(W)]： NON　3　　(取消捕捉关闭正交) 指定圆弧的端点或[角度(A)/圆心(CE)/闭合(CL)/方向(D)/半宽(H)/直线(L)/半径(R)/第二个点(S)/放弃(U)/宽度(W)]： L　　(结束画弧转为画线) 指定下一点或 [圆弧(A)/闭合(C)/半宽(H)/长度(L)/放弃(U)/宽度(W)]:4 （正交开）	1　2　3 1　2　3　4 端点
指定下一点或 [圆弧(A)/闭合(C)/半宽(H)/长度(L)/放弃(U)/宽度(W)]： A 指定圆弧的端点或[角度(A)/圆心(CE)/闭合(CL)/方向(D)/半宽(H)/直线(L)/半径(R)/第二个点(S)/放弃(U)/宽度(W)]： NON　5　　(取消捕捉关闭正交) 指定圆弧的端点或[角度(A)/圆心(CE)/闭合(CL)/方向(D)/半宽(H)/直线(L)/半径(R)/第二个点(S)/放弃(U)/宽度(W)]： L　　(结束画弧转为画线) 指定下一点或 [圆弧(A)/闭合(C)/半宽(H)/长度(L)/放弃(U)/宽度(W)]：6 (正交开)	1　2　3　4　5 1　2　3　4　5　6
指定下一点或 [圆弧(A)/闭合(C)/半宽(H)/长度(L)/放弃(U)/宽度(W)]：(回车结束)	

最后，可用 fill 命令控制部分基本图形的显示效果是填充还是框架（图 2-13）。当 fill 打开时显示为填充图形，反之显示为图形框架。但在开/关转换后不会立即看到屏幕变化，只有待重生成命令 regen 执行后才行。一般地，可用 fill 命令控制 pline、solid、donut 等非 0 固定宽度基本图形的显示效果。

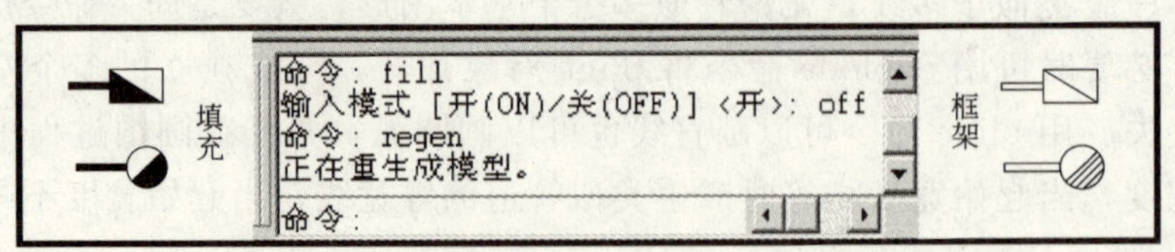

图 2-13　控制实体显示

2.1.4　点样式

偌大一个 AutoCAD 三维空间中的点对象，常常不易引起人们的注意，以至于无法看见或查找。为此，AutoCAD 提供了多种点样式（见图 2-14）供用户按需选用，同时提供了改变点大小的功能，以便增加点的可见性。打开图 2-14 所示**点样式**对话框有 2 种方法：

① 执行命令行命令 ddptype，或透明执行'ddptype。

② 拾取菜单栏**格式(O)/点样式(P)**…选项。

完成点样式设置并单击**确定**按钮后将立即生效，使屏幕上的点随之而变。

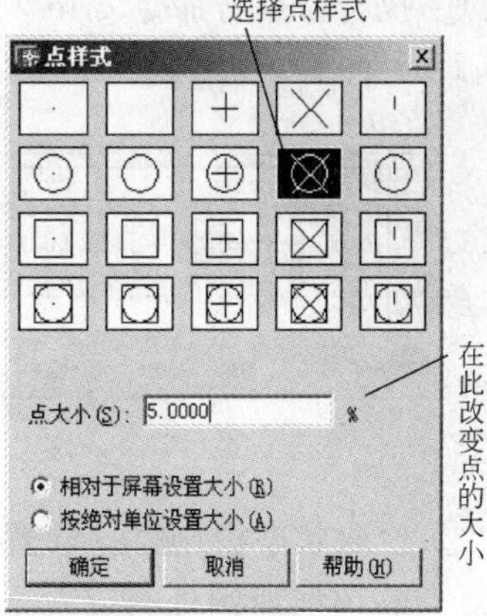

图 2-14　点样式窗体

建筑设备与环境工程设计中常用点作为定位标识，如定量在洒水管上均匀开孔或等距离（2m）布置消火栓等。给对象指定一个间隔有 2 种方法：

① 使用命令 divide 实现**定数等分(D)**。

② 使用命令 measure 完成**定距等分(M)**。

两个命令的菜单选项位于**菜单栏/绘图(D)/点(O)** 下子菜单中。用这两个命令度量和等分圆弧或椭圆弧特别有效。表 2-8 是这两个命令的应用实例，为增加等分点的可见性选用了非默认的点样式。执行这两个命令时所产生的等分点也是基本图形，去掉它需要使用删除命令。在管道等分点上插入消火栓或出水孔图块时应按最近点或节点方式捕捉。

定数等分与定距等分应用实例　　　　**表 2-8**

命令执行过程		图　示
命令：DIV DIVIDE 选择要定数等分的对象： 输入线段数目或[块(B)]：5	 (在圆上单击用鼠标左键) (输入等分数目)	将圆 5 等分 产生等分点
命令：ME MEASURE 选择要定距等分的对象： 指定线段长度或[块(B)]：2000	 (用鼠标左键单击 pline 对象) (输入等分距离)	按距离等分 按当前点样式显示

2.1.5　栅格与捕捉

绘图时，对象捕捉用于精确定位到图形对象捕捉点；自动追踪按所设极角增量显示指定点与当前点或捕捉点的临时对齐路径。其中，显示极角增量与打开正交功能和用"<θ"响应点输入类似，全都用于锁定光标移动角度。本节所指捕捉有别于对象捕捉，它不是用于捕捉图形对象而是锁定光标移动的角度与距离，而栅格常作为限制移动的参照。

2.1.5.1　栅格间距

栅格是点的矩阵，延伸到被定为图形界限的整个区域（参见 2.2.2.2），不能删除或打印它。单击状态栏**栅格**按钮或按下功能键 F7 可打开或关闭栅格。样板文件 *acadiso.dwt* 指定图形界限由对角点（0，0）与（420，297）围成，栅格纵横间距为 10，**捕捉**锁定栅格。

使用栅格类似于在图形下放置一张坐标纸。利用栅格可以对齐对象并直观显示对象之间的距离。放大或缩小图形需要调整栅格间距，使其更适合新的比例。例如，图形界限增长 100 倍而栅格间距不变的话，AutoCAD 会因栅格太密而无法显示。设置栅格纵横间距有 2 种方法：

① 执行命令行命令 grid（图 2-15）。若用“S”选项作答，意在把栅格间距指定为捕捉间距。

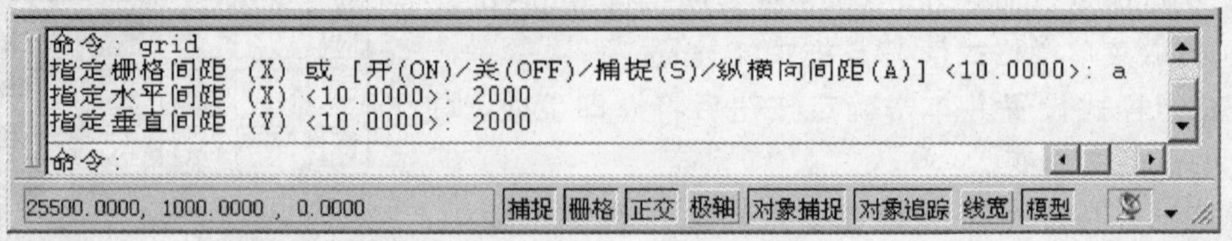

图 2-15　grid 的选项与栅格间距

② 拾取**状态栏/栅格/设置(S)**…选项，将出现**草图设置/捕捉与栅格**对话框（图 2-16），并在虚线所圈处完成设置。

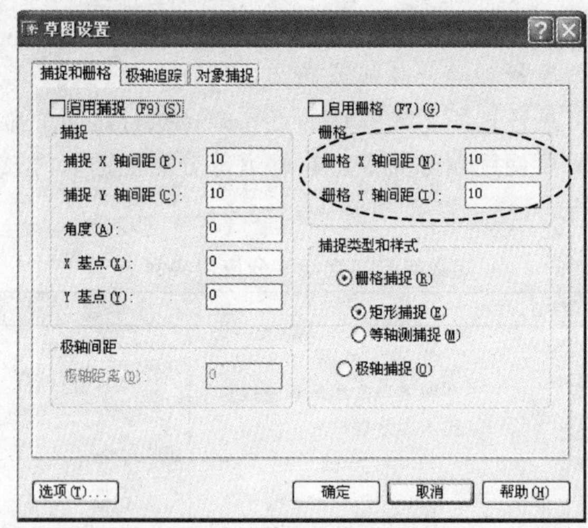

图 2-16　设置栅格与捕捉间距

2.1.5.2　捕捉间距

单击状态栏**捕捉**按钮或按下功能键 F9 可打开或关闭捕捉，使用捕捉可以按所设置的捕捉间距锁定鼠标移动。当栅格间距等于捕捉间距时，AutoCAD 将实施栅格捕捉，即将锁定鼠标到栅格上，无论栅格是否打开。但捕捉间距未必与栅格间距相等，可以使用较小的捕捉间距以保证定位点的精确性。例如，设置较宽的栅格间距用作参照等。但在建筑设备与环境工程设计绘图中还是以栅格捕捉为主。设置捕捉间距也有 2 种方法：

① 在**草图设置/捕捉与栅格**中设置（图 2-16）。

② 执行命令行命令 snap（图 2-17）后通过选项来设置。

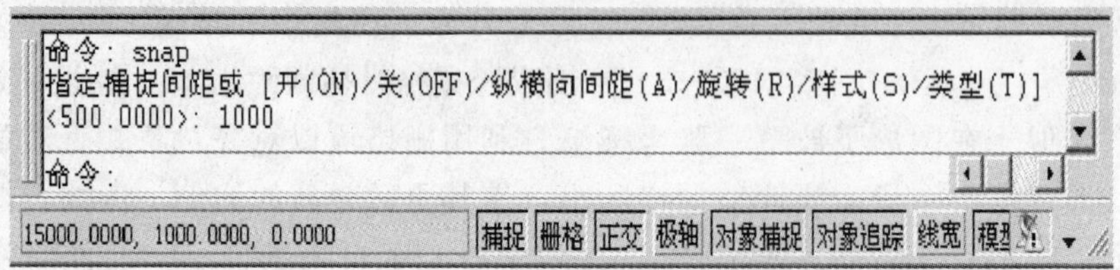

图 2-17　snap 的选项与捕捉间距

特别地，在图 2-17 中用“R”应答命令 snap 的提示，AutoCAD 将绕基点旋转捕捉栅格到指定方位（图 2-18），用“T”响应命令 snap 的提示，可以选择捕捉类型是**极轴(P)** 还是**栅格(G)**。其中，极轴捕捉将按所设极轴追踪角度增量执行。

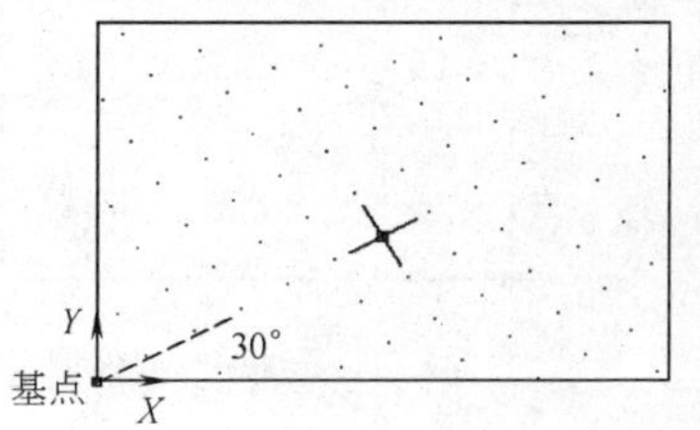

图 2-18 旋转捕捉栅格

2.1.6 几何体与系统图

画几何体直观图通常采用等轴测画法，画建筑设备与环境工程专业系统图则应根据标准按 45°正面斜轴测投影法画，其目的都是使用平面直观图来表现三维立体图，亦称 2½ 维图。为此，Z 轴正向总取铅垂向上方向，X、Y 轴位置与夹角则应按不同画法加以调整。画这类平面直观图时，因 X、Y 轴方位的变化，会引起与之平行的直线方位的变化，这需要更有效地限制鼠标移动，最好将鼠标正交锁定在 X、Y、Z 轴方向。这就是本节要介绍的内容。

2.1.6.1 等轴测画法

按等轴测画法规定，上等轴测平面 X、Y 轴应取 30°和 150°；左等轴测平面 Z、Y 轴应取 90°和 150°；右等轴测平面 X、Z 轴应取 30°和 90°（图 2-19）。画等轴测图时，凡是与 X、Y、Z 轴平行线的直线，长度比例通常取简化值 1（理论值为 0.82），即按实际长度来画。

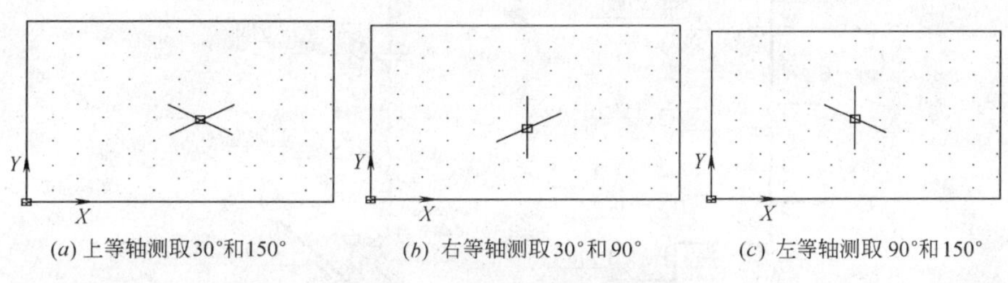

(*a*) 上等轴测取30°和150°　(*b*) 右等轴测取30°和90°　(*c*) 左等轴测取 90°和150°

图 2-19 不同方位的等轴测

进入 AutoCAD 等轴测画法环境的步骤是：

① 执行命令行命令 snap；

② 用样式选项字符“S”作答，再用等轴测字符“I”响应。

AutoCAD 屏幕显示呈图 2-19（*a*）状态，它是上等轴测平面视图。当正交打开时，鼠标移动被锁定在 30°和 150°方向。在此平面上很容易绘出长方体的上平面（见图 2-20(*a*)）。

而在上、右、左等轴测平面之间切换的方法有 2 种：

① 执行命令行命令 isoplane。

② 按下功能键 F5。

在不同的等轴测平面中，AutoCAD 规定了鼠标正交移动的方向，有利于绘制几何体直观图。例如，图 2-20（*c*）中的长方体。

若要回到标准栅格状态，执行命令行命令 snap 后相继两次用字符“S”作答，即执行命令的选项路径为：**snap/样式(S)/标准(S)**。

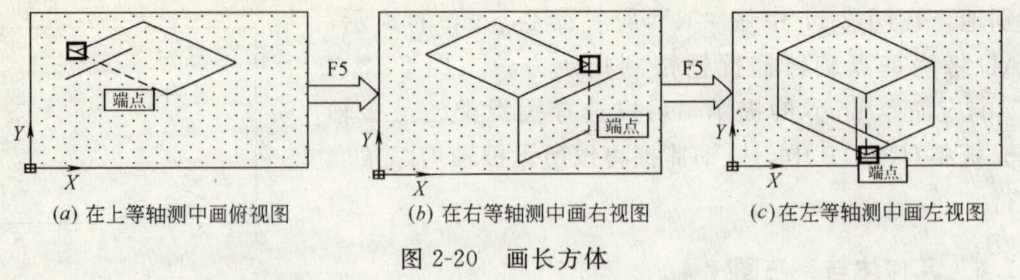

(a) 在上等轴测中画俯视图　(b) 在右等轴测中画右视图　(c) 在左等轴测中画左视图

图 2-20　画长方体

2.1.6.2　45°正面斜轴测画法

用 45°正面斜轴测投影法绘制建筑设备与环境工程系统图时，坐标轴 X、Y、Z 所在方位角分别取 0°、45°、90°，与 Y 轴平行直线的长度比可取 1（斜等测）或 0.5（斜二测），与 X、Z 平行直线的长度比取 1。绘图时应按图 2-17 所示方法限制鼠标移动方向，同时将捕捉栅格旋转 45°，在这样的环境中绘制系统图会更方便（图 2-21）。

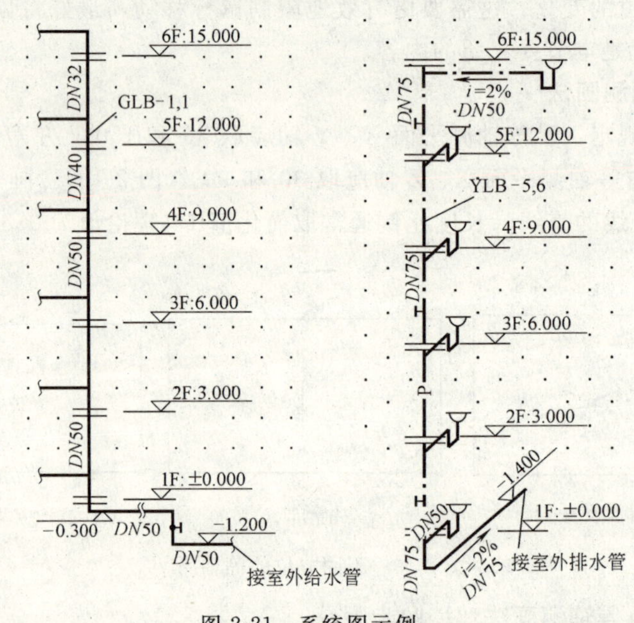

图 2-21　系统图示例

2.1.7　图案填充

画地漏、铅丝球、除垢器等建筑设备图以及建筑设备与环境工程设计的剖面图、大样图时（图 2-22），常用图案填充来减少重复绘图工作。

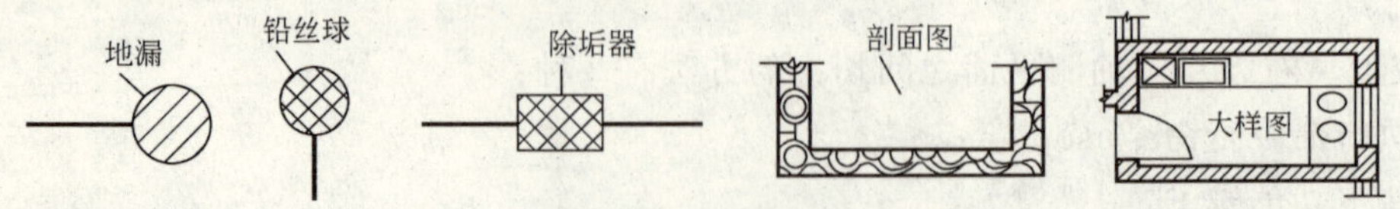

图 2-22　图案填充实例

进行图案填充应在**边界图案填充**对话框中完成（图 2-23）。启动**边界图案填充**对话框常用以下 2 种方法：

① 执行命令行命令 bhatch。

② 拾取**菜单栏/绘图(D)/图案填充(H)**…选项，或单击**工具栏/绘图/**[**图案填充**]按钮。

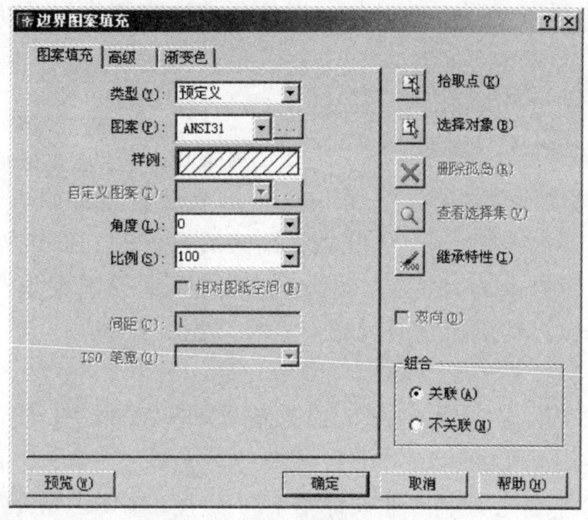

图 2-23　图案填充对话框

正确设置**边界图案填充**对话框，需注意以下 3 点：

1）选择填充图案：AutoCAD 2004 提供了 69 个填充图案，并把它们存放在系统文件 *acad.pat* 中。使用填充图案可在**图案填充选项板**对话框窗口中选择（图 2-24），单击**边界图案填充对话框/图案填充/图案(P)**右侧[…]按钮打开**图案填充选项板**。

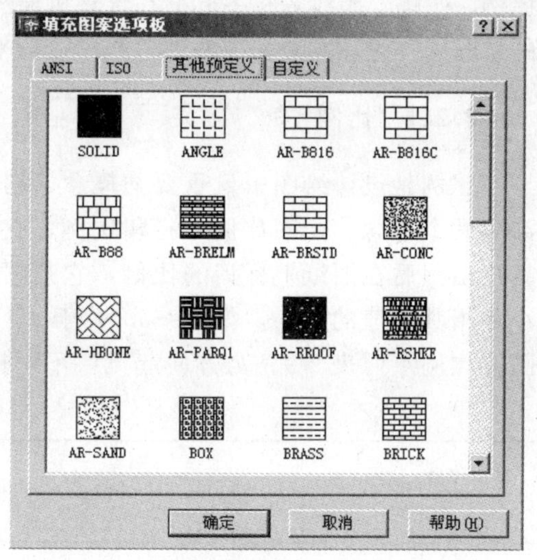

图 2-24　填充图案选项板

2）确定填充区域：使用填充图案的区域应是封闭图形，选择封闭图形为填充区域有 2 种方法，分别附于图 2-23 右侧按钮上。

① 单击[**拾取点(K)**]按钮：用鼠标拾取封闭区域内任一点，**AutoCAD** 将沿着该点向四周逐渐扩展，以便自动搜索图形边界。用此法选择异形填充区域尤为方便。

② 单击[**选择对象(B)**]按钮：用鼠标左键逐一单击封闭填充区域边界，或者用对象窗口包围填充区域边界等多种选择方法（参见 3.1）。

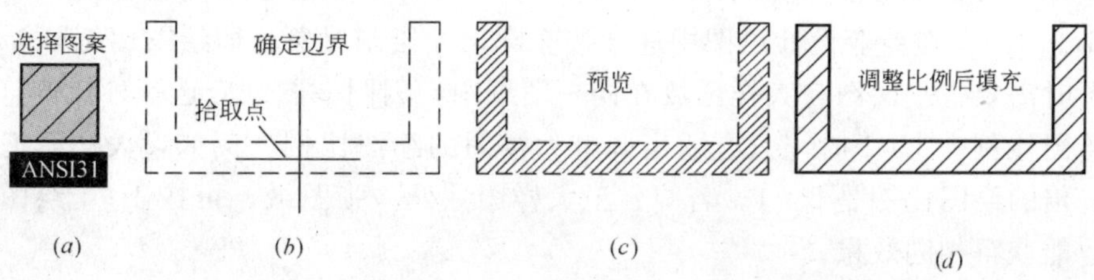

图 2-25　图案填充操作示例

3）预览填充效果：单击[预览（W）]按钮（图 2-23）可查看封闭区域内的图案填充效果，以便调整填充图案的比例与角度，直到效果满意为止。单点[确定]按钮方才执行填充，填充过程见图 2-25。

图 2-26　复杂封闭体的填充功效

填充图案也是一个基本的图形对象，修改时常用 hatchedit 命令进行编辑，也可用 explode 命令炸开填充图案后再修改。而**边界图案填充/组合**选项决定图案填充是否随边界修改自动更新。对复杂封闭体进行图案填充，应设置**边界图案填充/高级/孤岛检测样式**，其填充功效大致有 3 种（图 2-26）。

2.2　AutoCAD 图形与工程图纸

在 AutoCAD 图形平台上绘制专业设计图不同于手工制图，应最大可能地利用它强大的图形绘制、编辑、管理能力和工具，结合《房屋建筑制图统一标准》、《暖通空调制图标准》、《给水排水制图标准》来组织绘制建筑设备与环境工程平面图、大样图和系统图，以确保计算机出图效果满足行业设计标准为最终目的。因此，设计绘图起步时首先要考虑出图单位、比例、图幅、图线等相关标准在计算机绘图中的转换和应用，还要充分利用 AutoCAD 提供的“图层”管理方法和“外部参照”技巧来组织和管理建筑设备与环境工程设计图。

2.2.1　比例

比例是设计绘图中最重要的概念，它贯穿于设计制图的整个过程。在计算机绘图中牵涉到两个概念：绘图比例与打印比例，它们都以图样比例为计算依据。图样比例通常指计算机出图后在图纸上标识的比例，它是图纸图形与实物相对应的线性尺寸之比。比例的大小是指其比值的大小，如 1∶50 大于 1∶100。根据《房屋建筑制图统一标准》第 5 条，图样比例参照表 2-9。为方便起见，不妨把比值 1∶Y 中后者 Y 简称为图样比例因子。

图样比例　　**表 2-9**

常用比例	1∶1、1∶2、1∶5、1∶10、1∶20、1∶50、1∶100、1∶150、1∶200、1∶500、1∶1000、1∶2000、1∶5000、1∶10000、1∶20000、1∶50000、1∶100000、1∶200000
可用比例	1∶3、1∶4、1∶6、1∶15、1∶25、1∶30、1∶40、1∶60、1∶80、1∶250、1∶300、1∶400、1∶600

2.2.1.1　绘图比例与打印比例

绘图比例是 AutoCAD 所绘对象尺寸与所表示实物的相对尺寸之比。在建筑设备与环境工程设计中实物尺寸以 mm 为单位，故把 1 个 AutoCAD 图形单位也看做 1mm，单位设置参见 1.2.4.1。在专业设计绘图中通常按实际尺寸绘制对象，即绘图比例取 1∶1。如果专业制图时需要把平面图与大样图放在同一图纸中，因同一图纸应选一种比例打印，当平面图的绘图比例为 1∶1 时，只有适当调整大样图的绘图比例。例如，大样图把厨、卫图形放大一倍的绘图比例是 2∶1。若厨、卫大样图独处一张图纸，可按 1∶1 绘图后调整打印比例也能获得相同效果。

打印比例亦称出图比例，是指 AutoCAD 图形与图纸图形相对应的线性尺寸比，如

1∶100 表示 1 个图纸图形单位＝100 个 AutoCAD 图形单位，即给出了图纸图形单位与 AutoCAD 图形单位的关系。特别地，当绘图比例为 1∶1 时，打印比例实际上就是图样比例。三者间的关系为：

打印比例＝图样比例/绘图比例 ①

绘图比例与打印比例是互动的，相互调整的原则是确保主体图样比例满足表 2-9 的要求。例如，用多组绘图比例与出图比例都能保证图样比例为 1∶100（见表 2-10），但工程制图中总取换算最简单的一种，就是绘图比例取 1∶1，出图比例取图样比例，这在无限延伸 AutoCAD 模型空间中完全可行。

保证图样比例为 1∶100 的方法 **表 2-10**

绘图比例	…	4∶1	2∶1	1∶1	1∶2	1∶4	…
打印比例	…	1∶400	1∶200	1∶100	1∶50	1∶25	…

特别是当同一图纸有多个图样且图样比例不一致时，应选一个图样作为主体。由于其余图样与主体图样使用一个出图比例，其绘图比例应按 3 个比例间的关系来算（图 2-27）。

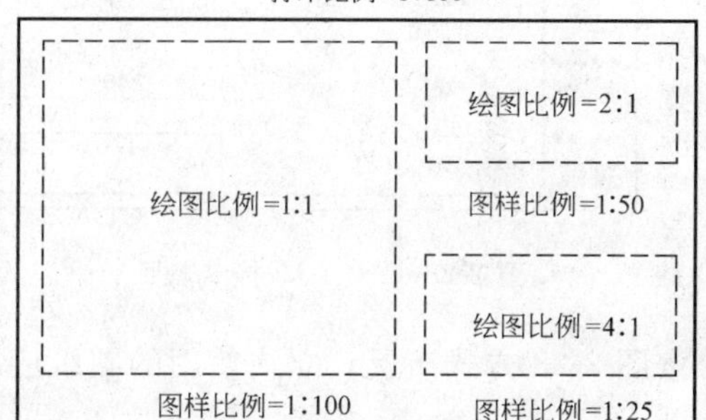

图 2-27 3 个比例间的关系

2.2.1.2 特殊对象绘图比例

在建筑设备与环境工程设计中通常由图样比例、打印比例来决定绘图比例。当打印比例与图样比例取相等值时绘图比例为 1∶1。按实际尺寸画图可以简化换算，这是最佳绘图方案。尽管如此也不能对所有图形都按实际尺寸画，如建筑设备与环境工程相关专业中的阀门、计量表、地漏等实际尺寸相对较小的管道附件，在打印比例不大的情况下出图后基本不可见或可见度极差。

为此，绘制这类实际尺寸相对较小而打印比例也不大的特殊对象，绘图时要根据打印比例适当调整绘图比例，以保证这类对象的图纸图形可见、整体协调、美观。其中，可见是基本要求，整体协调是在可见基础上择优绘图比例使它与其他图形大小适度，使其美观的最佳方法是参照行业标准图例缩放。总之，这类对象的绘图比例要灵活调整。

特别地，还有一类对象要求它的图纸图形具有固定大小，也就是说图形大小不受出图比例影响。这类对象通常有：图框、标注外观、文字高度、标高符号、管道宽度等。相当于它们的图样比例应为 1∶1，而出图比例与主体图样比例相同设为 1∶Y，由式①得这类固定大小对象的绘图比例为：

绘图比例＝主体图样比例因子 Y∶1 ②

由式②得这类固定大小的 AutoCAD 绘图尺寸为：

绘图尺寸＝Y×对象图纸尺寸(图形单位) ③

例如，按 1∶50 出图后图纸字高是 3mm，则写文字高度＝50×3＝150（图形单位）。

再如，按 1∶200 出图后图纸线宽是 0.7mm，则画管线宽度＝200×0.7＝140（图形单位）。

2.2.2 图幅

根据《房屋建筑制图统一标准》2.1.1 要求，图纸幅面及图框尺寸符合表 2-11 中规

图幅（mm） 表 2-11

幅面代号 / 尺寸代号	A0	A1	A2	A3	A4
$b \times l$	841×1189	594×841	420×594	297×420	210×297
c	10			5	
d	25				

定。其中：b代表图幅短边，l代表图幅长边，d是装订边幅面宽度，c是除装订边以外的其他三边宽，参见图 2-28、2-29、2-30。

进行建筑设备与环境工程设计绘图时，首先应按出图比例确定 AutoCAD 的绘图区域，以确保图纸幅面符合表 2-11 中规定。而绘图幅面区域大小应按式③计算，当选用 A2 幅面图纸且出图比例为 1∶100 时，AutoCAD 绘图幅面应为 42000×59400（图形单位）。

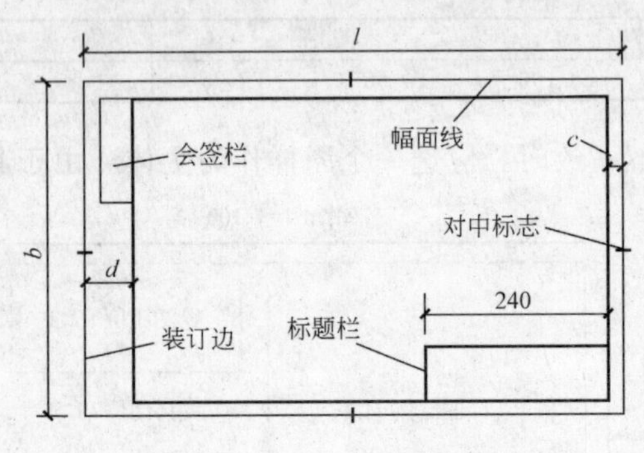

图 2-28 A0～A3 横式幅面

2.2.2.1 图框

图框好比规划建房中的施工线，可在偌大的 AutoCAD 模型空间中“圈地”，以便明示绘图区域。简易图框可用固定线宽的矩形代替，图线宽度参见表 2-12 中图框线。正规图框应含标题栏、会签栏、装订线，横式使用的图纸应按图 2-28 方式布置，立式使用的图纸应按图 2-29、2-30 方式布置。

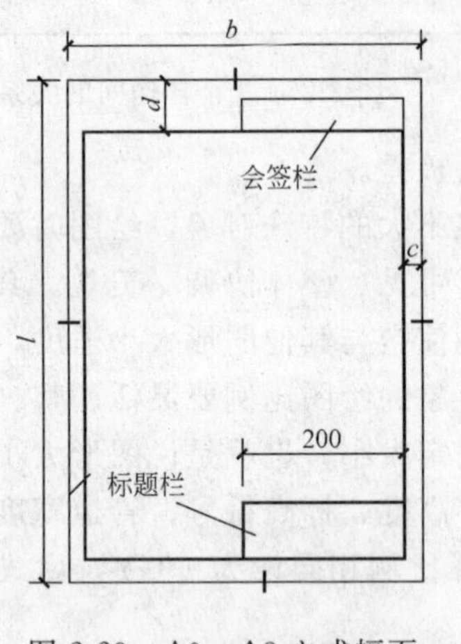

图 2-29 A0～A3 立式幅面

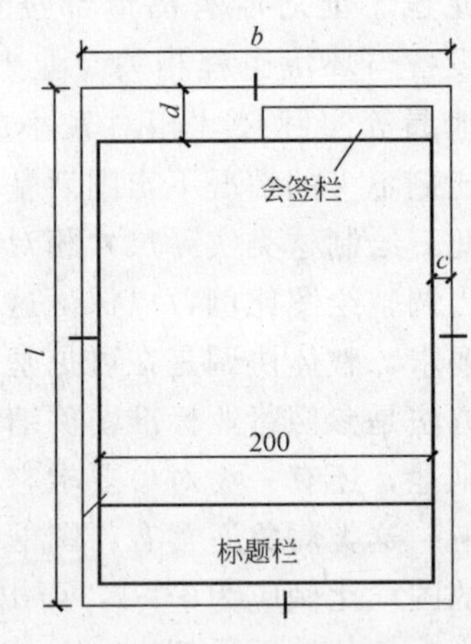

图 2-30 A4 立式幅面

在 AutoCAD 中绘图框时应先确定出图比例，然后从表 2-11 中选定图幅，按公式③计算绘图尺寸。而图框线、标题栏的宽度参见表 2-12。

图框线、标题栏的宽度（mm） 表 2-12

幅面代号	图框线	标题栏外框线	标题栏分隔线会签栏线
A0、A1	1.4	0.7	0.35
A2、A3、A4	1.0	0.7	0.35

2.2.2.2　图形界限

图形界限是世界坐标系中表示图形范围的左下和右上边界的二维点，由它决定能显示网格点的绘图区域。设置时，应根据所选图纸幅面和预定打印比例计算 AutoCAD 绘图范围，然后在 limits 的命令行界面中指定，指定方法参见图 2-31。例如，按 1：100 打印在 A2 图纸上，AutoCAD 图幅应为 42000×59400（图形单位），其图形界限可由（0，0）和（42000，59400）决定。

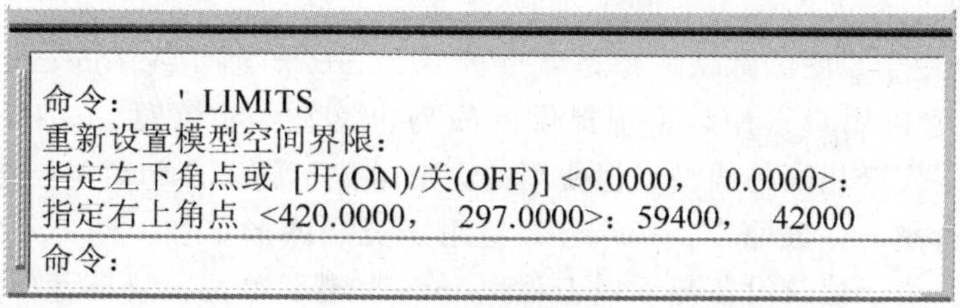

```
命令：　'_LIMITS
重新设置模型空间界限：
指定左下角点或 [开(ON)/关(OFF)] <0.0000，　0.0000>：
指定右上角点 <420.0000，　297.0000>：59400，　42000
命令：
```

图 2-31　设置图形界限

可透明执行命令 limits，也可拾取**菜单栏/格式(O)/图形界限(A)**选项。如此指定的图形界限看上去不像图框那样明显，特别是关闭栅格时几乎看不到变化，用它限制绘图范围类似于使用红外线检查。打开界限检查（红外线）后，AutoCAD 将输入坐标限制在矩形区域内，若不在界限范围内则无法输入。是否检查由命令 limits 提示的［开（ON）/关（OFF）］选项控制。

凡以 *acadiso.dwt* 为样板的 AutoCAD 新文件初始图形界限是由（0，0）和（420，297）决定，当改变图形界限后其栅格间距也应适当调整，否则仍然因栅格太密而无法显示（参见 2.1.5.1）。

特别地，不能在 Z 方向上定义界限，也不能在图纸空间中定义界限。

2.2.3　图线

图线是构成图形的基本要素，在《房屋建筑制图统一标准》、《暖通空调制图标准》、《给水排水制图标准》中对线宽及线型都有严格规定，了解它是为了在 AutoCAD 中按标准绘图。

2.2.3.1　线宽

图线的基本宽度 b 和线宽组，应根据图纸的类别、比例和复杂程度，按《房屋建筑制图统一标准》第 3.0.1 条规定选用（表 2-13）。在建筑设备与环境工程设计绘图中，线宽 b 宜为 0.7mm 或 1mm。

线宽组（mm）　　**表 2-13**

线　宽　比	线　宽(mm)					
粗线：b	2.0	1.4	1.0	0.7	0.5	0.35
中粗线：$0.5b$	1.0	0.7	0.5	0.35	0.25	0.18
细线：$0.25b$	0.5	0.35	0.25	0.18	—	—

按标准规定同一张图纸内，相同比例的各图样应选用相同线宽组。例如，若单线管道宽取 1mm，则双线管道线宽应为 0.5mm。而 AutoCAD 图线宽度还需按公式③计算。例如，按 1：200 出图线宽为 0.5mm，绘制宽度应为 200×0.5 个图形单位。

在建筑设备与环境工程 CAD 绘图中，常用 pline 命令绘制带有固定宽度的管道，但为管道指定宽度时一定要根据相关行业标准和预定出图比例加以计算。

2.2.3.2 线型

用于建筑设备与环境工程设计的线型有实线、虚线、单点长画线、双点长画线、折断线、波浪线等，而实线与虚线又有粗、中、细之分，每种线型在不同的专业代表不同的含义。进行专业设计前应查阅《给水排水制图标准》、《暖通空调制图标准》等相关标准。如点划线代表轴线、粗实线代表管道等。

AutoCAD 用于绘图的默认线型是宽度为 0.25mm 的细实线 continuous，除此之外还提供了大量线型供用户选用。系统提供的线型定义在线型文件 *acad.lin* 和 *acadiso.lin* 中，它们定义了完全相同的线型，但使用的图形单位不同。换句话说，在同一图形单位中间隔线段长短有别。一般而言，*acad.lin* 适用于英制图形单位，而 *acadiso.lin* 更适用于公制图形单位。由于建筑设备与环境工程以 mm 为图形单位，故推荐使用 *acadiso.lin* 中线型定义。若能正确选择线型比例，两种定义使用效果差不多。

在 AutoCAD 中使用线型必须先加载，加载线型应在**线型管理器**（图 2-32）中完成。操作步骤如下：

① 单击**线型管理器**/**加载(L)**按钮，启动**加载或重载线型**对话框（图 2-32）；

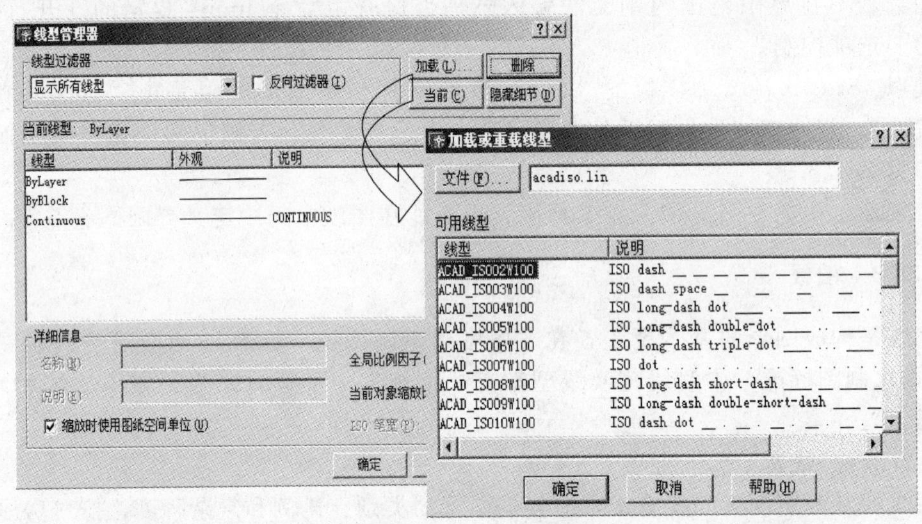

图 2-32 加载线型示例

② 单击**加载或重载线型**/**文件(F)…**按钮，可从**选择线型文件**对话框选择线型定义文件。系统默认线型文件为 *acadiso.lin*，文件中定义的线型将显示在**可用线型**列表框中；

③ 用鼠标选取**加载或重载线型**/**可用线型**列表框中需加载线型，选择多个线型时需要同时按下 Shift 键；

④ 单击两个对话框的**确定**按钮即可完成线型加载。

启动**线型管理器**的方法有 3 种：

① 执行命令行命令 linetype，或透明执行'linetype。

② 拾取**菜单栏**/**格式(O)**/**线型(N)**…选项。

③ 拾取**对象特性/线型控制/其他…**选项。

如果执行命令行命令-linetype，系统将显示命令 linetype 的命令行界面。

一个图形文件可以加载多种线型，已加载的线型将显示在**工具栏/对象特性/线型控制**下拉式列表框中，供绘图时选择使用。

2.2.4 对象特性

用以表现设计效果的图形、文字、标注、属性等简称为对象，而图形对象包含基本图形和图块。基本图形可由绘图命令直接产生，如点、线、圆、弧、矩形、椭圆、正多边形等；图块是由基本图形组合而得的复合图形，类似于 word 的图形组合，这个有特定意义的复合图形也是一个独立的对象。

在 AutoCAD 中，文字对象具有颜色特性，而图形对象具有颜色、线型、线宽特性。使用对象特性能更好地表现设计效果，指定对象特性可在对象特性工具栏（图 2-33）中完成。

图 2-33 对象特性工具栏

显示在 3 个列表框中的颜色、线型、线型将作用于新建对象，即 AutoCAD 把这些特性赋给了新建对象。改变对象特性的步骤是：

① 单击颜色、线型、线宽右侧按钮▼，系统将显示图 2-34 的下拉式列表框；

② 在图 2-34 下拉式列表框中选择所需项目。

其中，列表框中 ByLayer、ByBlock 选项分别表示对象特性与图层、图块相应设置保持一致。

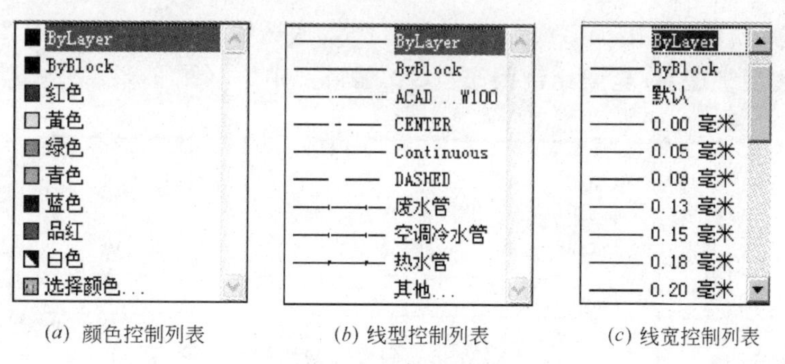

(a) 颜色控制列表　(b) 线型控制列表　(c) 线宽控制列表

图 2-34 对象特性选项

2.2.4.1 对象颜色

在工程设计中，使同类对象具有相同颜色、不同对象具有不同颜色有利于图形分类管理。为新对象指定颜色也可使用**选择颜色**窗体（图 2-35），它提供了色号在 1～255 间的颜色，还有真彩色与配色系统可供选择。

打开**选择颜色**窗体有 3 种方法：

① 执行命令行命令 color 或命令别名 COL，或透明执行′color。

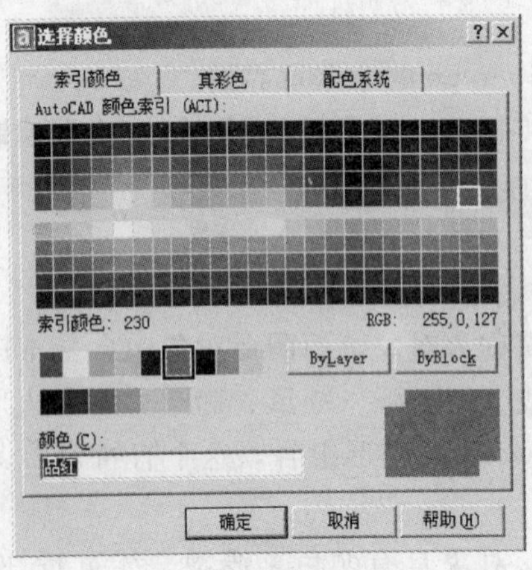

图 2-35 选择颜色窗体

② 拾取**工具栏/对象特性/颜色控制/选择颜色…**选项。

③ 拾取**菜单栏/格式(O)/颜色(C)…**选项。

2.2.4.2 对象线型

线型控制下拉式列表框中可选线型是已加载线型，只有加载成功才能在此显示并供选用。使用 AutoCAD 线型绘图时，需按行业标准为对象指定线宽，因 AutoCAD 线型本身不含线宽。例如，使用虚线 dashed 画管道时需要为其指定线宽，才会产生中（粗）虚线的效果。为新对象指定线型除使用**对象特性/线型控制**工具外，还有以下方法：

① 选中**线型管理器/线型**项目（1 个），单击**线型管理器/当前(C)**按钮；

② 用字符“S”响应命令-linetype 提示[**?/创建(C)/加载(L)/设置(S)**]，再输入线型名称。

使用线型后未必能立竿见影，多数情况下需要调整线形比例。因为线型定义文件 *acadiso. lin* 中描述虚线 dashed 的长度太短、间隔太小（参见 9.4.1）。例如，文件 *acadiso. lin* 中的虚线 dashed 定义如下：

```
*DASHED, Dashed __ __ __ __ __ __ __
A, 12.7, -6.35
```

定义中规定了画线长度为 12.7 个图形单位，间隔长度为 6.35 个图形单位，若 AutoCAD 图形单位为 mm 的话，间隔长度短得足以让人忽略，以至于无法看清，这就是不能马上看到虚线效果的原因。

使用 ltscale 命令更改用于图形中所有对象的线型比例因子。修改线型的全局比例因子将重生成图形。修改方法有以下 2 种：

① 执行命令行命令 ltscale 或命令别名 LTS，或透明执行'ltscale（图 2-36）。

② 修改**线型管理器/全局比例因子（G）**编辑框中值（图 2-32）。

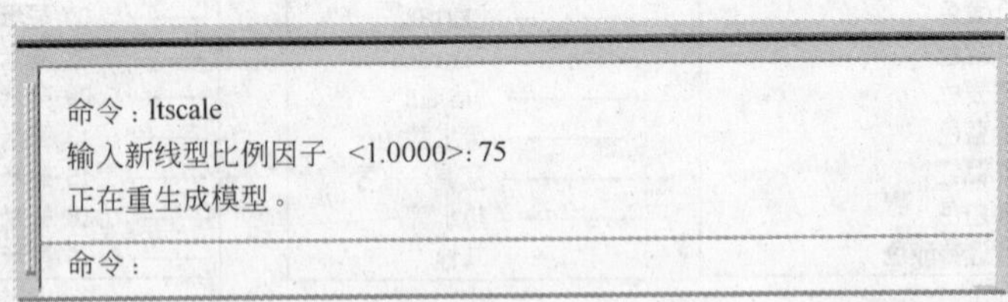
命令：ltscale
输入新线型比例因子 <1.0000>: 75
正在重生成模型。
命令：

图 2-36 调整线型比例

当 ltscale=75 时，短划线长为=75×12.7=952.5 个图形单位，间隔距离=75×6.35=476.25 个图形单位，再根据打印比例计算虚线图纸短线长度与间隔距离。按此方法调整线型比例，直到满意为止。

虚线 dashed 在另一文件 *acad. lin* 中定义的短线长度为 0.5、间隔距离为 0.25，与 *acadiso. lin* 产生相同效果的线型比例会更大些，即 ltscale=952.5/0.5=1851。因此，当同一文件需要使用多种线型时最好选择定义单位大致接近的线型，否则不便选择合适的线型比例。当然，因特殊需要也可设置当前对象的线型比例 celtscale，在 celtscale＝2 的图形中绘制的直线，如果将 ltscale 设置为 0.5，其效果与在 celtscale＝1 的图形中绘制的直线 ltscale＝1 时的效果相同。

2.2.4.3 对象线宽

使用线宽，可以用粗线和细线清楚地表现建筑设备与环境工程设计中的建筑轮廓与设备轮廓、管线、尺寸标高角度的标注线和引出线等。为新对象指定线宽也可使用**线宽设置**窗体（图 2-37）。它提供了 24 种线型宽度，最粗图线为 2.11mm。

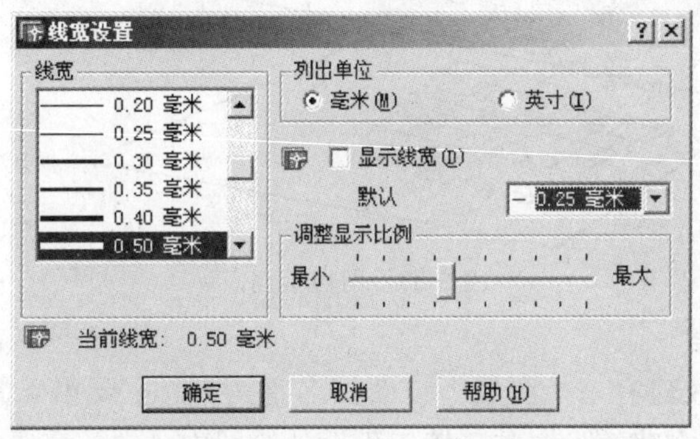

图 2-37 线宽设置窗体

启动**线宽设置**窗体有以下 3 种方法：

① 执行命令行命令 lweight 或命令别名 LW，或透明执行'lweight。

② 拾取**菜单栏/格式(O)/线宽(W)** …选项。

③ 拾取**状态栏/线宽/设置**选项。

当线宽值为 0.25mm 或更小时，在模型空间显示为 1 个像素宽，按打印设备允许的最细宽度打印。当线宽值大于 0.25mm，无论线宽是否显示，AutoCAD 将按指定宽度打印在图纸上且与出图比例无关。**显示线宽**可用以下 3 种方法：

① 单击**状态栏/线宽**按钮。

② 选中**线宽设置/显示线宽**前的复选框。

③ 将系统变量 lwdisplay 置为 ON。

线宽的显示在模型空间和图纸空间布局中是不同的。模型空间中 0 值线宽显示为一个像素，其他线宽使用与其真实单位值成比例的像素宽度。并且显示的线宽不随缩放比例因子而变化。例如，无论如何放大，以 4 个像素的宽度表现的线宽值总是用 4 个像素显示。因此，若要在模型空间中精确表示管线宽度就不应该使用线宽而使用固定宽度的多段线 pline。

想使对象线宽在模型选项卡上显示得更大或更小，应拉动**线宽设置/调整显示比例**滑动条，但显示比例的更改并不影响线宽的打印值。

在图纸空间布局与打印预览中的线宽将按指定宽度显示，并且可随缩放比例因子变化。控制图形线宽的打印和缩放方法是：置**打印/打印设置/缩放线宽(L)** 前的复选框为☑，启动**打印**窗体参见 5.4.3。

2.2.5 图层

图层可以看做是一张张能重叠在一起的透明纸。因为不同图层具有相同坐标系、绘图界限和显示缩放倍数，故能精确对齐（图 2-38）。

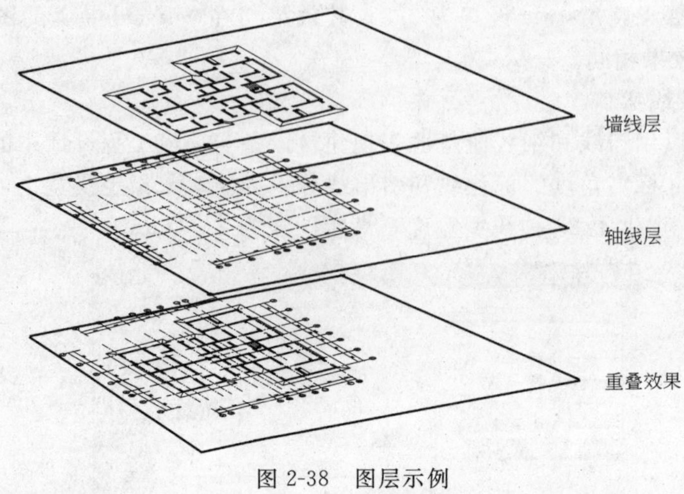

图 2-38 图层示例

2.2.5.1 创建图层

AutoCAD 新文件仅建有一个图层，该图层名称为 0，主要用于制作图块，用户不要删除它或对它重命名。在建筑设备与环境工程设计绘图中，常常需要把复杂图形按功能或特征加以区分，把它们分门别类地画到不同名称的图层上，以便修改或管理。例如，建立轴线、墙线、门窗、电梯、文字、标注、给水、排水、消防、空调、风管、设备等相关图层。创建图层可在**图层特性管理器**中进行（图 2-39）。步骤如下：

① 单击**图层对象管理器/新建(N)**按钮；

② **在图层列表框当前行**（蓝底背景）中输入新建图层名称；

③ 单击新图层颜色、线型或线宽项目，即可打开相应**选择颜色**、**选择线型**和**线宽**窗体（图 2-40），从中为新图层对象指定特性；

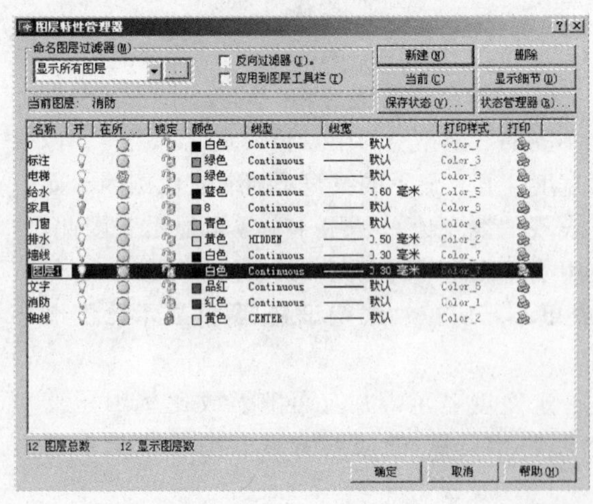

图 2-39 图层特性管理器

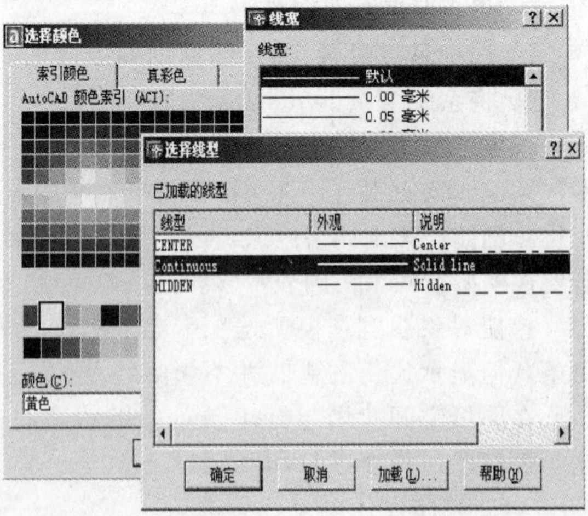

图 2-40 设置颜色、线型、线宽

④ 直到全部图层创建完毕，单击**图层特性管理器/确定**按钮退出。

在一个图形文件中可以不受限制地创建多个图层，并为每个图层上的对象指定颜色、线型和线宽。置标准工具栏中对象特性（颜色、线型、线宽）为 ByLayer，表示新建对象的颜色、线型、线宽与图层所设一致。一般而言，只有个别对象需要专门指定具体的颜色、线型和线宽，否则都应选择为 ByLayer。例如，绘制家具层中鲜花，可特别将鲜花对象的颜色选为红色。

单击**图层特性管理器/**[**当前 (C)**]按钮，可把当前行置为当前层。当前层好比放在顶层上的透明纸，新绘图形都应在当前层上，但在当前层上可以透明编辑其他图层上的图形。

启动图形特性管理器有以下 3 种方法：

① 执行命令行命令 layer 或命令别名 LA，或透明执行'layer。

② 拾取**菜单栏/格式(O)/图层(L)** …选项。

③ 单击**工具栏/图层/图层特性管理器**图标按钮。

2.2.5.2 使用图层控制复杂程度

多数基本特性可以通过图层指定给对象，也可以直接指定给对象。

① 如果将对象的颜色、线型、线宽特性置为 ByLayer，则新对象的特性取所在图层的特性。

② 如果将对象特性设置为指定值（如红色），则新对象的特性取该指定值（红色）。

使用图层的打开、冻结、锁定功能，可以控制图层上对象的可见性与可修改性，以减少绘图与编辑的复杂程度。打开、冻结、锁定图层有以下 2 种方法：

① 单击**图层特性管理器/图层/开、冻结、锁定**相应项目图标；

② 单击**工具栏/图层/下拉式列表框/图层/开、冻结、锁定**相应项目图标（图 2-41）。

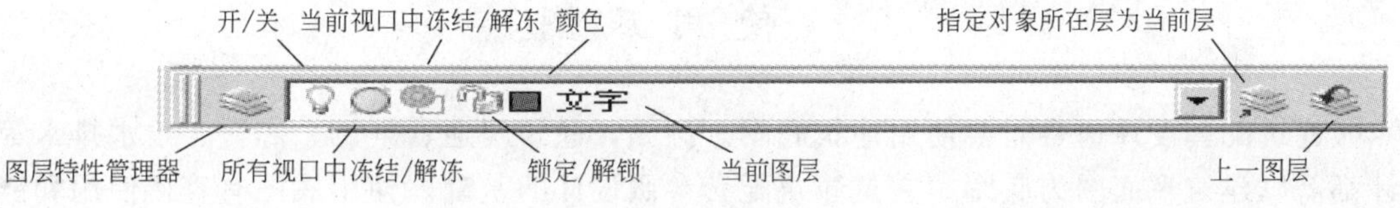

图 2-41　图层工具栏

打开、冻结、锁定图层主要用于控制图形的复杂程度，并便于修改和管理图层上对象的基本特性，使用时要注意以下几点。

① 锁定/解锁图层：通过锁定图层可以看见图形对象但不能修改它。例如，在进行建筑暖通空调燃气设计时可锁定轴线层，使轴线既能起到定位参考的作用又不会被用户随意修改。

② 打开/关闭图层：通过关闭图层使图形对象不可见、不可编辑和打印，但缩放视图时需要进行重生成运算。例如，绘制建筑设备与环境工程设计图时，把与专业设计关系不大的轴线、电梯、家具等图层关闭后，有助于突出专业设计中的管道、风管、空调等设计。

③ 冻结/解冻图层：通过冻结图层使图形对象不可见、不可编辑和打印，也不会进行重生成运算，能提高计算机显示速度。特别地，缩放复杂图形需要较长的重新计算和重新生成图形的时间，如果冻结部分无关紧要的图层，将减少部分图形的重生成计算与显示，提高 AutoCAD 的运行速度。

2.3 画 图 框

作为综合应用，按下列步骤绘制 A2 横式图框。

① 按 1.2.4.1 要求设置图形单位；

② 根据 A2 横式幅面计算并设置图形界限；

③ 用 z 响应命令行命令 zoom，进行范围缩放；

④ 调整栅格间距、捕捉间距，并打开栅格；

⑤ 按表 2-14 创建图层，并把“图框”置为当前层；

创建图层 **表 2-14**

图层名	开	冻结	锁定	颜色	线型	线宽
轴线	on	off	off	黄	center	默认
图框	on	off	off	白(黑)	continuous	默认
墙线	on	off	off	白(黑)	continuous	0.3mm
标注	on	off	off	绿	continuous	默认
文字	on	off	off	品红	continuous	默认
门窗	on	off	off	青	continuous	默认
设备	on	off	off	灰	continuous	默认
…	…	…	…	…	…	…

⑥ 将**对象特性/颜色控制、线型控制和线宽**当前值指定为 ByLayer；

⑦ 按图 2-28 中尺寸，表 2-13 中线宽要求绘制图框。

2.4 使 用 底 图

做建筑配套设计通常需要使用建筑底图。例如，建筑暖通、空调、燃气、给水排水等设计都需以建筑平面图为底图，它是建筑配套参照设计的基础。使用底图有直接使用和链接使用 2 种方法。链接亦称外部参照，在工程设计中更具优势，它是将底图作为外部参照**附着(A)** 到当前图形文件中（参见图 2-43），也就是链接参照图形到当前图形文件。这样，对参照图形所做的任何修改都会自动显示到当前图形中。附着外部参照需要选择参照文件，打开**选择参照文件**对话框（图 2-42）有以下 4 种方法：

① 执行命令行命令 xattach。

② 拾取**菜单栏/插入(I)/外部参照(X)** …选项。

③ 单击**工具栏/参照/附着外部参照**图标按钮。

④ 单击**外部参照管理器/**[**附着(A) …**]按钮（参见图 2-43）。

选定外部参照文件并单击对话框**选择参照文件/**[**打开(O)**]按钮，将出现**外部参照**对话框窗体（图 2-42），置参照类型**附加型**前单选按钮为⊙，并指定参照比例 x、y、z 为 1，单击**外部参照/**[**确定**]按钮，在交互输入插入点后即可完成附着外部参照的操作。

由于附着外部参照是链接参照图形而不是真正插入外部图形到当前文件，故不会显著

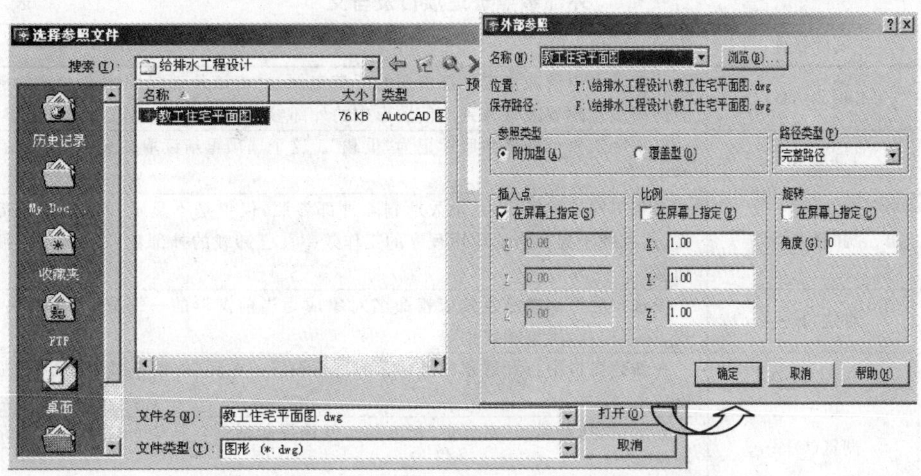

图 2-42　选择参照文件和指定参照类型、比例

增加图形文件的字节。它不仅能够生成可供建筑配套设计参考的底图，还能随底图的变化而不断更新，这就是使用底图的最佳方法。一个图形文件可以使用多个外部参照，管理它们应使用外部参照管理器（图 2-43），打开**外部参照管理器**常用以下 3 种方法：

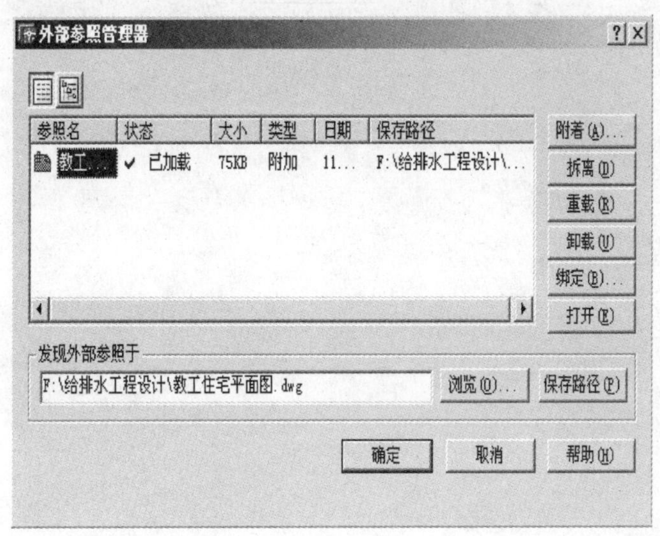

图 2-43　外部参照管理器

① 执行命令行命令 xref 或命令别名 XR。

② 拾取**菜单栏/插入(I)/外部参照管理器(R)**…选项。

③ 单击**工具栏/参照/外部参照**图标按钮。

使用外部参照管理器的管理项目及含义参见表 2-15。从表 2-15 可知，从图形中除去外部参照需要**拆离（D）**而不是删除它们。当工程设计完成后并准备归档时，应将附着的外部参照和用户图形永久**绑定（B）**到一起。

AutoCAD 会定期检查最后一次加载或重载的外部参照文件是否改变，并将更改后的

外部参照管理项目及含义 **表 2-15**

序号	项目名称	含义
1	拆离(D)	从定义表中清除指定外部参照的所有实例，并将该外部参照定义标记为删除。只能拆离直接附着或覆盖到当前图形中的外部参照，而不能拆离嵌套的外部参照
2	重载(R)	将一个或多个外部参照标记为“重载”。这个选项重新读取并显示最新保存的图形版本
3	卸载(U)	卸载不同于拆离，不是永久地删除外部参照，仅仅是不显示和重生成外部参照定义，这有助于提高当前应用程序的工作效率。已卸载的外部参照可以很方便地重新加载
4	绑定(B)…	使选定的外部参照及其依赖命名对象成为当前图形的一部分。例如，块、文字样式、标注样式、图层和线型等
5	打开(E)	在新建窗口中打开选定的外部参照进行编辑。关闭“外部参照管理器”后显示新建窗口
6	浏览(O)…	显示“选择新路径”对话框(标准的文件选择对话框)，从中可以选择其他路径或文件名
7	保存路径(P)	将路径保存到当前选定的外部参照中，与其在“发现外部参照于”中显示的一样

通知发布到**状态栏/通信中心**处（参见图 1-15）。在网络环境中，无论何时修改和保存外部参照图形，其他人都可以通过重载外部参照立即访问它。若要更改外部参照图形或文件夹的位置，应重新设置**外部参照管理器/保存路径(P)**，也可通过覆盖外部参照来实现网络环境数据共享。

第3章 对象修改

修改对象特性有多种方法。通常情况下，可以根据特性类型选用特性选项板、特性匹配工具，也可使用编辑命令与夹点修改方法。修改时需由用户指定被修改对象，并把这个操作称为选择对象。本章将重点介绍选择对象、控制对象基本特性与几何特性的方法和技巧。

3.1 选择对象

由2.2.4可知，对象当前颜色、线型、线宽特性仅仅作用于新建对象，而对象基本特性还有图层、线型比例和厚度等。事实上，对象还有与视图、打印样式类似的其他特性，含几何点位置、角度、高度等，如圆心位置与半径。它们都是对象的特性，修改对象这些特性有2种途径：

① 先输入命令再选择对象。

② 先选择对象再输入操作命令。

若先选择编辑命令，AutoCAD会提示用户选择对象，并用拾取框代替十字光标。拾取框是在**选择对象**提示后出现的空心小方框，用于单个选择修改对象。响应**“选择对象”**提示可用命令select选项提供的方式（表3-1），还可透明使用对象选择过滤器，也可将对象进行编组，以便在后续编辑命令“选择对象”提示下使用。

若先选择对象，可用以下2种方法：

① 执行命令行命令select并选定对象，AutoCAD将所有选定对象置于“上一个”选择集。

② 执行快速过滤选择命令qselect。

使用该选择集的方法是在任何后续编辑命令中“选择对象”提示下输入p。

3.1.1 选择方法

常用对象选择方式含于命令select选项中，用字符“?”响应命令行命令select将出现如下提示：

需要点或

窗口(W)/上一个(L)/窗交(C)/框(BOX)/全部(ALL)/栏选(F)/圈围(WP)/圈交(CP)/编组(G)/类(CL)/添加(A)/删除(R)/多个(M)/上一个(P)/放弃(U)/自动(AU)/单个(SI)

选择对象：

常用对象选择方式及意义见表3-1。特别地，用拾取框选择对象只能逐个地单选，若要实现多个对象一次选择，往往采用窗口、窗交等方式。若系统变量PICKADD的值为

常用对象选择方式及意义　　　　表 3-1

序号	名称 (命令修饰符)	用　　法 (在“选择对象”提示下)	说　　明
1	窗口 (W)	单击并拖动光标,用矩形区域来选择被包围对象 1　2 窗选过程　　窗选效果	窗选时应从左上角拖动光标到右下角。若在“选择对象:”提示后输入修饰符 w,拖动光标就与所选角点顺序无关
2	上一个(L)	选择最近一次创建的可见对象	不含锁定图层上新建对象
3	窗交 (C)	单击并拖动光标,用矩形区域来选择被压住或被包围对象 2　1 窗交过程　　窗交效果	应从右下角到左上角拖动光标。若在“选择对象:”提示后输入修饰符 w,拖动光标就与所选角点顺序无关
4	全部 (ALL)	选择当前文件中的所有对象 未选　　全选	在“选择对象:”提示后输入修饰符 ALL
5	栏选 (F)	选择被多段线压住的对象 1　2　3　4 栏选过程　　栏选效果	先在“选择对象:”提示后输入修饰符 F,再按图中顺序输入各点
6	圈围 (WP)	用多边形区域来选择被包围对象 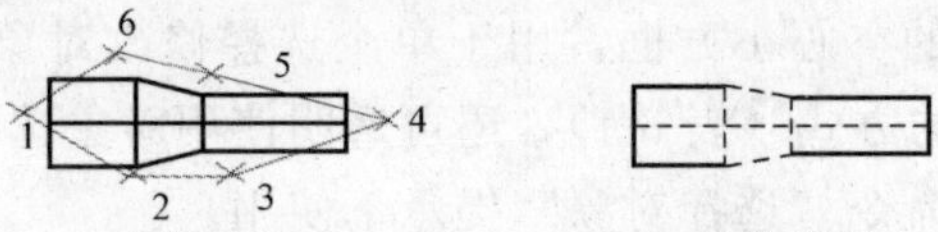 1　2　3　4　5　6 圈围过程　　圈围效果	先在“选择对象:”提示后输入修饰符 WP,再按图中顺序输入各点
7	圈交 (CP)	用多边形区域来选择被压住或被包围对象 1　2　3　4　5 圈交过程　　圈交过程	先在“选择对象:”提示后输入修饰符 CP,再按图中顺序输入各点
8	组编 (G)	选择指定编组中的所有对象(参见 3.1.3)	在“选择对象:”提示后输入命名的编组名称
9	添加 (A)	切换到“添加”模式(PICKADD=1):可以使用任何对象选择方式将选定对象添加到选择集	“自动”和“添加”为默认模式
10	删除 (R)	切换到“删除”模式(PICKADD=0):使用任何一种对象选择方式都可以将现有对象从当前选择集中删除	“删除”替换模式是在选择单个对象的同时按下 Shift 键或者是使用“自动”选项。
11	上一个 (P)	前次命令选择过的对象	需在“选择对象:”提示后输入修饰符 P
12	单个 (SI)	用拾取框光标单击欲选对象,可实现逐个地选择对象 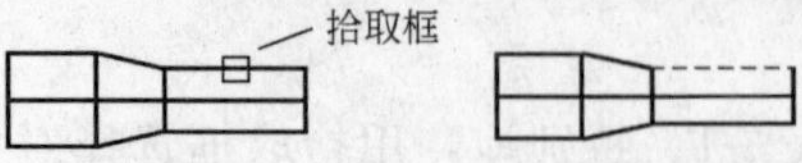 拾取框 单选过程　　单选效果	需调整拾取框的大小以方便选择 当单选过程中拾取无法接触对象时应关闭捕捉(F9)

0，最新选定对象会替换原有选择对象，仅当同时按下 Shift 键选对象，才能将所选对象添加到选择集或从选择集中除去它（已选）。若 PICKADD 的值为 1，最新选定对象会添加到当前选择集，仅当从选择集中删除已选对象时才需同时按下 Shift 键。

3.1.2 过滤选择集

使用 select 命令选择对象，多数情况不能根据对象颜色、线型、线宽以及它们的几何特性来选择。例如，选择半径为 1000 的红色圆，文字层上字高为 300 的文字等。过滤选择集提供的 2 种方法主要是根据对象特性来选择对象。

3.1.2.1 对象选择过滤器

使用**对象选择过滤器**是为了根据对象特性选择对象，即根据对象特性和类型过滤选择集，例如，选择图层名为 TEXT、字高为 300 的文字。执行对象选择过滤应在**对象选择过滤器**（图 3-1）中完成。打开**对象选择过滤器**对话框应执行命令行命令 filter 或透明执行命令'filter。对象选择过滤器应用说明见表 3-2。

对象选择过滤器应用说明　　表 3-2

序号	项目		应用说明
1	过滤器特性列表		显示组成当前过滤器的过滤器特性(见图 3-1)
2	选择过滤器	对象类型或逻辑运算	列出可过滤的对象类型和用于组成过滤表达式的逻辑运算符
		参数 X、Y、Z	按对象定义附加过滤参数。例如，选择半径 X=500 的圆
		选择(E)	列出指定类型所有项目以便选择要过滤的项目。例如，选择对象类型"颜色"，将会显示要选择的颜色列表
		添加到列表(L)	向过滤器列表中添加当前的"选择过滤器"特性
		替换(S)	用"选择过滤器"中显示的某一过滤器特性替换过滤特性列表中选定特性
		添加选定的对象＜	向过滤器列表中添加图形中的一个选定对象
3	编辑项目(I)		要编辑过滤器特性，请选中它然后单击"编辑项目"按钮
4	删除(D)		从当前过滤器中删除选定的过滤器特性
5	清除列表(C)		从当前过滤器中删除所有列出的特性
6	命名过滤器	当前(U)	显示保存的过滤器。选择一个过滤器列表将其置为当前
		另存为(V)	保存过滤器及其特性列表。AutoCAD 将过滤器保存在 *filter.nfl* 文件中
		删除当前过滤器列表(F)	从默认过滤器文件中删除过滤器及其所有特性
7	应用(A)		退出对话框并创建一个选择集。AutoCAD 在选定对象上使用当前过滤器

3.1.2.2 快速选择

使用"快速选择"可以根据指定的过滤条件快速定义选择集。执行快速选择应该使用**快速选择**对话框（图 3-2）来完成。启动快速选择对话框有 3 种方法：

① 执行命令行命令 qselect。

② 拾取**菜单栏/工具(T)/快速选择(K)**…选项。

③ 拾取绘图区**快捷菜单/快速选择(Q)**…选项，此时绘图区应无活动命令。

由图 3-2 可知，快速选择主要依据对象颜色、图层、线型、线型比例、线宽等特性值

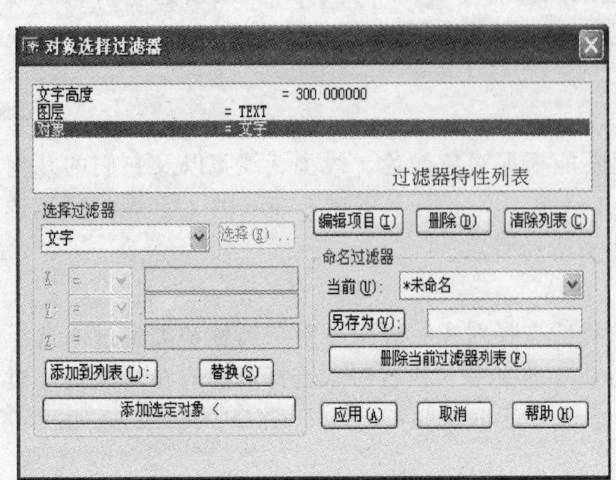

图 3-1 对象选择过滤器对话框

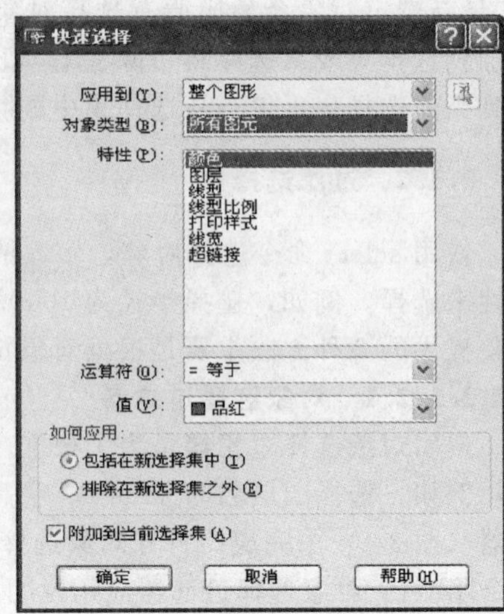

图 3-2 快速选择对话框

来选择对象。例如，选择颜色是品红或图层 WALL 的所有对象等。

特别地，可将 qselect 命令创建的选择集附加到当前选择集，但需置复选框**附加到当前选择集(A)** 为☑，否则将替换当前选择集。也可通过**如何应用**项目下的单选按钮决定是否将所选对象**包含在新选择集中(I)**（参见图 3-2）。

3.1.3 对象编组

将对象进行编组是为了能够以组为单位编辑图元，编组可以把对象组成一些命令集合以便显示、标识、修改甚至重组。进行对象编组应使用**对象编组**对话框（图 3-3），启动**对象编组**对话框需执行命令行命令 group。对象编组对话框应用说明参见表 3-3。

对象编组主要选项应用说明 **表 3-3**

序号	项目		应用说明
1	编组名(P)		显示现有编组的名称
2	可选择的		指定编组是否可选择。如果某个编组为可选择编组，则选择该编组中的一个对象将会选择整个编组
3	编组标识		显示在“编组名”列表中选定的编组的名称及其说明(如果有的话)
4	创建编组	新建(N)<	用选定对象按指定“编组名”和“说明”创建新编组
		可选择的(S)	指出新编组是否可选择
		未命名的(U)	指示新编组未命名，并给编组指定默认名 * An。n 为递增编组数
5	修改编组	删除(R)<	从选定的编组中删除对象。要使用此选项，请不要选择“可选”选项
		添加(A)<	将对象添加到选定的编组中
		重命名(M)	将选定的编组重命名为在“编组标识”下的“编组名”框中输入的名称
		重排序(O)	显示“编组排序”对话框(图 3-3)，从中可以修改选定编组中对象的编号次序
		分解(E)	删除选定编组的定义。编组中的对象仍保留在图形中

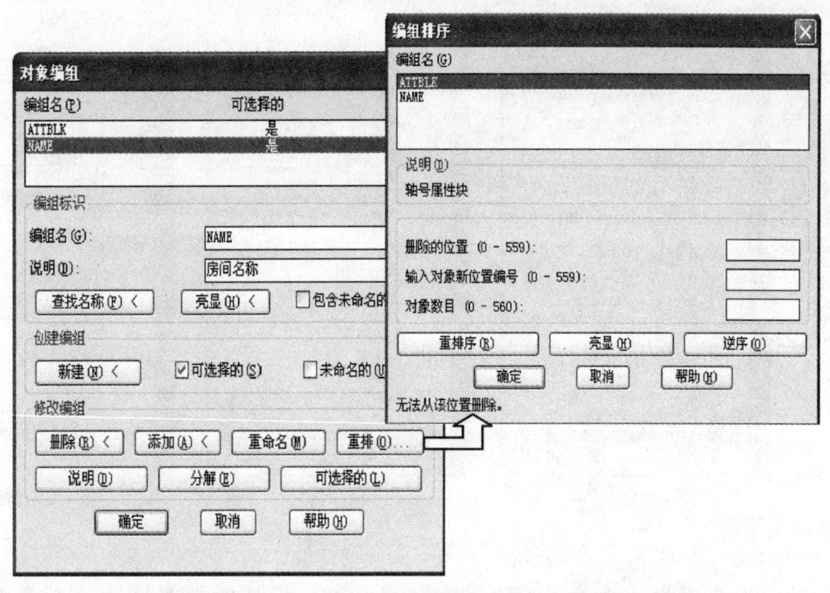

图 3-3　对象编组与排序对话框

3.2　控制对象基本特性

每个对象都具有特性，有些特性是基本特性，适用于多数对象，如图层、颜色、线型等。有些特性是专用于某个对象的，如圆半径和面积，直线长度和角度等。而控制对象基本特性的有效工具是使用 AutoCAD 提供的特性选项板和特性匹配工具。

3.2.1　特性选项板

特性选项板是修改对象基本特性和其他特性的重要工具。基本特性主要包括图层、颜色、线型、线型比例、线宽、厚度等。其他特性通常是指图形位置、大小、转角等几何特性，以及文字样式、起点、高度等特性。对象的几何特性直接与图形类型相关，如圆的几何特性是圆心、半径，而直线特性有起点、终点等。一般地，不同对象具有不同特性（图 3-4），而特性选项板将显示所选对象的共同特性。

打开**特性**选项板有以下 4 种方法：

① 执行命令行命令 properties，或命令别名 CH、MO 或 PR。

② 单击**工具栏/标准/特性**（**Ctrl+1**）图标按钮。

③ 拾取**菜单栏/修改(M)/特性(P)** 选项。

④ 单击绘图区对象上鼠标右键，拾取快捷菜单**特性(S)** 选项。

单击选项板**特性/快速选择或选择对象**按钮，可按需要选择修改对象，并由系统变量 PICKADD 决定是替换原对象还是添加新对象到选择集，对象类型显示在左上角列表框中。由于**特性**选项板将显示所选对象的共同特性，故用它成批修改对象基本特性的关键是正确、合理、恰当地进行对象编组或根据对象特性过滤选择集。

修改特性的方法是更改对象基本特性的当前值。例如，更改所选圆对象的半径（图

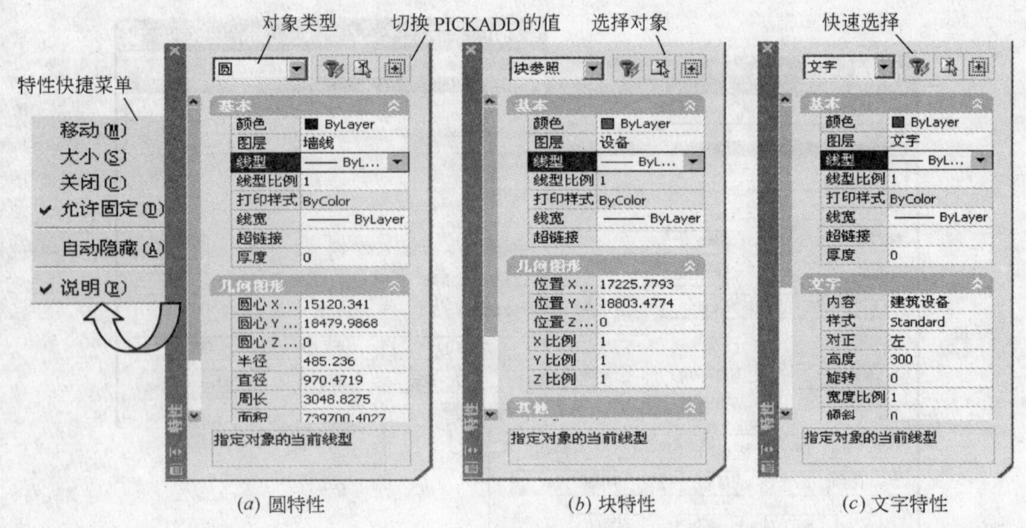

(*a*) 圆特性　　(*b*) 块特性　　(*c*) 文字特性

图 3-4　对象类型与特性

3-4（*a*））值等。需要成批修改文字高度（图 3-4（*c*））或其他基本特性（图 3-4（*b*））时，用特性选项板尤为方便。

单击**特性**标题栏上鼠标右键，将显示相关快捷菜单，通过执行快捷菜单选项命令可以改变特性选项板的位置与外观。当然，也可以按 Windows 方法去改变它的位置与外观。

3.2.2　特性匹配

特性匹配类似于格式刷，可将一个对象的某些或所有特性复制给其他对象。这些可以复制的特性有基本类型和特殊类型 2 种。特殊类型特性主要指标注、文字、填充图案、多段线、视口等。默认情况下，所有可应用的特性都自动地从选定的第一个对象复制给其他对象。如果不希望复制某些特性，请在执行匹配命令过程中使用［**设置（S）**］选项，并通过**特性设置**对话框（图 3-5）将特性项目前复选框由☑变为☐，以此禁止某些特性的复制。

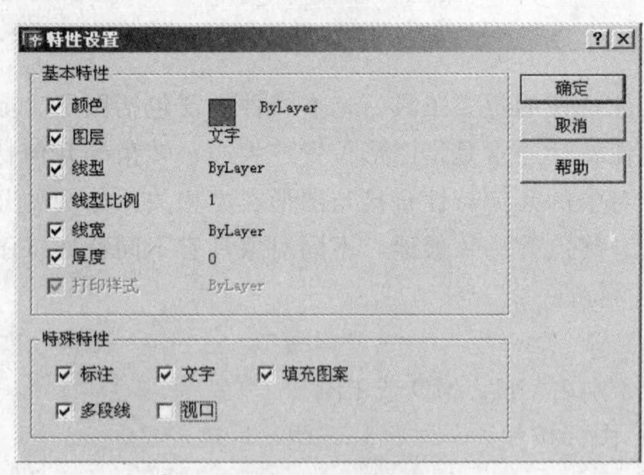

图 3-5　特性设置对话框

执行特性匹配操作有以下 3 种方法：

① 执行命令行命令 matchprop，或命令别名 MO。

② 拾取**菜单栏/修改(M)/特性匹配(M)** 选项。

③ 单击**工具栏/标准/特性匹配**图标按钮。

使用特性匹配时应先选择源对象，再指定目标对象，AutoCAD 将根据设置的特性复制项目用源对象特性去更新目标对象的相应特性。

3.3 修改对象几何特性

修改对象特性主要指修改现有对象的某些几何特性，如改变对象形状、大小，进行圆角、倒角、删除、移动、旋转、对齐，以及复制、偏移、拷贝某些对象以产生新对象等。

3.3.1 修改方法

执行修改命令常用以下 3 种方法：

① 执行命令行命令（见表 3-4）。

② 拾取菜单栏命令选项（见图 3-6）。

③ 单击工具栏图标按钮（见图 3-6）。

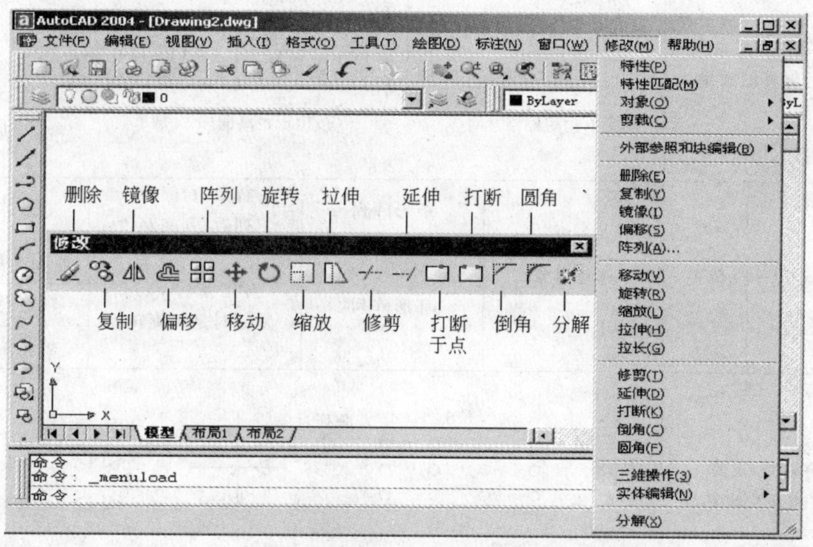

图 3-6　修改菜单与工具栏

修改命令功能、步骤与意义　　　　**表 3-4**

序号	命令(别名)	功能	操作步骤			
	参数说明或修改效果		1	2	3	4
1	erase(E)	删除	选择对象			
	erase 操作说明		选择屏幕中需要去掉或擦除的对象，执行删除命令后该对象便会消失			
2	copy(CP)	复制	选择对象	基点或位移	指定位移或第 2 点	
				重复(M)	指定位移或第 2 点	指定位移或第 2 点…
	重复复制 M 的意义与效果		拷贝对象 基点 位移 或第2点 1次拷贝不使用M参数		同一基点 位移 或第2点 2次以上拷贝需使用M参数	

续表

序号	命令(别名)	功能	操作步骤			
	参数说明或修改效果		1	2	3	4
3	mirror(MI)	镜像	选择对象	镜像轴第1点	镜像轴第2点	删除源对象(Y/N)?
	镜像主要步骤与效果		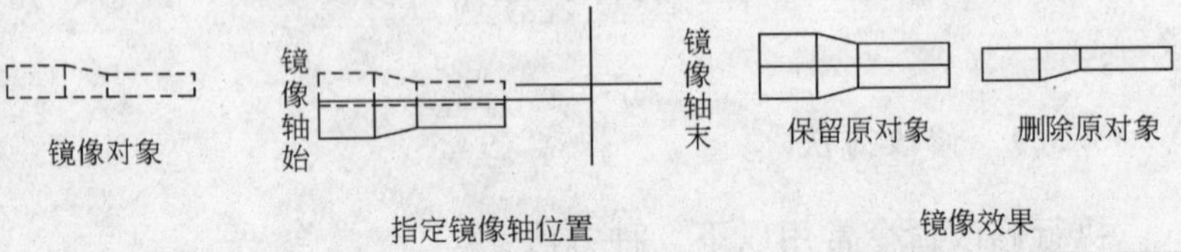 镜像对象	镜像轴始 指定镜像轴位置	镜像轴末	保留原对象　删除原对象 镜像效果
4	offset(O)	偏移	指定偏移距离 输入T	选择偏移对象	指定点p以确定偏移所在一侧 指定通过点p	
	offset参数意义及多次执行偏移的效果		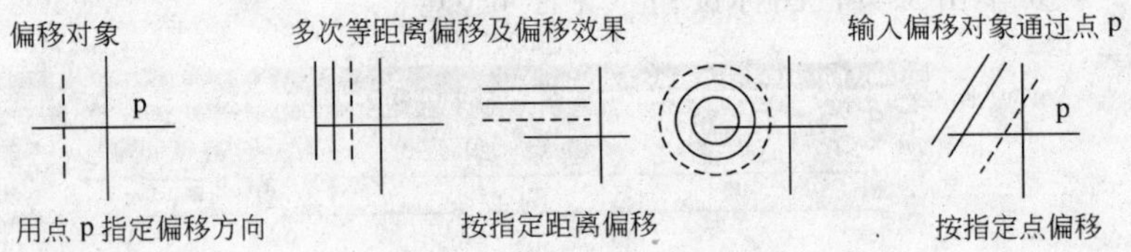 偏移对象 p 用点p指定偏移方向	多次等距离偏移及偏移效果 按指定距离偏移		输入偏移对象通过点p p 按指定点偏移
5	array(AR)	阵列	选择对象	矩形阵列	行数、行间距 列数、列间距	阵列角度
				环形阵列	中心点(X,Y) 复制时是否旋转?	项目总数和填充角度 项目总数和项间角 填充角度和项间角
	阵列类型、主要参数意义及效果		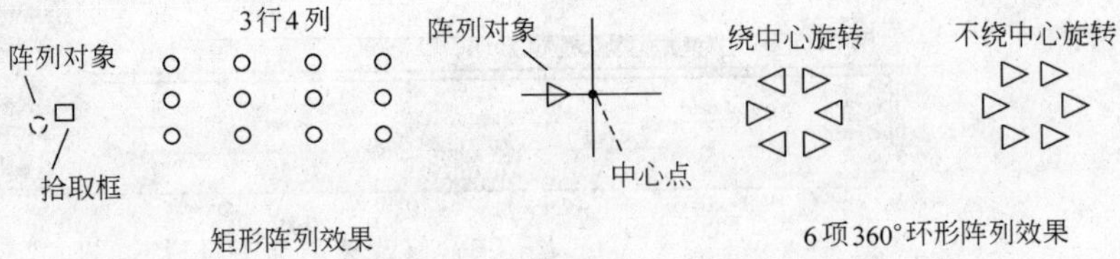 阵列对象 拾取框	3行4列 矩形阵列效果	阵列对象 中心点	绕中心旋转　不绕中心旋转 6项360°环形阵列效果
6	move(M)	移动	选择对象	基点或位移	指定位移或第2点	
	移动操作与效果		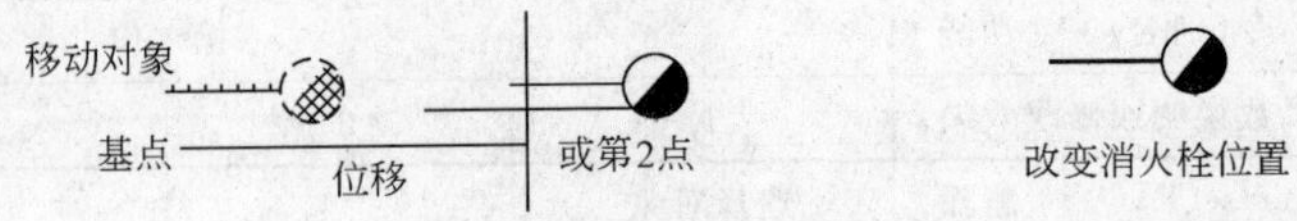 移动对象 基点	位移	或第2点	改变消火栓位置
7	rotate(RO)	旋转	选择对象	指定旋转中心点及基点	输入旋转角度	
					[参照(R)]	指定参照角度及新角度
	旋转主要步骤与效果		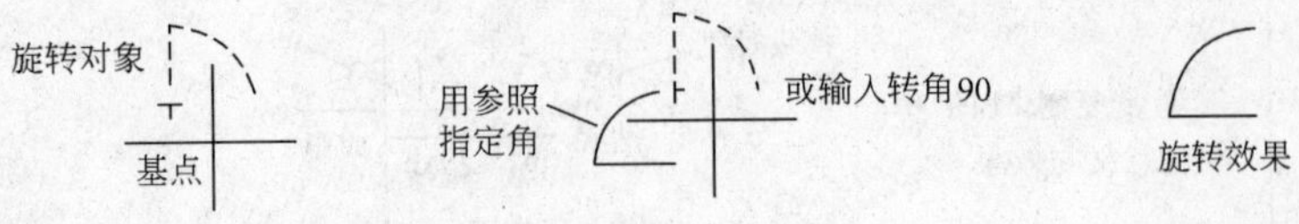 旋转对象 基点	用参照指定角	或输入转角90	旋转效果

续表

序号	命令(别名)	功能	操作步骤			
	参数说明或修改效果		1	2	3	4
8	scale(SC)	缩放	选择对象	基点	缩放比例因子	
					输入 R	输入参照长度及新长度
	缩放效果图示		 基点 缩放对象	沿基点缩放		基点 比例=0.7的缩放效果
9	stretch(S)	拉伸	选择对象	基点或位移	指定位移或第 2 点	
	拉伸 stretch 操作要点及注意事项		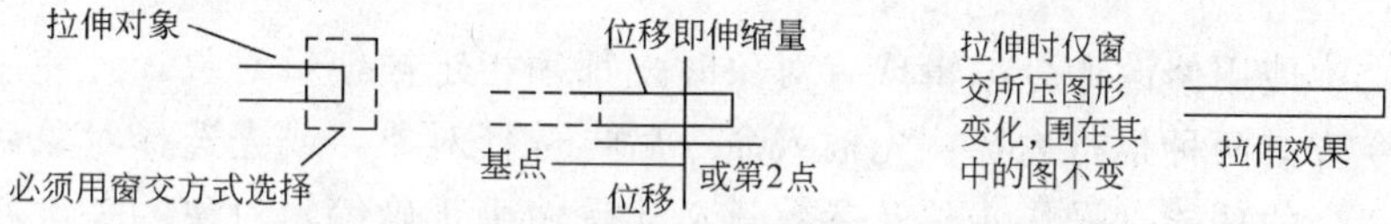 拉伸对象 必须用窗交方式选择	位移即伸缩量 基点 位移 或第2点	拉伸时仅窗交所压图形变化，围在其中的图不变	拉伸效果
10	trim(TR)	修剪	选择切口边沿	要修剪对象		
				同时按 Shift 键＋要延伸对象		
	修剪 trim 主要操作步骤及效果		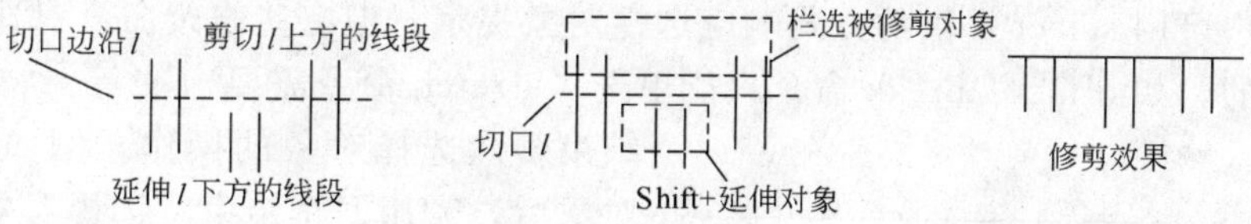 切口边沿/ 剪切/上方的线段 延伸/下方的线段	栏选被修剪对象 切口/ Shift+延伸对象		修剪效果
11	extend(EX)	延伸	选择边界边	要延伸对象		
				同时按 Shift 键＋要修剪对象		
	延伸 extend 主要操作步骤及效果		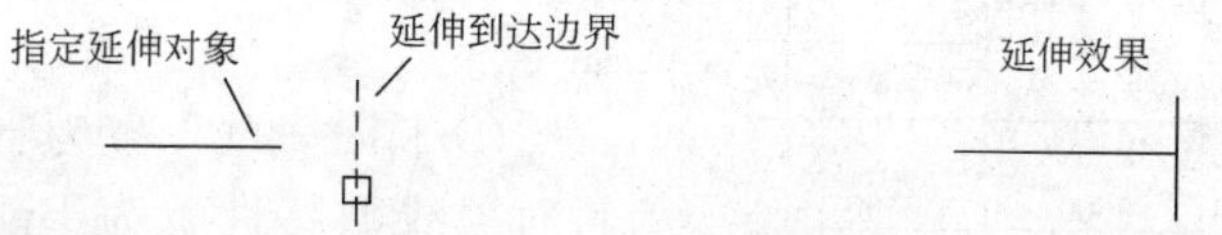 指定延伸对象	延伸到达边界		延伸效果
12	break(BR)	打断	选择打断对象并以该点为第 1 断点		选择第 2 断点	
			选择打断对象	输入 F	选择第 1 断点	选择第 2 点
	参数 F 的意义及打断效果		被打断对象	第1断点	第2断点	打断效果
			输入参数F后需重新指定第1断点，否则以拾取点为第1断点			
13	chamfer(CHA)	倒角	距离倒角 D	第 1 倒角距离	第 2 倒角距离	指定第 1、2 条倒角直线
			角度倒角 A	第 1 倒角长度	第 1 倒角角度	
	距离与角度倒角所需参数的意义与倒角效果		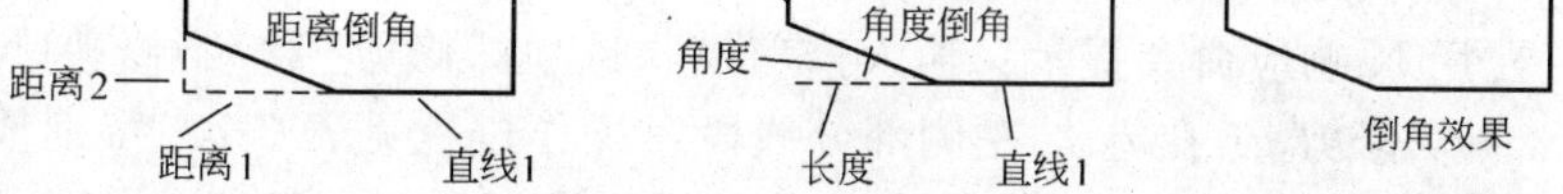 直线2 距离倒角 距离2 距离1 直线1		直线2 角度倒角 角度 长度 直线1	倒角效果

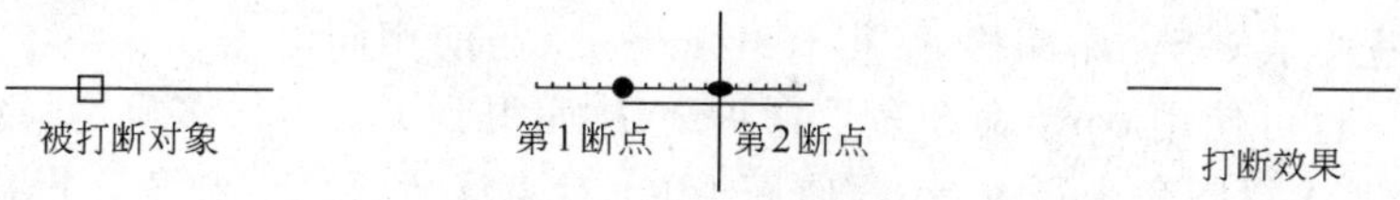

续表

<table>
<tr><td rowspan="2">序号</td><td>命令(别名)</td><td>功能</td><td colspan="4">操 作 步 骤</td></tr>
<tr><td colspan="2">参数说明或修改效果</td><td>1</td><td>2</td><td>3</td><td>4</td></tr>
<tr><td rowspan="2">14</td><td>fillet(F)</td><td>圆角</td><td>半径 R</td><td>定圆角半径</td><td>选择第 1 个对象</td><td>选择第 2 个对象</td></tr>
<tr><td colspan="2">圆角操作与效果</td><td colspan="2">对象2
对象1</td><td>R≠0 圆角效果</td><td>R=0 的圆角效果</td></tr>
<tr><td rowspan="2">15</td><td>explode(X)</td><td>分解</td><td>选择对象</td><td></td><td></td><td></td></tr>
<tr><td colspan="2">分解组合对象的要点及说明</td><td>分解对象
分解前是一个对象</td><td colspan="2">分解后为多个对象</td><td>任何分解对象的颜色、线型和线宽都可能改变，其结果取决于合成对象的类型</td></tr>
</table>

使用修改命令编辑现有对象时，都须指定被编辑对象，凡使用“选择对象”提示的命令皆有两种执行途径：先输入命令后再选择对象，或先选择对象后再输入命令。掌握修改命令的功能、操作步骤及参数意义才是使用正确编辑对象的关键所在。表 3-4 简要说明了对象常用修改命令的功能、操作步骤与参数的意义。

在修改对象操作中，凡需要选择被编辑对象时 AutoCAD 将自动调用 select 命令，用户可用 select 提供的方式响应**选择对象**提示。但有些修改命令对选择对象的方式是有限制的，如 offset、break 命令只能单选，stretch 命令需要窗交等。特别地，需要使用回车来结束多次选择对象的操作。例如，选择被拷贝或被移动对象后，需用回车结束“选择对象：”提示。

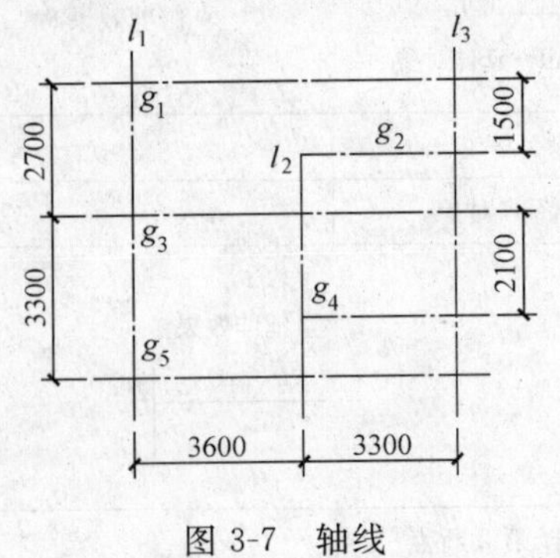

图 3-7　轴线

3.3.2　修改实例

轴线尺寸如图 3-7 所示，绘制与修改轴线的参考步骤如下：

① 将“轴线”置为当前层，确认该层线型为 center，将对象线型特性置为 ByLayer，并调整线型比例使其可见、恰当。

② 用 line 命令先画两条直线 l_1 与 g_1。

③ 按指定尺寸分别偏移 l_1、g_1 得所有轴线。其中，偏移 l_1 得直线 l_2、l_3 的命令执行过程见表 3-5，而偏移 g_1 得直线 g_2～g_5 与前相同。

也可使用 copy 命令多重拷贝 l_1 从而得到 l_2、l_3，多重拷贝执行过程参见表 3-13。

④ 置圆角半径 R＝0，使用 fillet 对直线 l_2 和 g_2 圆角，操作过程见表 3-6。它可以同时修剪两个相交对象交点以外部分图形，也可以同时延伸两个对象使其相交。用它同时修改两个对象并使其恰好相交尤为方便。例如，修剪墙线边角等（图 3-8）。

如果 R≠0，圆角时将产生与直线 l_2 和 g_2 相切的圆弧，且默认为修剪模式。特别地，可将圆角操作设置为不修剪模式，其区别可见图 3-9。设置步骤：

用 T 响应命令提示：选择第一个对象或［多段线(P)/半径(R)/修剪(T)/多个(U)］：

用 N 响应命令提示：输入修剪模式选项［修剪(T)/不修剪(N)］＜不修剪＞：

⑤ 修剪 g_4 在 l_2 的左侧部分线段，操作过程见表 3-7。特别地，用此命令修剪相交管道或墙线使之成为“井”字形，若使用栏选对象方式可实施快速成批修剪（表 3-8）。

偏移 **表 3-5**

命令执行过程	图示及说明
命令:O OFFSET 指定偏移距离或[通过(T)]＜通过＞:3600　(输入偏移距离) 选择要偏移的对象或＜退出＞:　(拾取 l_1) 指定点以确定偏移所在一侧:　(鼠标输入点 p_1 得 l_2) 选择要偏移的对象或＜退出＞:　(回车结束)	偏移对象　偏移距离=3600 l_1　p_1　l_1　l_2 偏移方向用点 p_1 指定　偏移效果 执行1次命令可完成多次等距离偏移
命令:OFFSET　(回车执行 offset) 指定偏移距离或[通过(T)]＜3600＞:3300 选择要偏移的对象或＜退出＞:　(拾取 l_2) 指定点以确定偏移所在一侧:　(输入点 p_2 点得 l_3) 选择要偏移的对象或＜退出＞:　(回车结束)	偏移对象 p_2 l_1　l_2　l_1　l_2　l_3 偏移方向　偏移效果

圆角 **表 3-6**

命令执行过程	图示及说明
命令:F FILLET 当前设置:模式=修剪,半径=100 选择第一个对象或[多段线(P)/半径(R)/修剪(T)/多个(U)]:R 指定圆角半径＜100＞:0 选择第一个对象或[多段线(P)/半径(R)/修剪(T)/多个(U)]: (拾取 l_2) 选择第二个对象:　(拾取 g_2)	对象2　g_2　圆直角效果　g_2 对象1 l_2　l_2 选择对象拾取点一侧为保留对象部分,圆角时按设定半径,以(延伸)交点为界(补充)剪掉所选对象另一部分

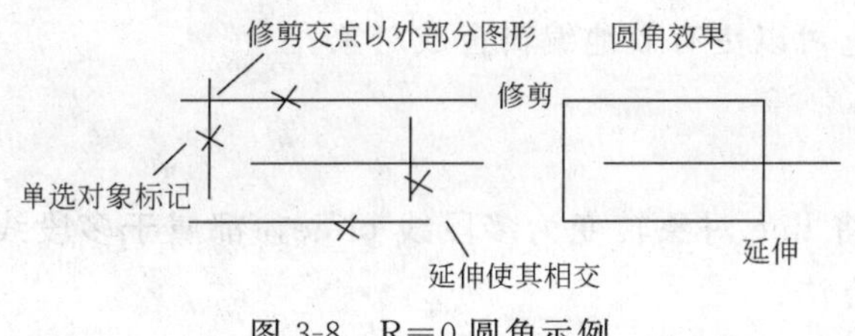

图 3-8　R=0 圆角示例

修剪模式的效果　不修剪模式的效果

图 3-9　R≠0 圆角示例

单个剪切 **表 3-7**

命令执行过程	图示及说明
命令:TR TRIM 当前设置:投影=UCS,边=无 选择剪切边… 选择对象:找到 1 个　(拾取 l_2) 选择对象:　(回车结束切边选择) 选择要修剪的对象,或按住 Shift 键选择要延伸的对象,或[投影(P)/边(E)/放弃(U)]:　(拾取 g_4 修剪部分) 选择要修剪的对象,或按住 Shift 键选择要延伸的对象,或[投影(P)/边(E)/放弃(U)]:　(回车结束)	对象修剪部分　g_4 剪切边 l_2　剪切效果 选择对象拾取点一侧为应修剪部分,即以剪切边为界去掉该对象修剪部分图形

成批剪切 **表 3-8**

命令执行过程		图示及说明
命令：TR TRIM 当前设置：投影＝UCS，边＝无 选择剪切边… 选择对象：找到 20 个对象 选择对象： 选择要修剪的对象，或按住 Shift 键选择要延伸的对象，或［投影(P)/边(E)/放弃(U)］：F 第一栏选点：NON 指定直线的端点或［放弃(U)］：NON 指定直线的端点或［放弃(U)］： 选择要修剪的对象，或按住 Shift 键选择要延伸的对象，或［投影(P)/边(E)/放弃(U)］：	 （全选为剪切边对象） （回车结束切边选择） （栏选方式选修剪对象） （取消捕捉指定第 1 点） （取消捕捉指定第 2 点） （执行成批剪切） （回车结束）	剪切边 栏选第1点 栏选第2点 成批剪切效果

3.4 修改合成对象

常用合成对象主要指多段线、多线、图案填充，它们皆由多个对象组合而成。尽管可用 explode 命令先炸开它们然后编辑它，但有时分解后反而会使修改变得更加复杂。本节将介绍合成对象的编辑方法与工具，掌握它可以更有效地编辑合成对象。

3.4.1 多段线

改变多段线固定线宽、顶点位置以及将 line 对象转变为多段线 pline，都属于多段线编辑范畴。执行多段线编辑常用以下 3 种方法：

① 执行命令行命令 pedit。

② 拾取**菜单栏/修改(M)/对象(O)/多段线(P)** 选项。

③ 单击放在多段线上的鼠标右键，将出现快捷菜单，拾取**快捷菜单/编辑多段线(I)** 选项。

在选择多段线对象后，AutoCAD 将出现如下提示：

输入选项［闭合(C)/合并(J)/宽度(W)/编辑顶点(E)/拟合(F)/样条曲线(S)/非曲线化(D)/线型生成(L)/放弃(U)］：

选项意义及用法可参考表 3-9 中所列修改实例。

3.4.2 多线

修改多线时常使用**多线编辑工具**（图 3-10），打开**多线编辑工具**常用以下 2 种方法：

① 执行命令行 mledit 命令。

② 拾取菜单栏/修改(M)/对象(O)/多线(M)…选项。

编辑多段线示例 **表 3-9**

编辑选项执行过程	图示
命令：PE PEDIT 选择多段线或[多条(M)]： (拾取 line 线 l) 选定的对象不是多段线 是否将其转换为多段线？<Y> (回车将线 l 修改为 pline 对象)	将line线l转换为多段线 
输入选项 [闭合(C)/合并(J)/宽度(W)/编辑顶点(E)/拟合(F)/样条曲线(S)/非曲线化(D)/线型生成(L)/放弃(U)]：J (想合并某些对象到 pline 中) 选择对象：指定对角点：找到 4 个 (选择合并对象) 选择对象： (结束选择对象) 2 条线段已添加到多段线 (添加 line 线 g、h 到 pline 线 l)	将line线g、h添加到pline线l中,使它成为一个多段线对象 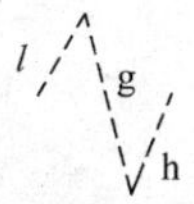
输入选项 [闭合(C)/合并(J)/宽度(W)/编辑顶点(E)/拟合(F)/样条曲线(S)/非曲线化(D)/线型生成(L)/放弃(U)]：W (改变多段线固定线宽) 指定所有线段的新宽度：10 (设置多段线宽度)	此法常用于改变管线宽度 
输入选项 [闭合(C)/合并(J)/宽度(W)/编辑顶点(E)/拟合(F)/样条曲线(S)/非曲线化(D)/线型生成(L)/放弃(U)]：S (变所选多段线为样条曲线)	转化为样条曲线 
输入选项 [闭合(C)/合并(J)/宽度(W)/编辑顶点(E)/拟合(F)/样条曲线(S)/非曲线化(D)/线型生成(L)/放弃(U)]：F (变多段线为拟合曲线)	曲线拟合 
输入选项 [闭合(C)/合并(J)/宽度(W)/编辑顶点(E)/拟合(F)/样条曲线(S)/非曲线化(D)/线型生成(L)/放弃(U)]：D (变多段线为直线)	非曲线化 
输入选项 [闭合(C)/合并(J)/宽度(W)/编辑顶点(E)/拟合(F)/样条曲线(S)/非曲线化(D)/线型生成(L)/放弃(U)]：C (使多段线首尾相连)	闭合 
输入选项 [闭合(C)/合并(J)/宽度(W)/编辑顶点(E)/拟合(F)/样条曲线(S)/非曲线化(D)/线型生成(L)/放弃(U)]：E (编辑多段线顶点，且可移动)	编辑顶点 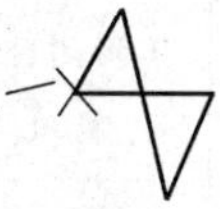
输入顶点编辑选项 [下一个(N)/上一个(P)/打断(B)/插入(I)/移动(M)/重生成(R)/拉直(S)/切向(T)/宽度(W)/退出(X)]<N>：I (打算插入一个顶点 p)	插入顶点 p 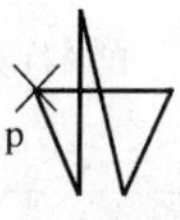
输入顶点编辑选项 [下一个(N)/上一个(P)/打断(B)/插入(I)/移动(M)/重生成(R)/拉直(S)/切向(T)/宽度(W)/退出(X)]<N>：X (退出顶点编辑状态)	退出顶点编辑 
输入选项 [打开(O)/合并(J)/宽度(W)/编辑顶点(E)/拟合(F)/样条曲线(S)/非曲线化(D)/线型生成(L)/放弃(U)]： (回车结束多段线编辑)	退出编辑 

图 3-10 中数字是作者为方便说明编辑工具所加的编号。多线编辑工具项目按 3 行 4 列排列，第 1 列处理十字交叉的多线，第 2 列处理 T 形相交的多线，第 4 列处理角点连接和顶点，第 4 列处理多线的剪切或接合。编辑工具的名称、功能及用法参见表 3-10。

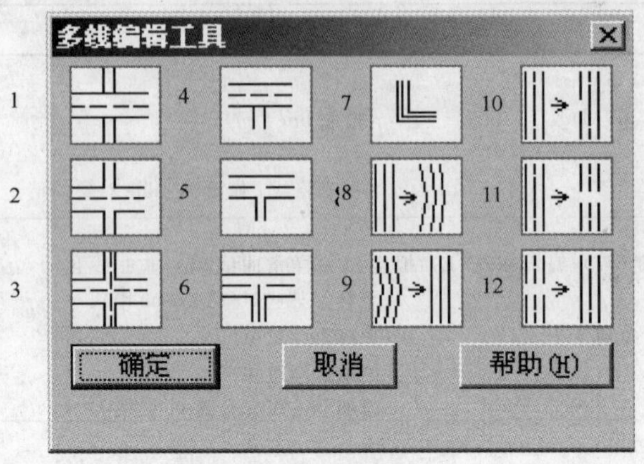

图 3-10　多线编辑工具

多线编辑工具的功能与用法　　**表 3-10**

编号	名　称	功　能	图 示 用 法
1	十字闭合	打断第 1 个多线对象，在两条多线之间创建闭合的十字交点。其效果与选择对象顺序有关	对象1　对象2　效果
2	十字打开	打断第一条多线的所有元素，仅打断第二条多线的外部元素，创建打开的十字交点	对象1　对象2　效果
3	十字合并	在两条多线之间创建合并的十字交点。选择多线的次序并不重要，与十字打开大致相同	对象1　对象2　效果
4	T形闭合	修剪或延伸第 1 条多线到与第 2 条多线的交点处，创建闭合 T 形交点。其效果与选择对象顺序和拾取点位置有关	对象1　对象2　效果
5	T形打开	修剪或延伸第 1 条多线到与第 2 条多线的交点处，创建打开的 T 形交点	对象1　对象2　效果
6	T形合并	修剪或延伸多线到与另一条多线的交点处，在两条多线之间创建合并的 T 形交点	对象1　对象2　效果
7	角点结合	在多线之间创建角点结合。AutoCAD 将多线修剪或延伸到它们的交点处	对象1　对象2　效果

续表

编号	名称	功　能	图 示 用 法
8	添加顶点	在选定点处向多线上添加一个顶点。图中填充矩形为夹点，通过夹点可移动顶点位置	2个顶点　拾取点　3个顶点
9	删除顶点	从多线上删除一个最靠近选定点的顶点。图中使用夹点是为了帮助读者看清多线顶点数目	3个顶点　拾取点　2个顶点
10	单个剪切	剪切多线上的选定元素。并将多线上的选定点用作第 1 剪切点，后面还需指定第 2 剪切点	选择多线对象　第1剪切点　第2剪切点　效果
11	全部剪切	将多线剪切为两个部分，并将多线上的选定点用作第一个剪切点	选择多线对象　第1剪切点　第2剪切点　效果
12	全部接合	将已被剪切的多线线段重新接合起来，并将多线上的选定点用作接合的起点	多线1　多线2　效果

3.4.3 图案填充

编辑图案填充应在**图案填充编辑**框中完成，编辑图案填充与重新填充图案的操作完全一样。打开图 3-11 所示的**图案填充编辑**框常用以下 3 种方法：

① 执行命令行命令 hatchedit。

② 拾取**菜单栏/修改(M)/对象(O)/图案填充(H)**…选项。

③ 单击放在填充对象上的鼠标右键，拾取**快捷菜单/编辑图案填充（H）**…选项。

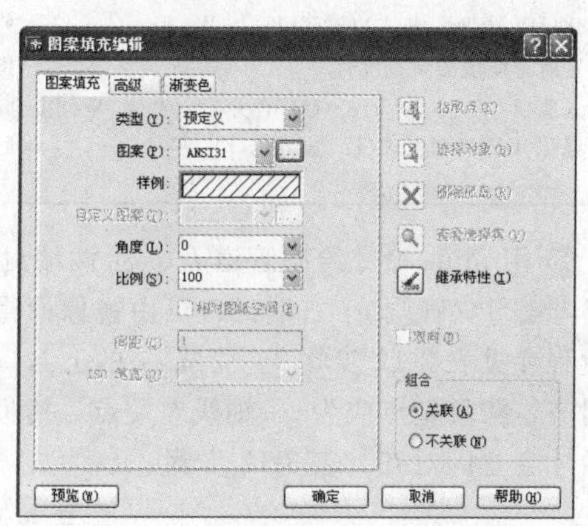

图 3-11　图案填充编辑框

3.5　综合修改实例

本节主要结合对象选择方法，通过绘制与修改“双线管”和“管道连接”图，详细介绍对象的常用编辑方法与技巧。

3.5.1 双线管

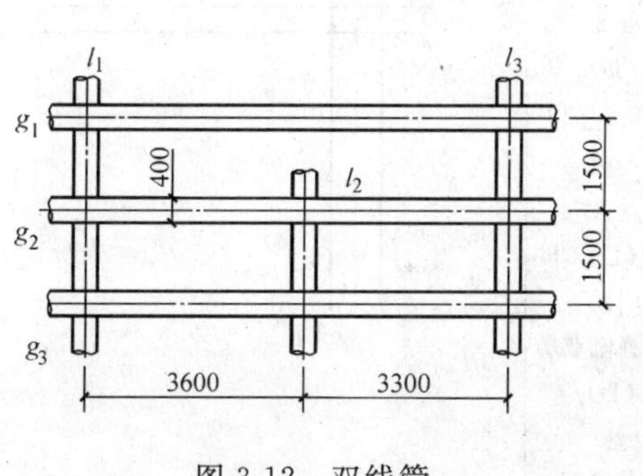

图 3-12　双线管

双线管尺寸如图 3-12 所示。这是一个密集、重叠的，管径皆为 400 的双线管。双线管类似于墙线，介绍它的绘制与编辑方法具有普遍意义。

绘制与修改步骤如下：

① 置“轴线”为当前层，画双线管 l_1 与 g_1 的轴线。

② 执行 offset 操作，将 l_1 轴线分别向左、向右偏移 200；将 g_1 分别向上、向下偏移 200。

③ 用特性选项板 properties 修改所有偏移对象（4 个）的图层特性，将它们从轴线层移到“管线”层，并将管线层置为当前层。

④ 修改管线层上对象（4 个）为多段线 pline，并将它们的宽度设为 50，执行过程参见表 3-11。

将 line 线修改为多段线 pline **表 3-11**

命令执行过程	图示及说明
命令：PE PEDIT 选择多段线或［多条(M)］：M （可选择多个对象） 选择对象：P （选择上次编辑对象） 选择对象：找到 4 个 选择对象： （结束选择对象） 是否将直线和圆弧转换为多段线？［是(Y)/否(N)］？＜Y＞ （回车认同） 输入选项［闭合(C)/打开(O)/合并(J)/宽度(W)/拟合(F)/样条曲线(S)/非曲线化(D)/线型生成(L)/放弃(U)］：W （修改线宽） 指定所有线段的新宽度：50 （指定对象固定宽度） 输入选项［闭合(C)/打开(O)/合并(J)/宽度(W)/拟合(F)/样条曲线(S)/非曲线化(D)/线型生成(L)/放弃(U)］： （回车结束）	g_1 l_1 选择对象 g_1 l_1 改变宽度

⑤ 用 pline 命令绘制管道 l_1、g_1 两端封口。其中，管线 g_1 左端封口的绘制过程见表 3-12 步骤 1，管线 g_1 右端封口可由镜像而得，镜像时应以管线中点为镜像轴参照点，操作过程参见表 3-12 步骤 2。管线 l_1 的上封口可由 g_1 左封口的拷贝旋转－90°而得。为方便对齐，拷贝基点应为 g_1 轴线左端点，拷贝第 2 点应选为轴线 l_1 的上端点。只有这样旋转后才会立即对齐（表 3-12 步骤 3）。

双线管封口 **表 3-12**

步骤	命令执行过程	图示及说明
1	命令：PL PLINE 指定起点： （输入点 1） 当前线宽为 0 指定下一个点或［圆弧(A)/半宽(H)/长度(L)/放弃(U)/宽度(W)］：A 指定圆弧的端点或［角度(A)/圆心(CE)/方向(D)/半宽(H)/直线(L)/半径(R)/第二个点(S)/放弃(U)/宽度(W)］：A 指定包含角：120 指定圆弧的端点或［圆心(CE)/半径(R)］： （输入点 2） 指定圆弧的端点或［角度(A)/圆心(CE)/闭合(CL)/方向(D)/半宽(H)/直线(L)/半径(R)/第二个点(S)/放弃(U)/宽度(W)］：A 指定包含角：120 指定圆弧的端点或［圆心(CE)/半径(R)］： （输入点 3） 指定圆弧的端点或［角度(A)/圆心(CE)/闭合(CL)/方向(D)/半宽(H)/直线(L)/半径(R)/第二个点(S)/放弃(U)/宽度(W)］： （结束画圆弧） 指定圆弧的端点或［角度(A)/圆心(CE)/闭合(CL)/方向(D)/半宽(H)/直线(L)/半径(R)/第二个点(S)/放弃(U)/宽度(W)］： （结束多段线）	局部放大图 l_1 g_1 3 1 2

续表

步骤	命令执行过程	图示及说明
2	命令：MI MIRROR 选择对象：找到 1 个　　(选择 g_1 左封口) 选择对象：　　(回车结束选择对象) 指定镜像线的第一点：MID　　(捕捉 g_1 任一线中点) 于指定镜像线的第二点：＜正交开＞　　(打开正交输入第 2 点) 是否删除源对象？[是(Y)/否(N)]＜N＞：(回车确认不删除)	中点 g_1 镜像轴端点 l_1
3	命令：RO ROTATE UCS 当前的正角方向：　ANGDIR＝逆时针　ANGBASE＝0.00 选择对象：找到 1 个　　(选择 g_1 左封口) 选择对象：　　(回车结束选择对象) 指定基点：　　(拾取点 p) 指定旋转角度或[参照(R)]：－90　　(输入转角)	旋转基点 p l g_1 转后图形

特别地，如果建筑设备与环境工程设计图是轴对称图形，使用镜像操作往往会减少大量的绘图、修改工作，如建筑平面图中的轴线（图 3-13）。镜像前应尽可能确保局部设计图的准确性、完整性，否则会加倍增加绘图、修改的工作量。

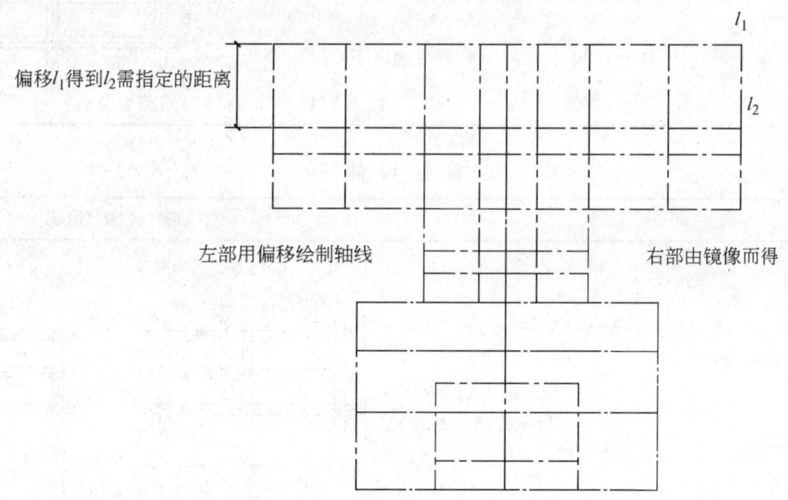

图 3-13　建筑平面图的轴线

⑥ 按图中尺寸对管线 l_1 进行多重复制得 l_2、l_3，其命令执行过程见表 3-13。由于管线 g_1、g_2、g_3 距离相等，不仅可以多重拷贝 g_1 得到 g_2、g_3，还可以阵列 g_1 得到 g_2、g_3，阵列操作参见表 3-14。

⑦ 用 stretch 命令将双线管 l_2 向下压缩 1500，选择拉伸对象必须使用窗交方式。特别地，拉伸使窗口所压图形发生伸缩变化，但围在窗口内或全在窗口外的图形都不会被改变。其命令执行过程见表 3-15。

多重复制双线管 表 3-13

命令执行过程	图示及说明
命令:CP COPY 选择对象: 指定对角点:找到 7 个　　(用窗口选择双线管 l_1) 选择对象:　　(回车结束对象选择) 指定基点或位移,或者[重复(M)]:M　　(执行多次拷贝) 指定基点:　　(用鼠标指定基点 p) 指定位移的第二点或<用第一点作位移>:3600　　(位移) 指定位移的第二点或<用第一点作位移>:@6900,0　　(第 2 点) 指定位移的第二点或<用第一点作位移>:(回车结束多重拷贝)	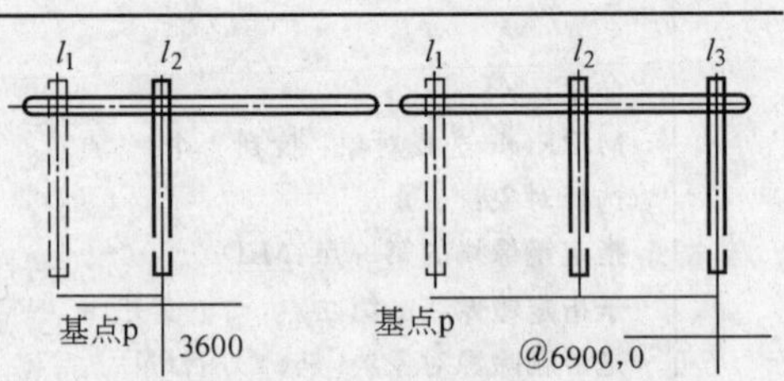 基点是拷贝对象时辅助定位参照点。位移是基点到当前光标方向的矢量,从而确定第 2 点;键盘输入第 2 点最好使用相对坐标。由该点决定新复制对象的位置

阵列双线管 表 3-14

命令执行过程	图示及说明
命令:－AR ARRFY　选择对象:　　(选择管线 g_1) 指定对角点:找到 6 个 选择对象:　　(回车结束选择) 输入阵列类型[矩形(R)/环形(P)]<R>:R　　(矩形阵列) 输入行数(…)<1>:3 输入列数(|||)<1>:1 输入行间距或指定单位单元(…):－1500　　(阵列方向向下)	阵列对象 g_1 阵列效果 g_1 g_2 g_3 行(列)间距为负表示向下(左)阵列

管道拉伸 表 3-15

命令执行过程	图示及说明
命令:S STRETCH 以交叉窗口或交叉多边形选择要拉伸的对象… 选择对象:指定对角点:找到 4 个　　(选择对象) 选择对象:　　(回车结束选择对象) 指定基点或位移:　　(用鼠标指定基点) 指定位移的第二个点或 <用第一个点作位移>:1500　　(位移)	窗交方式选择对象 基点p　拉伸效果 1500 l_2　l_2 第 2 点的相对坐标是@0,－1500

⑧ 冻结轴线层，对所绘双线管按图 3-12 要求进行剪切，命令使用方法参见表 3-8，具体剪切过程参见图 3-14。

图 3-12 所示双线管绘图完毕。假如需将管道 l_2（忽略轴线）向左移动 1000 个图形单位，可采用以下 2 种方法：

① 使用命令 stretch 移动管道 l_2，主要步骤参见图 3-15。用此方法用于移动门窗在墙线上的位置非常有效。

② 使用 move 命令移动管道 l_2，命令执行过程参见表 3-16，它与拷贝操作类似。

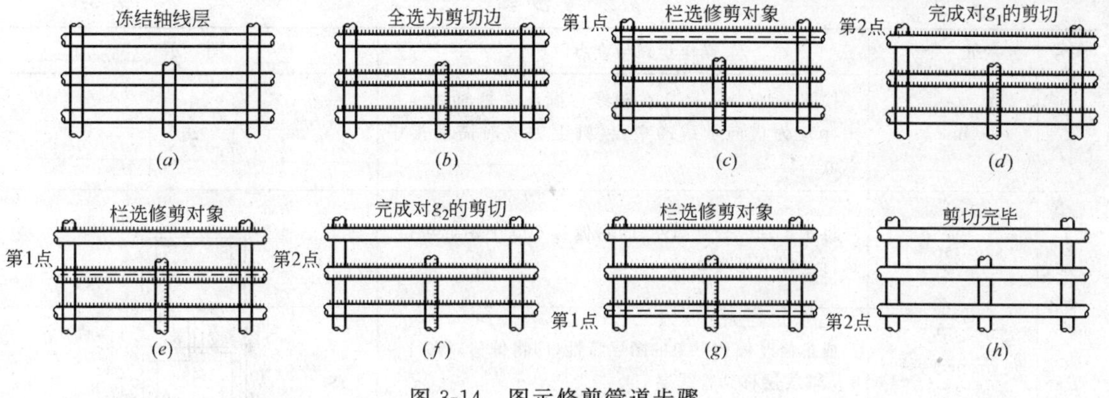

图 3-14　图示修剪管道步骤

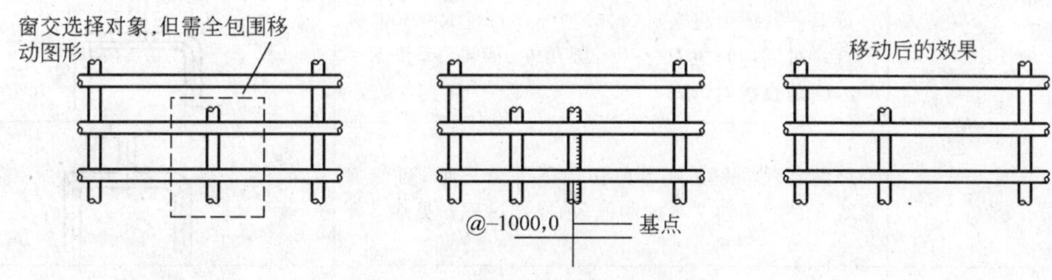

图 3-15　用 stretch 移动管道

移动管道　　　　**表 3-16**

命令执行过程	图示及说明
命令：<u>M</u> MOVE 选择对象： 指定对角点：找到 8 个 选择对象：　（结束选择对象） 指定基点或位移：　（鼠标指定基点） 指定位移的第二点或<用第一点作位移>：<u>1000</u>　（输入位移）	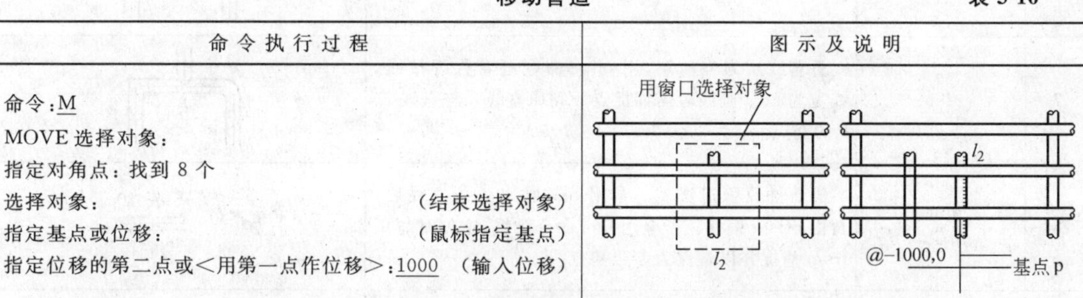

3.5.2　管道连接

图 3-16 为给水泵站局部管道连接图，按图中所示尺寸绘制。绘制与修改步骤参见表 3-17。

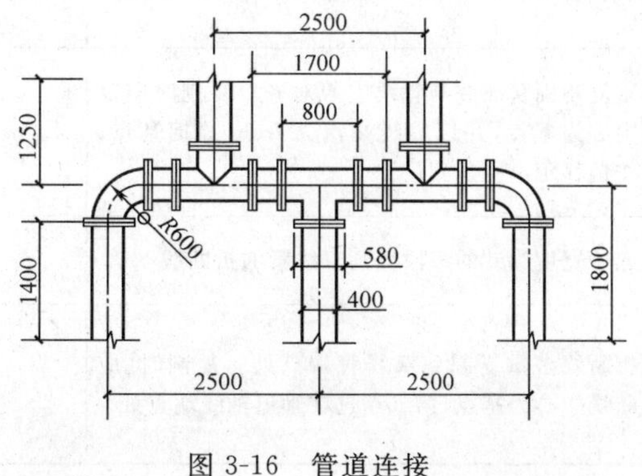

图 3-16　管道连接

参考步骤 **表 3-17**

序号	命令	操作步骤与难点解析	图示
1	line	按图 3-16 所示尺寸在轴线层画出左侧轴线。其中，p 应为横向轴线的中点，画上轴线时需捕捉中点 p	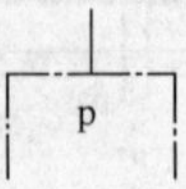 p
2	offset	将 4 条轴线分别向左、向右偏移 200 个图形单位。执行过程参见表 3-5	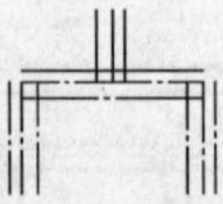
3	properties	成批修改偏移对象的图层特性，即将偏移对象 1～8 从轴线层移到管线层	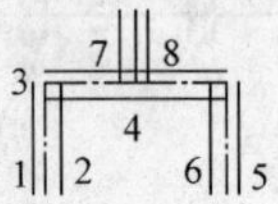 3 7 8 4 1 2 6 5
4	fillet	置 R=0，圆角直线对(4,6)和(3,5)；置 R=200，圆角直线对(2,4)；置 R=400，圆角左、横轴线，置 R=600，圆角直线对(1,3)	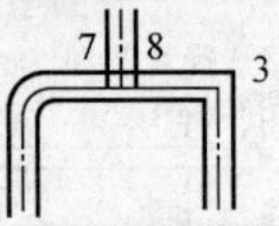 7 8 3
5	trim	修剪直线 7、8 在第 3 剪切边下部分图形；再修剪直线 3 在剪切边 7、8 间的线段，操作过程参见表 3-8	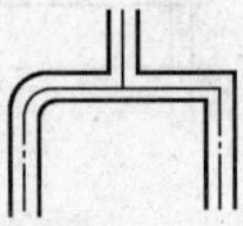
6	pedit	将管线层 line 对象变为 pline 对象，并设置 pline 对象线宽为 50，操作过程参见表 3-11	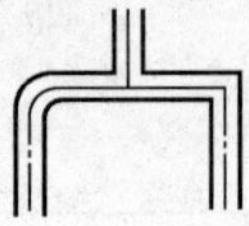
7	pline	置管线层为当前层，用 pline 命令画管件焊接线，线宽为 50。画线时需捕捉点 p 和原直线 3 与直线 7、8 的交点	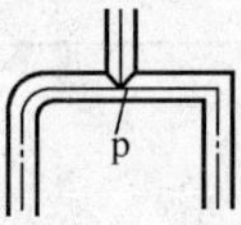 p
8	line offset	画管件及管道法兰。常用 line 画出一条直线后，再由 offset 偏移。若全用 line 命令绘线，定位时需用 from 捕捉并以端点为参照基点	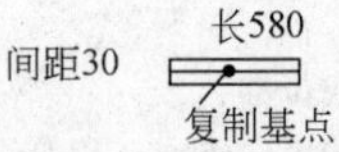 间距30 长580 复制基点
9	copy	多重复制到管线并与管线中心对齐。复制时应以法兰中心为基点，并以轴线端点为 from 捕捉基点，然后按偏移距离复制到位	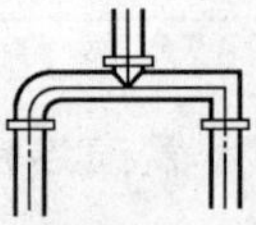
10	rotate	将法兰绕基点旋转 90°，参见表 3-12	 基点
11	copy	多重复制到管线并与管线中心对齐。复制时应以法兰中心为基点，并以轴线端点为 from 捕捉基点，然后按偏移距离复制到位	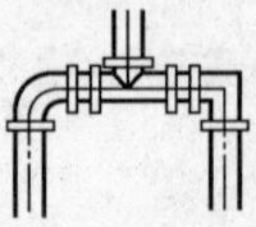
12	pline	用起始宽度为 0 的多段线画双线管的折断线	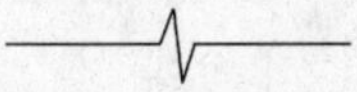
13	copy	将折断线多重复制到双线管端点处。复制时，应以折断线中心为基点，第二点选在管道轴线端点处	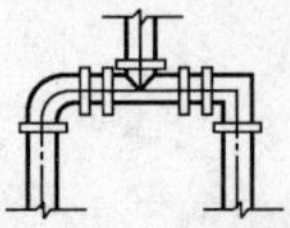

续表

序号	命　令	操作步骤与难点解析	图　示
14	mirror	以直线5、6中间的轴线(右轴线)为镜像轴，镜像左半部图形对象，并选择保留原图形	
15	trim	剪切直线4上方的直线6的部分图形，和直线9上方的直线5的部分图形，即可得到图3-15所示的管道连接图	4 6 5 9

3.6　使用夹点编辑

夹点是一些实心小方框。在没有执行任何命令的情况下，使用定点设备指定对象或用窗口包围对象，都会在对象关键点上出现蓝色背景的实心方框（图3-17），这就是夹点。

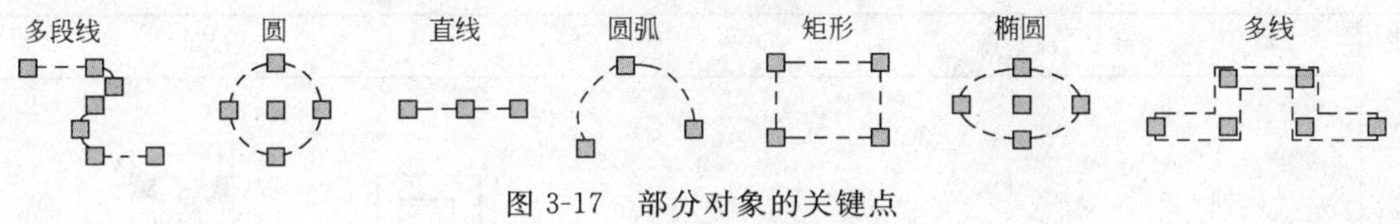

图 3-17　部分对象的关键点

3.6.1　夹点、拾取框、靶区

AutoCAD默认，蓝色代表未选中夹点，红色代表选中夹点。夹点大小与拾取框、靶区大小一样都是可以调整的，控制它们大小的系统变量见表3-18。改变夹点、拾取框与靶区大小的方法有以下2种：

① 在命令行提示符后执行系统变量，为系统变量重新指定方框尺寸。

② 拉动**菜单栏/工具(T)/选项(N)…/选择/夹点大小(G)** 项目下滑条控件可以改变夹点大小。用同样的方法也可调整拾取框与靶区的大小。

夹点、拾取框、靶区　　**表 3-18**

序号	名称	功　用	系统变量	作　用	图　示
1	夹点	标识对象关键点	GRIPSIZE	存放夹点尺寸	夹点
2	拾取框	单选对象	PICKBOX	存放拾取框尺寸	拾取框
3	靶区	显示捕捉靶区	APERTURE	存放靶框尺寸	靶区 自动捕捉标记 交点

3.6.2　夹点编辑方法

有夹点标识的对象呈高亮度虚线，表示它为选中编辑对象，即夹点具有选择对象的基本作用，在此状态下执行某些编辑命令，可按表 3-4 中步骤编辑对象。例如，先用夹点方式选择对象，再执行 move 命令，AutoCAD 将移动全部带有夹点标识的对象位置。这类编辑命令通常包括删除、复制、移动、比例、旋转、镜像、阵列等，主要适用于选择对象比较简单的情况。

当用户选取对象并出现蓝色夹点后，可以直接编辑一个或一组这种方框。选择一个可编辑夹点的方法是将十字光标中心移动到所要编辑的小方框上按下拾取键，已选中夹点将由蓝色方框变为红色方框。如果要编辑多个夹点，则要在拾取第一个小方框前按住 Shift 键，一直到点取完所有要编辑的小方框后再放开它。然后移动十字光标中心到拉伸基点小方框上，按下拾取键，随后出现按夹点方式修改对象的命令提示：

＊＊拉伸＊＊

指定拉伸点或［基点(B)/复制(C)/放弃(U)/退出(X)］：

尽管命令提示中选项不多，但使用时可用任何修改命令的前两个字符响应它，使用夹点编辑对象的详细过程参见表 3-19。

夹点编辑对象示例 **表 3-19**

命令	执行过程	图示及说明
拉伸	命令： ＊＊拉伸＊＊ 指定拉伸点或［基点(B)/复制(C)/放弃(U)/退出(X)］：<u>第 2 点</u>	第2点　已选中夹点　基点　未选中夹点 拉伸前　拉伸中
移动	命令： ＊＊拉伸＊＊ 指定拉伸点或［基点(B)/复制(C)/放弃(U)/退出(X)］：<u>MO</u> ＊＊移动＊＊ 指定移动点或［基点(B)/复制(C)/放弃(U)/退出(X)］：<u>第 2 点</u>	第2点　基点 移动前　移动中
复制	命令： ＊＊拉伸＊＊ 指定拉伸点或［基点(B)/复制(C)/放弃(U)/退出(X)］：<u>C</u> ＊＊拉伸(多重)＊＊ 指定拉伸点或［基点(B)/复制(C)/放弃(U)/退出(X)］：<u>1</u> ＊＊拉伸(多重)＊＊ 指定拉伸点或［基点(B)/复制(C)/放弃(U)/退出(X)］：<u>2</u> 拉伸(多重)＊＊ 指定拉伸点或［基点(B)/复制(C)/放弃(U)/退出(X)］：<u>3</u> 拉伸(多重)＊＊ 指定拉伸点或［基点(B)/复制(C)/放弃(U)/退出(X)］：(回车)	3　2　1 复制前　复制中　复制后
旋转	命令： ＊＊拉伸＊＊ 指定拉伸点或［基点(B)/复制(C)/放弃(U)/退出(X)］：<u>RO</u> ＊＊旋转＊＊ 指定旋转角度或［基点(B)/复制(C)/放弃(U)/参照(R)/退出(X)］：<u>第 2 点</u>	第2点　基点 旋转前　旋转中　旋转后

续表

命令	执行过程	图示及说明
比例	命令： ＊＊拉伸＊＊ 指定拉伸点或［基点(B)/复制(C)/放弃(U)/退出(X)］：SC ＊＊比例缩放＊＊ 指定比例因子或［基点(B)/复制(C)/放弃(U)/参照(R)/退出(X)］：1.5	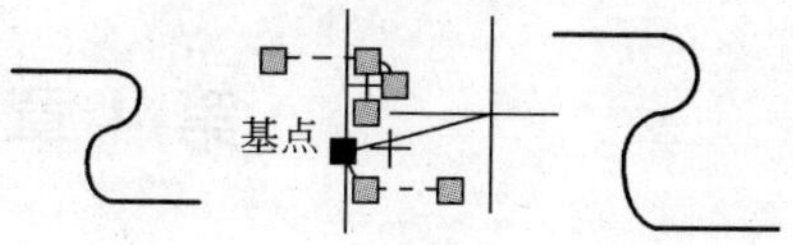 基点 缩放前　缩放中　缩放后
镜像	命令： ＊＊拉伸＊＊ 指定拉伸点或［基点(B)/复制(C)/放弃(U)/退出(X)］：MI ＊＊镜像＊＊ 指定第二点或［基点(B)/复制(C)/放弃(U)/退出(X)］：	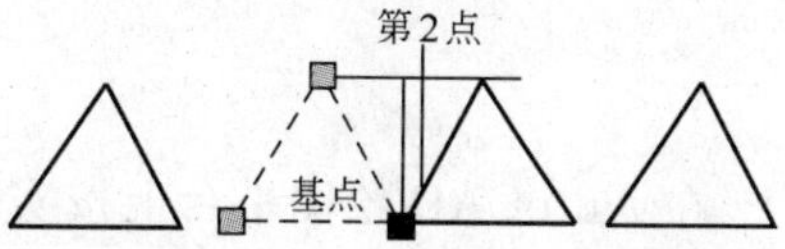 第2点 基点 镜像前　镜像中　镜像后

根据命令提示可知，使用夹点方式编辑对象的默认操作是拉伸，即通过拖动选定夹点到新位置可实现拉伸对象的效果。但改变某些编辑点的位置只能移动对象而不能拉伸它。例如，拖动文字、块参照、直线中点、圆心和点对象上的夹点，将会移动对象而不是拉伸它。这也是移动块参照和调整标注的好方法。

第 4 章　显示、查询与图块

4.1　显　　示

在 AutoCAD 绘图平台上按实际尺寸制图时，因显示区域有限常常需要缩放与平移视图来改善视觉效果，类似调整镜头焦距或摄影者位置来改变拍摄效果一样。

4.1.1　缩放与平移视图

视图缩放不同于 scale，它不会改变图形中对象的绝对大小，只改变视图的比例；视图平移也不同于与 move，它不会改变图形中对象的位置，只改变视点的位置。

4.1.1.1　缩放视图

视图缩放是通过调整视点与视物的间距来改善观察效果。实时缩放视图有以下 4 种方法。

① 单击**工具栏/标准/实时缩放**图标按钮（图 4-1）。

② 单击处在绘图空白区域上的鼠标右键，拾取**快捷菜单/缩放(Z)** 选项。

③ 拾取**菜单栏/视图(V)/缩放(Z)/实时(R)** 选项（图 4-1）。

④ 执行命令行命令 zoom 或命令别名 Z，或透明执行'zoom。随后将出现如下提示：

指定窗口角点，输入比例因子（nX 或 nXP），或

［全部(A)/中心点(C)/动态(D)/范围(E)/上一个(P)/比例(S)/窗口(W)］＜实时＞：

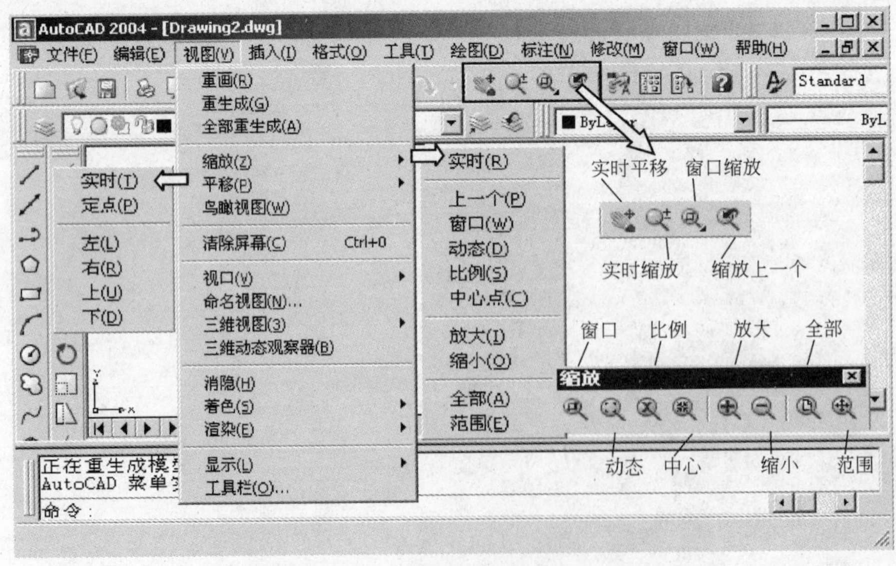

图 4-1　缩放与平移的菜单栏和工具栏

实时缩放为默认选项，其余每种缩放方式都对应于**菜单栏/视图(V)/缩放(Z)** 菜单中一个选项，常用选项放入标准工具栏中（图 4-1）。其缩放意义与用法参见表 4-1。

zoom（Z）缩放命令操作选项与说明 **表 4-1**

序号	选项	缩放方式	图示（图中实线外框为显示屏幕边界）	说明
1	默认	实时	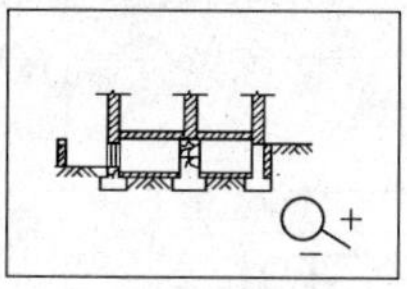 向下拉动缩小 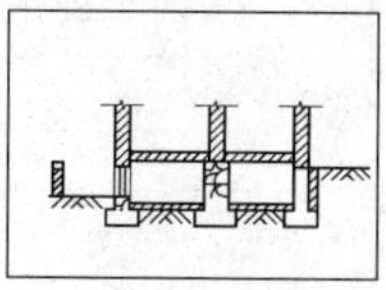　原视图 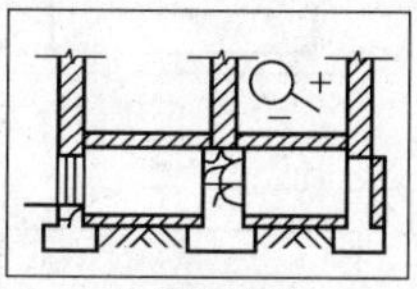　向上推动放大	按住拾取键，并垂直拖动进行缩放 或拨动鼠标中键进行缩放
2	P	上一个	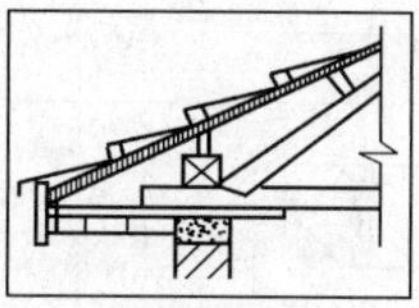 原视图 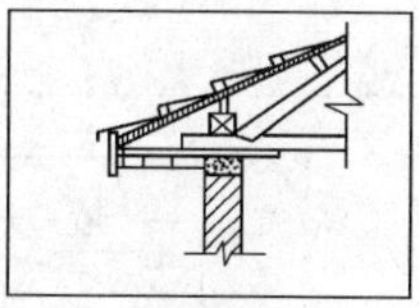　当前视图 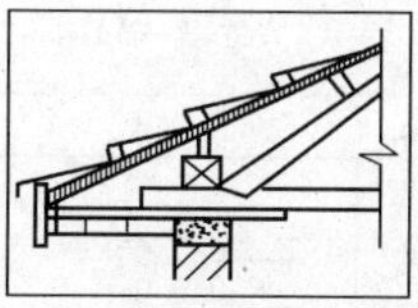　缩放到上一视图	缩放以显示上一个视图。最多可恢复此前的十个视图
3	W	窗口	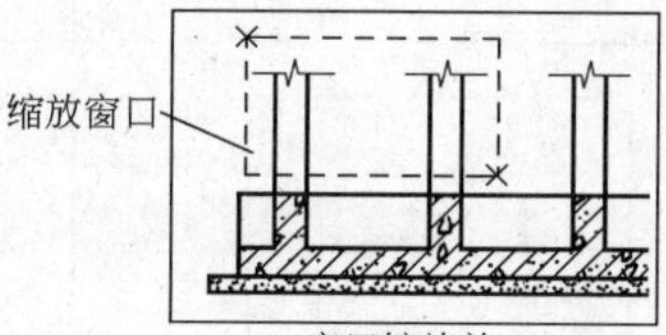 缩放窗口 窗口缩放前 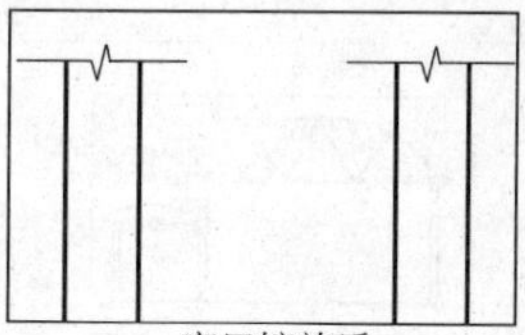　窗口缩放后	缩放以显示由矩形窗口的两个对角点所指定的区域
4	D	动态	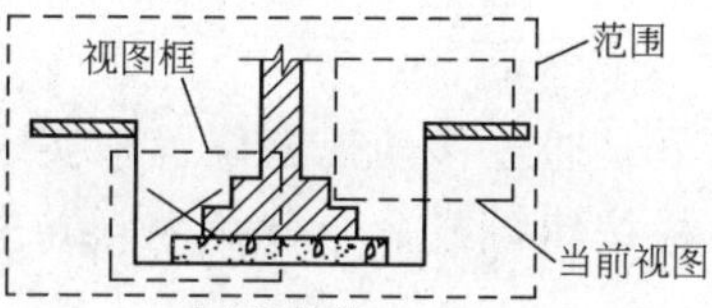 视图框　范围　当前视图 动态缩放前 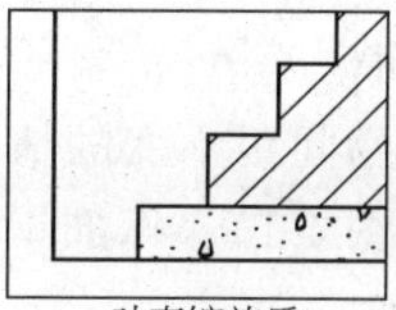　动态缩放后	参照图形范围、当前视图来调整视图框以实现缩放
5	S	比例	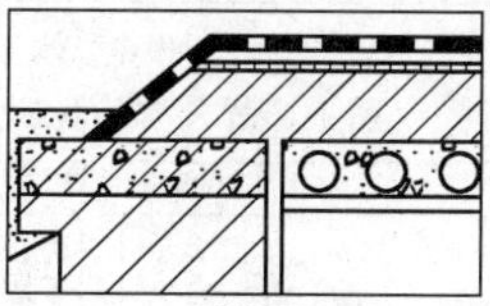 原视图 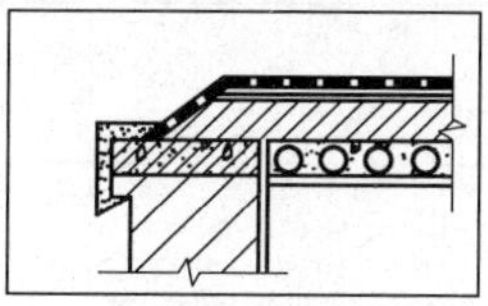　缩放0.7倍	以指定的比例缩放显示 相对于当前视图的比例应在输入值后跟 x
6	C	中心点	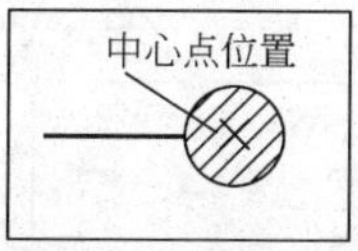 中心点位置 “中心点”缩放前 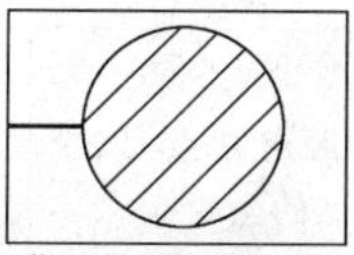　“中心点”缩放后	指定新的显示中心、缩放比例，或缩放高度来显示图形

续表

序号	选项	缩放方式	图　示 （图中实线外框为显示屏幕边界）		说　明
7	A	全部	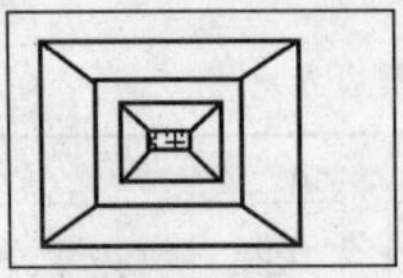 “全部”缩放前 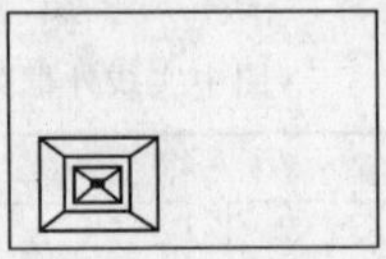	“全部”缩放后	缩放以显示当前视口中的整个图形，并取图形界限与当前范围中较大区域
8	E	范围	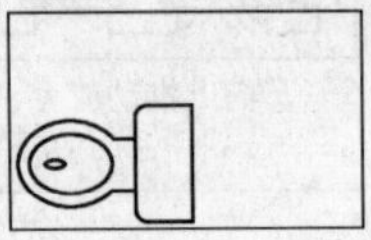 “范围”缩放前 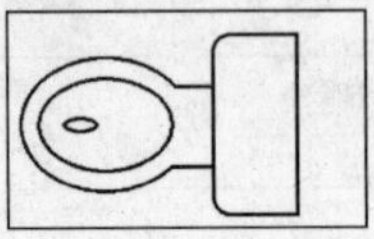	“范围”缩放后	缩放以显示图形范围并使所有对象最大显示
9	2X	放大	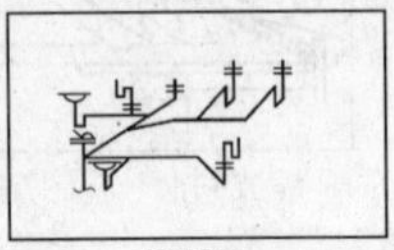 原视图 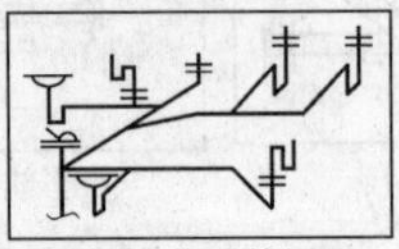	放大2倍后的视图	将当前图形放大2倍
10	0.5X	缩小	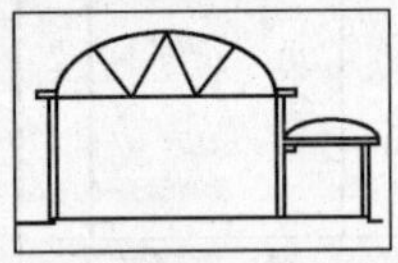 原视图 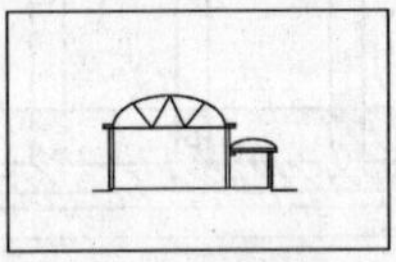	放大0.5倍后的视图	将当前图形放大0.5倍

4.1.1.2　平移视图

平移是在视点与视物间距不变的情况下，通过移动视窗位置来实现最佳观察。执行平移可通过菜单栏选项（图4-1）、标准工具栏按钮，或命令行命令pan来实现，平移的方式与用法见表4-2。

平移命令及功能　　表4-2

序号	功能	命令	说　明	图　示 （图中实线外框为显示屏幕边界）	
1	实时	PAN	图形显示随手形光标向同一方向移动	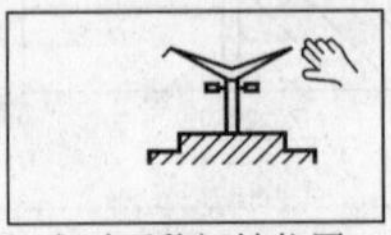 实时平移初始位置 	实时平移效果
2	定点	-PAN	由用户指定基点，以及相对于基点的新位置来实现平移	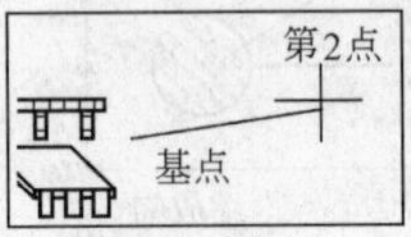 第2点 基点 定点平移前 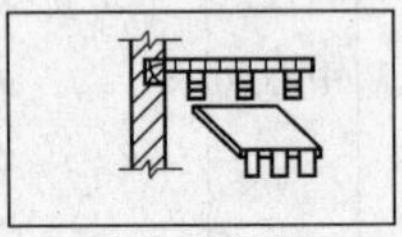	定点平移后

续表

序号	功能	命令	说明	图示 (图中实线外框为显示屏幕边界)
3	左移	_-PAN	由系统计算并指定新位置,实现定点向左、右、上、下平移 该操作只能由菜单选项实现	第2点 基点 左移前 左移后
4	右移			第2点 基点 右移前 右移后
5	上移			第2点 基点 上移前 上移后
6	下移			基点 第2点 下移前 下移后

4.1.1.3 鸟瞰视图

鸟瞰视图即俯视当前视图，常通过改变视点高度与位置来观察图形，可在显示全局视图的窗口中快速平移和缩放局部视图，以便观察总图中的设计细节。启动**鸟瞰视图**窗口（图 4-2）有以下 2 种方法：

① 执行命令行命令 dsviewer。

② 拾取**菜单栏/视图(V)/鸟瞰视图(W)** 选项。

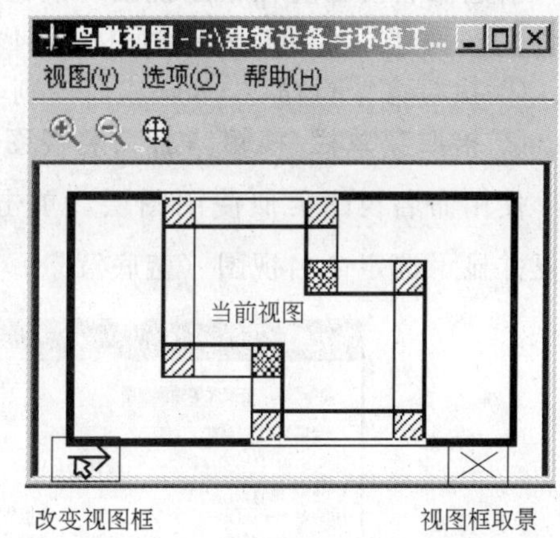

图 4-2 鸟瞰视图窗口

鸟瞰视图窗口将显示当前图形文件的全部图形，图 4-2 中黑色粗框即为当前视图，在全局视图中缩放局部视图的方法类似于动态缩放。首先需要决定视图框大小，操作方法是移动呈→状的鼠标，在动态缩放视图过程中观察缩放效果，待到基本满意时单击鼠标左键，以便决定视图框大小（缩放倍数），结束缩放进入取景状态☒。然后，移动呈→状的鼠标进入选景阶段，并在需要缩放的区域按下鼠标左键，以便结束动态平移与视图框取景。再单击鼠标左键可从视图框取景☒转入调整视图框→状态。在此操作中，AutoCAD 主窗口中图形将随**鸟瞰视图**窗口的鼠标移动和变化而动态变换。

鸟瞰视图窗口中的菜单与工具栏在此不作详细介绍。使用鸟瞰视图窗口可帮助用户在建筑设备与环境工程设计中快速查看设计细部。

4.1.2 命名视图

缩放与平移视图就是改变视点或图形位置使感观得到改善。为方便设计，通常把经常使用的视图定义为命名视图，使用名称保存特定视图后，可以在打印或参考特定细节时得以恢复，使之重现。这不仅能准确重返各个细部，更重要的是避免了经常缩放与平移，提高了设计速度。例如，可将图 4-3 中整幅生活给水系统图按虚线大致分为 4 个区域，并按所分区域建立 4 个命名视图。带“×”的顶点为创建视图的参考窗选位置，纵向文字是创建视图的参考视图名称。

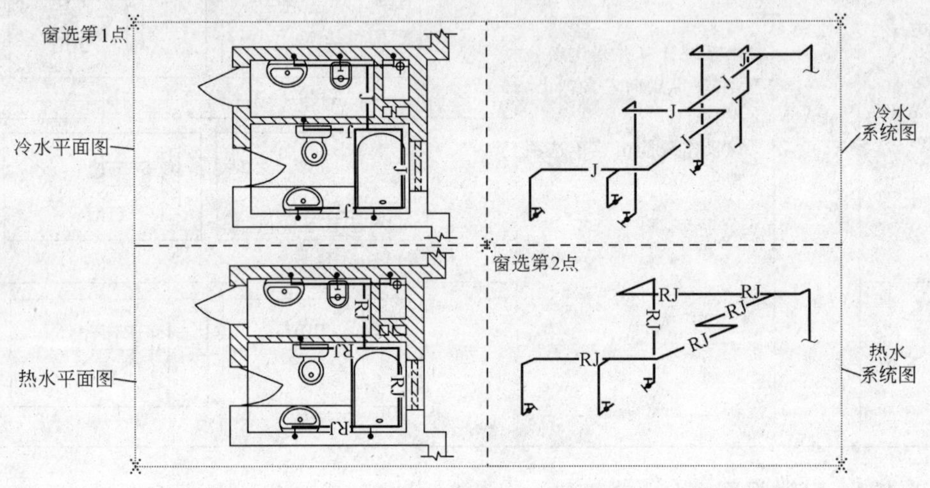

图 4-3　生活给水系统

新建命名视图应在**新建视图**对话框中完成，打开**新建视图**窗口的方法是单击**视图/新建(N)**…按钮，启动**视图**窗口（图 4-4）有以下 2 种方法：

① 执行命令行命令 view 或命令别名 V。

② 拾取**菜单栏/视图(V)/命名视图(N)**…选项。

使用命名视图类似使用图层，单击**视图/置为当前(C)**按钮，AutoCAD 会在主窗口恢复并显示选定命名视图（蓝底背景）的内容。例如，图 4-4 中热水平面图为选定视图。

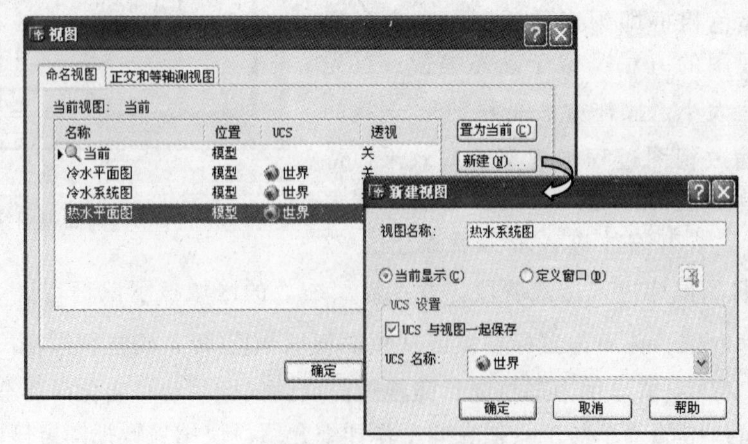

图 4-4　新建命名视图示例

若执行命令-view 或命令别名-V，将显示命令行界面相应提示：

命令：-V

-VIEW 输入选项［?/正交(O)/删除(D)/恢复(R)/保存(S)/UCS(U)/窗口(W)］：

提示中选项意义见表 4-3，理解它有助于正确选用视图功能，并完成对话框界面的相应设置。

-view 选项与意义 **表 4-3**

序号	选项	意义
1	?	列出图形中指定命名视图或全部命名视图。一般而言，输入通配符或按下 Enter 将显示所有视图
2	正交(O)	恢复预定义的正交视图，此视图被用户指定到当前视口中
3	删除(D)	删除一个或多个命名视图。对话框中删除是选中视图名后按 Del 键
4	恢复(R)	将指定视图恢复到当前视口中。如果 UCS 设置已与视图一起保存，它也被恢复
5	保存(S)	使用用户提供的名称来保存当前视口中的显示
6	UCS(U)	决定保存图形时是否保存当前 UCS 和标高设置
7	窗口(W)	将当前显示的一部分保存为视图

4.1.3 三维视图

三维视图主要用于观察三维图形，为了加深对 AutoCAD 三维空间的理解，将作简要介绍。

4.1.3.1 绘制简单三维图

为对象指定标高与厚度可以得到最简单的三维图形，该类三维图形的底面皆平行于 XY 平面。对象的标高即为 Z 轴上的坐标值，厚度等同于对象的高度。如指定标高为 0.0、厚度为 300 的圆，实际上是底面在 XY 平面上、高度为 300 个图形单位的圆柱。

执行命令行命令 elev，或透明执行'elev 命令可为对象指定标高与厚度。使用它绘制简单三维管箍的过程参见表 4-4。

4.1.3.2 常用三维视图

沿着 Z 轴俯视三维图形往往看不出对象的标高与厚度，极有可能误把三维图形当成二维图形，如果改变观察对象的视点，就会从不同方向感受真三维图形的魅力。常用三维视图有俯视、仰视、左视、右视、后视、主视、西南、东南、东北、西北等。选择这些三维视图的方法有以下 3 种：

① 拾取**菜单栏/视图(V)/三维视图(3)** 子菜单相应选项（图 4-5）。

② 单击**工具栏/视图**上的图标按钮（图 4-5）。

③ 用字符 O 响应命令-view 提示：

输入选项［?/正交(O)/删除(D)/恢复(R)/保存(S)/UCS(U)/窗口(W)］：

随后出现如下提示：

输入选项［俯视(T)/仰视(B)/主视(F)/后视(BA)/左视(L)/右视(R)］<俯视>：

在此输入所选常用三维视图子选项。

绘制三维管箍外观 **表 4-4**

命令执行过程	二维视图	三维视图
命令:elev 指定新的默认标高<2>:0 指定新的默认厚度<22>:300	C	
命令:DO DONUT 指定圆环的内径<10>:2000 指定圆环的外径<14>:2400 指定圆环的中心点或<退出>:CEN　　　　(输入点 C) 指定圆环的中心点或<退出>:　　　　(回车结束)		
命令:elev 指定新的默认标高<0>:300 指定新的默认厚度<300>:2200	P_1 C	
命令: C CIRCLE 指定圆的圆心或[三点(3P)/两点(2P)/相切、相切、半径(T)]:CEN 指定圆的半径或[直径(D)]<1000>:　　　　(输入点 P_1)		
命令:elev 指定新的默认标高<300>:2500 指定新的默认厚度<2200>:300	C P_2	
命令:DO DONUT 指定圆环的内径<2000>: 指定圆环的外径<2400>: 指定圆环的中心点或<退出>:CEN　　　　(输入点 P_2) 指定圆环的中心点或<退出>:		

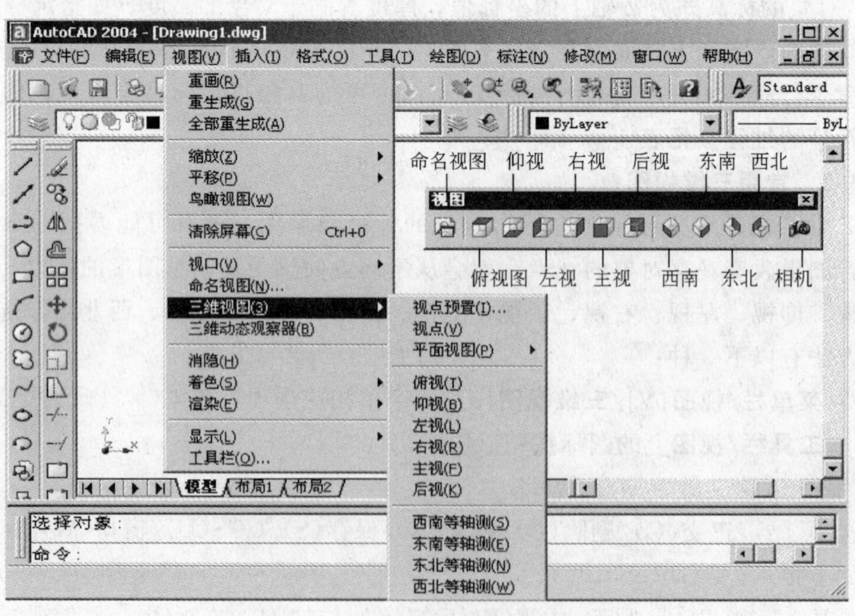

图 4-5　三维视图菜单与工具栏

4.1.3.3 三维视点

除了从特殊视点观察三维图形能得到常用三维视图外，恰当选择其他视点也可以得到不同的三维视图。视点只能指定观测方向，而不能指定观测距离，调整观测距离可用zoom来实现。

1）视点预置：相对于世界坐标系（WCS）或用户坐标系（UCS）设置查看方向，即指定查看角度。它由视点与X轴的角度以及它与xy平面的角度来构成，预置视点即预设这2个角度，应在图4-6中完成。启动**视点预置**对话框有以下2种方法：

① 执行命令行命令 ddvpoint，或命令别名 VP。

② 拾取**菜单栏/视图(V)/三维视图(3)/视点预置(I)**…选项。

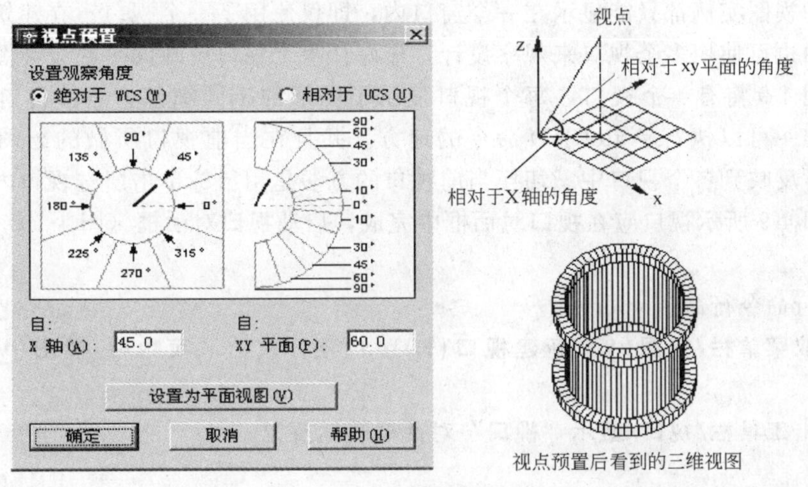

图 4-6 预置视点观察三维管箍

2）视点：动态选择视点应在图4-7所示的坐标球和三角架中确定。坐标球是一个以二维方式表示的球体，也称为罗盘。它的中心代表北极（0，0，1），内环表示赤道（n，n，0），而整个外球代表南极（0，0，－1），在罗盘内移动十字光标，坐标系的三根轴（三角架）将随之而动。在坐标球内输入坐标点即决定了一个视点。启动三角架与坐标球的方法有以下2种：

① 执行命令行命令 vpoint，或命令别名-VP。

② 拾取**菜单栏/视图(V)/三维视图(3)/视点(V)** 选项。

随后将出现如下提示：

当前视图方向：VIEWDIR＝1.4074，1.4074，3.4474

指定视点或［旋转（R）］＜显示坐标球和三轴架＞：

在此提示下无论用键盘输入点坐标还是用鼠标在罗盘内输入点坐标，效果都是指定一个三维视点。当前视点的管箍视图与渲染效果见图4-8。

返回平面视图的方法有以下2种：

① 拾取**菜单栏/视图(V)/三维视图(3)/平面视点(P)** 下相应选项。

② 执行命令行命令 plan，在随后的提示中选择需要显示的视图。其命令提示如下：

输入选项［当前 UCS(C)/UCS(U)/世界(W)］＜当前 UCS＞：

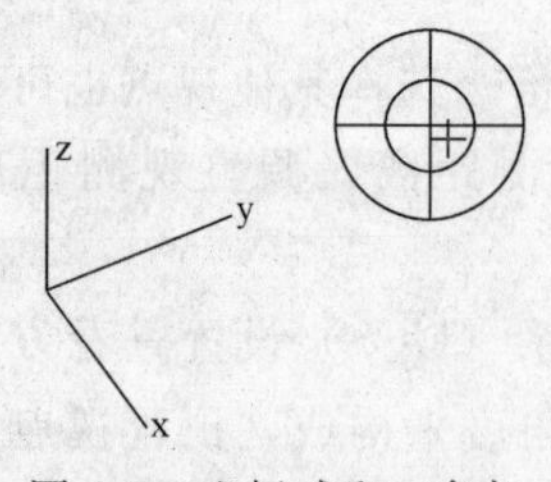

图 4-7　坐标球和三角架

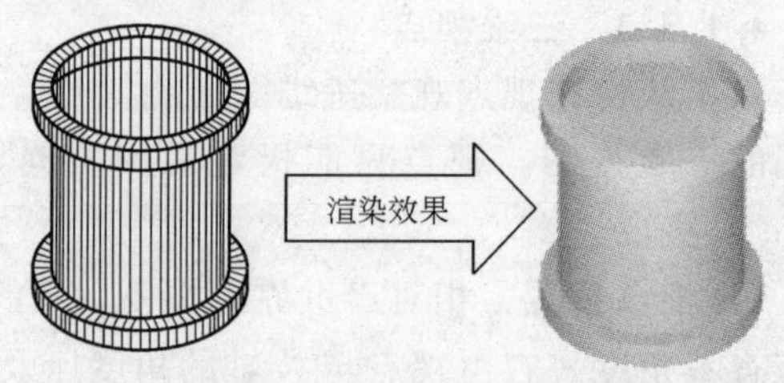

图 4-8　管箍视图及渲染效果

4.1.4　视口

前面的视图实例都只能显示在一个窗口内，即仅使用了一个视口。在建筑设备与环境工程设计中也可使用多个视口来观察设计，最好让每个视口反映同一幅设计图的各个侧面或细部，图 4-9 将有 4 个视口，每个视口显示了图形的不同细部。当前视口用粗线框标识，它是惟一可以执行 AutoCAD 命令的地方。并且在当前视口所做的绘图、编辑等操作，将及时反映到各个视口中。切换当前视口的方法是用鼠标单击所选视口内一点。

创建图 4-9 所示视口应在**视口**对话框中完成，启动**视口**对话框（图 4-10）的方法有以下 3 种。

① 执行命令行命令 vports。

② 拾取**菜单栏/视图(V)/新建视口(E)**…选项，或拾取**菜单栏/视图(V)/命名视口(N)**…选项。

③ 单击**工具栏/视口/显示"视口"对话框**图标按钮。

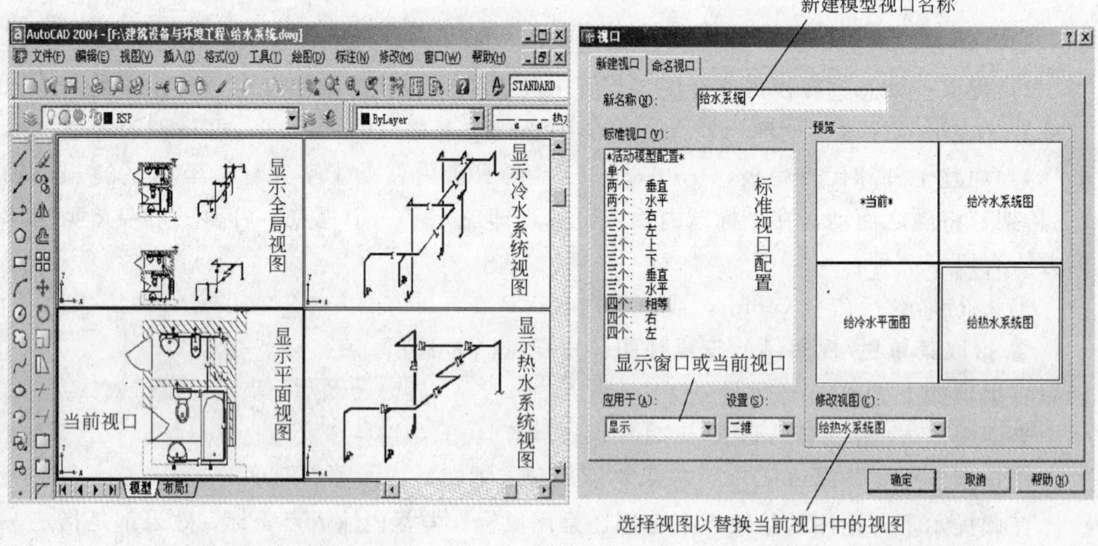

图 4-9　4 个视口　　　　图 4-10　视口对话框

为了正确设置**视口**对话框，不妨先了解命令行界面各选项的意义。执行命令行命令-vports后将出现如下提示：

输入选项［保存(S)/恢复(R)/删除(D)/合并(J)/单一(SI)/?/2/3/4］＜3＞：

选项说明见表 4-5，它们已放入**菜单栏/视图(V)/视口(V)** 子菜单中，也可在图4-10

-vprots 选项说明 表 4-5

序号	选项	说明
1	保存(S)	用指定名称保存当前视口配置
2	恢复(R)	恢复以前保存的视口配置
3	删除(D)	删除命名的视口配置。在对话框中删除是选中视口名后按下 Del 键
4	合并(J)	将两个邻接的视口合并为一个较大的视口。得到的视口将继承主视口的视图
5	单一(SI)	将图形返回到单一视口的视图中,该视图使用当前视口的视图
6	?	显示活动视口的标识号和屏幕位置
7	2	将当前视口拆分为相等的 2 个视口
8	3	将当前视口拆分为 3 个视口
9	4	将当前视口拆分为大小相同的 4 个视口

视口窗口中选择并执行。

4.1.5 重生成与重画

在图形文件中产生的对象，AutoCAD 会把它们的坐标、角度、半径等相关描述信息以实数或浮点数形式存入图形文件数据库中。重生成图形就是把数据库内的浮点数转换成屏幕上相应的整数坐标，按绘图命令及相关参数以图形的形式显示在屏幕上。重画图形类似于图形刷新，刷新时将删除当前视口中的点标记和因编辑图形而留下的杂乱显示内容。

4.1.5.1 重生成图形

使用显示控制命令平移、缩放屏幕图形时，AutoCAD 常常需要根据图形数据库相关信息重新计算对象的屏幕坐标，然后按计算所得的屏幕坐标重新生成屏幕图形，以改变人们的视觉效果。重新生成图形的命令与意义见表 4-6，执行重生成不仅可以使用命令行命令，也可使用**菜单栏/视图(V)** 中相应选项。

重新生成图形命令与意义 表 4-6

序号	命令(命令别名)	功能	意义
1	regen(RE)	重新生成	当前视口中重生成整个图形并重新计算所有对象的屏幕坐标  执行 fill 命令 重生成前　重生成后
2	regenauto	自动重生成	开(ON):无论何时需要执行重新生成操作,图形都将自动重生成 关(OFF):在使用 regen 或 regenall 前,不重新生成图形
3	regenall(REA)	全部重生成	所有视口中重生成整个图形并重新计算所有对象的屏幕坐标 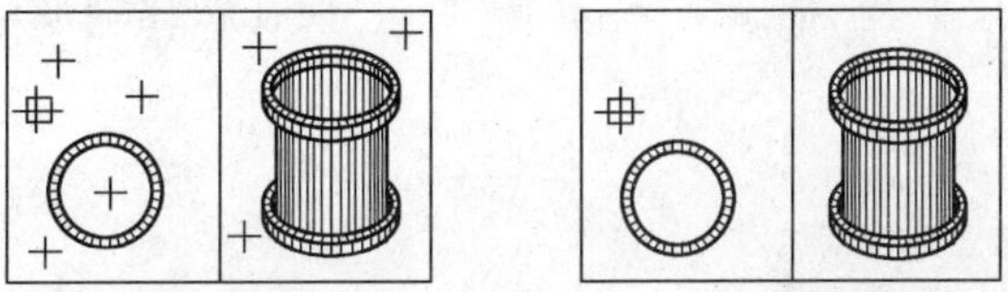 全部重生成前　全部重生成后

4.1.5.2 重画图形

为提高把浮点数转换成屏幕像素（显示）的速度，在重新生成图形过程中算出的屏幕整数坐标被 AutoCAD 储存起来，并把它简称为虚拟屏幕。只要虚拟屏幕中的整数坐标能精确地反映图形状态，AutoCAD 就可以执行重新显示或重画的动作。也就是说，进行平移与缩放操作时，在允许情况下宁可“重画”图形也不“重新生成”图形，因为重新生成复杂图形是相当费时的。例如，选中的编辑对象恰好在虚拟屏幕范围，系统就会自动执行重画图形而不是重新生成。重画命令及意义见表 4-7，执行重画不仅可以使用命令行命令，也可执行**工具栏/视图(V)/重画(R)** 选项。

重画命令及意义 **表 4-7**

序号	命令(命令别名)	功能	意 义
1	redraw(R)	重画	删除当前视口中的点标记和编辑命令留下的杂乱显示内容 重画前　重画后
2	redrawall (RA)	全部重画	删除所有视口中的点标记和编辑命令留下的杂乱显示内容 全部重画前　全部重画后

4.1.5.3 快速缩放

由绘图命令及参数画圆、圆弧、椭圆和样条曲线时，一般使用短矢量来生成它们的外观。矢量数目越大，圆或圆弧的外观越平滑。例如，如果创建了一个很小的圆，然后将其放大，它可能显示为一个多边形。使用快速缩放即平衡显示精度与缩放速度，使其达到满意效果。执行快速缩放命令行命令 viewres 将出现如下提示：

命令：viewres

是否需要快速缩放？[是(Y)/否(N)] ＜Y＞：

输入圆的缩放百分比 (1－20000)＜1000＞：

改变圆的缩放百分比即设定了一个显示精度和缩放速度。一般而言，增大圆的缩放百分比，图形外观更平滑，但增加了重生成图形的时间；反之，重生成图形更快，但某些图形外观有可能看起来不平滑。例如，圆看上去像多边形一样（图 4-11）。因此，设计时应选择恰当的缩放比，以便在快速缩放的同时具有较好的视觉效果。

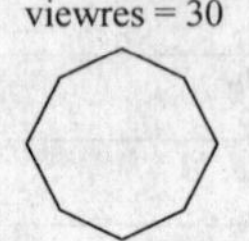

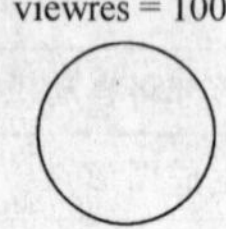

图 4-11　快速缩放比例与效果

4.2 查　询

绘制建筑设备与环境工程设计图时，常常需要了解与图形文件或某些对象有关的一些信息。例如，对象的起点、终点、距离、面积等。执行查询常用以下 3 种方法：

① 执行相关命令行命令，参见表 4-8、4-9。

② 拾取**菜单栏/工具(T)/查询(Q)** 下相应选项（图 4-12）。

③ 单击查询工具栏上相应按钮（图 4-12）。

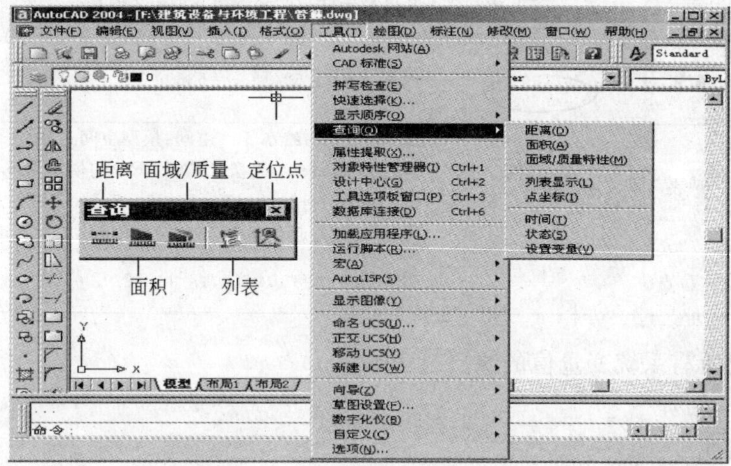

图 4-12　查询菜单与工具栏

与菜单或工具栏对应的查询命令分别列于表 4-8、4-9 中，从表中可以看出应该如何使用查询命令，以及通过查询能够获取哪些信息。

查询文件信息　　**表 4-8**

序号	命令(命令别名)	查询信息
1	time	当前时间
		创建时间
		上次更新时间
		累计编辑时间
		消耗时间计时器(开)
		下次自动保存时间
2	status	该图形文件中的对象个数
		模型空间：图形界限、使用情况
		显示范围、插入基点
		捕捉分辨率、栅格间距
		当前状态：当前空间、布局、图层、颜色、线型、线宽、标高
		当前设置：填充、栅格、正交、快速文字、捕捉、数字化仪、对象捕捉模式
		可用图形磁盘空间
		可用临时磁盘空间
		可用物理内存
		可用交换文件空间
3	setvar(SET)	变量名
		变量名的值

查询对象信息 **表 4-9**

序号	命令（命令别名）	功能	图示	查询信息
1	dist(DI)	距离	点2 查询对象 点1	距离＝569，XY 平面中的倾角＝142，与 XY 平面的夹角＝0 X 增量＝－449，Y 增量＝350，Z 增量＝0
2	area(AA)	面积	查询对象	面积＝1074952，周长＝5369
3	list(LI)	列表	查询对象	ARC 图层：给水 空间：模型空间 颜色：ByLayer 线型：CENTER 句柄＝14F 圆心点，X＝13112 Y＝16899 Z＝0.0000 半径 1145 起点角度 46 端点角度 137 长度 1822
4	’id	定位点	定位点	指定点： X＝10484 Y＝14882 Z＝0

例如，查询所有系统变量值的执行过程如下。

命令：SET

输入变量名或［?］：?

输入要列出的变量＜＊＞：回车

下面将显示全部系统变量名与变量值，为节约篇幅在此没有列出，详见附录 B。

4.3 图 块

绘制建筑设备与环境工程施工图，会重复出现类似消火栓、风管、洁具等诸多标准构件与设备。若复制正确的图形将会增加图形数据，复制有误的图形将会增加修改工作量。有效的方法是把这些经常出现并具有实际意义的多个对象组合成相对独立的“图块”，AutoCAD 仅需记住构成图块的图形信息，使用时便可由图块名称获取这些图形的信息。特别地还可以注释图块。例如，配以材质、标号、数量、用途等属性，以便设计时共享。

4.3.1 使用图块

一旦创建了图块就相当于自定义了一个专用图形元素，以便在绘图时随意插入。插入图块类似于使用图章，在明确插入图块名称、位置、比例后会迅速重现邮戳。修改图块意味着改变图章内容，邮戳将按图形数据记载的插入点与比例进行更新。用户使用图块时不再考虑图块构成的细部，这不仅减少了图形数据的冗余，而且大大方便了对标准件与设备的修改与管理。从全局来看，定制建筑设备与环境工程的专业图块，能使大家长期共享、提高设计质量与效率。

4.3.1.1 创建图块

建筑施工中标准构件的生产是在专业厂家而不是现场。同理，AutoCAD 创建图块的地方应是 0 层而不是当前层。即 0 层主要用于制作门、窗、家具、厨卫设备、冷暖设备、消防设备等图块。创建图块前应在 0 层画好准备做成图块的对象，为方便计算缩放比例最好按实物尺寸或图例尺寸来画。

图块有内部块与外部块之分，内部块的相关信息将保存在当前图形文件中，外部块则以图形文件的形式来存放。

1）创建内部块。创建内部块常使用**块定义**对话框辅助完成（图 4-13）。设置块定义对话框需要指定图块名称、基点和构成对象。其中，单击**块定义/拾取点（K）或选择对象（T）**前面的图标按钮可实现交互输入。而图块基点主要用于插入图块时对正参照，通常情况下应以图块某个特征点为基点，如交点、中点或图块中心等。图 4-13 定义的“坐便器”图块由 19 个对象构成，基点位于后边中点。

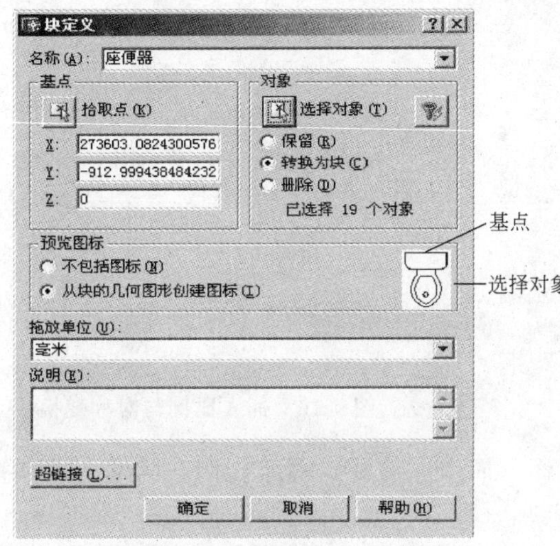

图 4-13　内部块定义示例

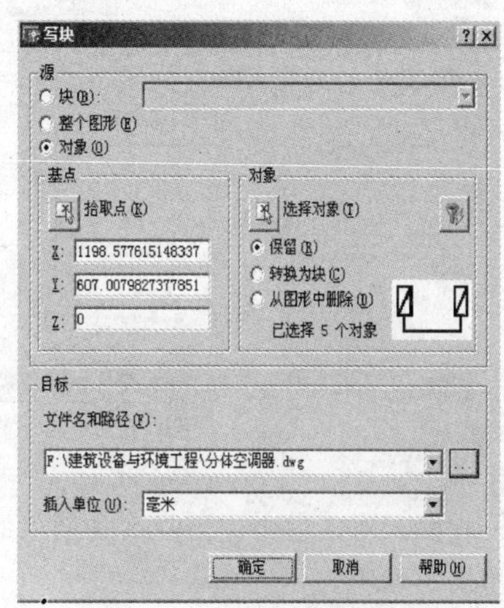

图 4-14　外部块定义示例

启动**块定义**对话框有以下 3 种方法：

① 执行命令行命令 block，或命令别名 B。

② 拾取**菜单栏/绘图(D)/块(K)/创建(M)**…选项。

③ 单击**工具栏/绘图/创建块**图标按钮。

如果执行命令-block，将显示该命令的命令行界面，并出现如下提示：

输入块名或［?］：

若用字符？响应提示，将显示所有内部块信息；若用其他字符响应将以此作为图块名称，随后输入图块基点和构成对象。

2）创建外部块。执行命令行命令 wblock 或命令别名 W，将会出现图 4-14 所示的**写块**对话框，定义外部块常在**写块**对话框中完成。外部块的**源**可以是内部块、整个图形或对象。当**源**为块时可将指定内部块转化为外部块；当**源**为对象时需要指定图块基点和构成图块的对象。无论**源**是什么都需指定外部块的存放路径和名称（文件名）。图 4-14 定义了一个“分体空调器”外部块，为方便理解已将选择对象图示在旁。

事实上，定义外部块的方法与内部块相近，区别是增加了文件路径与名称。如果执行命令行命令-wblock 将显示该命令的命令行提示，操作要点与步骤与对话框类似。

4.3.1.2　插入图块

插入 0 层创建的图块到当前层，图块颜色可随层而变；插入非 0 层创建的图块到当前层，图块颜色不能随层改变。插入图块时有单个插入与阵列插入之分。

1）单个插入。单个插入图块常在**插入**对话框中完成（图 4-15）。启动**插入**对话框常用以下方法：

① 执行命令行命令 insert，或命令别名 I。

② 拾取**菜单栏/插入(I)/块(B)**…选项。

③ 单击**工具栏/插入/插入块**图标按钮。

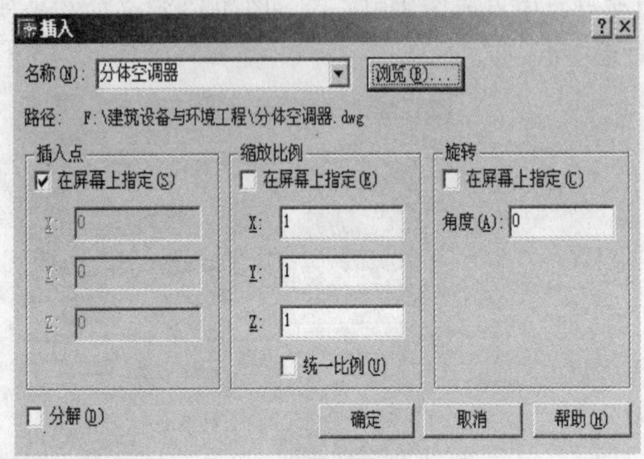

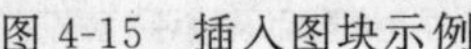

图 4-15　插入图块示例

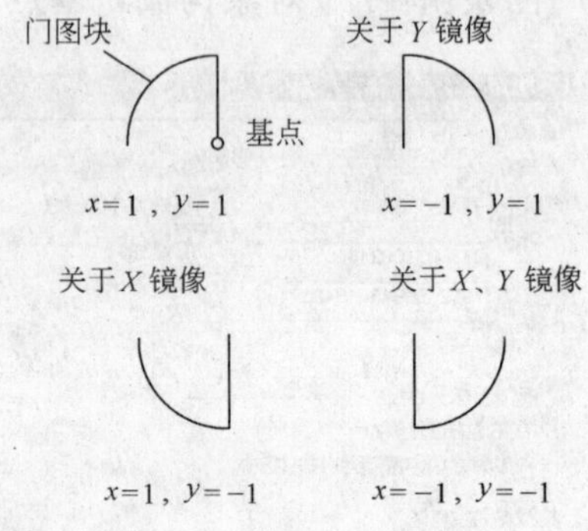

图 4-16　插入比例与对称变换

在**插入**对话框中应指定准备插入的图块名称、插入点位置、缩放比例、绕插入点旋转的角度。其中：

① 内部块名应在**插入/名称(N)**下拉式列表框中拾取；外部块名在与**插入/浏览(B)**…按钮关联的**选择图形文件**对话框中拾取。

② 置**插入点**下复选框为☑，可在屏幕上交互输入点坐标，此处所指插入点位置应与图块基点完全重合。同理，若**缩放比例**与**旋转**项目前复选框为☑，也可进行交互输入。但直接给出缩放比例与旋转角度更准确。

③ 指定**缩放比例**时，需给出图块插入后在 X、Y、Z 方向的尺寸与原图块对应尺寸之比。X、Y 方向的纵横比可以相同也可不同，相同时可置**统一比例(U)**前复选框为☑。特别的，当插入比例为负值时可在插入图块的同时完成镜像操作，镜像方向与 X、Y 的正负有关。例如，插入缩放比例为负值的“门”图块，能在插入的同时完成镜像（见图 4-16）。

④ 为方便修改最好在插入图块的同时不要**分解(D)**它。

2）阵列插入。在插入图块的同时完成矩形阵列操作，其由 insert 与 array 的组成。执行命令行命令 minsert，将显示它的命令行界面。提示内容为：

输入块名或［?］<f>：

在指定图块名称后，还需逐步响应后续提示，相继指定插入位置、比例、角度，以及矩形阵列的行数、列数、行间距、列间距等。行（列）间距为正，图块向上（右）方向拷贝，行（列）间距为负，图块向下（左）方向拷贝（图 4-17）。特别地，不能分解用命令 minsert 插入的多个图块。

4.3.1.3　修改图块

把建筑设备与环境工程的标准图例定义成图块后，AutoCAD 将按图块名称调用它们，同时记住插入图块的位置、比例、角度。而图块名称与基点、构成图块的对象具有捆

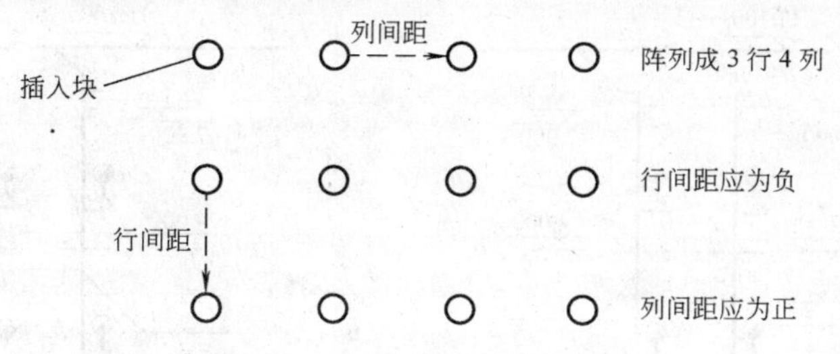

图 4-17　插入并阵列洒水喷头

绑关系，使 AutoCAD 能按图块名称调用相应的图形和基点。因此，在建筑设备与环境工程设计中假如想修改当前图形文件中已经插入的图块，只需要直接修改构成图块的图形即可，不需要先删除它们再重新插入。但重新定义图块时，必须使用和原图块相同的名称与基点，以使 AutoCAD 能按图块名称找到修改后的图块对象，并重新生成图形达到快速修改的目的。修改图块的步骤如下：

① 插入需要修改的图块，并记住图块名称与插入基点位置；

② 用 explode 命令分解图块，分解后的对象将重新回到 0 层；

③ 按最新标准重新修改构成图块的对象；

④ 在 0 层使用原图块名称、基点重新定义图块，系统将显示 AutoCAD 信息框（图 4-18）；

⑤ 单击**信息框/AutoCAD/是（Y）**按钮，完成修改图形后的重定义图块操作。

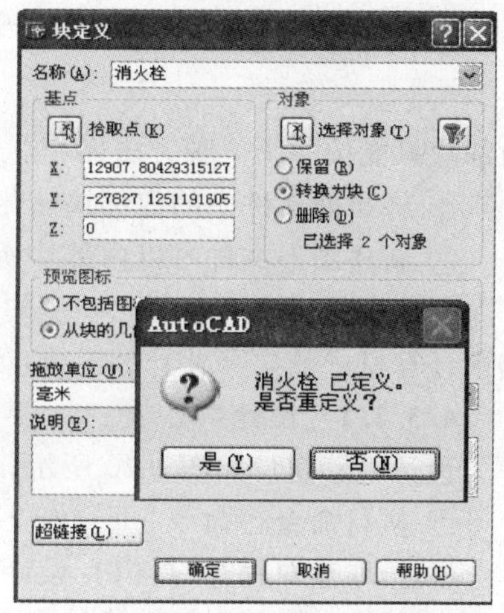

图 4-18　重定义图块示例

图 4-19（*a*）是已经插入 6 个图块名为“消火栓”的消防系统图，若将这些单口消火栓图形变为图 4-19（*b*）中的双口消火栓，其主要操作步骤如下：

① 炸开并修改“消火栓”图块的图形对象，使它成为双口消火栓图形；

② 在 0 层使用“消火栓”名称和原插入基点重新定义图块。

由于重新定义图块时没有改变原图块名称与基点，执行重生成后 AutoCAD 将用双口消火栓图形替换单口消火栓图形。特别地，重定义图块时不要改变图块基点，否则新图块有可能与原图块错位，因插入点必须与图块基点完全重合。因此，修改图块的要点是只改变构成图块的图形，不改变名称与插入点位置。

4.3.2　专业图库

在建筑设备与环境工程设计绘图中，将反复用到水泵、阀门、风管、仪表、风机、卫生器具等标准图例。为了减少重复绘图，应按《暖通空调制图标准》、《给水排水制图标准》将它们做成图块，也可以收集、整理专业 CAD 软件或别人提供的图块，以形成庞大的专业图库供设计时选用。

AutoCAD 2000 以前的版本，内部块只能插入到当前文件，若要共享另一图形文件的

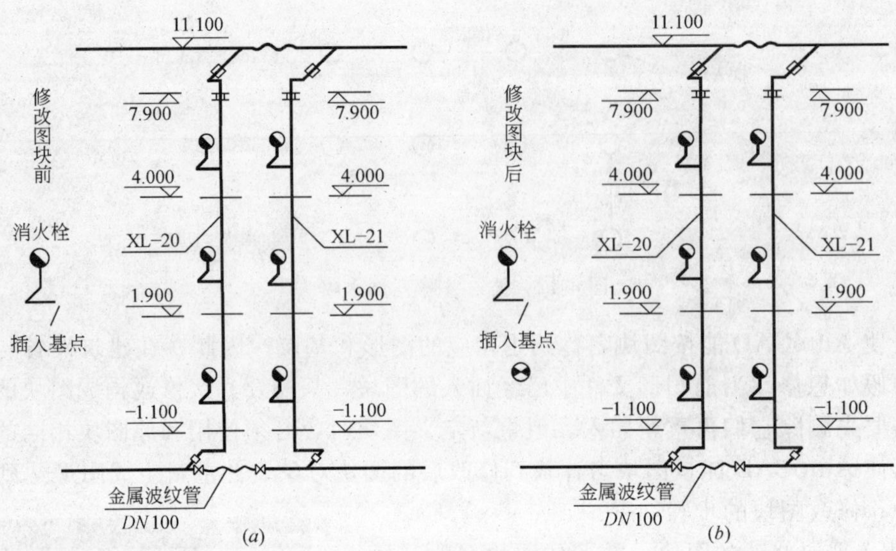

图 4-19　修改图块示例

内部块只能按以下 2 种方法操作。

① 将当前文件中的内部块转化为外部块，任何图形文件都能使用它。

② 新建图形文件时以内部块所在文件为图形样板，将内部块信息带入到新文件中。

现在，使用 AutoCAD 2004 的“设计中心”与“工具选项板”可以方便地组织、管理当前计算机中的内（外）部图块，并将它们分类组成专业图库，以便随时选用、插入。

4.3.2.1　设计中心

设计中心窗口如图 4-20 所示，启动**设计中心**窗口的方法有 3 种：

① 执行命令行命令 adcenter，或命令别名 ADC。

② 拾取**菜单栏/工具(T)/设计中心(G)** 选项。

③ 单击**工具栏/标准/设计中心**图标按钮。

使用**设计中心**窗口类似于使用 Windows 操作系统的资源管理器，在**设计中心/文件夹/文件夹列表**的树状目录中可以选择需要搜索的目录、图形文件以及该图形文件中某些重要信息。设计中心能够搜索到图形文件中的标注样式、布局、块、图层、外部参照、文字样式、线型共 7 个方面的详细信息。**设计中心/文件夹/文件夹列表**右侧窗口显示内容基本与左侧树状结构当前项目同步。如单击**文件夹列表**中**块**项目，AutoCAD 将搜索到该图形文件的所有内部块信息，并把**块**形状以图标形式显示在右侧窗口中。如此做法，不仅能够找出**我的电脑**中所有内部块，还可了解到每个图形文件的标注样式、图层、文字样式、线型、外部参照等相关信息。

插入右侧窗口中所选图块到当前图形文件的步骤如下：

① 选中并单击图块图标上鼠标右键，拾取**快捷菜单/插入块(I)…**选项；

② 设置随后出现的**插入**对话框（图 4-15），指定插入基点、比例、角度等。

设计中心使任何图形文件都能共享**我的电脑**中的所有**块**对象，包含全部内部块和外部块。为方便使用，也可以把这些内部块放入图 4-21 所示的工具选项板中（见 4.3.2.2）。

4.3.2.2　工具选项板

工具选项板如图 4-21 所示。打开工具选项板的方法有 3 种：

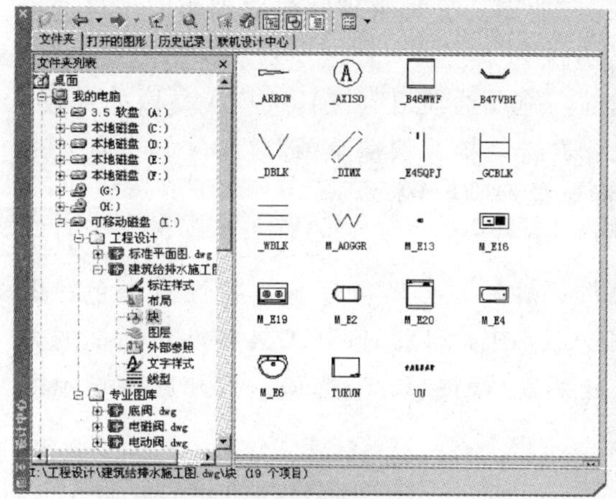

图 4-20　设计中心窗口

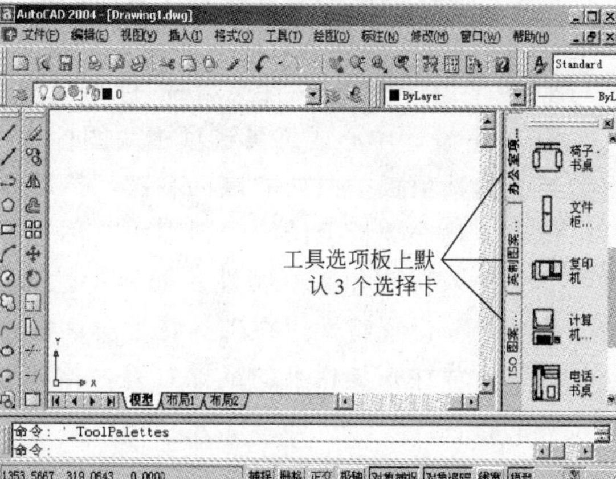

图 4-21　工具选项板

① 执行命令行命令 ToolPalettes，或命令别名 TP。

② 拾取**菜单栏/工具(T)/工具选项板窗口(P)** 选项。

③ 单击**工具栏/工具选项板(Ctrl+3)** 图标按钮。

AutoCAD 提供了 3 个默认工具选项板：办公室项目样例、英制图案填充、ISO 图案填充，并以卡片形式排列。若将建筑设备与环境工程的专业图块分类整理到工具选择板中，使用起来肯定会更方便。分类创建工具选板的方法如下：

① 单击放在工具选项板上（除块、图案项目外）的鼠标右键，拾取**快捷菜单/新建工具选项板(E)** 选项，输入名称即可创建一个没有任何（图块或图案填充）工具的空选项板。

② 单击**设计中心/文件夹/文件夹列表**中目录（图形文件）结点上鼠标右键，拾取**快捷菜单/创建工具选项板**选项，AutoCAD 将用该目录（图形文件）名称新建一个工具选项板。并自动将该目录（图形文件）中内部块添加到新建工具选项板中。例如，图 4-22 用**阀门**目录新建一个**阀门**工具选项板。

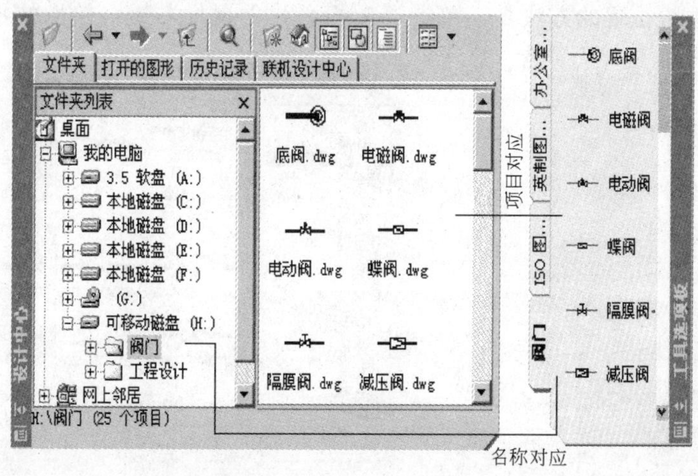

图 4-22　创建工具选项板

现在可将**我的电脑**所含建筑设备与环境工程专业图块分类整理并放置到相应工具选项板中（图 4-23）。添加现有图块到**工具选项板**的方法如下：

① 按下**设计中心/文件夹/块**图标上鼠标左键，拖动**块**项目到工具选项板空白处释放。

② 单击**设计中心**或**工具选项板**块图标上鼠标右键，拾取**快捷菜单/复制(C)** 选项；单击放到工具选项板空白处的鼠标右键，拾取**快捷菜单/粘贴(P)** 选项。

位于工具选项板上的块和图案填充称为工具，用户可以为每个工具设置特性。工具特性主要有插入特性和基本特性。插入特性含比例、旋转、分解等；基本特性有颜色、图层、线型等。设置特性应在**工具特性**对话框中完成（图 4-24）。打开**工具特性**对话框的方法是：单击放在工具栏上的鼠标右键，拾取**快捷菜单/特性(R)**…选项，打开后将显示所选工具的特性。

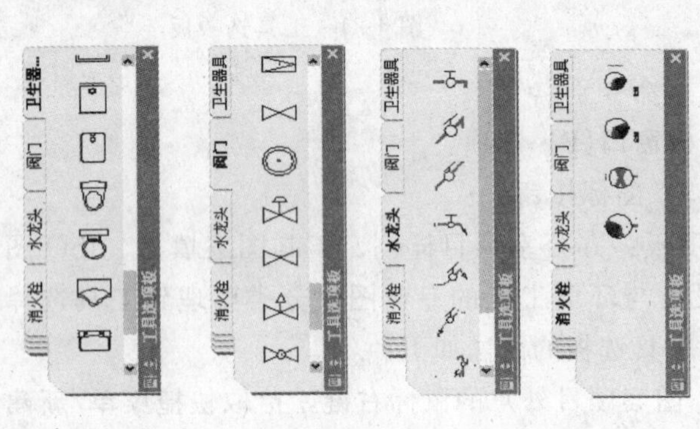

图 4-23　按工具选项板分类整理专业图块

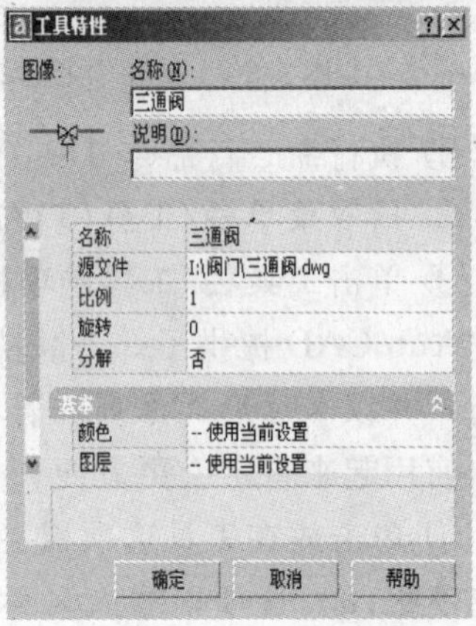

工具特性
图像：
名称(N)：
三通阀
说明(D)：
名称　三通阀
源文件　I:\阀门\三通阀.dwg
比例　1
旋转　0
分解　否
基本
颜色　-- 使用当前设置
图层　-- 使用当前设置
确定　取消　帮助

图 4-24　工具特性

插入图块到当前文件的方法是拖动**工具**到绘图区适当位置后释放，也可按以下步骤插入：

① 单击**工具选项板/工具**。

② 在屏幕上指定插入点。

上移工具选项板位置的方法是：单击选项板名称上鼠标右键，拾取**快捷菜单/上移(U)**

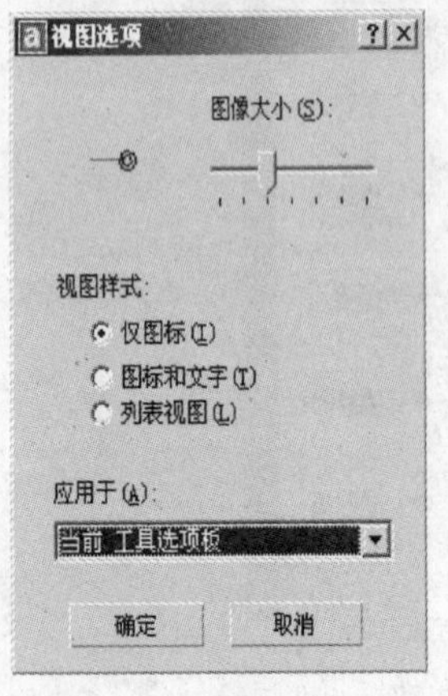

图 4-25　工具选项板视图

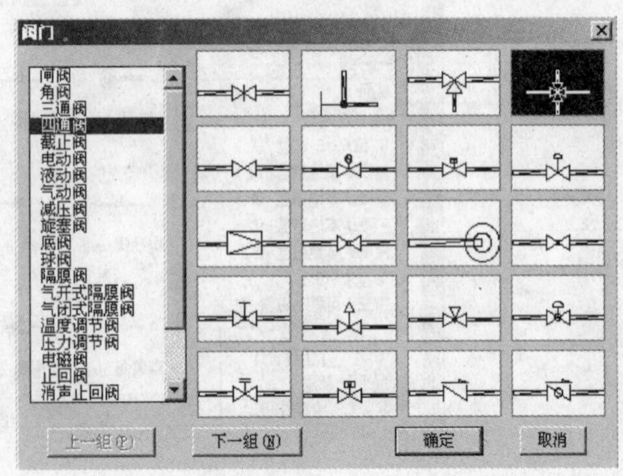

图 4-26　专业图库幻灯示例

选项。用此方法可以调整工具选项板上下位置。改变工具选项板视图可通过图 4-25 的**视图选项**窗口完成，可选视图样式有：列表视图、图标和文字、仅图标 3 种。拉动**视图选项/图标大小(S)** 滑动条可改变工具图尺寸。打开**视图窗口**的方法是：单击工具选项板上空白处鼠标右键，拾取**快捷菜单/视图选项(V)…**。

总之，使用设计中心和工具选项板能将**我的电脑**中专业图块分类整理到工具选项板，以便在建筑设备与环境工程设计绘图中能通过工具图标直观、准确地选择和插入。而专业 CAD 软件常常使用图像控件菜单来辅助用户进行选择。例如，图 4-26 是通过菜单选项打开的**阀门**图像控件菜单，黑色背景的四通阀门为所选图块。关于图像控件菜单的开发方法参见 9.5.5。

*4.4 属　　性

属性是用来说明图块特性的文本信息，它也是构成图块的对象。AutoCAD 所指属性类似于数据库中字段，属性标记类似于字段名称，块对象属性值类似于数据库记录。定义属性即可按指定字符产生属性标记（见 4.4.1），将属性标记一同选为块对象即可创建含属性标记的图块。为方便起见把这种含有属性标记的图块简称为属性块，属性块组合属性标记成一个数据库表结构。插入属性块时，可根据系统提示按定义顺序输入属性值。所用块定义与块插入命令与前所述完全相同。例如，图 4-27 中的块对象含有浴缸图形和 3 个属性标记，代号、尺寸、价格属性值显示在图 4-28 右侧。

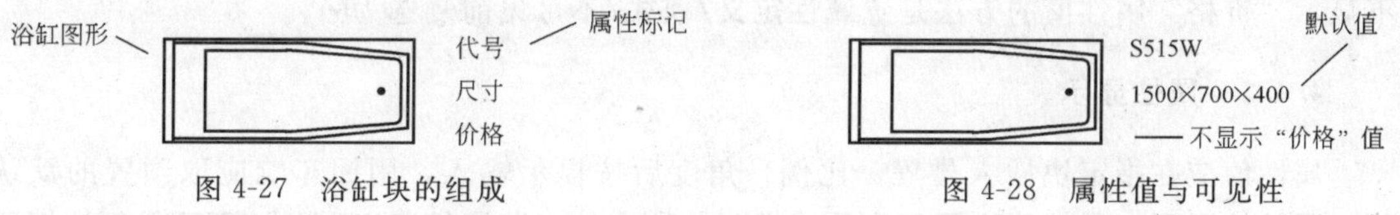

图 4-27　浴缸块的组成　　　图 4-28　属性值与可见性

用户不仅可以修改属性值、控制属性值显示，还能从现有属性块中提取信息，形成文本文件或数据库表文件，以便进行工程预算或统计分析等。

4.4.1　属性定义

定义属性常在图 4-29 所示的**属性定义**对话框中完成。打开**属性定义**对话框有以下 2 种方法：

① 执行命令行命令 attdef，或命令别名 ATT。

② 拾取**菜单栏/绘图(D)/块(K)/定义属性(D)…**选项。

设置属性定义对话框需要指定属性模式、标记、提示、值、插入点、文字对正方式、文字样式、高度、角度等。各个选项的意义参见表 4-10。

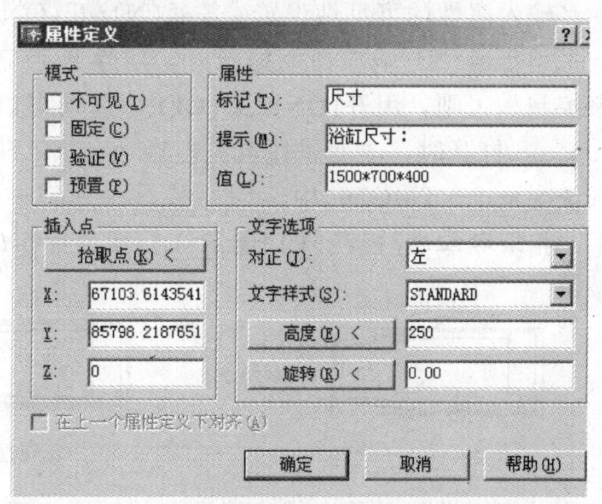

图 4-29　属性定义示例

属性定义中各选项的意义　　　　　　　　　　　　　　　　表 4-10

序号	类型	名称	意　义
1	模式	不可见	指定插入块时不显示或打印属性值
		固定	插入块时赋予属性固定值
		验证	在插入块时提示验证属性值是否正确
		预置	插入包含预置属性值的块时，将属性设置为默认值
2	属性	标记	标识图形中每次出现的属性
		提示	指定在插入包含该属性定义的块时显示的提示
		值	指定默认属性值
3	插入点	拾取点	从屏幕上交互指定插入点
		X、Y、Z	直接指定插入点坐标
4	文字选项	对正	指定属性文字的对正方式
		文字样式	指定属性文字的预定义样式
		高度	指定属性文字的高度
		旋转	指定属性文字的旋转角度
5	在上一个属性定义下对齐		将属性标记直接置于前一个定义的属性下面

图 4-29 为浴缸定义了一个标记为“尺寸”的属性。并指定输入提示为“浴缸尺寸：”；设置输入默认值为 1500×700×400。用同样方法可以完成浴缸代号、价格属性的定义。不显示“价格”属性值的方法是置**属性定义/模式/不可见**前复选为☒。

4.4.2　属性显示

属性值应在指定块插入位置、比例、角度后按提示输入，用回车响应取预置的默认值。通常情况下，属性值应显示在原属性标记所在处。若**属性定义/模式/不可见**复选框置为☒，插入属性块后该属性值为不可见。例如，图 4-28 中价格属性为不可见。

控制块属性显示的命令是 attdisp，命令行提示信息如下：

输入属性的可见性设置［普通(N)/开(ON)/关(OFF)］<普通>：

用**普通(N)** 响应命令提示时，属性是否显示将由**属性定义/模式/不可见**的设置状态来控制。否则，用**开(ON)/关(OFF)** 选项可以打开或关闭所有属性值（图 4-30）。当 regenauto 打开时，改变属性可见性后 AutoCAD 会自动重新生成，并把可见性设置存储在系统变量 ATTMODE 中。

拾取**菜单栏/视图(V)/显示(L)/属性显示(A)** 相关选项也可控制属性显示。

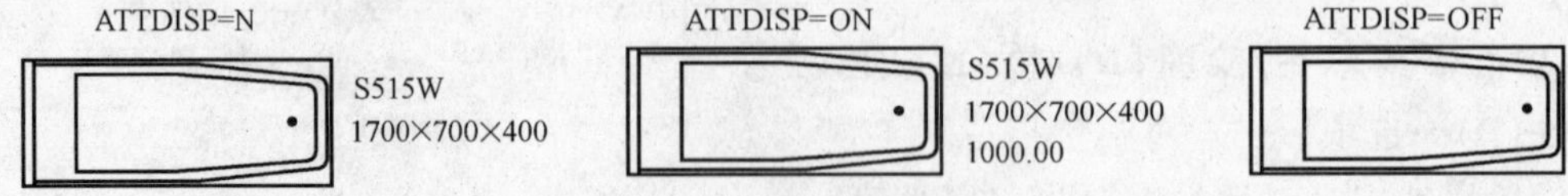

图 4-30　全局控制属性显示

关闭属性值显示可使建筑设备与环境工程设计图简单、清晰；打开属性值显示可以迅速查看图块相关信息。专业 CAD 软件提供的属性块，总是通过变小属性标记高度使其不可见，即便 attdisp＝ON 也会小得让人无法看清。如此做法，能使某些属性值得以正常显示。如插入“轴号”属性块时，需要显示输入的轴号值（图 4-31）。

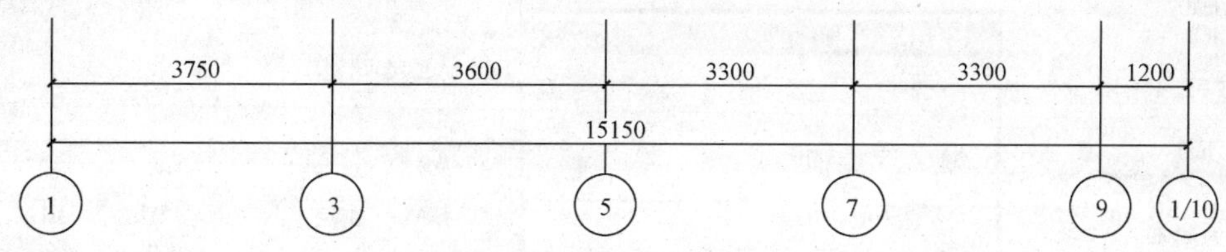

图 4-31　插入带属性的轴号

4.4.3　属性修改

AutoCAD 提供了 3 种直观修改块属性定义与属性值的方法，用户可根据具体情况加以选用。

4.4.3.1　修改属性值

编辑属性值可在**编辑属性**对话框中完成（图 4-32）。执行命令行命令 attedit 并单个选择属性块后，将打开**编辑属性**对话框，并将所选属性块的值显示在该对话框中。修改所选属性块中属性值的步骤是：

① 改变**编辑属性**对话框中**编辑框**内属性值；

② 单击**编辑属性**/确定按钮。

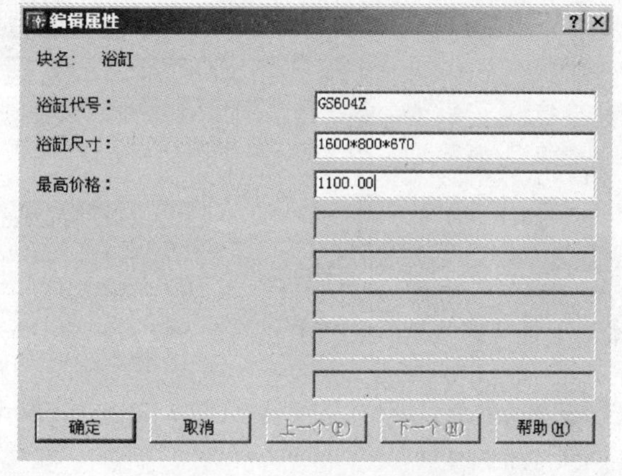

图 4-32　编辑属性示例

4.4.3.2　修改属性值及相关特性

修改块的属性值、文字选项和特性可在**增强属性编辑器**中完成。打开**增强属性编辑器**常用以下 2 种方法执行命令，然后选择属性块即可。

① 执行命令行命令 eattedit。

② 拾取**菜单栏/修改(M)/对象(O)/属性(A)/单个(S)**…选项。

图 4-33 是**增强属性编辑器**的 3 个选项卡窗口。特别地，修改**增强属性编辑器/文字选项**或**特性**仅对当前属性值（蓝底背景所在行）起作用。例如，在图 4-33 中修改文字高度 300 为 250、颜色 ByLayer 为黑色后，仅对“浴缸”块对象**代号**属性值起作用，而尺寸、价格属性值不会改变高度与颜色。单击**增强属性编辑器/选择块(B)** 右侧图标按钮可继续选择属性块来进行修改。

4.4.3.3　修改属性定义

管理和修改当前图形文件中块的属性定义应使用块**属性管理器**（图 4-34）。打开块属性管理器常用以下 2 种方法：

① 执行命令行命令 battman。

② 拾取**菜单栏/修改(M)/对象(O)/属性(A)/块属性管理器(B)**…选项。

选择用于编辑的属性块有 2 种方法：

① 单击**块属性管理器/选择块(L)** 左侧图标按钮。

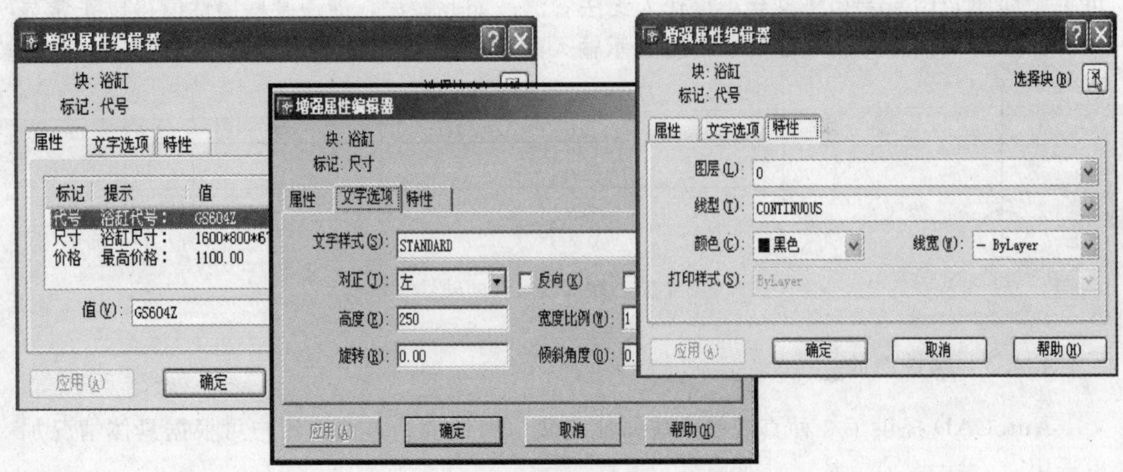

图 4-33　增加属性编辑器修改示例

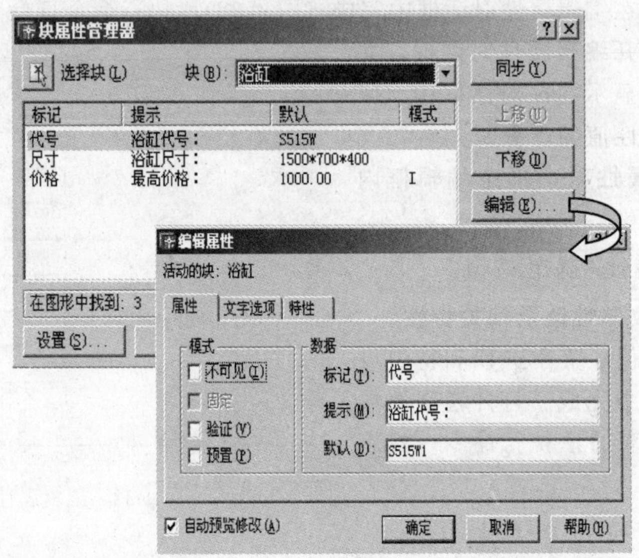

图 4-34　块属性管理器与编辑对话框

② 拾取**块属性管理器/块(B)**右侧下拉式列表框中选项。

块属性管理器列表应显示所选块对象属性定义，深底背景所在行为属性块的当前属性。单击**块属性管理器/**[下移(D)]按钮可改变当前属性值的输入顺序，并在插入属性块的提示信息中体现。单击**块属性管理器/**[删除(R)]按钮将删除当前属性定义。单击**块属性管理器/**[编辑(E)]按钮将启动图 4-34 中**编辑属性**窗体，使用它可以修改属性定义，属性定义的修改将影响到当前图形文件中所有相关属性块。

4.4.4　属性提取

提取属性就是按特定的格式将属性值存入到一个数据文件中，供其他程序用；或传输到数据库中，以便统计和计算。例如，某住宅楼有 4 个浴缸、3 个坐便器、1 个蹲便器、7 个洗面盆卫浴设备，设计时将它们做成类似浴缸的属性块，插入时应输入设备的代号、尺寸、价格属性值。下面将以此为实例，介绍 2 种提取属性值的方法。

4.4.4.1　使用属性提取对话框

使用**属性提取**对话框提取卫浴属性的主要步骤如下：

① 创建卫浴设备 *.txt* 样板文件（图 4-35 右上）。样板文件中第 1 列为属性标记，第 2 列为格式描述。格式描述意义如下。

第 1 位：C——表示输出文字信息；N——表示输出数字信息

第 2～4 位：表示输出字符或数值的最大宽度

第 5～7 位：表示输出数值的小数位数

② 执行命令行命令 attext，打开图 4-35 中**属性提取**对话框。

③ 按图 4-35 设置**属性提取**对话框。其中，输出属性值的**文件格式**常用逗号或空格来分隔；由 **选择对象(O)<** 指定用于提取的属性块；在 **样板文件(T)…** 处指定提取属性时选用的样板文件，如卫浴设备 *.txt*；在 **输出文件(F)…** 处指定输出文件目录名称。

④ 单击**属性提取/确定**按钮，可完成对住宅楼卫浴设备属性的提取。所提取属性值保存在指定输出文件名中，使用文本编辑器可打开或查看输出文件。图 4-36 是从当前图形文件中提取的卫浴设备信息。

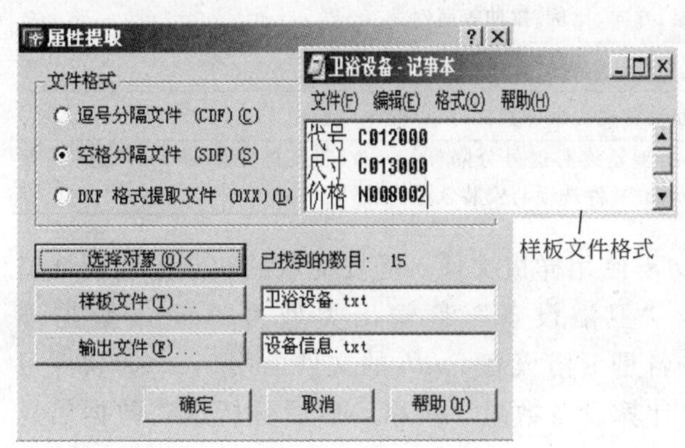

图 4-35　属性提取示例

设备信息 - 记事本

文件(F)　编辑(E)　格式(O)　帮助(H)

6201AQ	600*420*238	132.00
S515W	1500*700*400	1000.00
G210A/D/C/P	712*440*687	800.00
1125S/D	635*520*1908	380.00
6201AQ	600*420*238	132.00
G115AD	480*480*175	300.00
1206	550*410*210	230.00
G141S	900*500*208	1000.00
1125S/D	635*520*1908	380.00
6201AQ	600*420*238	132.00
2310A/B	720*395*655	850.00
G210A/D/C/P	712*440*687	800.00
GS714T	1700*750*530	1150.00
GS604Z	1600*800*670	1100.00
S515W	1500*700*400	1000.00

图 4-36　提取的设备信息

将属性提取文本文件设备信息 *.txt* 转化为 FoxPro 数据库表文件的步骤是：

① 在 FoxPro 命令窗口中用 create 建立数据库表结构，不要马上输入数据。

② 将“设备信息 *.txt*”中属性值装入刚建立的数据库表文件中。应执行的 FoxPro 命令为：

append　from 设备信息 SDF

4.4.4.2　使用属性提取向导

常用以下 2 种方法启动与图 4-37 类似的**属性提取**向导。

① 执行命令行命令 eattext。

② 拾取**菜单栏/工具(T)/属性提取(X)**…选项。

根据向导提取属性有 7 个步骤：选择图形、设置、使用样板、选择属性、查看输出、

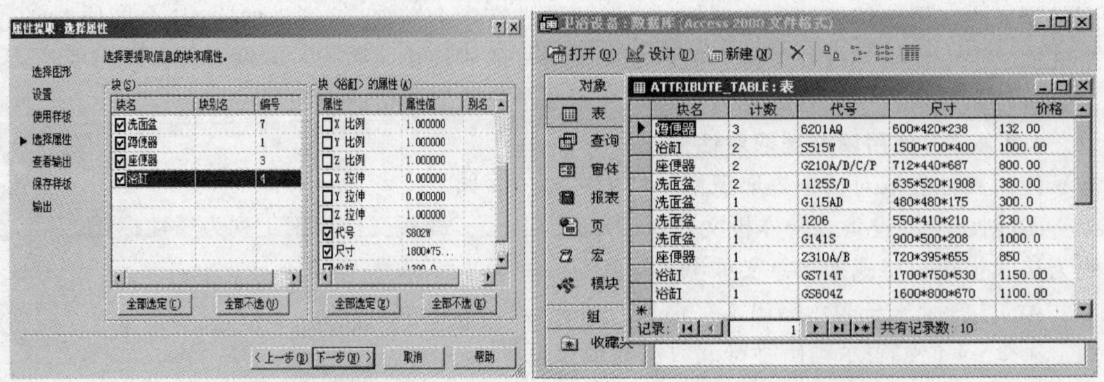

图 4-37　选项属性示例　　　　图 4-38　卫浴设备数据库

保存样板、输出。每个步骤的作用参见表 4-11。

操作步骤与作用　　表 4-11

序号	步骤	作　用
1	选择图形	指定图形选择方法。选择方法有:选择对象、当前图形、选择图形
2	设置	是否包括外部参照与嵌套块
3	使用样板	选择是否使用样板。使用样板时需指定样板文件,无样板文件时系统将按指定输出格式自动创建
4	选择属性	选择块名以及对应的插入点、图层、方向、比例、拉伸等属性
5	输出查看	查看所选属性输出情况
6	保存样板	若输出格式符合要求,则应将当前设置保存到样板文件,以便今后使用
7	输出	指定输出文件名称与类型。输出类型始终有逗号分隔(*.*csv*)、制表符分隔(*.*txt*)选项,而 Excel(*.*xsl*)、Access 数据库(*.*mdb*)文件选项与安装软件有关

用向导提取实例中卫浴设备属性时，勿需使用样板文件。需要提取的块对象与属性值将在图 4-37 中设置，当输出文件名称是“卫浴设备”且输出类型为 Access 数据库(*.*mdb*) 时，执行提取后将产生一个文件名是卫浴设备 *.mdb* 的文件，用 Access 软件可打开它（图 4-38)。在数据库表文件统计、计算设备数量、价格，然后分析这些数据信息是相当容易的事情。

第 5 章　图纸说明与尺寸标注

5.1　文　字

在建筑设备与环境工程设计图中，输入图纸说明文本前应先定义文字样式，使用“形”就像使用线型那样需先加载。一个图形文件可以定义多个文字样式，使用不同文字样式可以产生不同的文字效果。使用文字样式与输入文字都与图层无关，但设计时最好将输入文本放在同一图层中以便于管理。在图形文件中只需记住文字对象所用样式名称、起点、高度、内容等相关信息即可。

5.1.1　文字样式

文字样式主要用于指定字体文件名称、文字高度和表现效果等，并用样式名来调用它。创建文字样式常在**文字样式**对话框（图 5-1）中完成。打开**文字样式**对话框常用以下 3 种方法：

① 执行命令行命令 style，或命令别名 ST。

② 拾取**菜单栏/格式(O)/文字样式(S)** …选项。

③ 单击工具栏/文字样式图标按钮。

AutoCAD 提供的缺省样式名为 Standard，与之相关的字体文字名是 *txt. shx*，文字高度等于 0，宽度比例为 1，倾斜角度为 0。

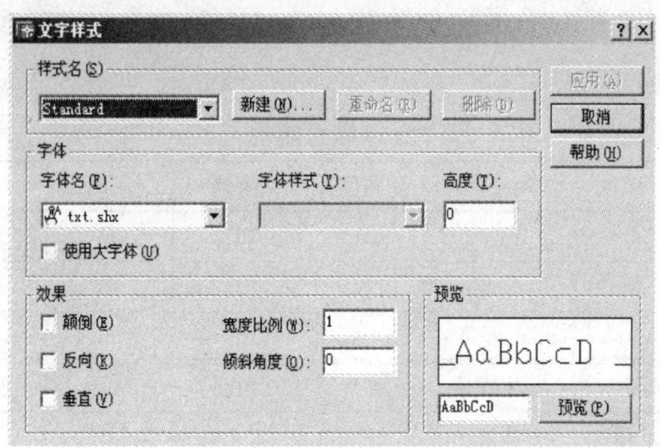

图 5-1　文字样式对话框

使用**文字样式**对话框定义或修改文字样式时，首先应明白对话框中各选项的意义与作用（表 5-1）。

为方便理解，不妨把文字样式看成是由样式名、字体名（shx 字体或 TureType 字体名称）、字体样式（大字体）、高度、颠倒、反向、垂直、宽度比例、倾斜角度等信息构成

文字样式选项说明　　　　表 5-1

<table>
<tr><th>序号</th><th colspan="2">选项</th><th>设置</th><th>说　　明</th></tr>
<tr><td rowspan="3">1</td><td colspan="2" rowspan="3">样式名</td><td>新建</td><td>显示“新建文字样式”对话框，采用默认值或输入名称设置新建样式</td></tr>
<tr><td>重命名</td><td>显示“重命名文字样式”对话框，在此修改当前文字样式名</td></tr>
<tr><td>删除</td><td>从列表中选一个样式名置为当前样式，单击“删除”按钮来删除它</td></tr>
<tr><td rowspan="5">2</td><td rowspan="5">字体</td><td rowspan="2">不使用大字体</td><td>字体名</td><td>列出所有注册的 TrueType 字体名，从而指定并读出字体文件</td></tr>
<tr><td>字体样式</td><td>指定字体格式，比如斜体、粗体或者常规字体</td></tr>
<tr><td rowspan="2">使用大字体</td><td>shx 字体</td><td>列出并指定 AutoCAD Fonts 文件夹中的形（shx）字体名，读出该文件</td></tr>
<tr><td>大字体</td><td>指定亚洲语言的大字体文件，只有 shx 文件可以创建“大字体”</td></tr>
<tr><td colspan="2">高度</td><td>高度≠0 时，指定用该样式进行文字输入的高度；高度＝0 时，每次用此样式进行文字输入，AutoCAD 都将提示用户指定文字高度</td></tr>
<tr><td rowspan="5">3</td><td colspan="2" rowspan="5">效果</td><td>颠倒</td><td>颠倒显示字符，如“中文”颠倒显示为“中文”</td></tr>
<tr><td>反向</td><td>反向显示字符，如“学习”反向显示为“学习”</td></tr>
<tr><td>垂直</td><td>显示垂直对齐的字符。只有在选定字体支持双向时“垂直”才可用</td></tr>
<tr><td>宽度比例</td><td>小于 1.0 的值将“压缩”文字；大于 1.0 的值则“扩大”文字</td></tr>
<tr><td>倾斜角度</td><td>设置文字的倾斜角。输入一个 −85 和 85 之间的值将使文字“倾斜”</td></tr>
</table>

的一个组合，每个组合形成一条记录，每条记录可用惟一的样式名标识。特别地，使用大字体时与**字体名**和**字体样式**对应的文件应是“shx 字体”与“大字体”类型。

创建文字样式可理解为增加一条记录；修改文字样式可看成修改某条记录中的数据。全部文字样式将存放在**样式名**所对应下拉列表框中，当前文字样式以深色背景显示。例如，我们可以把在某图形文件中创建的文字样式列成一张二维表（表 5-2），除第 1 条记录是缺省文字样式设置值外，其余记录为用户创建的不同文字样式，并用样式名标识。

除同一文件不能有相同的样式名外，表 5-2 中其余各项允许有相同值，且**大字体**与**垂直**选项可以接受空值。因只有 shx 文件才能创建“大字体”，只有部分字体文件支持双向“垂直”。

文字样式实例　　　　表 5-2

记录号	样式名	shx 字体	大字体	高度	颠倒	反向	垂直	宽度比例	倾斜角度
1	Standard	txt. shx	—	0	F	F	F	1	0
2	HZFS	txt. shx	hzfs. shx	0	F	F	F	0.7	0
3	DHZ	romanc. shx	dhztxt. shx	0	F	F	F	0.7	0
记录号	样式名	字体名	字体样式	高度	颠倒	反向	垂直	宽度比例	倾斜角度
4	ST	T 宋体	常规	0	F	F	—	0.9	0
5	KT	T 楷体	常规	0	F	F	—	0.7	0
6	HT	T 黑体	常规	0	F	F	—	0.8	0

5.1.2　样式名与字体

在 AutoCAD 中，可以使用 Windows 提供的通用字体 TureType，以及经 AutoCAD

编译后的形字体（*.*shx*），并将全部可用字体显示在**文字样式/字体名**下拉式列表框中供用户选择。因为每一种字体都有相应的字体文件作支撑，故 AutoCAD 会根据文字样式所指字体名读出相关字体文件。

一般而言，列表框中出现的 TureType 字体以T开头，shx 字体以A开头且带有后缀 *shx*，大字体与 *shx* 字体标志相同。其余异同见表 5-3。定义文字样式时，可根据情况参考表 5-3 指定字体名称。

TureType 字体与 shx 字体的异同 **表 5-3**

字体类型	分类特征	支持垂直	使用大字体	支持西文或符号	支持中文
TureType	T类	F	F	T	大部分支持中文
	T@类	F	F	T	支持且将倒写"中文"
形字体	shx 字体	A *iso**.*shx* 除外	T	T	F
	大字体	*gbcbig.shx* *china.shx*	—	F	*gbcbig.shx*、*china.shx*、*hztxt.shx* 等部分大字体支持

从表 5-2 中可知，缺省文字样式不支持中文，因为它没有指定支持中文的大字体文件。如果用此样式输入中文的话，只会在屏幕上出现“??”，不能正常显示中文。若对该样式补充指定支持中文的大字体文件，屏幕上的“??”将立即显示为中文。常见中文大字体文件有：*gbcbig.shx*，*china.shx*，*fs**.*shx*，*dhz**.*shx*，*ht**.*shx*，*hz**.*shx* 等。

特别值得一提的是，正常情况下“T@”类字体将正写西文、倒写中文；“T”类字体中西文都正写；除 *iso**.*shx* 以外的 shx 字体，在“垂直”选项作用下将竖写西文；若要竖写中文则需选用大字体 *gbcbig.shx*、*china.shx* 支撑。

通过**文字样式/预览**框可直接看到字体文件支持的西文或符号样式，在字符预览图像左下方的方框中输入汉字字符，单击**文字样式/**[**预览(P)**]按钮后，也可看到字体文件支持的汉字效果。例如，图 5-2 正在预览“环境工程”。随着字体的改变和效果的修改，字符预览框将动态显示文字样例（图 5-2）。另外，在 TureType 字体中除“T@”类以外都可通过 Word 字体选项列表框了解到文字效果（图 5-3）。当然，从列表框中还可以看到，有些字体只支持符号而不支持文字。且支持符号的字体只有在 Word 文档中插入“符号”时才能正常选用。

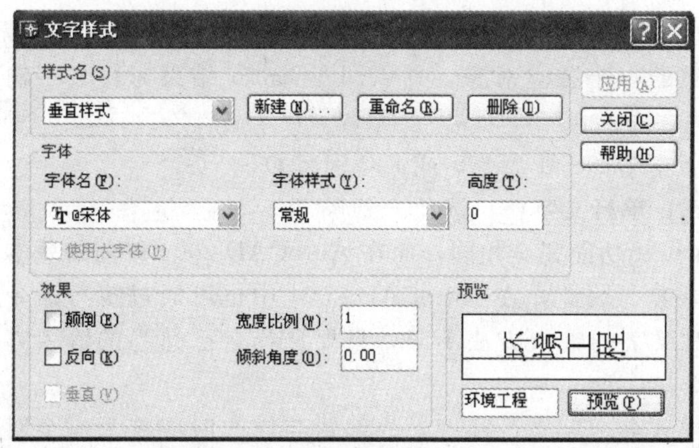

图 5-2 预览文字样式

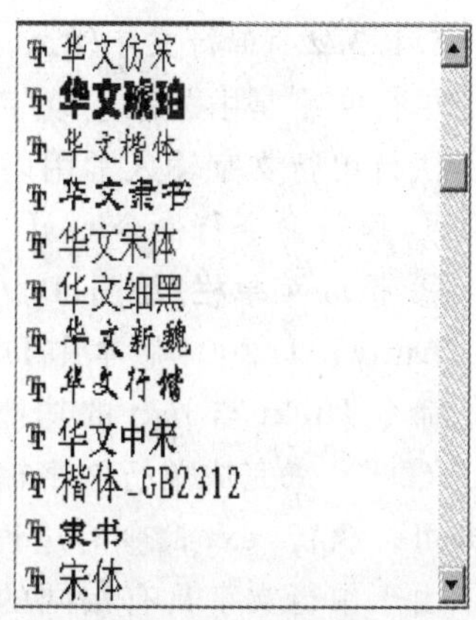

图 5-3 Word 汉字列表框中的文字样

并不是所有 AutoCAD 版本都带有前面所列中文大字体，工程设计中可注意收集此类文件，并将其拷贝到 AutoCAD 安装目录/Fonts 子目录下，以便启动 AutoCAD 时自动搜索已存在的大字体。如果合作伙伴提供的图形文件使用了当前环境没有的大字体，打开图形时系统将会自动给出提示。在此，可用已有的中文大字体进行替换。否则，有可能无法正常显示中文。

补救办法是：查询“??”字符所用样式名，在不改变样式名的情况下重新选择支持中文的字体名或大字体。因为 AutoCAD 总是通过记载的文字样式来查找字体文件，在不改变样式名称的情况下重新指定字体文件，会改变所有用该样式输写的文字字体。这也是我们成批修改字体，使之符合设计要求的有效途径。

5.1.3 输入文字

由于 AutoCAD 是图形编辑平台，与使用 Word 平台不同的是输入文字时必须要执行相应的文字输入命令。在 AutoCAD 中有单行文字输入与多行文字输入之分。通常情况下，定义文件样式时不要统一指定文字高度，以便输入文字时能按需指定文字的样式、起点、高度、转角以及对正方式。

5.1.3.1 图纸字体

图纸字体应执行《房屋制图统一标准》第 4 条规定。

图纸及说明中的汉字，宜采用长仿宋体，宽度与高度的关系应符合表 5-4 的规定。大标题、图册封面、地形图等的汉字，也可书写成其他字体，但应易于辨认。

长仿宋体字高宽关系（mm） **表 5-4**

字 高	20	14	10	7	5	3.5
字 宽	14	10	7	5	3.5	2.5

图纸文字高度，应从如下系列中选用：3.5、5、7、10、14、20mm。如需书写更大的字，其高度应按$\sqrt{2}$的比值递增。拉丁字母、阿拉伯数字与罗马数字的字高，应不小于 2.5mm。

输入文字高度应根据出图后文字的高度来计算。若出图比例＝1∶Y，则：

输入文字高度（图形单位）＝图纸文字高度（mm）×Y

5.1.3.2 单行文字输入

单行文字是由一串连续字符构成的一个独立对象，并以回车 Enter 结束每行文字输入。执行单行文字输入常用以下 2 种方法：

① 执行命令行命令 text，或老版本中 Dtext 命令，或命令别名 DT。

② 拾取**菜单栏/绘图(<u>D</u>)/文字(<u>X</u>)/单行文字(<u>S</u>)** 选项。

AutoCAD 2004 版本中 Dtext 与 text 功能完全相同，而在 AutoCAD 2004 以前的版本中，命令 Dtext 与 text 的功能略有差异。因此，在 AutoCAD 2004 中也可通过执行命令 text（DT）来完成单行文字输入。对汉字的输入方法不限，只要选择自己熟悉的输入方法即可。执行 text 命令的过程见表 5-5。

由于单行文字具有相同的文字样式名、起点、高度，故编辑与修改时应视为一个对象。执行一次命令可录入多个单行文字，每行文字录入完后以回车换行，换行起着变更起

单行文字输入示例 表 5-5

步骤	作用	命令执行过程	显示效果
1	指定文字样式	命令:DT TEXT 当前文字样式:Standard　　当前文字高度:500 指定文字的起点或[对正(J)/样式(S)]:s 输入样式名或[?]<Standard>:ST 当前文字样式:　ST　当前文字高度:500	指定起点 重庆大学虎溪校区综合楼 给水排水平面图
2	指定文字起点、高度、角度	指定文字的起点或[对正(J)/样式(S)]:（指定起点） 指定高度<500>:300 指定文字的旋转角度<30>:0	
3	输入文本	输入文字:重庆大学虎溪校区综合楼 输入文字:给水排水平面图　　（自然换行） 输入文字:　　（重新指定起点） 输入文字:给水排水系统图 输入文字:　　（回车结束输入）	给水排水系统图 指定起点

点的作用。自然换行所产生的多个单行文字应与第一行左对齐。如不满意换行所给起点，可用鼠标左键在屏幕上重新指定，以便准确定位。只有两个连续的回车才能结束命令。

在表 5-5 第 2 步中用字符“J”响应“指定文字起点或［对正(J)/样式(S)］”将出现如下提示：

输入选项［对齐(A)/布满(F)/中心(C)/中间(M)/右(R)/左上(TL)/中上(TC)/右上(TR)/左中(ML)/正中(MC)/右中(MR)/左下(BL)/中下(BC)/右下(BR)］:

使用控制文字对正选项，能使输入文本按要求对齐。单行文字“对正”意义及效果参见表 5-6。

text 命令“对正”意义及效果 表 5-6

序号	选项	意义		效果
1	对齐(A)	以指定基线端点来确定文字方向,并按指定比例自动调整字符高度,字符串越长,字符越矮		1 文字布满时 自动调整文字宽度 2
2	布满(F)	文字在指定基线上按指定高度布满,并自动调整字符宽度。只适用于水平方向的文字		文字对齐时 1 高度按比例调整 2
3	中心(C)	以指定基点为中心,在文字倾角方向沿中心点对齐		以基点为中心对齐 有倾角的中心对齐 1
4	中间(M)	文字在基线的水平中点和指定高度的垂直中点上对齐。中间对齐的文字不保持在基线上		AUTOCAD 1
5	右(R)	文字在用户指定的基线上向右对齐		文字向右对齐 1
6	左上(TL)	以指定点为“左上”点对齐文字	只适用于水平方向的文字	文字左上对齐
7	中上(TC)	以指定点为“中上”点对齐文字		1 文字中上对齐
8	右上(TR)	以指定点为“右上”点对齐文字		文字右上对齐 1

续表

序号	选项	意　　义		效　果
9	左中(ML)	以指定点为“左中”点对齐文字	只适用于水平方向的文字	文字左中对齐
10	正中(MC)	以指定点为“正中”点对齐文字		文字正中对齐
11	右中(MR)	以指定点为“右中”点对齐文字		文字右中对齐
12	左下(BL)	以指定点为“左下”点对齐文字		文字左下对齐
13	中下(BC)	以指定点为“中下”点对齐文字		文字中下对齐
14	右下(BR)	以指定点为“右下”点对齐文字		文字右下对齐

在建筑设备与环境工程设计中，常用单行文字来注释图形。可通过选择文字样式来产生不同字体的说明文本，使之更加美观、大方，有良好的视角效果。当所用文字样式的“宽度比例”<1 时，才能写出漂亮的工程字，应用中常取 0.7。文字转角效果类似于斜体字，而文字转角效果参见图 5-4。

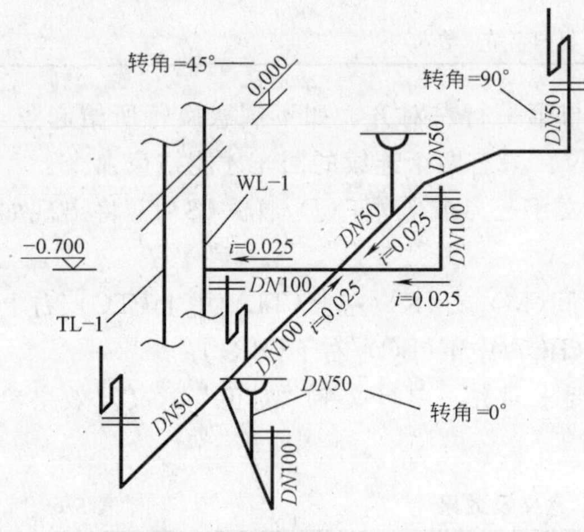

图 5-4　不同转角的文字效果

5.1.3.3　多行文字输入

多行文字输入常在图 5-5 所示的多行文字编辑器中进行。图 5-5 上部窗口用于设置文字格式，下部窗口用于文字输入与修改。虽然多行文字编辑器界面因 AutoCAD 版本不同而略有差异，但选项与用法却基本相同。一般地，版本越高，提供的编辑、排版功能越强，操作也会更方便。使用多行文字编辑器可以输入或编排大量文本，以产生满意的工程设计说明书。

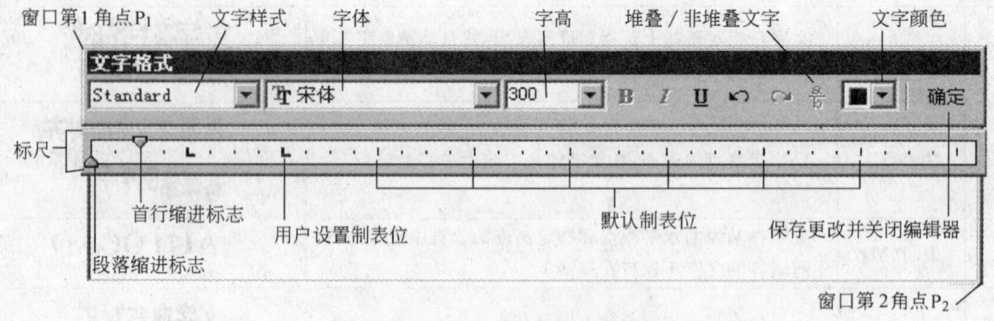

图 5-5　多行文字编辑器

启用多行文字编辑器常用以下 3 种方法：

① 执行命令行命令 mtext，或命令别名 MT。

② 单击**工具栏/绘图/多行文字**图标按钮。

③ 拾取**菜单栏/绘图(D)/文字(X)/多行文字(M)**…选项。

执行多行文字编辑器命令后将显示如下信息：第 1 角点 P_1 后，将出现如下提示：

当前文字样式："Standard"　当前文字高度：300

指定第一角点：

在屏幕上交互输入窗口第一角点 P_1 后将出现如下提示：

指定对角点或［高度(H)/对正(J)/行距(L)/旋转(R)/样式(S)/宽度(W)］：

使用 AutoCAD 提供的选项可以设置与修改文字样式、高度、行距、角度、对正方式等，多行文字编辑器大小由用户输入窗口对角点来决定。多行文字编辑器默认为透明状态，以便在创建文字时能看到是否与其他对象重叠。单击标尺的底边可关闭透明状态使它不透明。

在多行文字编辑器中，能方便地重置文字样式、字体、高度，还可以对 TrueType 字体使用粗体或斜体等（shx 字体不支持），用法与 Word 类似。拉动标尺改变编辑器的宽度；拖动首行缩进、段落缩进标志可以重置缩进位置。并使用绝对距离或者单倍行距的倍数作为多行文字行间距。多行文字的"对正(J)"方式只有 9 种，对正意义与效果参见表 5-7。

mtext 命令的对正方式及效果　　表 5-7

序号	选项	意义	效果	序号	选项	意义	效果
1	左上(TL)	靠左对正,向下溢出		6	右中(MR)	靠右对正,向上和向下溢出	
2	中上(TC)	置中对正,向下溢出		7	左下(BL)	靠左对正,向上溢出	
3	右上(TR)	靠右对正,向下溢出		8	中下(BC)	置中对正,向上溢出	
4	左中(ML)	靠左对正,向上和向下溢出		9	右下(BR)	靠右对正,向上溢出	
5	正中(MC)	置中对正,向上和向下溢出					

单击文字编辑器内鼠标右键会弹出图 5-6（*b*）所示的多行文字编辑器快捷菜单。

① 拾取**快捷菜单/查找和替换**…选项将打开**替换**对话框窗口，使用它能成批修改多行文字编辑器的现有文本。例如，单击图 5-6（*a*）中**替换/全部替换(A)**按钮，可将当前多行文字编辑器中所有"水龙头"文字替换为"消火栓"。

② 拾取**快捷菜单/输入文字(I)**…选项，可通过**选择文件**窗体插入由其他文本编辑器创建的扩展名是 txt 或 rtf 的工程说明文本文件。也可先复制文本到剪贴板，然后粘贴到多行文字编辑器或者"输入文字："提示的后面。

③ 拾取**快捷菜单/符号(S)/其他(O)**…选项将出现图 5-6（*c*）所示的**字符映射表**窗口，窗口中央将显示 Windows、Dos、Unicode 字符集的有效字符。单击字符列表框图标

可将它置为当前字符，如图 5-6（*c*）中字符Ⅲ。单击**字符映射表/选项(P)** 按钮可将当前字符选入**复制字符(A)** 编辑框中，单击**字符映射表/复制(C)** 按钮可将**复制字符(A)** 编辑框中单个或一组字符复制到剪贴板。然后粘贴它们到任何可输入文字的地方。而字符映射表下方的状态栏正显示着当前字符Ⅲ的 Unicode 代码 2162。如果在文字输入提示下输入 Unicode 的转义字符串“\U＋2162”也可实现对特殊字符“Ⅲ”的输入。

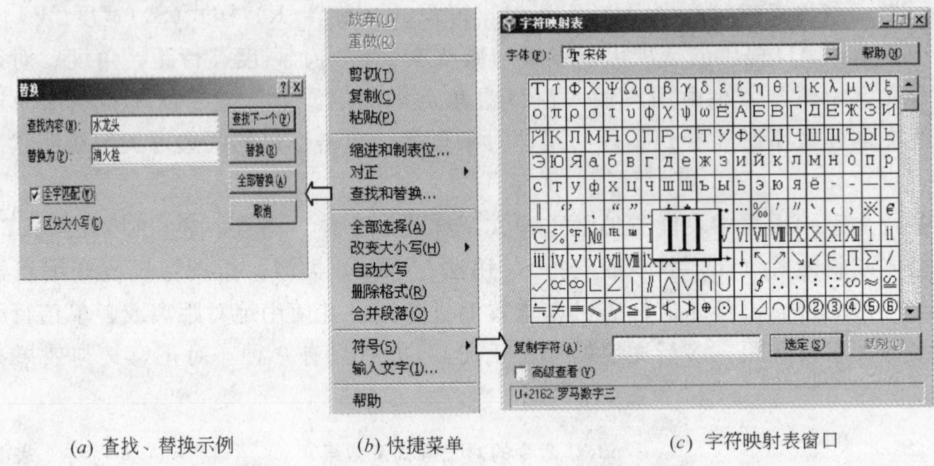

(*a*) 查找、替换示例　　(*b*) 快捷菜单　　(*c*) 字符映射表窗口

图 5-6　多行文字快捷菜单与部分选项窗口

5.1.3.4　控制码和特殊字符

由前可知，输入 Unicode 字体代码 nnnn（十六进制）的转义字符串 \U＋nnnn 可创建特殊字符。同理，输入特殊字符控制码也可创建某些特殊字符。控制码为两个百分比符号％％，％％后的字符与大小写无关。控制方式定义如下：

％％O——打开或关闭文字上划线

％％U——打开或关闭文字下划线

％％D——标注度“°”符号

％％P——标注正/负公差“±”符号

％％C——标注直径“ϕ”符号

％％％——标注百分比符号“％”

％％nnn——标注 ASCII 码为 nnn 的字符

例如，在“输入文字：”提示下的字符串：

％％U 注意％％U！管径＝％％C150，管道倾角＝30％％D，误差不超过％％p10

结束输入文字后将会构成如下图形：

<u>注意</u>！管径＝ϕ150，管道倾角＝30°，误差不超过±10

由于 AutoCAD 内部是以标准的 ASCII 码（1～126）来储存文字字符的，因此用户可用“％nnn”来书写非标准符号以及键盘上没有的标准符号，这里 nnn 为三位十进制数。例如，输入状态下的字符％％65，结束输入后的效果是 A，因为 A 的 ASCII 十进制代码是 65。

5.1.4　修改文字

修改单行文字主要指文字样式、内容、对正、高度、倾斜、旋转、宽度比例等。多行文字修改除此之外还应包括文本宽度与行间距等。常用修改方法是使用**特性**选项板和**编辑文字**窗口。

5.1.4.1 使用特性选项板

文字**特性**选项板如图 5-7 所示，图 5-7（*a*）为所选单行文字共同特性，图 5-7（*b*）为所选多行文字共同特性。打开特性选项板的方法参见 3.2.1。一个单行文字是一个图形对象，一个多行文字也是一个图形对象。操作文字特性选项板可实现对所选对象共同特性的修改。特别地，选择对象越多，共同特性越少。若只选一个文字对象，几乎能包括所有特性，扩大了文字特性的修改范围。

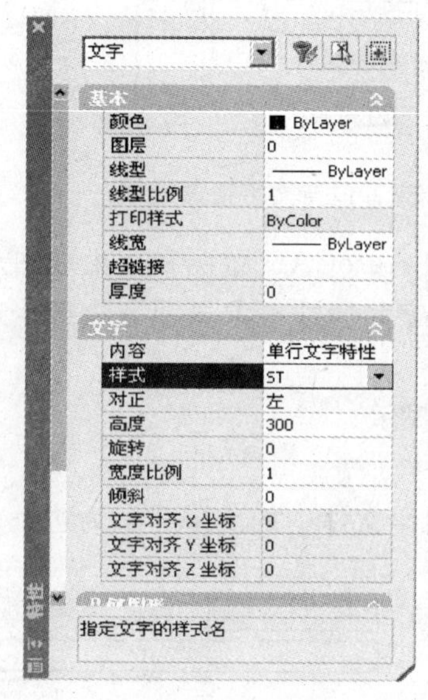

(*a*) 单行文字特性

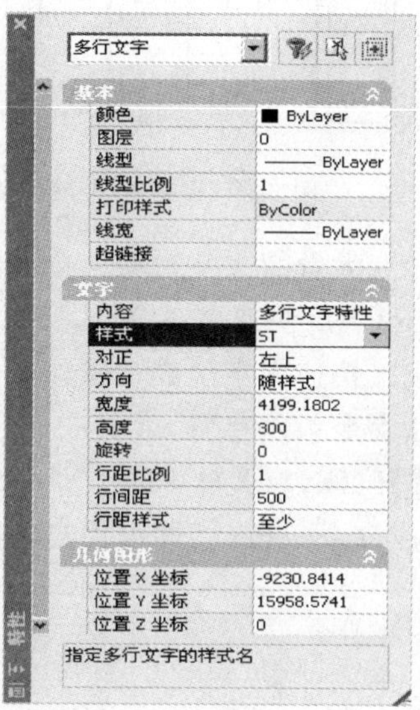

(*b*) 多行文字特性

图 5-7　文字特性修改示例

5.1.4.2 使用编辑文字窗口

编辑文字窗口样式与文字对象类型有关。当编辑对象是单行文字时，编辑文字窗口如图 5-8 所示；当编辑对象是多行文字时，编辑文字窗口为多行文字编辑器（图 5-5）。打开编辑文字窗口有以下 3 种方法：

① 用鼠标左键双击文字对象，AutoCAD 将根据对象类型打开相应编辑文字窗口。

② 执行命令行命令 ddedit，或拾取**菜单栏/修改(M)/对象(O)/文字(I)/编辑(E)…**，系统将按选定文字对象打开相应编辑文字窗口。

③ 用鼠标左键单击文字对象，拾取**快捷菜单/编辑多行文字(I)**…选项，或**快捷菜单/编辑文字(I)**…选项。

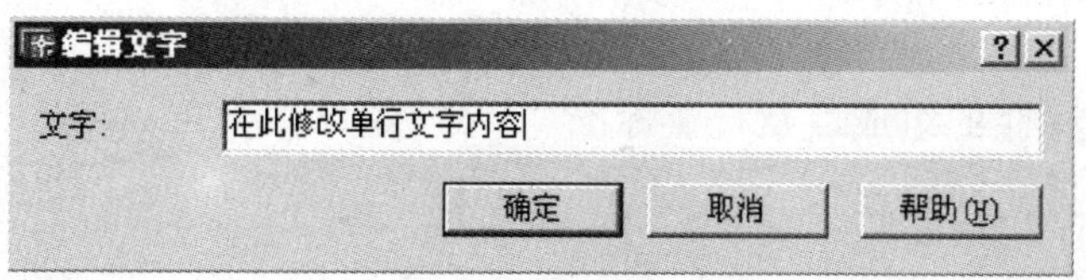

图 5-8　单行文字修改示例

用此方法修改文字内容比使用文字特性选项板方便得多。若仅修改多行文本比例或对正方式，可拾取**菜单栏/修改(M)/对象(O)/文字(I)/比例(S)或对正(J)**选项，也可执行相应的命令行命令 scaletext 或 justifytext。

5.1.4.3 镜像文字与快速文字

既然文字也是一个图形对象，当然可以实施镜像操作。为保持镜像后文字的可读性，须置系统变量 MIRRTEXT 的值为 0（图 5-9）。

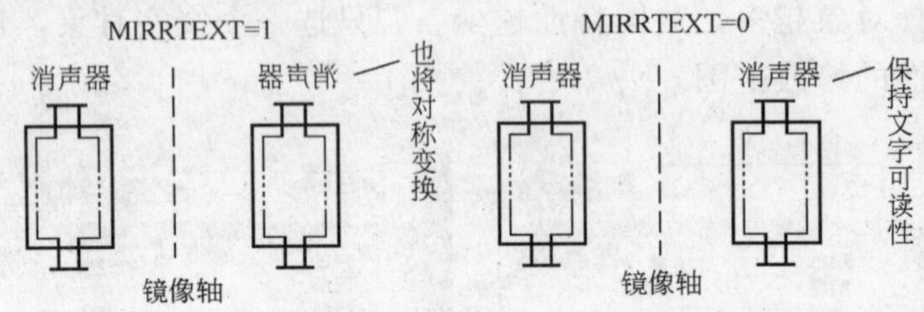

图 5-9 系统变量 MIRRTEXT 值与文字镜像效果

如果图形包含有大量的文字对象，会增加 AutoCAD 重画和重生成图形的时间。解决办法是：执行 AutoCAD 快速文字命令，使文字和属性对象显示为边框，这样就可加速图形的重画和重生成。快速文字生成步骤如下：

① 执行 qtext 命令，用字符 on 响应命令提示。

输入模式[开(ON)/关(OFF)] <关>：

② 执行重生成命令 regen，即可使当前图形文件中的文字显示为边框（见图 5-10）。

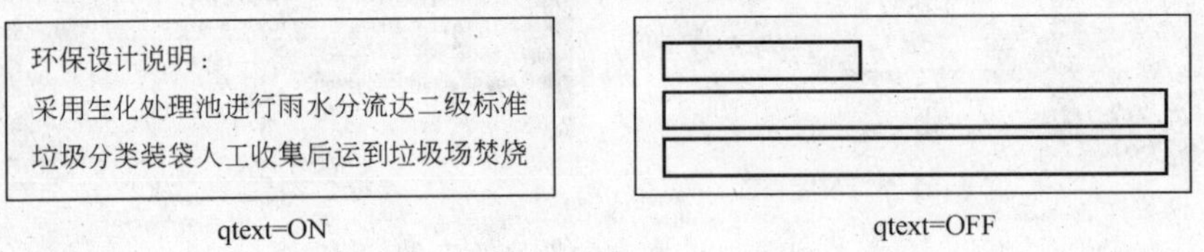

图 5-10 快速文字选项与效果

5.2 标　　注

在图形中标注尺寸（简称尺寸标注）是工程设计绘图中一项重要的工作，通过对物体大小及相对位置的尺寸标注以便设计和施工。本章重点介绍常用尺寸标注方法，以及简单的出图方法。

5.2.1 标注样式概述

标注前应先定义符合行业标准的标注样式，就像注写文本需要先定义文字样式一样。使用不同的标注样式将创建不同的标注效果（图 5-11）。为把握不同标注样式的定义方法，需要了解尺寸标注的组成以及行业标准。

5.2.2 图纸尺寸标注

一个完整的建筑尺寸标注应由尺寸线、尺寸界线、尺寸文本、尺寸起止符号 4 个部分

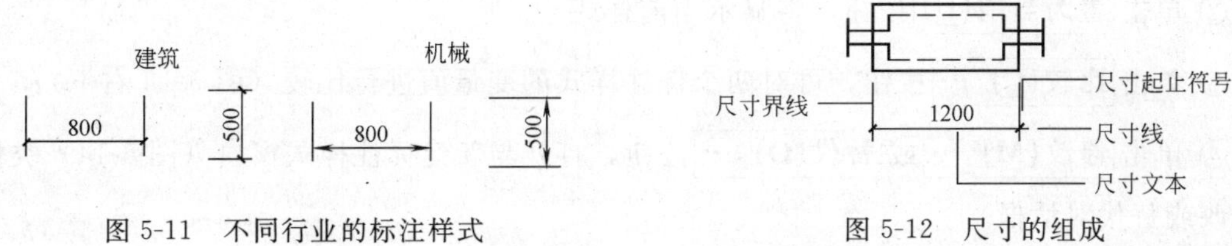

图 5-11　不同行业的标注样式　　　　图 5-12　尺寸的组成

组成（图 5-12），按指定比例出图后应符合《房屋建筑制图统一标准》第 10 条规定。其中：

① 尺寸线：用于确定尺寸标注方向和大小，除角度标注中的尺寸线是圆弧外其余都是直线段，需用细实线绘制且与被注长度平行。

② 尺寸界线：用于界定尺寸线的长短，需用细实线绘制，一般应与被注长度垂直，离开图样轮廓线的距离不小于 2mm，超出尺寸线的距离为 2～3mm。

③ 尺寸文本：表示对象大小的尺寸数值、尺寸公差与符号文本。除标高及总平面以米为单位外，其他必须以毫米为单位。尺寸数字一般应依据其方向注写在靠近尺寸线的上方中部。如没有足够的注写位置，最外边的尺寸数字可注写在尺寸界线的外侧，中间相邻的尺寸数字可错开注写。

④ 尺寸起止符号：一般用中粗斜短线绘制，其倾斜方向应与尺寸界线成顺时针 45°角，长度宜为 2～3mm。半径、直径、角度与弧长的尺寸起止符号，宜用箭头表示。

在 AutoCAD 中定义标注样式，即按上述要求根据打印比例规定标注外观。例如，指明中粗斜短线长度、标注文字高度、尺寸线以外的尺寸界线长度、超出尺寸界线的尺寸线长度等，AutoCAD 将把这些值存放在相应的标注变量中。不同标注样式的主要区别就在这些标注变量值的设定上。

使用标注样式自动标注时，只需指定尺寸界线的起始位置、尺寸线通过点，并确认系统所测长度（标注文字）即可，其余的与标注效果有关的因素都应在标注样式中进行设置。

5.2.3　标注样式管理器

由于标注变量比较多且不容易理解，AutoCAD 提供了图 5-13 所示的**标注样式管理器**，辅助用户定义或修改标注样式。启动**标注样式管理器**的方法有以下 4 种：

① 执行命令行命令 dimstyle，或命令别名 D。

② 拾取**菜单栏/格式(O)/标注样式(D)** 选项。

③ 拾取**菜单栏/标注(N)/样式(S)** …选项。

④ 单击**工具栏/样式/标注样式管理器**图标按钮。

样板文件 *acadiso.dwt* 的默认标注样式为 ISO-25，而另一样板文件 *acad.dwt* 的默认标注样式为 Standard，其标注样式外观可从**标注样式管理器**右侧窗口中预览。若在标注样式管理器中：

① 单击 **新建 (N) …** 按钮，即可打开**创建新标注样式**对话框（图 5-13 右上），输入新标注样式名，如建筑标注，并单击 **继续** 按钮后，启动新建标注样式：建筑标注窗口（图 5-14）。

② 单击置为当前(U)按钮，将显示当前样式。

③ 单击比较(C) …按钮，可对两个标注样式的变量值进行比较（图 5-13 右下）。

④ 单击修改(M) …或替代(O) …按钮，打开与新建标注样式窗口（图 5-14）类似的修改或替代对话框。

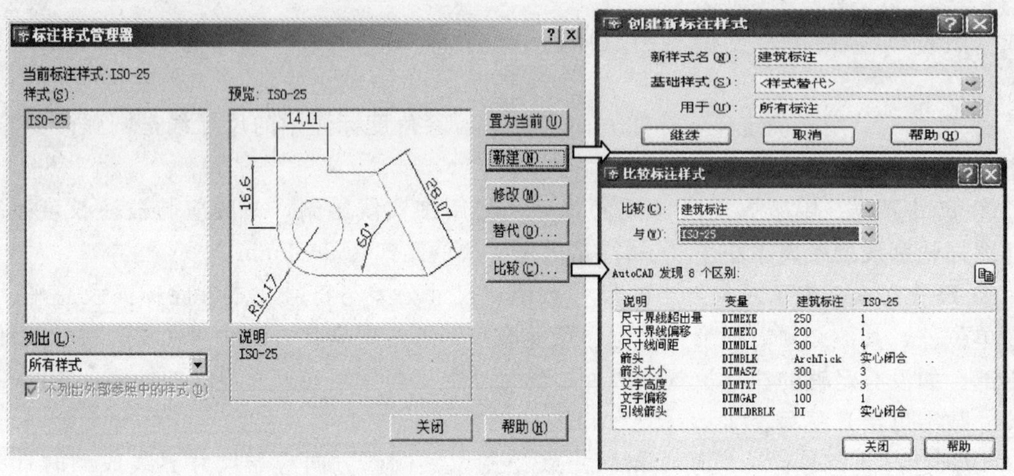

图 5-13　标注样式管理器与相关窗体

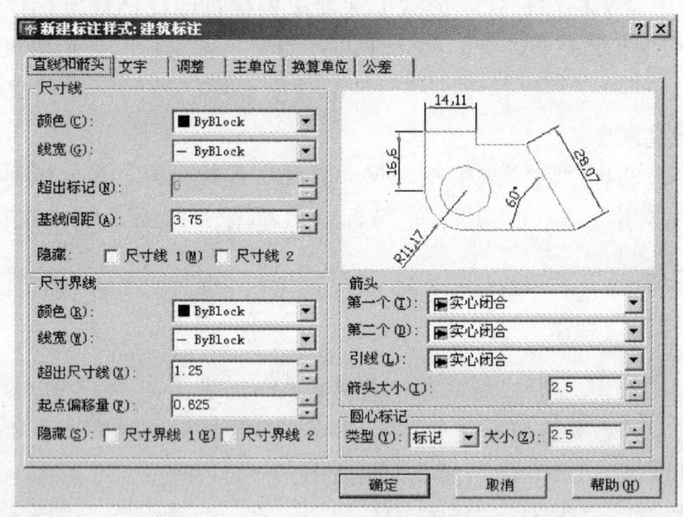

图 5-14　新建（修改、替代）标注样式窗

无论是创建、修改还是替换标注样式，都应在图 5-14 所示的对话框中进行，并按直线和箭头、文字、调整、主单位、换算单位、公差选项分类设置，设置前需要先弄清楚标注变量对标注效果的影响，详情见表 5-8。

此表仅列出了比较难于理解的选项和对应的标注变量。定义标注样式时，既要参考选项意义又要参考出图比例。假若出图比例是 1∶100，图纸中标注字高为 3mm，DIMTEXT 则应设为 300。查询标注变量值也可直接使用命令 setvar。创建标注样式时，通过预览窗口可以随时观察到所设标注对象的外观。

主要选项（标注变量）的意义以及效果 表 5-8

序号	类型	选项名称	系统变量	效果
1	直线和箭头	尺寸线超出标记	DIMDLE	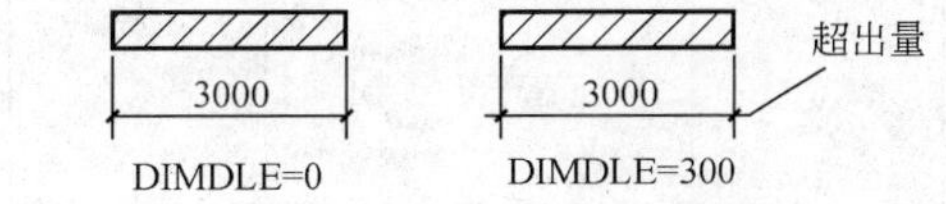 3000 DIMDLE=0；3000 DIMDLE=300 超出量
		尺寸基线间距	DIMDLI	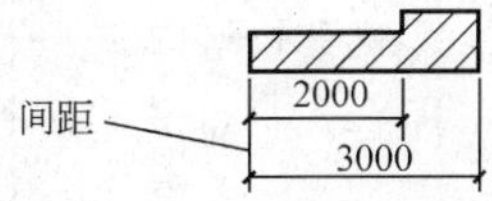 间距 2000 3000
		尺寸界线超出尺寸线	DIMEXE	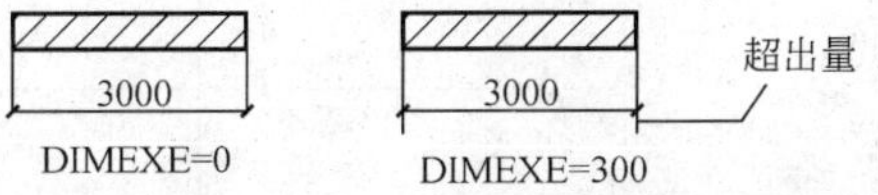 3000 DIMEXE=0；3000 DIMEXE=300 超出量
		尺寸界线起点偏移量	DIMEXO	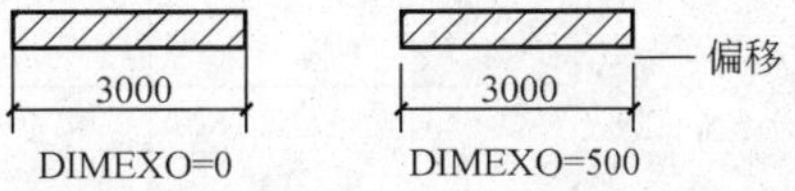 3000 DIMEXO=0；3000 DIMEXO=500 偏移
		隐藏尺寸界线 1	DIMSE1	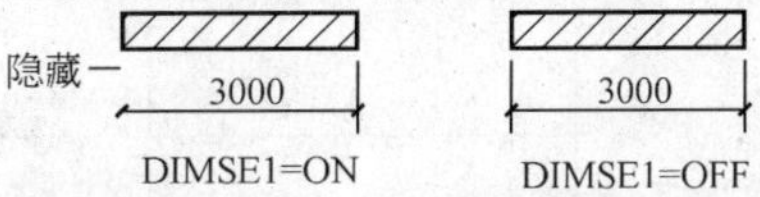 隐藏 3000 DIMSE1=ON；3000 DIMSE1=OFF
		隐藏尺寸界线 2	DIMSE2	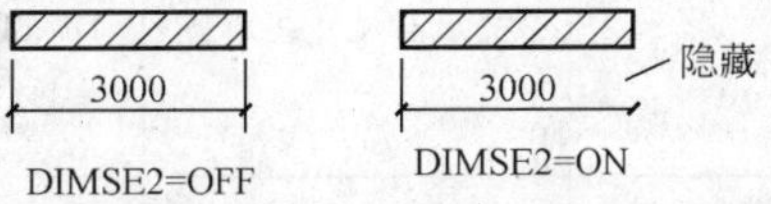 3000 DIMSE2=OFF；3000 DIMSE2=ON 隐藏
		箭头第一个	DIMBLK1	建筑标记 ArchTick
		箭头第二个	DIMBLK2	
		箭号大小	DIMASZ	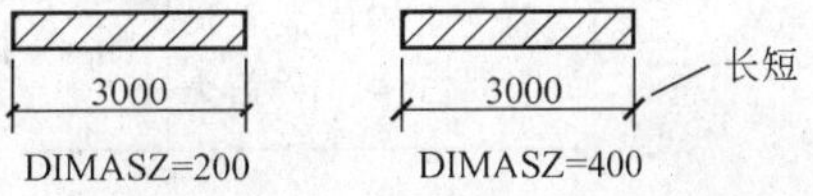 3000 DIMASZ=200；3000 DIMASZ=400 长短
		圆心标记	DIMCEN	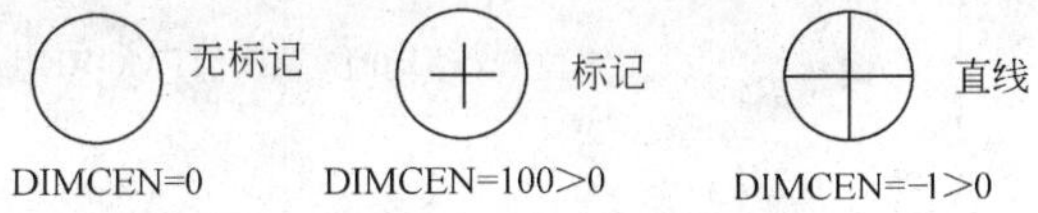 无标记 DIMCEN=0；标记 DIMCEN=100>0；直线 DIMCEN=-1>0
2	文字	文字高度	DIMTXT	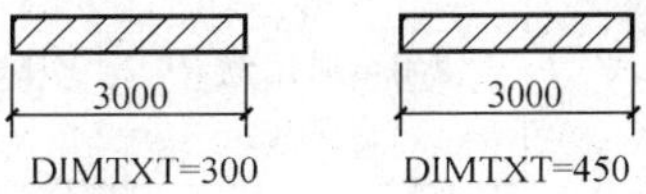 3000 DIMTXT=300；3000 DIMTXT=450
		文字垂直位置	DIMTAD	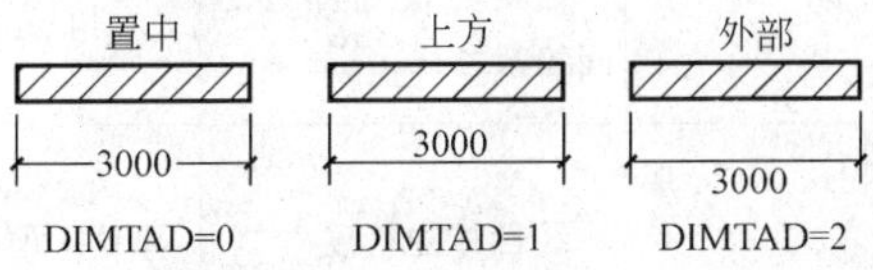 置中 3000 DIMTAD=0；上方 3000 DIMTAD=1；外部 3000 DIMTAD=2
		文字从尺寸线偏移	DIMGAP	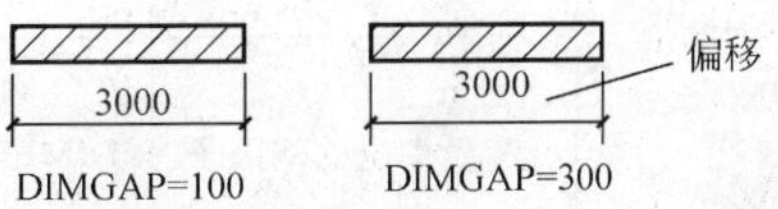 3000 DIMGAP=100；3000 DIMGAP=300 偏移

续表

序号	类型	选项名称	系统变量	效果
2	文字	文字水平位置	DIMJUST	置中 第1条尺寸界线 第2条尺寸界线 3000 3000 3000 DIMJUST=0 DIMJUST=1 DIMJUST=2 第1条尺寸界线上方 第2条尺寸界线上方 DIMJUST=4 3000 3000 DIMJUST=5
		文字从尺寸线偏移	DIMGAP	3000 3000 偏移 DIMGAP=100 DIMGAP=300
		文字水平对齐	DIMTIH	3000 3000 2000 DIMTIH=ON 且 DIMTIOH=OFF
		文字与尺寸线对齐	DIMTOH	3000 3000 2000 DIMTIH=OFF 且 DIMTOH=ON
3	调整	文字始终保持在尺寸界线之间	DIMTIX	DIMTIX=ON 1000 1000 DIMTIX=OFF
		若文字不能放在尺寸界线内，则消除箭头	DIMSOXD	DIMSOXD=OFF 1000 1000 DIMSOXD=ON
		文字位置(移动时)	DIMTMOVE	尺寸线旁边 DIMTMOVE=1 尺寸线上方不加引线 800 800 800 DIMTMOVE=0 尺寸线上方加引线 DIMTMOVE=2
		使用全局比例	DIMSCALE	3000 3000 DIMSCALE=1 DIMSCALE=2
		始终在尺寸界线之间绘尺寸线	DIMTOFL	DIMTOFL=OFF 1000 1000 DIMTOFL=ON
4	主单位	线性标注精度	DIMDEC	2908.27 2908 DIMDEC=2 DIMDEC=0
		测量单位比例因子	DIMLFAC	3000 6000 DIMLFAC=1 DIMLFAC=2

5.2.4 标注样式实例

使用标注样式管理器，可为当前图形创建一个或多种标注样式。例如，定义新建名为“建筑标注”样式的选项，可参考表 5-9 中推荐值。

“建筑标注”推荐值 **表 5-9**

序号	类　型	选 项 名 称	系 统 变 量
1	直线和箭头	尺寸线超出标记	DIMDLE＝0
		尺寸线基线间距	DIMDLI＝600
		尺寸界线超出尺寸线	DIMEXE＝300
		尺寸界线起点偏移量	DIMEXO＝100
		隐藏尺寸界线 1	DIMSE1＝0 （off）
		隐藏尺寸界线 2	DIMSE2＝0 （off）
		箭头第一个	DIMBLK1＝建筑标记
		箭头第二个	DIMBLK2＝建筑标记
		箭头大小	DIMASZ＝300
		圆心标记	DIMCEN＝100
2	文字	文字高度	DIMTXT＝300
		文字垂直位置	DIMTAD＝1
		文字水平位置	DIMJUST＝0
		文字从尺寸线偏移	DIMGAP＝100
		文字水平对齐	DIMTIH＝0 （off）
		文字与尺寸线对齐	DIMTOH＝1 （on）
3	调整	文字始终保持在尺寸界线之间	DIMTIX＝1 （on）
		若文字不能放在尺寸界线内,则消除箭头	DIMSOXD＝0 （off）
		文字位置(移动时)	DIMTMOVE＝0
		使用全局比例	DIMSCALE＝1
		始终在尺寸界线之间绘尺寸线	DIMTOFL＝1 （on）
4	主单位	线性标注精度	DIMDEC＝0
		测量单位比例因子	DIMLFAC＝1

标注具有不同绘图比例却使用相同打印比例的多个图样，应根据不同需求按行业标准与出图比例计算与创建多个标注样式，以便像文字样式那样可以按需选择和使用。例如，先用“建筑标注”样式标注“住宅建筑平面图”。然后创建一个以“建筑标注”为基础的“厨卫标注”样式，改变测量单位比例因子 DIMLFAC 由 1 到 0.5 后，便可用它来标注经放大一倍后的“厨卫大样图”。

使用标注样式管理器（图 5-13）右方的按钮，不仅可以新建、修改、替代标注样式，还可设置当前标注样式，也可以比较两个不同标注样式的变量值，基本功能与命令-dimstyle 类似。执行命令行命令-dimstyle 后将出现如下提示：

输入标注样式选项[保存(S)/恢复(R)/状态(ST)/变量(V)/应用(A)/?] ＜恢复＞：

表 5-10 是命令行命令-dimstyle 的选项说明，掌握它可以互补标注样式管理器的不足。

-dimstyle 选项及功能 **表 5-10**

序号	选项	标注式管理器对应按钮	说明
1	保存(S)	修改(M)… 新建(N)…	将标注系统变量的当前设置保存到指定的或新建的标注样式中
2	恢复(R)	置为当前(U)	将标注变量的设置恢复为选定标注样式的设置
3	状态(ST)		显示所有标注系统变量的当前值
4	变量(V)		列出某个标注样式或选定标注的标注系统变量设置，但不修改当前设置
5	应用(A)	替代(O)…	将当前尺寸标注系统变量设置应用到选定标注对象，永久替代应用于这些对象的任何现有标注样式

特别地，用下列字符响应**输入(新)标注样式名**提示，将有不同的意义。

① ～样式名：第 1 列显示当前样式标注变量值，第 2 列显示比较样式标注变量值。

② ?：列出当前图形中命名标注样式，以便使用或比较。

5.2.5 标注途径与命令

用当前标注样式标注对象有以下 2 种途径。

① 执行标注命令：含标注菜单、工具栏以及命令行命令。

② 执行标注模式命令：需在“标注：”提示后执行标注模式命令。

5.2.5.1 常规标注命令

标注菜单与工具栏见图 5-15，常用标注命令见表 5-11。从图 5-15 还可看出，使用标注菜单与工具栏不仅可以选择标注类型，还能更改当前标注样式，甚至修改现有标注等

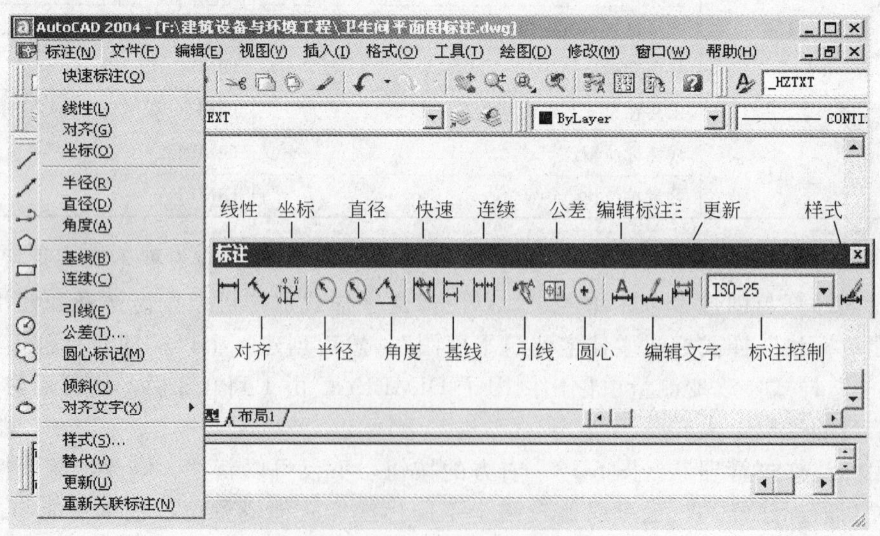

图 5-15 标注菜单与工具栏

(详见 5.3)。

特别地，移动**菜单栏/标注(N)** 位置到**文件(F)** 前的步骤为：

① 单击**菜单栏/工具(T)/自定义(C)/菜单(M)…**选项，将出现图 5-16 所示的**菜单自定义**窗口；

② 置**菜单自定义/菜单栏/菜单栏(B)/标注(N)**为当前项，单击 **≪删除(R)** 按钮从菜单栏（B）中除去它；

③ 置**菜单自定义/菜单栏/菜单栏(B)/文件(F)**为当前选项；

④ 置**菜单自定义/菜单栏/菜单(U)/标注(N)**为当前选项，单击 **插入(I)≫** 按钮可将**标注(N)** 插入到**菜单自定义/菜单栏/菜单栏(B)/文件(F)**前。

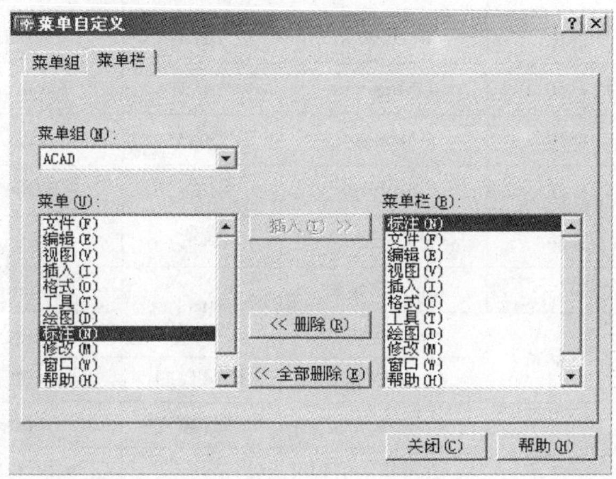

图 5-16　菜单自定义窗口

5.2.5.2　标注模式命令

进入标注模式的方法是执行命令行命令 DIM 或 DIM1，一旦进入标注模式原“命令：”提示变为“标注：”，在此提示下可使用 AutoCAD 早期版本的标注模式命令即标注子命令，标注尺寸的工作也可由一系列标注模式命令来完成（图 5-17）。

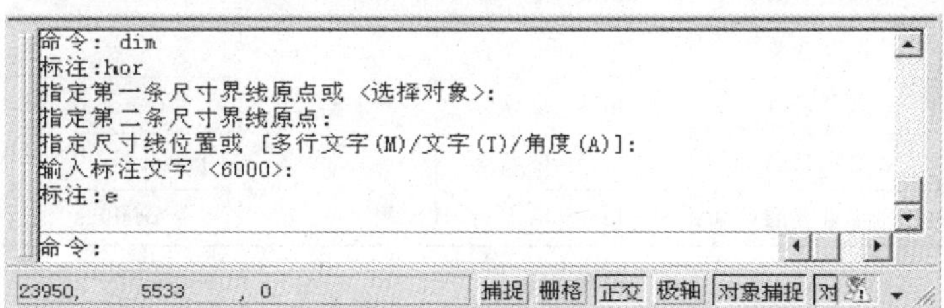

图 5-17　访问标注模式

若使用 DIM 命令进入标注模式，在执行标注后仍然保持标注模式，想退出标注模式必须执行 exit（或 E）或按下 Esc 键。若使用 DIM1 命令进入标注模式，则在执行一个标注后立即回到命令提示。

表 5-11 列出了常用标注命令与标注模式命令的关系与功能。特别地，标注模式命令只能在标注提示符下使用。

常用标注命令与标注模式命令的功能 **表 5-11**

分类	序号	功能	常用标注命令	命令别名	标注模式命令	标注模式命令缩写（简称 DIM 子命令）
标注类	1	线性标注(水平)	dimliner 水平	DLI 水平	horizontal	HOR
		线性标注(旋转)	dimliner 旋转	DLI 旋转	rotated	ROT
		线性标注(垂直)	dimliner 垂直	DLI 垂直	vertical	VER
	2	对齐标注	dimaligend	DAL	aligend	ALI
	3	坐标标注	dimordinate	DOR	ordinate	ORD
	4	半径标注	dimradius	DRA	radius	RAD
	5	直径标注	dimdiameter	DDI	diameter	DIA
	6	角度标注	dimangular	DAN	angular	ANG
	7	基线标注	dimbaseline	DBA	baseline	BAS
	8	连续标注	dimcontinue	DCO	continue	CON
	9	引线标注	qleader	LE	leader	LEA
	10	圆心标注	dimcenter	DCE	center	CEN
编辑类	1	倾斜	dimedit 倾斜	DED	oblique	OBL
	2	文字对齐(默认)	dimedit 默认		hometext	HOM
			dimtedit 默认	DIMTED	tedit 默认	TED 默认
		文字对齐(角度)	dimedit 角度	DED 角度	trotate	TRO
			dimtedit 角度	DIMTED	tedit 角度	TED 角度
		文字对齐(左)	dimtedit 左		tedit 左	TED 左
		文字对齐(中)	dimtedit 中		tedit 中	TED 中
		文字对齐(右)	dimtedit 右		tedit 右	TED 右
	3	更改标注文字	dimedit 新建	DED 新建	newtext	NEW
			ddedit	ED		
	4	标注更新	－dimstyle 应用	DST	update	UPD
		保存变量	－dimstyle 保存		save	SAV
		恢复变量	－dimstyle 恢复		restore	RES
		变量状态	－dimstyle 状态		status	STA
		变量查询	－dimstyle 变量		variables	VAR

5.2.6 标注类型与方法

不论标注途径是什么都应正确选择标注类型。因为不同的标注对象需使用不同的标注类型，不同的标注类型需要输入不同的参数，只有正确选择标注类型才能准确、快速地自动化标注。现将常用标注类型列于表 5-12 以供参考。

据此，可以灵活使用标注类型为图 5-18 所示的卫生间平面图进行准确标注。其中，标注类型的选择请参考图中说明。

常用标注类型说明 **表 5-12**

标注类型	命令执行过程	图示
快速标注	命令：QDIM 选择要标注的几何图形：找到 1 个　　　（拾取圆） 选择要标注的几何图形：　　　（回车） 指定尺寸线位置或[连续(C)/并列(S)/基线(B)/坐标(O)/半径(R)/直径(D)/基准点(P)/编辑(E)/设置(T)]＜连续＞：1	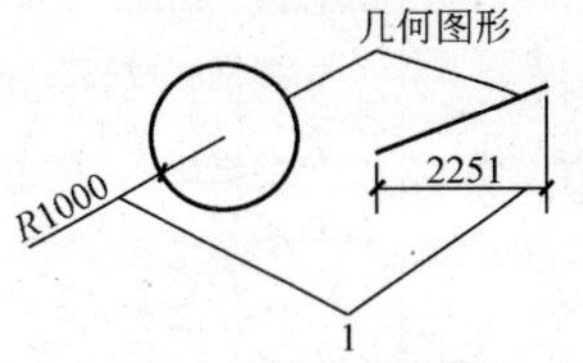
线性标注（水平）	标注：HOR 指定第一条尺寸界线原点或＜选择对象＞：1 指定第二条尺寸界线原点：2 指定尺寸线位置或［多行文字(M)/文字(T)/角度(A)]：3 输入标注文字＜2500＞：回车	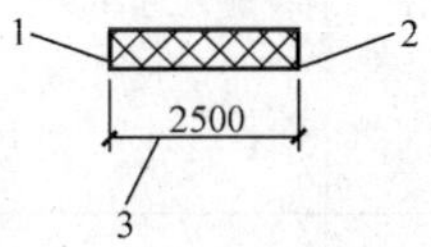
线性标注（旋转）	标注：ROT 指定尺寸线的角度＜0＞：30 指定第一条尺寸界线原点或＜选择对象＞：1 指定第二条尺寸界线原点：2 指定尺寸线位置或[多行文字(M)/文字(T)/角度(A)]：3 输入标注文字＜2150＞：回车	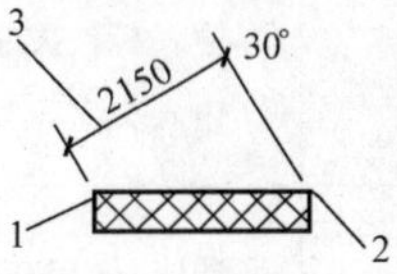
线性标注（垂直）	标注：VER 指定第一条尺寸界线原点或＜选择对象＞：1 指定第二条尺寸界线原点：2 指定尺寸线位置或[多行文字(M)/文字(T)/角度(A)]：3 输入标注文字＜2000＞：回车	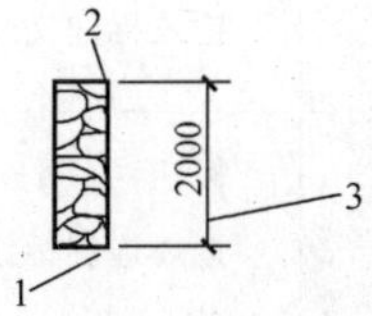
对齐标注	标注：ALI 指定第一条尺寸界线原点或＜选择对象＞：回车 选择标注对象：　　　（选择对象） 指定尺寸线位置或[多行文字(M)/文字(T)/角度(A)]：1 输入标注文字＜3954＞：回车	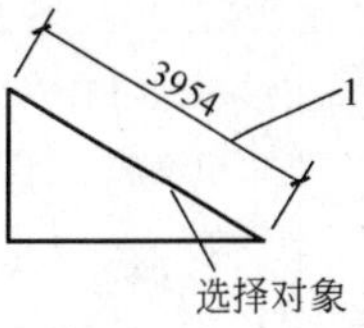
坐标标注	标注：ORD 指定点坐标：捕捉圆心 指定引线端点或[X 基准(X)/Y 基准(Y)/多行文字(M)/文字(T)/角度(A)]：　（拾取点基准线上任一点） 输入标注文字＜26150＞：回车	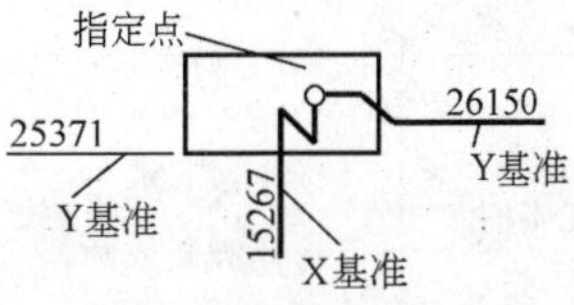

续表

标注类型	命令执行过程	图　示
半径标注	标注:RAD 选择圆弧或圆:选择对象 输入标注文字＜1000＞:回车 指定尺寸线位置或[多行文字(M)/文字(T)/角度(A)]:1	 标注对象 R1000 1
直径标注	标注:DIA 选择圆弧或圆:选择对象 输入标注文字＜2000＞:回车 指定尺寸线位置或[多行文字(M)/文字(T)/角度(A)]:1	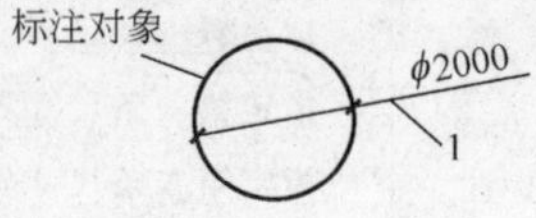 标注对象 ϕ2000 1
角度标注	标注:ANG 选择圆弧、圆、直线或＜指定顶点＞:选择对象 指定标注弧线位置或[多行文字(M)/文字(T)/角度(A)]:1 输入标注文字＜50＞:回车 输入文字位置(或按 Enter 键):回车	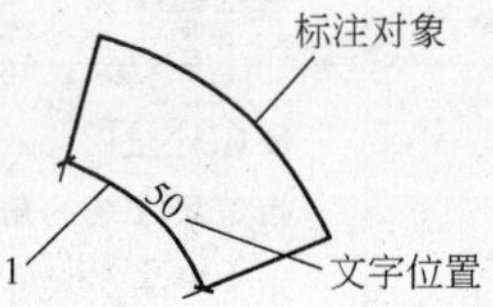 标注对象 50 1 文字位置
基线标注	标注:BAS 指定第二条尺寸界线原点或[选择(S)]＜选择＞:回车 选择基准标注:　(可重选基准线) 指定第二条尺寸界线原点或[选择(S)]＜选择＞:1 输入标注文字＜3500＞:回车	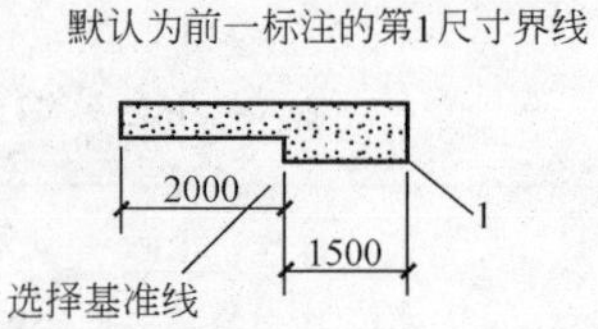 默认为前一标注的第1尺寸界线 2000 1 1500 选择基准线
连续标注	标注:CON 选择连续标注:(可在此重选) 指定第二条尺寸界线原点或[选择(S)]＜选择＞:拾取点 输入标注文字＜3000＞:回车	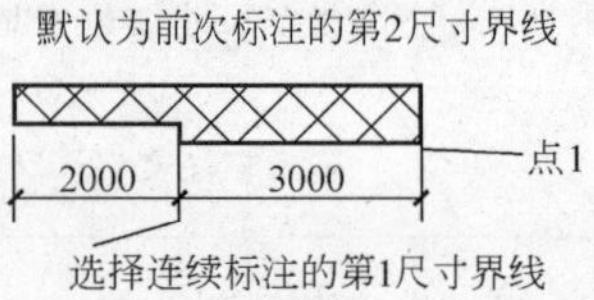 默认为前次标注的第2尺寸界线 点1 2000　3000 选择连续标注的第1尺寸界线
引线标注	标注:LEA 引线起点:拾取引线起点 下一点:1 下一点:2 下一点:回车 标注文字＜3000＞:PL　(回车)	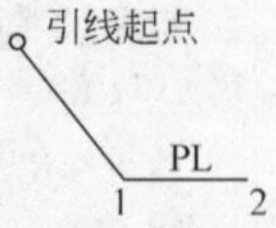 引线起点 PL 1　2
圆心标注	标注:CEN 选择圆弧或圆:	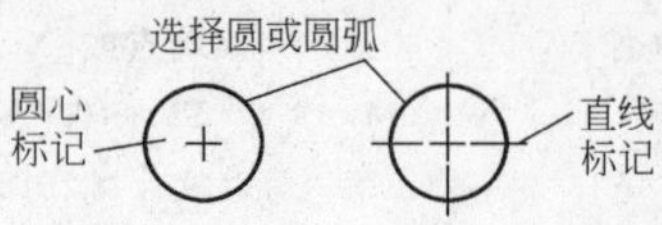 选择圆或圆弧 圆心标记 直线标记

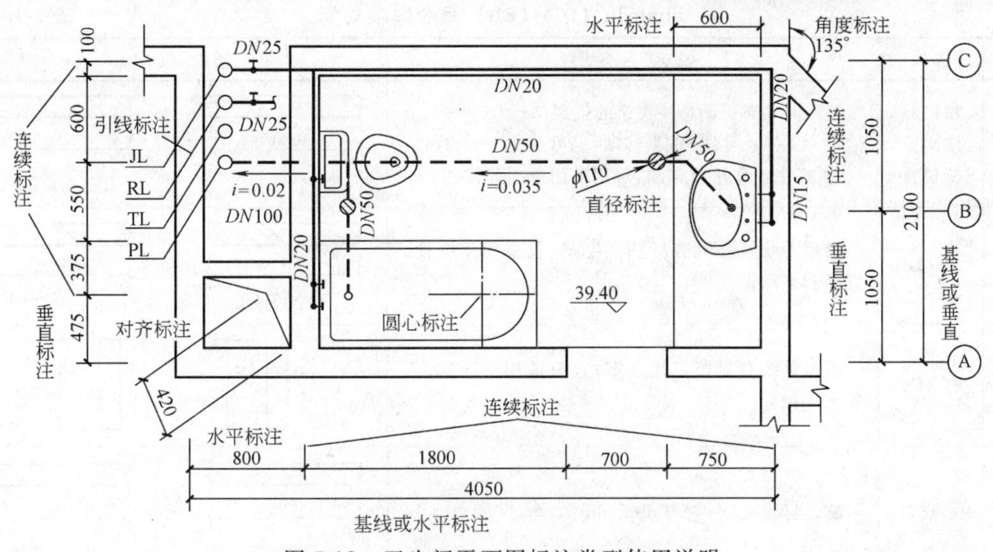

图 5-18　卫生间平面图标注类型使用说明

5.3　修改标注

一般而言，使用同一标注样式产生的尺寸标注具有相同的标注外观，完全相同的尺寸标注往往不能满足建筑设备与环境工程设计的个性化需求，常常需要对不尽人意的现有标注做一些局部修改。例如，延长图 5-18 下侧尺寸线外的尺寸界线以便注写轴号。

由于标注变量 dimaso 默认值为 ON（或 1），使用标注样式产生的尺寸标注类似于图块，是一个整体。为了方便修改，建议不要改变 dimaso 的设定值。当尺寸标注是一个整体时，用修改后的标注变量值替换原有标注变量值能改变尺寸标注的外观，但需要执行相应的修改命令。常用修改命令选项与功能见表 5-13、5-14、5-15。

Dimedit（DED）命令选项功能　　　　**表 5-13**

序号	选项	说　明	图　示
1	默认(H)	将旋转标注文字移回到由标注样式指定的默认位置和旋转角	3000 默认前　3000 默认后
2	新建(N)	使用多行文字编辑器修改标注文字，＜ ＞表示测量值 ① 要给测量值加前(后)缀，请在＜ ＞前(后)输入 ② 要改变测量值，先删除尖插号＜ ＞再输入值	3000 新建前　2000 新建后
3	旋转(R)	旋转标注文字，它与 dimtedit 的“角度”项类似	3000 旋转前　3000 90°旋转后
4	倾斜(O)	调整线性标注尺寸界线的倾斜角度	3000 倾斜前　3000 80°倾斜后

dimtedit（DIMTED）命令选项功能 **表 5-14**

序号	选项	说　明	图　示	
1	指定标注文字新位置	拖拽时动态更新标注文字的位置(dimtmove=0)： ① 文字(尺寸线)垂直移动，也可用 stretch 替代 ② 文字仅作平行移动，可用下面选项替代	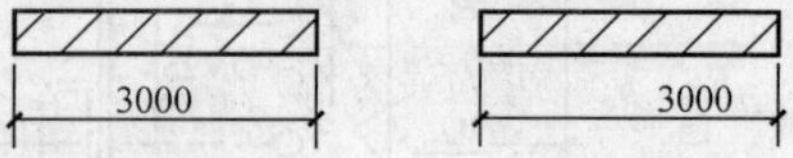 3000 指定新位置前	3000 指定新位置后
2	左(L)	沿尺寸线靠左对齐标注文字，它仅适用于线性、直径和半径标注	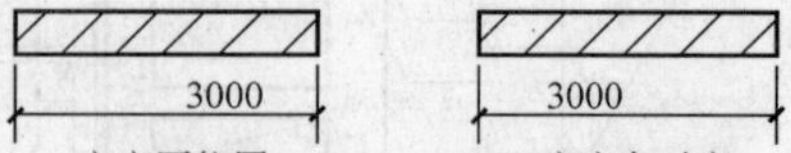 3000 文字原位置	3000 文字左对齐
3	右(R)	沿尺寸线右对正标注文字，它只适用于线性、直径和半径标注	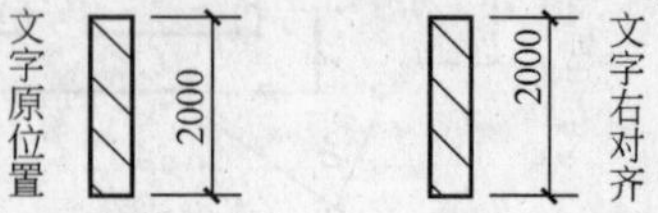 文字原位置 2000	2000 文字右对齐
4	中心点(C)	旋转标注文字，它与 dimtedit 的"角度"项类似	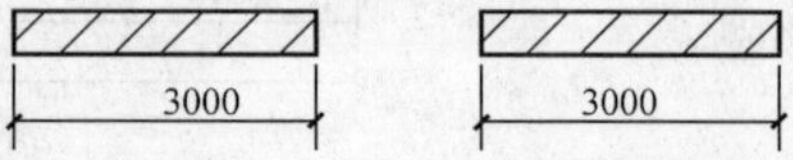 3000 文字原位置	3000 中心点位置
5	默认(H)	将旋转标注文字移回到由标注样式指定的默认位置和旋转角，它与 dimedit 默认项类似	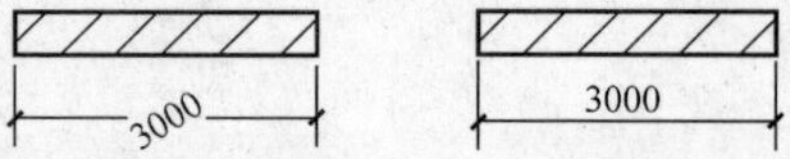 3000 默认前	3000 默认后
6	角度(A)	旋转标注文字，它与 dimedit 的"旋转"项类似	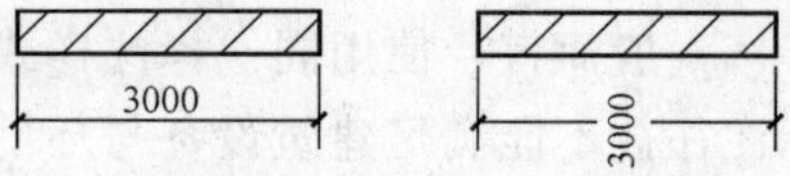 3000 旋转前	3000 90°旋转后

dimoverride（DOV）命令选项功能 **表 5-15**

选项及功能	命令执行过程	图　示
1. 选项：输入要替代的标注变量名与新值 2. 说明：将叠加替代同一对象的标注变量 3. 功能：对所选标注按指定的标注变量名与值进行局部修改	命令：DOV DIMOVERRIDE 输入要替代的标注变量名或[清除替代(C)]：dimexo 输入标注变量的新值<100>：200 输入要替代的标注变量名：dimdle 输入标注变量的新值<300>：0 输入要替代的标注变量名：　　（结束变量的指定） 选择对象：找到 1 个 选择对象：　　（结束对象选择）	修改前的对象 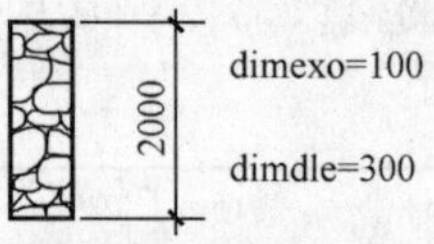 2000　dimexo=100　dimdle=300 修改后的对象 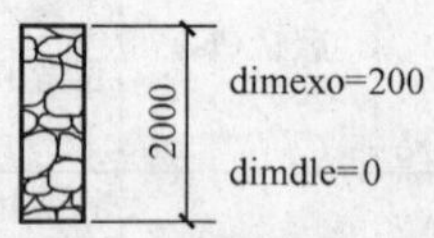 2000　dimexo=200　dimdle=0
1. 选项：清除替代(C) 2. 功能：使标注对象回到由标注样式定义的设置	命令：DOV DIMVOERRIDE 输入要替代的标注变量名或[清除替代(C)]：C 选择对象：找到 1 个 选择对象：　　（结束对象选择）	替代后的对象 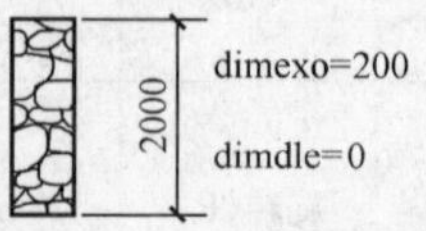 2000　dimexo=200　dimdle=0 清除替代后的对象 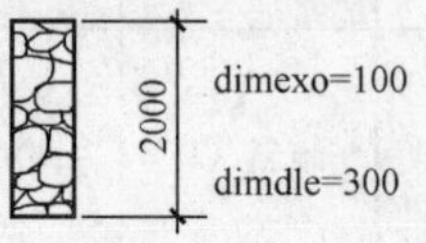 2000　dimexo=100　dimdle=300

执行修改命令时需要指定修改对象，以便按选项要求对所选对象进行局部修改。AutoCAD 不仅需要记下尺寸标注所用样式名，还将记下标注变量的替代值，并用 list 命令查看。即标注样式定义了标注对象的共性，样式替代描述了局部修改后尺寸标注的个性。修改尺寸标注有 2 种方法：

① 更换标注样式：更改标注对象的标注样式以实现成批修改，类似于使用文字样式。

② 替代变量值：更改标注对象中某些标注变量的现有值，以实现局部修改。

用户应根据需要灵活选择。但常用方法是对尺寸标注作局部修改使其千姿百态、美观大方，符合工程设计要求。例如，为方便注写轴号，修改图 5-18 下侧尺寸标注的方法是修改标注变量 dimexe 的当前值（见图 5-19）。

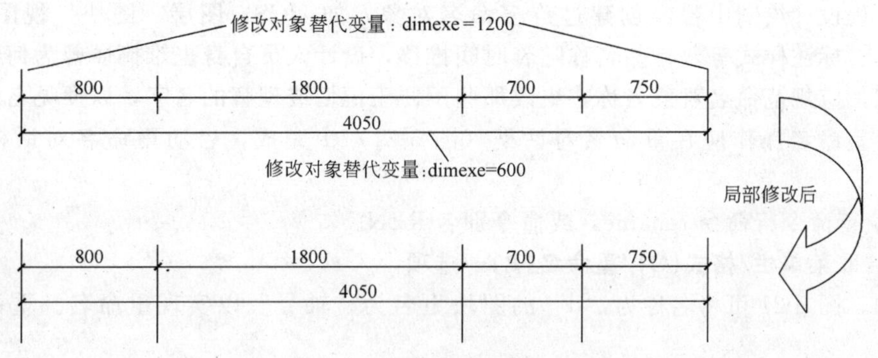

图 5-19　用替代变量值修改标注

同理，若要局部修改图 5-18 中标注对象使其效果为图 5-20，则需要替代的变量名与值见图中注释。替代变量值的方法常用以下 3 种：

① 执行命令 dimoverride，输入 1 个或多个需要修改的变量名与值，将全部作用于选定对象。

② 执行命令-dimstyle，用字符 A 响应命令行提示，可将当前尺寸标注系统变量值应用到选定标注对象。

③ 执行标注模式命令 upd，可将当前尺寸标注系统变量值应用到选定标注对象。

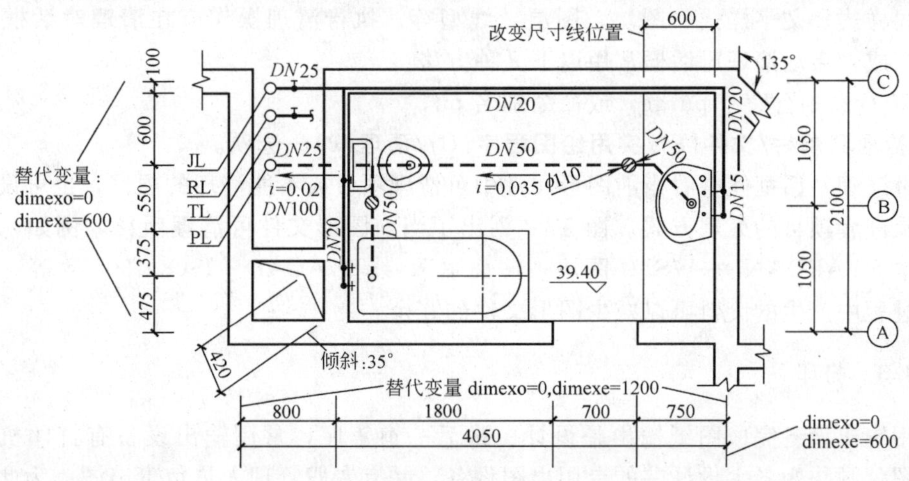

图 5-20　局部修改标注的命令与选项

图 5-20 左侧与下侧标注对象改变了尺寸界线偏移起点的距离，即用 0 值替代标注变量 dimexo 现有值 100。若需改变所有标注界线的起点偏移量，只需修改标注样式中变量 dimexo 值即可。

5.4 出　图

出图前应对当前文件的命名对象进行归类、整理，以便于分类管理与应用。

5.4.1 更名

在工程设计绘图中曾经创建过许多命名对象，如 UCS、图层、图块、视图、视口、文字样式、标注样式等。有些名称随着时间推移，设计人员自身也难搞懂曾为何物，为了便于管理，应规范命名对象名称，更改那些不便于记忆或理解的名字，以便见名知义。

执行**重命名**操作应在重命名对话框（图 5-21）中完成，启动**重命名**对话框有 2 种途径：

① 执行命令行命令 rename，或命令别名 REN。

② 拾取**菜单栏/格式(O)/重命名(R)**…选项。

例如，图 5-21 可将名称为“d”的图块更名为“轴号”以实现重命名。重命名步骤如下：

① 单击**对话框/重命名/命名对象(N)** 以选择命名对象；

② 单击**重命名/命名对象(I)** 以选择当前命名对象所对项目，并将选项目名称显示在**旧名称(O)** 所对编辑框中；

③ 在**重命名/重命名为(R)**：编辑框中输入新名称；

④ 单击**重命名/确定**按钮即可。

5.4.2 清理

出图前应对图形文件进行清理，删除那些已经创建但未曾使用的标注样式、打印样式、多线样式、文字样式、图块、图层、线型等。执行清理操作应在**清理**对话框（图 5-22）中完成，启动**清理**对话框常用以下 2 种方法：

① 执行命令行命令 purge，或命令别名 pu。

② 拾取**菜单栏/文件(F)/实用绘图程序(U)/清理(P)**…选项。

通过**清理**对话框能查看当前图形文件中可清理项目或不能清理的项目，也可设置清理方式以及嵌套项目的处理方式。图 5-22 列出了当前图形文件可清理项目。例如，标注样式“副本 STARDAND—WS”、图块“洗面盆”、线型 ACAD _ ISOO1300W 等。全部清除设计过程中产生的废料可以减少图形文件的冗余。

5.4.3 打印

使用输出设备完成图纸输出是设计的最后一道工序，常用输出设备有打印机、绘图仪，绘图仪常作为各大设计院的专用出图设备，并有专职管理人员负责出图。为此，本节仅介绍打印出图的基本常识。

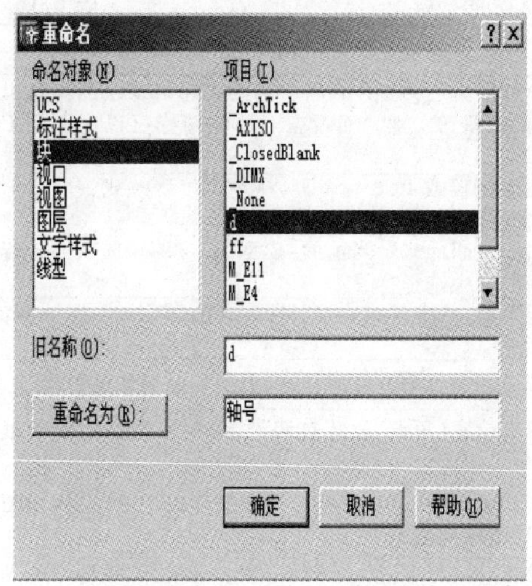

图 5-21　重命名对话框

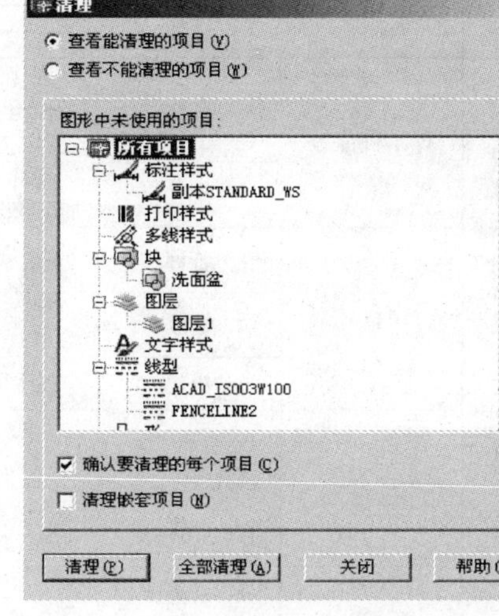

图 5-22　清理对话框

将 AutoCAD 图形按指定比例输出到图纸上，需由**打印**对话框（图 5-23）辅助完成。启动**打印**对话框常用以下 3 种方法：

① 执行命令行命令 plot。

② 拾取**菜单栏/文件(F)/打印(P)**…选项。

③ 单击**工具栏/标准工具栏/打印**图标按钮。

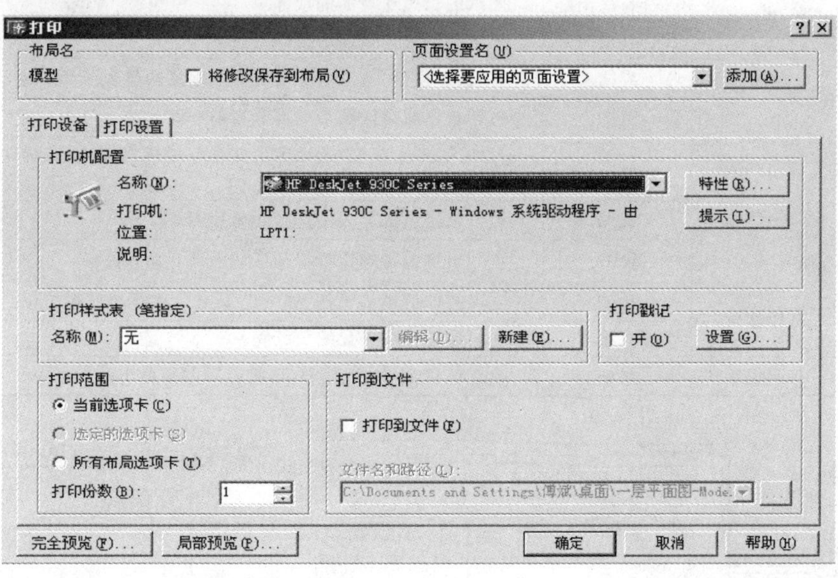

图 5-23　打印对话框

打印窗体含有**打印设备**和**打印设置** 2 个选项卡，以便指定打印设备、进行打印设置。只要正确配置各个选项便能正常打印出图，**打印**窗体中常用选项及说明见表 5-16。

例如，按 1∶100 的比例输出“城市污水处理厂工艺流程图”（图 5-24）到文件（dwf），并用 Autodesk DWF（Express）Viewer 查看输出效果。

plot 的主要选项及说明 **表 5-16**

选项卡名称	项目	选项	说明
打印设备	打印机配置	名称	在名称列表框中选择可用的打印设备。若为打印机或绘图仪将出图到纸介质上，否则将出图到文件。而设备名前的图标可以区别是 PC3 文件还是系统打印机
		特性	显示打印机配置编辑器或 PC3 编辑器，从中可以修改或查看当前的打印机配置、端口、设备和介质设置
	打印样式表	名称	显示并指定可用的打印样式给当前的“模型”或“布局”选项卡。若不应用打印样式请从列表中选择“无”
		修改	显示打印样式编辑器，从中修改所选打印样式的颜色、线型、线宽、淡显等特性。
		新建	为图形中每个布局创建不同的打印样式，以便控制对象的打印方式
	打印戳记	开	在每个图形的指定位置(角点)放置打印戳记(类似图章)，或将戳记记录到文件中
		设置	显示“打印戳记”对话框，从中指定要应用于打印戳记的信息，如图形名称、日期、时间、打印比例等
	打印范围(选项卡)	当前	打印当前模型或布局选项卡，如果选择了多个选项卡，将打印可见绘图区域选项卡
		选定	打印多个预先选定的模型或布局选项卡，多选时应同时按下 Ctrl 键
		所有	打印所有布局选项卡(不管选定的是哪个选项卡)
	打印到文件	打印到文件	将打印输出到文件而不是设备
		文件名和路径	指定打印文件名和路径，默认文件名为图形名称和选项卡名称
打印设置	图纸尺寸和图纸单位	图纸尺寸	在列表框中显示并指定图纸尺寸
		图纸单位	指定打印单位(英寸、毫米或像素)，一般采用毫米
	图纸方向	横向(反向)	图纸的长边作页面的顶部
		纵向(反向)	图纸的短边作页面的顶部
	打印区域	界线	将打印“模型”选项卡中图形界限定义的整个图形区域
		范围	打印包含对象的图形的部分当前空间
		显示	打印选定的“模型”选项卡当前视口中的视图，或布局中的当前图纸空间视图
		视图	可以从提供的列表中选择命名视图
		窗口	使用定点设备指定要打印区域的两个角点或输入坐标值
	打印比例	比例	定义打印的精确比例，如指定 1mm＝多少个图形单位
		缩放线宽	与打印比例成正比缩放线宽
	打印偏移	居中	自动计算 X 和 Y 偏移值，将打印图形置于图纸正中间

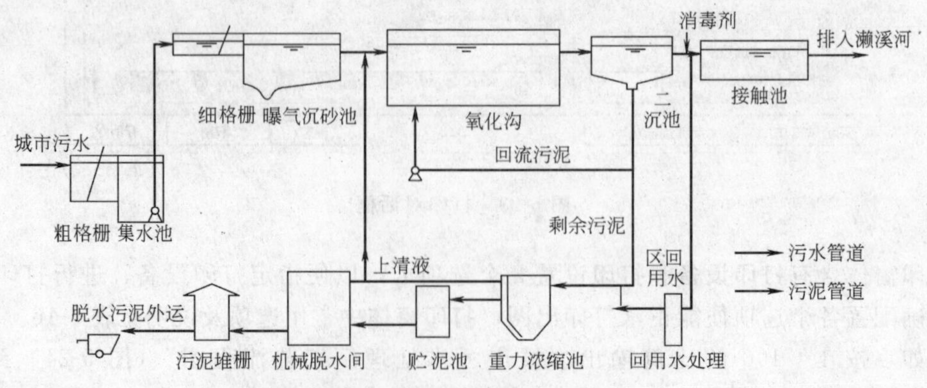

图 5-24 城市污水处理厂工艺流程图

步骤如下：

① 执行命令行命令 plot；

② 在随后出现的**打印**对话框中按表 5-17 设置；

出图实例选项 **表 5-17**

选项卡名称	项目	选项	说　明
打印设备	打印机配置	名称	DWF6　ePlot. pc3
	打印样式表	名称	从列表中选择“无”
	打印范围	当前选项卡	打印当前的模型选项卡
	打印到文件	文件名和路径	F:\建筑设备与环境工程\污水处理厂工艺流程图-Model. dwf
打印设置	图纸尺寸和图纸单位	图纸尺寸	ISO　expand　A4　(210. 00mm×297. 00mm)
		图纸单位	mm
	打印区域	窗口	用鼠标指定打印区域的两个角点
	打印比例	比例	指定 1mm＝100 个图形单位
	图纸方向	横　向	
	打印偏移	居　中	

③ 单击**打印/完全预览(F)**…可预览输出效果，调整输出效果直到满意为止；

④ 单击**打印/确定**按钮会把图形输出到指定目录路径文件中。例如，F:\ 建筑设备与环境工程 \ 污水处理厂工艺流程图-*Model. dwf*；

⑤ 双击文件 F:\ 建筑设备与环境工程 \ 污水处理厂工艺流程图-*Model. dwf*，系统将使用现有 Autodesk DWF（Express） Viewer 浏览器查看输出效果（图 5-25）。

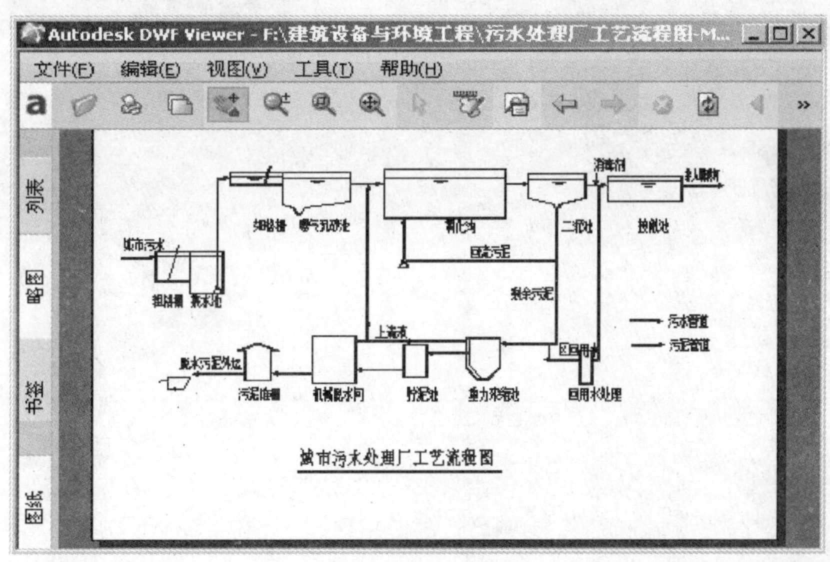

图 5-25　查看输出效果

应　用　篇

第6章 CAD在建筑暖通、空调、燃气工程中的应用

本章使用标准CAD软件环境，结合《暖通空调制图标准》(GB/T 50114—2001) 与工程实践，介绍建筑暖通、空调、燃气方向的工程图纸绘制的技巧和过程。

6.1 暖通、空调、燃气工程中常用图例

使用暖通、空调、燃气工程中常用图例，可以表示不便在图纸中绘制的设备和构件(如阀门、空调器等)，以方便工程技术人员绘制和识别图纸。换句话说，看懂或绘制专业图纸必须熟悉和掌握《暖通空调制图标准》(GB/T 50114—2001) 中专业图例。

6.1.1 水、汽管道

1) 水、汽管道代号见表6-1。

水、汽管道代号 **表6-1**

序号	代号	管道名称	序号	代号	管道名称
1	R	(供暖、生活、工艺用)热水管	10	LR	空调冷/热水管
2	Z	蒸汽管	11	LQ	空调冷却水管
3	N	凝结水管	12	n	空调冷凝水管
4	P	膨胀水管、排气管、旁通管、排污管	13	RH	软化水管
5	G	补给水管	14	CY	除氧管
6	X	泄水管	15	YS	盐液管
7	XH	循环管、信号管	16	FQ	氟汽管
8	Y	溢排管	17	FY	氟液管
9	L	空调冷水管			

绘制水汽管道可使用自定义专业线型（参考9.4.2），也可以根据需要打断管道嵌入文字。例如图6-1，在CAD绘制空调冷却水管的步骤如下：①由line命令绘制管线；②使用text命令输入文字；③使用break命令把管线断开。

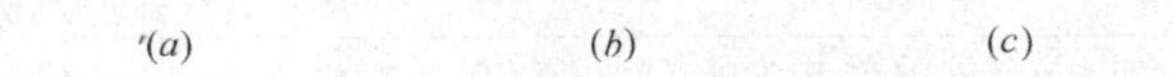

LQ LQ

(a) (b) (c)

图6-1 管道类型标注画法步骤

但需注意以下2点：①输入字高为3.5×出图比例；②使用break断开管线时，应取消对象捕捉，采用两点式断管法，间距约8.0×出图比例。

2) 水、汽管道阀门和附件的图例见表6-2。

水、汽管道阀门和附件的图例 表 6-2

序号	名称	图例
1	阀门(通用)、截止阀	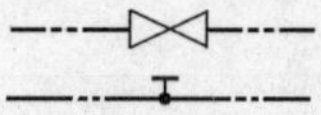
2	闸阀	
3	手动调节阀	
4	转心阀	
5	蝶阀	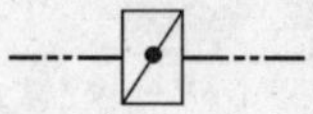
6	角阀	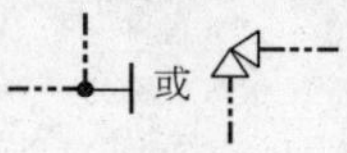 或
7	平衡阀	
8	三通阀	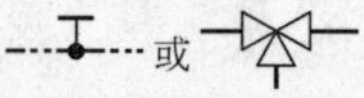 或
9	四通阀	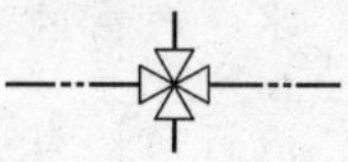
10	节流阀	
11	膨胀阀(隔膜阀)	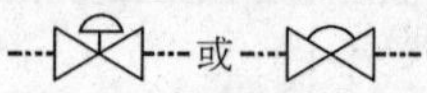 或
12	旋塞	
13	快放阀(快速排污阀)	
14	止回阀(左图为通用,右图为升降式止回阀,流向同左)	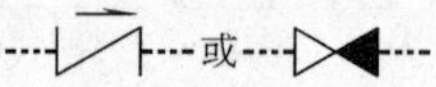 或
15	减压阀(左图小三角为高压端,右图右侧为高压端)	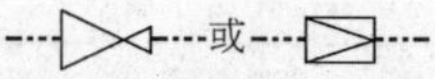 或
16	安全阀(左图为通用,中为弹簧安全阀,右为重锤安全阀)	
17	疏水阀	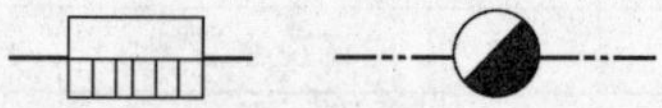
18	浮球阀	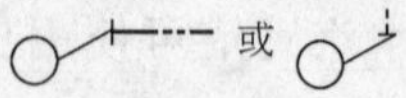 或
19	集气罐、排气装置(左图为平面图)	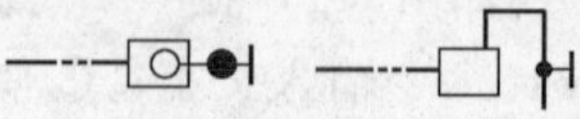
20	自动排气阀	
21	除污器(过滤器)(左为立式除污器,中为卧式除污器,右为Y型过滤器)	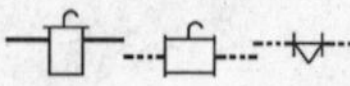
22	节流孔板、减压孔板	
23	补偿器(伸缩器)	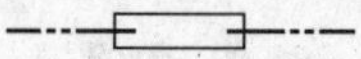

续表

序号	名　　称	图　　例
24	矩形补偿器	
25	套管补偿器	
26	波纹管、补偿器	
27	弧形补偿器	
28	球形补偿器	
29	变径管、异径管（左图为同心异径管，右图为偏心异径管）	
30	活接头	
31	法兰	
32	法兰盖	
33	丝堵	
34	可屈挠橡胶软接头	
35	金属软管	
36	绝热管	
37	保护套管	
38	伴热管	
39	固定支架	
40	介质流向（在管道断开处时，流向符号宜标注在管道中心线上，其余可同管径标注位置）	或
41	坡度及坡向（坡度数值不宜与管道起、止点标高同时标注。标注位置同管径标注位置）	i=0.003 或 i=0.003

水、汽管道阀门和构件的绘制方法和过程如图 6-2 所示。

主要步骤如下：①由直线 line 或复合线 pline 命令绘制管线；②使用 insert 插入阀门图块；③使用打断命令 break 沿阀门两边断开管线。

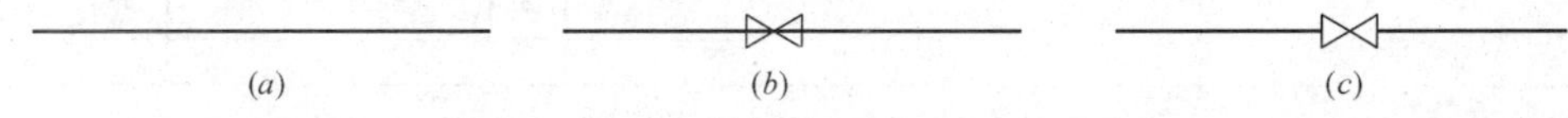

图 6-2　水、汽管道阀门和附件的绘制步骤

特别地，制作水、汽管道阀门和附件图块（图块尺寸不随其实际大小而变）时，其大小按实际工程图纸上的阀门或附件尺寸，1∶1 在 0 图层上制作（实际图中阀门大小约为 3×5mm），图块基点选边界中心，插入比例应为出图比例。用 break 命令并用 2 点法断开管线，对象捕捉 osnap 设为 int。

6.1.2 风道

6.1.2.1 风道系统一般按独立系统编号，其代号宜按表 6-3 采用。

风道系统代号 **表 6-3**

代号	风道名称	代号	风道名称	代号	风道名称
K	空调风管	H	回风管	X	新风管
S	送风管	P	排风管	PY	排烟管或排风、排烟共用管道

风道系统代号应标注在系统的核心设备旁。例如，通风系统的核心设备为通风机。文字高度为 5.0×出图比例并简称为 5 号（工程）字，以下雷同。自定义风道代号应避免与表 6-3 相矛盾，并在相应图面加以说明。

6.1.2.2 风道、阀门及附件的图例见表 6-4。

1）风道阀门及附件绘制。以序号 6 为例（图 6-3），绘制步骤为：

① 经直线 line 加偏移 offset 命令绘制风道。

风道、阀门及附件的图例 **表 6-4**

序号	名称	图例
1	砌筑风、烟道	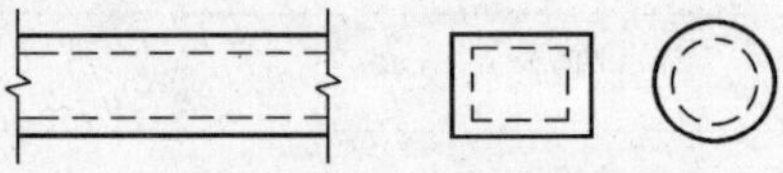
2	带导流片弯头	
3	消声器、消声弯管	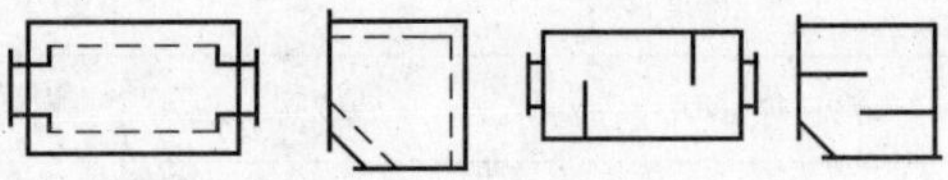
4	插板阀	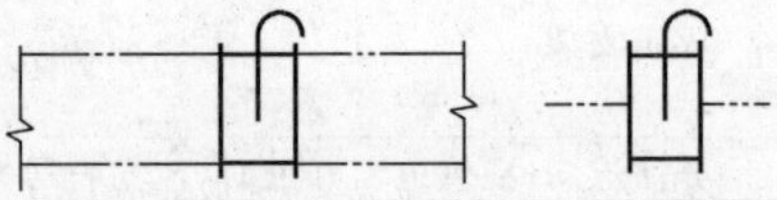
5	天圆地方(左接矩形风管，右接圆形风管)	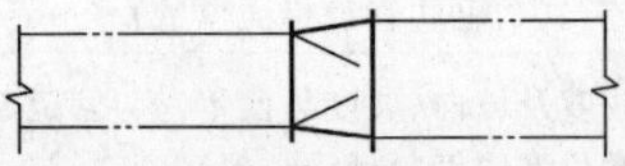
6	蝶阀	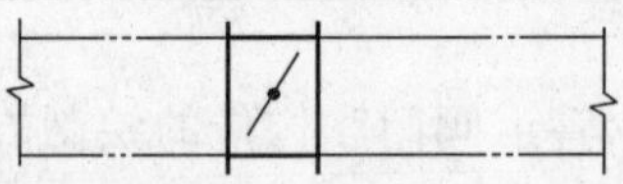
7	对开多叶调节阀(左为手动，右为电动)	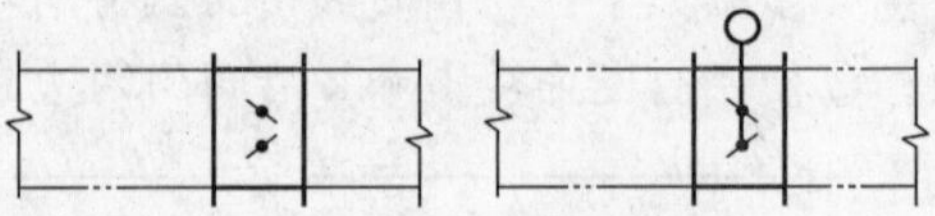
8	风管止回阀	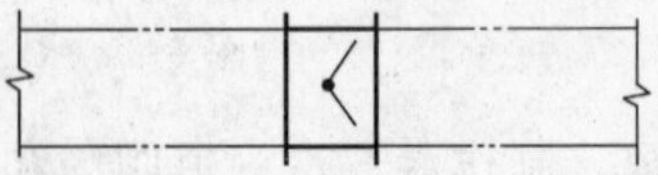
9	三通调节阀	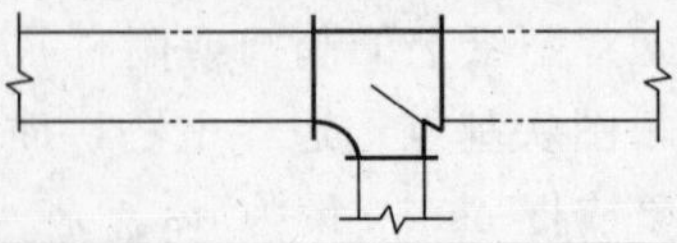

续表

序号	名 称	图 例
10	防火阀（表示70℃动作的常开阀）	70℃
11	排烟阀（左为280℃动作的常闭右为常开阀）	280℃ 280℃
12	软接头	~
13	软管	
14	风口（通用）	或
15	气流方向（左为通用表示法，中表示送风，右表示回风）	
16	百叶窗	
17	散流器（左为矩形散流器，右为圆形散流器。散流器为可见时，虚线改为实线）	
18	检查孔、测量孔	测 测 测 测

② 在需要添加蝶阀处使用直线 line 命令绘制法兰线，起点为最近点 near，终点为垂足 per。

③ 使用偏移 offset 命令，偏移 320（通常风阀的宽度或按实际尺寸）为第二法兰线。

④ 使用插入 insert 命令插入阀门开关块。

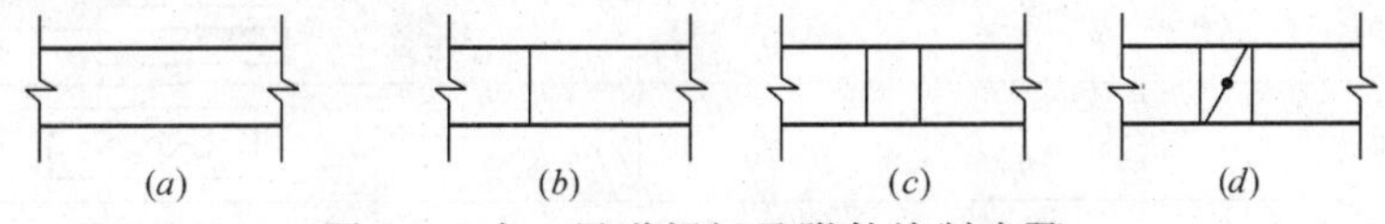

图 6-3 水、风道阀门及附件绘制步骤

此类构件需分解成块。阀门开关块大小，按实际工程图纸尺寸，1∶1 在 0 图层上制作，图块插入基点选为中心点，插入图块比例为出图比例。如果采用法兰与阀门为一个整体块插入，因为其 x、y 比例不同，阀门会变形，现在很多专业软件有此错误。

2）各类风口绘制。以序号 14 为例（图 6-4），其绘制步骤为：

① 用直线和偏移命令绘制含有中心线的风道。

② 在对应图层上，分别以 1×1 单位大小绘制正方形风口轮廓线与风口中心线，将其

定义为风口块，图块基点选为中心线交点。

③ 使用插入 insert 命令插入风口块，并用最近点 nea 捕捉中心线，按实际风口尺寸设置插入块 x、y 比例。例如，插入 400×400 风口时，风口块的插入比例为 x=400、y=400。

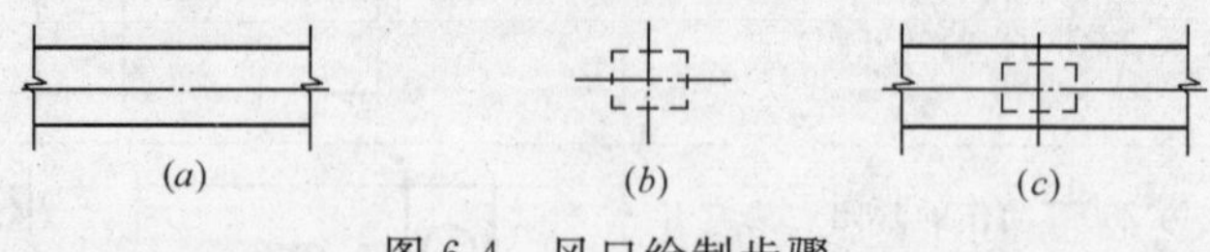

图 6-4 风口绘制步骤

6.1.3 暖通空调设备（见表 6-5）

暖通空调设备的图例 **表 6-5**

序号	名称	图例
1	散热器及手动放气阀（左为平面图画法，中为散热器剖面图画法，右为系统图轴侧图画法）	15　15　15
2	散热器及控制阀（左为平面图画法，右为剖面图画法）	15　15　15　15
3	轴流风机	或
4	离心风机（左为左式风机，右为右式风机）	
5	水泵（左进水，右出水）	
6	空气加热、冷却器（左、中分别为单加热、单冷却，右为双功能换热装置）	+ − + −
7	板式换热器	
8	空气过滤器（左为粗效，中为中效，右为高效）	
9	电加热器	
10	加湿器	
11	挡水板	
12	窗式空调器	
13	分体空调器	
14	风机盘管	
15	减振器（左为平面图，右为剖面图）	

绘制序号为1、2、5、9、10、11、15的图形时与阀门类似，图例中尺寸不反映设备的实际大小。绘制其余设备时，在平面图中使用设备的实际尺寸以反映设备的实际大小；在系统图中使用设备的相对尺寸以反映不同设备间的相对大小。

6.1.4 调控装置及仪表（见表6-6）

调控装置及仪表的图例 **表6-6**

序号	名称	图例
1	温度传感器	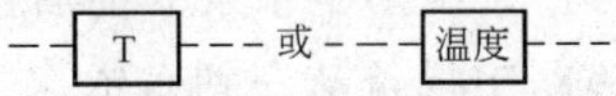 T 或 温度
2	湿度传感器	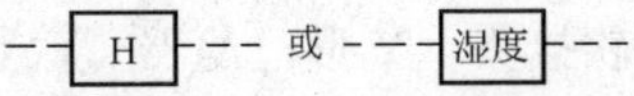 H 或 湿度
3	压力传感器	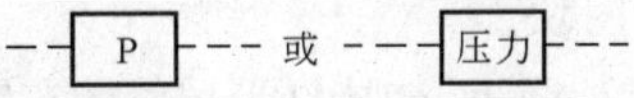 P 或 压力
4	压差传感器	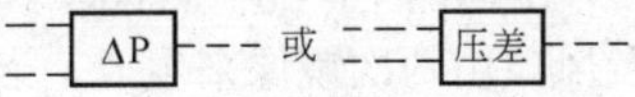 ΔP 或 压差
5	弹簧执行机构	
6	重力执行机构	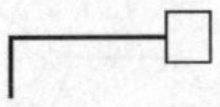
7	浮力执行机构	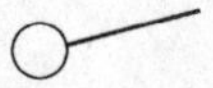
8	活塞执行机构	
9	膜片执行机构	
10	电动执行机构	 或
11	电磁(双位)执行机构	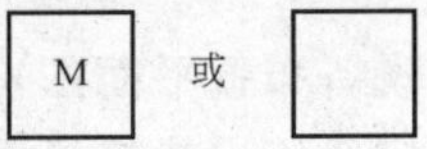 M 或
12	记录仪	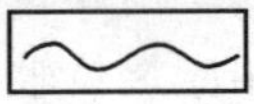
13	温度计(左为圆盘式温度表,右为管式温度计)	 T 或
14	压力表	 或
15	流量计	 F.M. 或
16	能量计	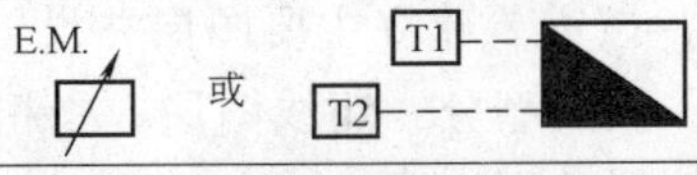 E.M. 或 T1 T2
17	水流开关	 F

绘制表中所有装置与仪表的方法与阀门类似（先按表中形式制作图块），在图中以图例出现，不反映设备实际大小。

6.2 暖通、空调、燃气工程中常用模块

专业常用模块是指工程设计制图中经常重复使用的一系列设备与构件的组合，并把它们集中定义为一个复合图块以方便使用。

例 1：系统图中水泵的前后接口和设备连接（图 6-5）。

图 6-5 中设备从左到右依次为截止阀、放水阀、止回阀、软接头、压力表、水泵、压力表、软接头、Y 形过滤器、截止阀图块，设备连接图是由这些大小不一的图块组合而成的复合图块。

例 2：平面图中 H 形风管的布置如图 6-6 所示。实际绘制时只需要绘制虚线中部分图形，H 形风管及风口由两次镜像来生成。当然也可先制作成块，由块构成 2 个风口的块、4 个风口的块。

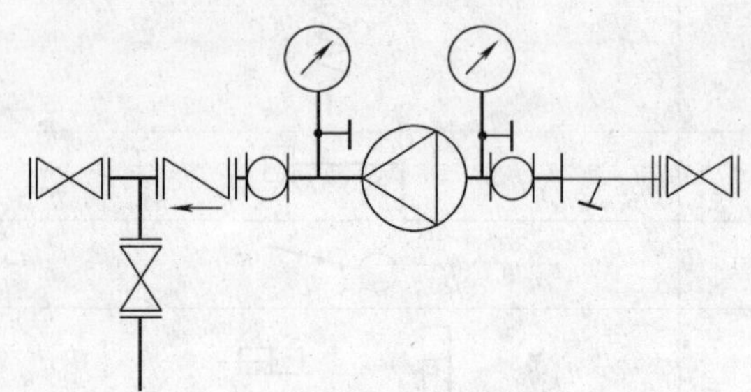

图 6-5 水泵的前后接口和设备连接

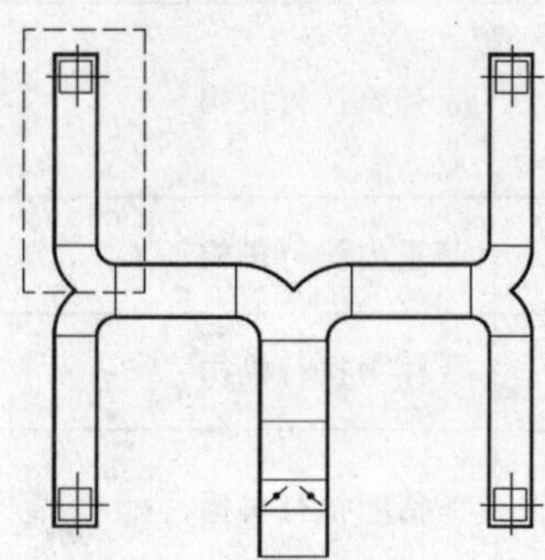

图 6-6 平面中 H 形风管风口布置图

6.3 暖通、空调、燃气工程平面图绘制

管道和设备布置平面图应以直接正投影法绘制。用于暖通空调系统设计的建筑平面图，应用细实线绘出建筑轮廓线和与暖通空调系统有关的门、窗、梁、柱、平台等建筑构配件，并标明相应定位轴线编号、房间名称、平面标高。管道和设备布置平面图应按假想除去上层板后俯视规则绘制。此处以空调平面图为例。

6.3.1 准备工作

1） 收集整理建筑图，图 6-7。

2） 文字标注。删除建筑图中次要定位尺寸标注和文字说明等，保留主要的外部尺寸及房间名称标高等（图 6-8）。柱子改为空心柱（参见 11.4.1）。

3） 删除不必要的图层。

4） 按需要建立主要图层并设置相应属性，主要有 2 种方式：

① 按线型分：粗线图层、中粗线图层、细线图层。

② 按功能特性：风管图层、冷冻水管图层、设备图层、风管法兰图层、辅助图层、标注图层等，为了便于以后文件的打印输出，分别指定特殊的颜色号，设置时可参考图 6-9。

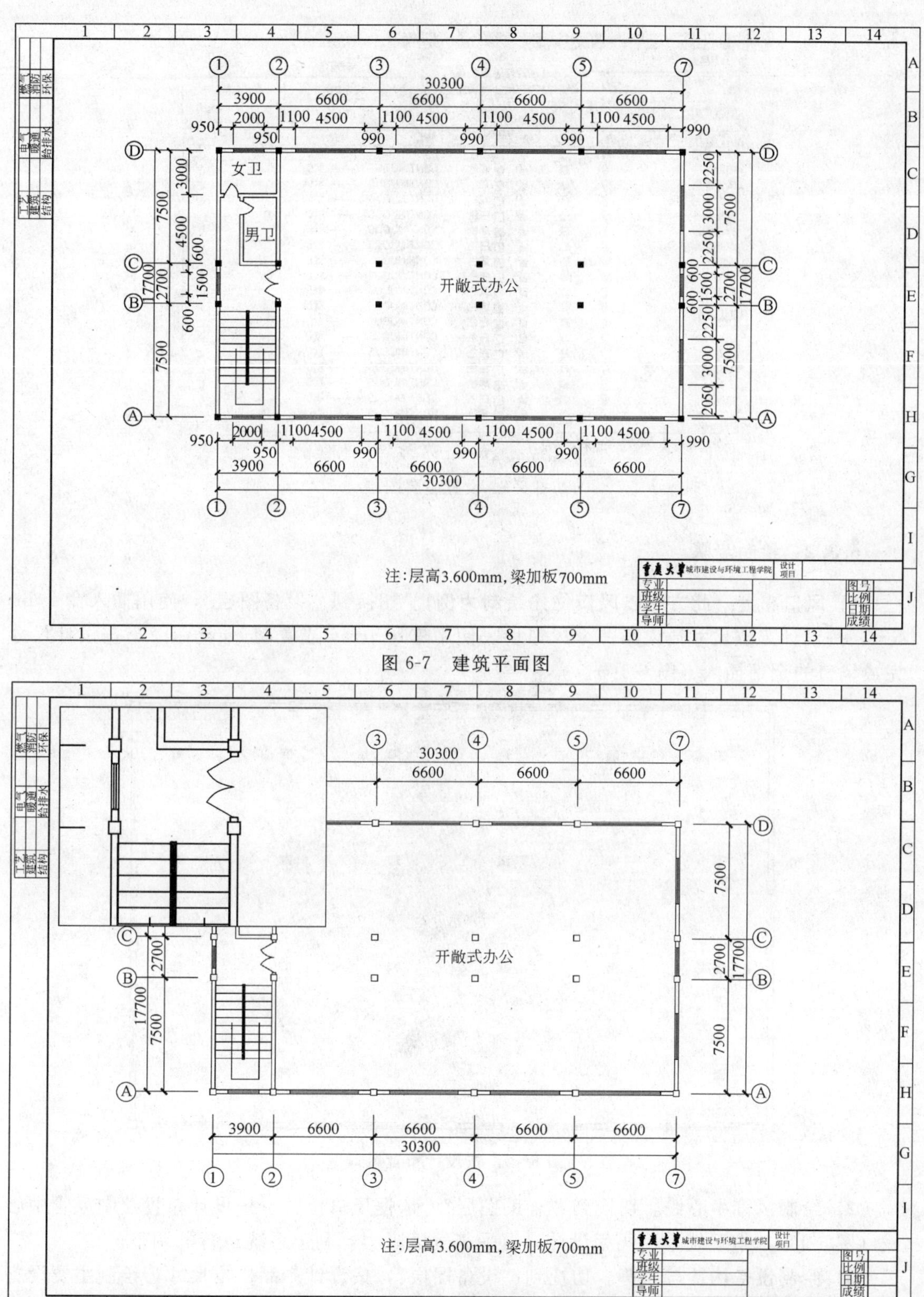

图 6-7　建筑平面图

图 6-8　去除整理后的建筑平面图

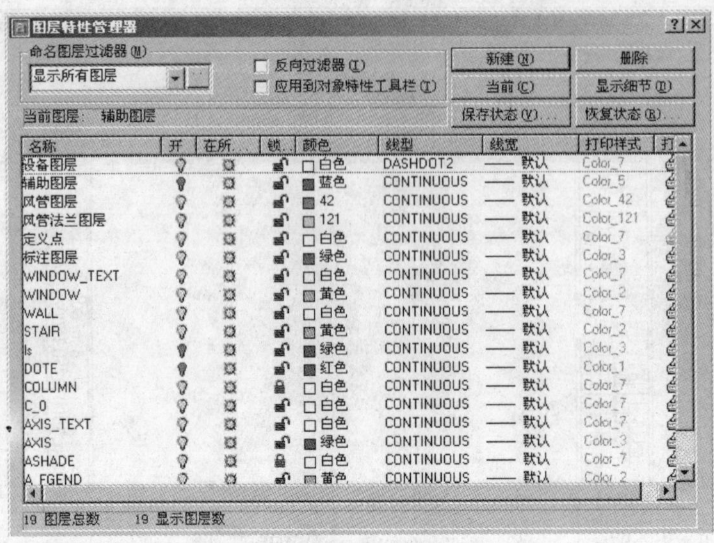

图 6-9 设置主要图层

6.3.2 绘制步骤

1）风口布置（此方法以风口优先绘制为例）。切换到“设备图层”，使用插入命令 insert，按设计定位尺寸插入第一个风口块。使用阵列 array 或复制 copy 命令，按设计尺寸完成风口的全部插入（图 6-10）。

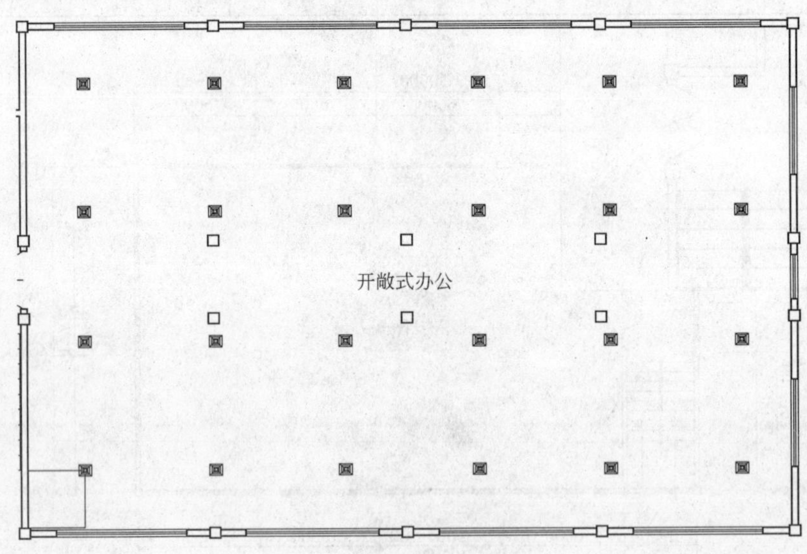

图 6-10 按设计布置风口

2）绘制风管中心线。切换到“辅助图层”，依据风口位置，按设计布置绘制风管中心线（图 6-11），本系统采用同程设计，可平衡气流阻力，利于系统运行的调整。

3）绘制设备构件与风管。切换到“设备图层”，按设计产品样本尺寸，绘制主要设备构件。例如空调机组、风机盘管等外轮廓。切换到“风管图层”，依据风管中心线分段按设计尺寸完成风管的绘制。由于采用 H 形布置，可先绘制完成一个 H 形（图 6-12 中放大

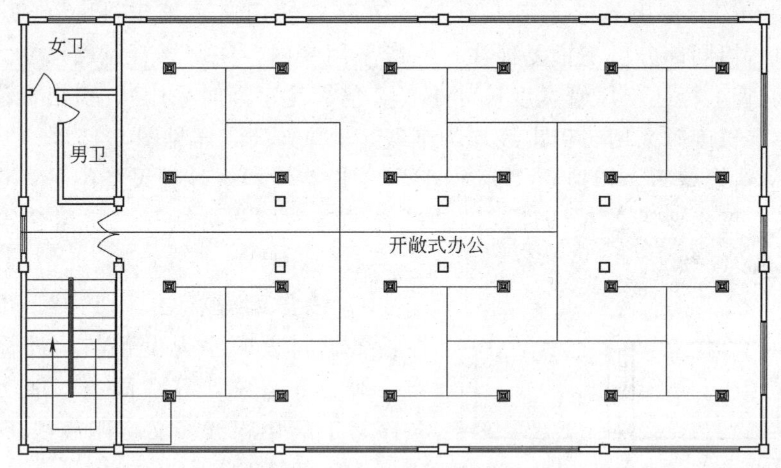

图 6-11 风管中心线绘制完成图

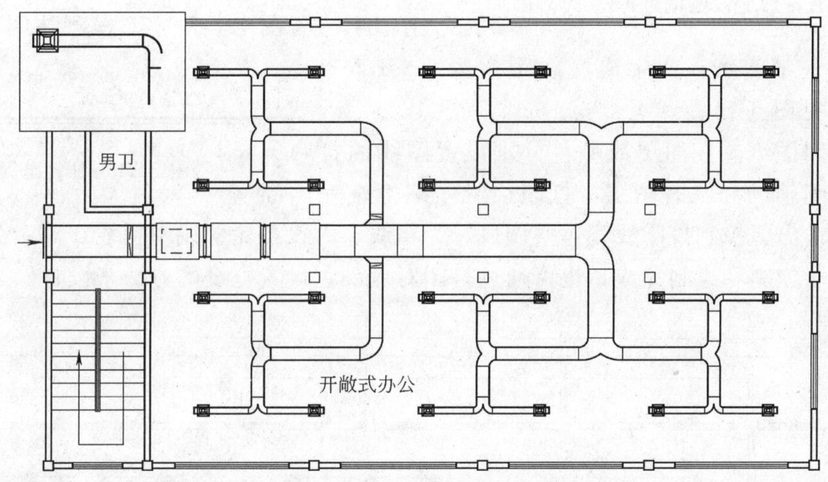

图 6-12 风管设备绘制完成

部分)，再使用块、复制、镜像等完整其余的部分。

4）连接设备构件与风管。

5）完成细部风管（见图 6-12)。

6）核对出图比例。切换到“标注图层”，按出图比例设置所有标注文字大小，风管、设备定位尺寸标注方式。

标注文字一般为 3.5（图中标注密集时可使用 2.5 号字），标注样式中的文字高度为 3.5×出图比例。主要使用 DIM 标注模式命令。

定位尺寸：平面图上应注出设备、管道定位（中心、外轮廓、地脚螺栓孔中心）线与建筑定位（墙边、柱边、柱中）线间的关系，平面图上如需标注连续排列的设备或管道的定位尺寸或标高时，应至少有一个自由段。

标注风管尺寸的形式为：圆形风管的截面定型尺寸应以直径符号“ϕ”后跟以毫米为单位的数值表示（例：ϕ1250mm）。矩形风管（风道）的截面定型尺寸应以“$A \times B$”表示。“A”为该视图投影面的边长尺寸，“B”为另一边尺寸。A、B 单位均为毫米（例：

1250mm×500mm)。使用单行文字 text 输入文字，使用文字编辑 ddedit 命令修改文字。在标注过程中，相同部分可不重复标注，一般采用管内标注（风管宽度尺寸大于2倍标注字高时采用）、管上标注（风管宽度尺寸小于2倍标注字高时采用）、引出标注（风管长度尺寸小于标注字长度时采用，引出线均为细线）3种方式，详见图6-15。

7）设备材料表填写。 切换到“标注图层”，设备材料统计并设备编号，设备编号顺序应先主要设备，再次要设备和构件，设备材料表格的制作方法见《房屋建筑制图统一标准》(GB/T 50001—2001)。设备材料表文字一般为5号字。

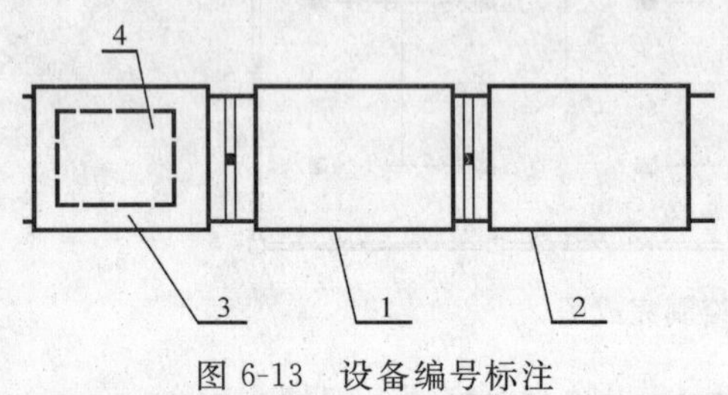

图 6-13 设备编号标注

8）设备编号标注。 切换到“标注图层”，按设备材料表顺序为设备与构件标号，标注文字一般为5号字，算法同上，细实线引出，设备序号下为中粗线，文字距底线1～1.5×出图比例，见图6-13。

9）其他标注。 切换到“标注图层”，用10号工程字注写图名，5号工程字注明出图比例，下为粗线加一细实线，文字离底线距离为1～1.5×出图比例，见图6-14。

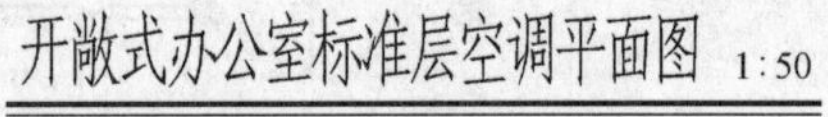

开敞式办公室标准层空调平面图 1:50

图 6-14 图名比例

10）打印图纸。 按图层或颜色分别设置图线的打印宽度，关闭辅助和临时图层，打印预览仔细检查完毕后，打印输出。控制打印线宽：空调风管为粗线、大设备轮廓线中粗线、其余为细线。线宽可通过图层控制和绘制完成，也可通过打印对应颜色设置宽度的方法来设置。

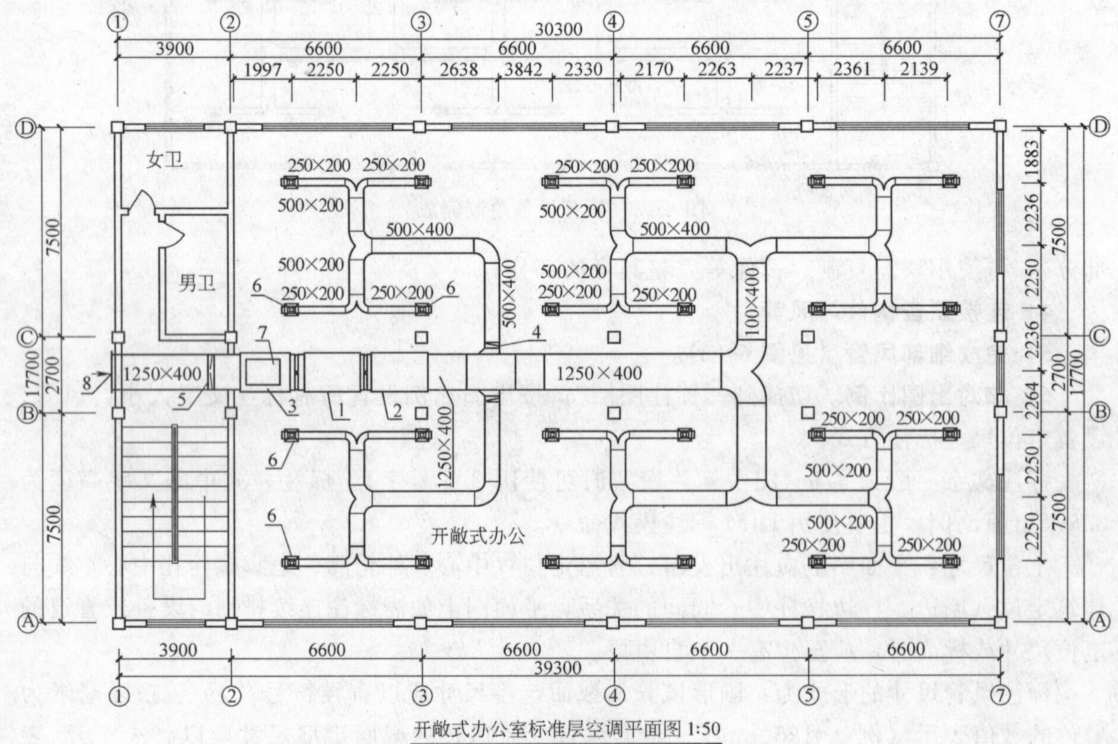

图 6-15 出图效果

6.4 暖通、空调、燃气工程系统图绘制

管道系统图应能确认管径、标高及末端设备，可按系统编号分别绘制。管道系统图如采用轴测投影法绘制，宜采用与相应的平面图一致的出图比例，按正等轴测或正面斜二轴测的投影规则绘制。在不致引起误解时，管道系统图可不按轴测投影法绘制。管道系统图的基本要素应与平、剖面图相对应。水、汽管道及通风、空调管道系统图均可用单线绘制。系统图中的管线重叠、密集处，可采用断开画法。断开处宜以相同的小写拉丁字母表示，也可用细虚线连接。

原理图不按比例和投影规则绘制。原理图基本要素应与平、剖面图及管道系统图相对应。

此处以空调系统原理图为例，其余类似。

6.4.1 准备工作

1）收集整理空调系统原理图的主要设备和管线资料。

2）按需要建立主要图层并设置相应属性，主要有 2 种方式：

① 按线型分：粗线图层、中粗线图层、细线图层。

② 按功能特性：水管图层、设备图层、水管阀门图层、辅助图层、标注图层（图 6-16）。

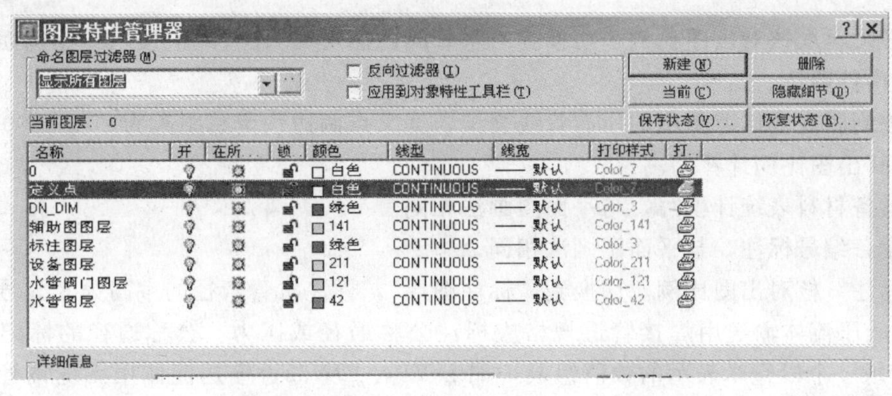

图 6-16 图层设置

6.4.2 绘制步骤

1）插入标准图框。一般设置为 1∶100 的出图比例。

2）总体布局。切换到“设备图层”绘制主要的设备：冷水机组、冷却塔、水系统主要分区等的区域分布，绘制时在图框中完成总体的协调。在系统图中主要表现设备的相对大小，可根据实际情况适当调整设备尺寸，以合理利用图纸（见图 6-17）。

3）确定所有设备的相对位置，细化设备细节。

4）连接所有设备间的管线，绘制时注意切换到对应的水系统“水管图层”。

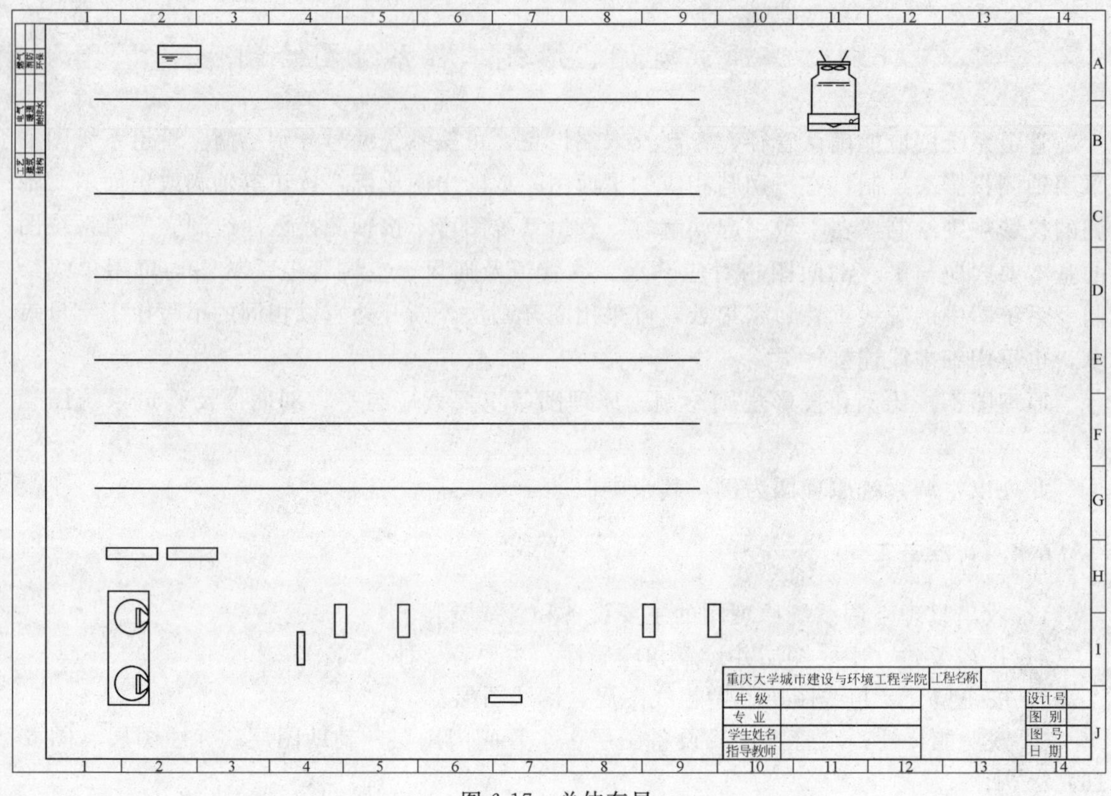

图 6-17　总体布局

5）必须再次核对出图比例，切换到“水管阀门图层”，在管线上按出图比例插入相关的阀门和构件图块。

6）按制图规范修剪图中的所有管线交叉，交叉点两边预留总距离为 200～300 个单位（以 1∶100 出图比例计算）。

7）设备材料表统计填写，与平面图画法相同。

8）设备编号标注，与平面图画法相同。

9）标注。核对出图比例。切换到“标注图层”，标注水管管径的字高为 3.5 号。一般情况下，低压流体输送用焊接管道规格应标注公称通径或压力。公称通径的标记由字母“*DN*”后跟一个以毫米表示的数值组成，如 *DN*15、*DN*32。输送流体用无缝钢管、螺旋缝或直缝焊接钢管、铜管、不锈钢管，当需要注明外径和壁厚时，用“*D*（或 φ）外径×壁厚”表示，如“*D*108×4”。在不致引起误解时，也可采用公称通径表示。金属或塑料管用“*d*”表示，如“*d*10”。水平管道的规格宜标注在管道的上方；竖向管道的规格宜标在管道的左侧。双线表示的管道，其规格可标注在管道轮廓线内。

标注水管坡度的字高为 3.5 号，表示为 $i=0.003$。图名用 10 号工程字，出图比例用 5 号字。

10）打印图纸。按图层或颜色分别设置图线的打印宽度，关闭辅助和临时图层，打印预览仔细检查完毕后打印输出（图 6-18）。空调水管线为粗线、主要设备轮廓线为中粗线、其余为细线。线宽可通过图层控制和绘制完成，也可通过打印对应颜色设置宽度的方法来设置。

六层屋面
四层
三层
二层
一层
负一层
K4-1
K4-2
XF4-1
XF4-2
K3-1
K3-2
K3-3
K2-1
K2-2
K2-3
K2-4
K1-1
K1-2
K(-1)-1
K(-1)-2
L1
L2
LQ1
LQ2

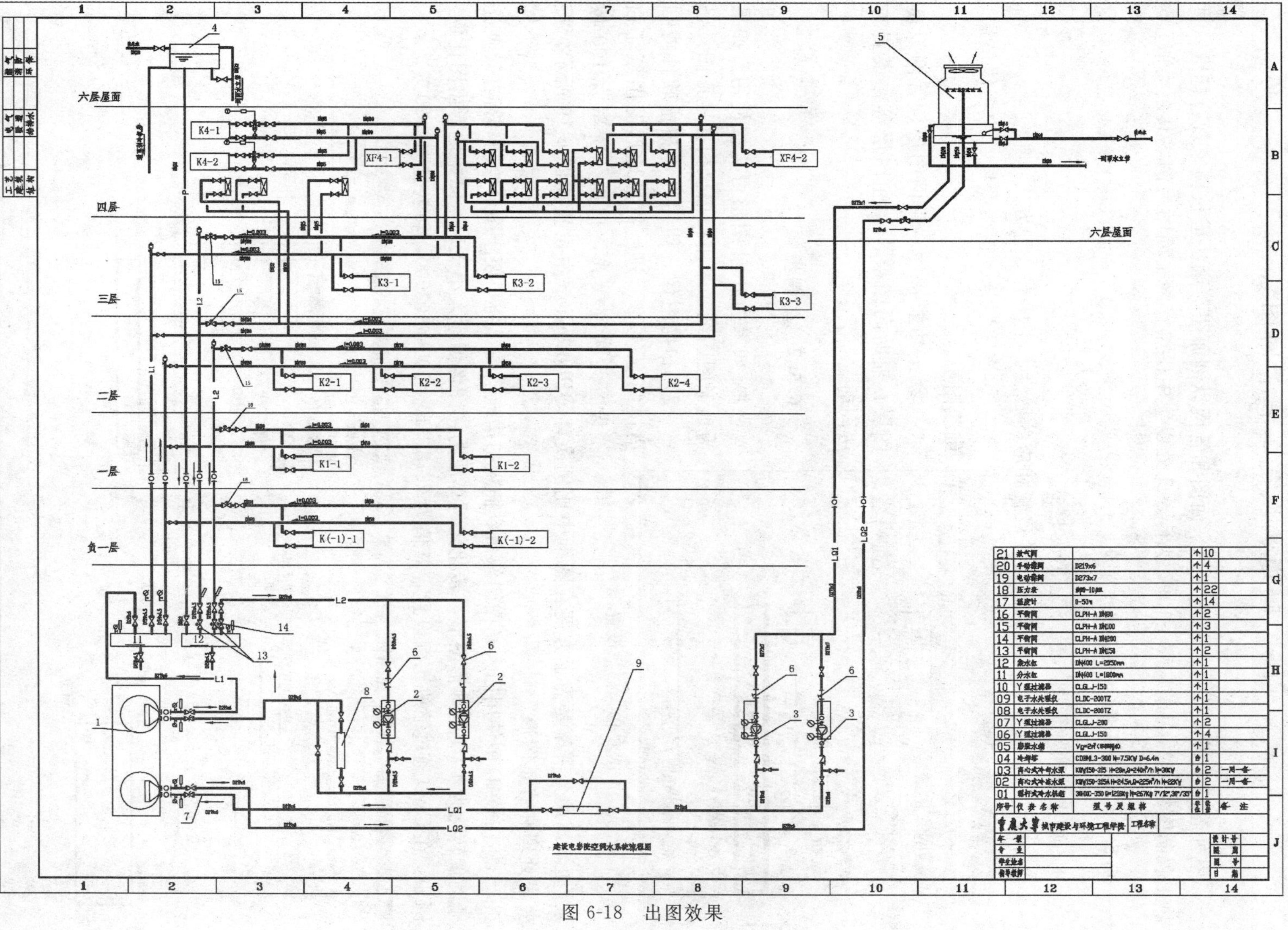

图 6-18 出图效果

6.5 暖通、燃气工程管网图绘制

室外管网工程设计宜绘制管网总平面图和管网纵剖面图。画法应按国家现行标准《供热工程制图标准》CJJ/T 78—1997 执行。此处以集中供热管网平面图为例，其余类似。

6.5.1 准备工作

1）收集整理地形图（最好为 dwg 格式）。

2）按自己需要建立主要的图层并设置相应的属性。主要有 2 种方式：

① 按线型分：粗线图层、中粗线图层、细线图层。

② 按功能特性：管网图层、管网设备图层、辅助图图层、标注图层等，设置方法同前。

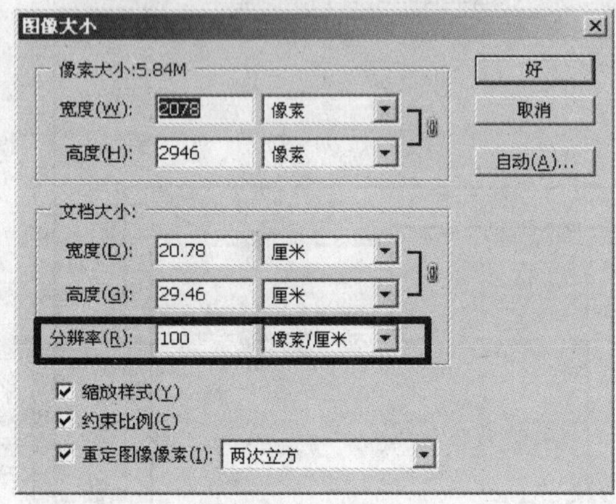

图 6-19 扫描设置

6.5.2 绘制步骤

1）如果为 dwg 图形可直接使用。如果为地形图图纸，采用扫描仪扫描地形图。

2）扫描图像。使用专业扫描软件或扫描仪配套软件，分片扫描地形图图纸，扫描设置为灰度模式，扫描分辨率为 100 像素/厘米，此分辨率是为了方便在图纸中比例换算。Photoshop 中设置如图 6-19 所示，按要求处理和修正图形。

3）在 CAD 中使用插入光栅图像命令插入扫描地形图。为了便于图形绘制和标注，使光栅图像转化为 1∶1 的地形图形，转化比例算法为：图像像素大小÷10×原始地形出图比例。例如：在 CAD 通过缩放比例设置，其值为 2078÷10×500＝103900，转换见图 6-20。

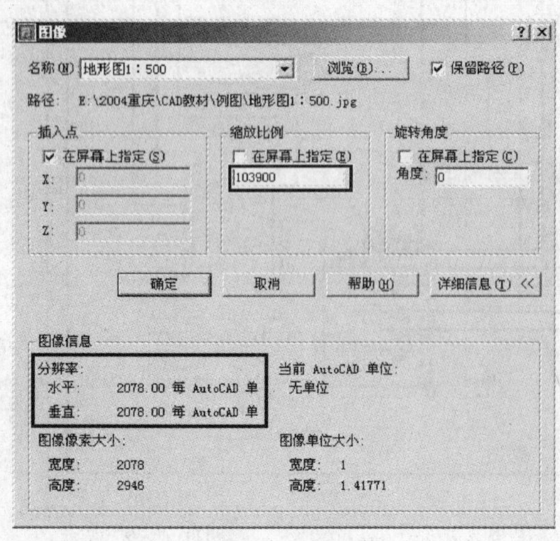

图 6-20 插入设置

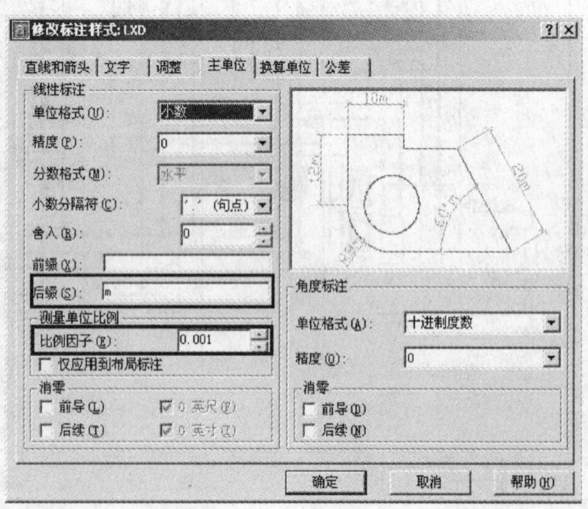

图 6-21 标注设置

燃气
消防
环保
电气
暖通
给排水
工艺
建筑
结构
通往×××交叉口
通往××城
苏州路道路中心线
州
路
10m
20m
529
J7
W6
φ426
67m
1.5m
6m
J8
换热站
D133
W7
G33
11m
建
砖2
砖
砖3
776.00
776.19
776.17
775.95
776.13
776.90
777.47
777.43
777.89
777.46
776.04
775.96
777.03
776.09
777.15
777.09
777.91
778.09
779.00
779.52
780.03
图例
阀门
J1
检查井
固定墩
G1 G2 G3 G4
固定墩编号
T01
套筒伸缩器
T1 T2 T3 T4
套筒伸缩器编号
130° 供水管
80° 回水管
本图J7井为苏州路主管线新设分支井。
重庆大学城市建设与环境工程学院
工程名称
年级
专业
学生姓名
指导教师
设计号
图别
图号
日期

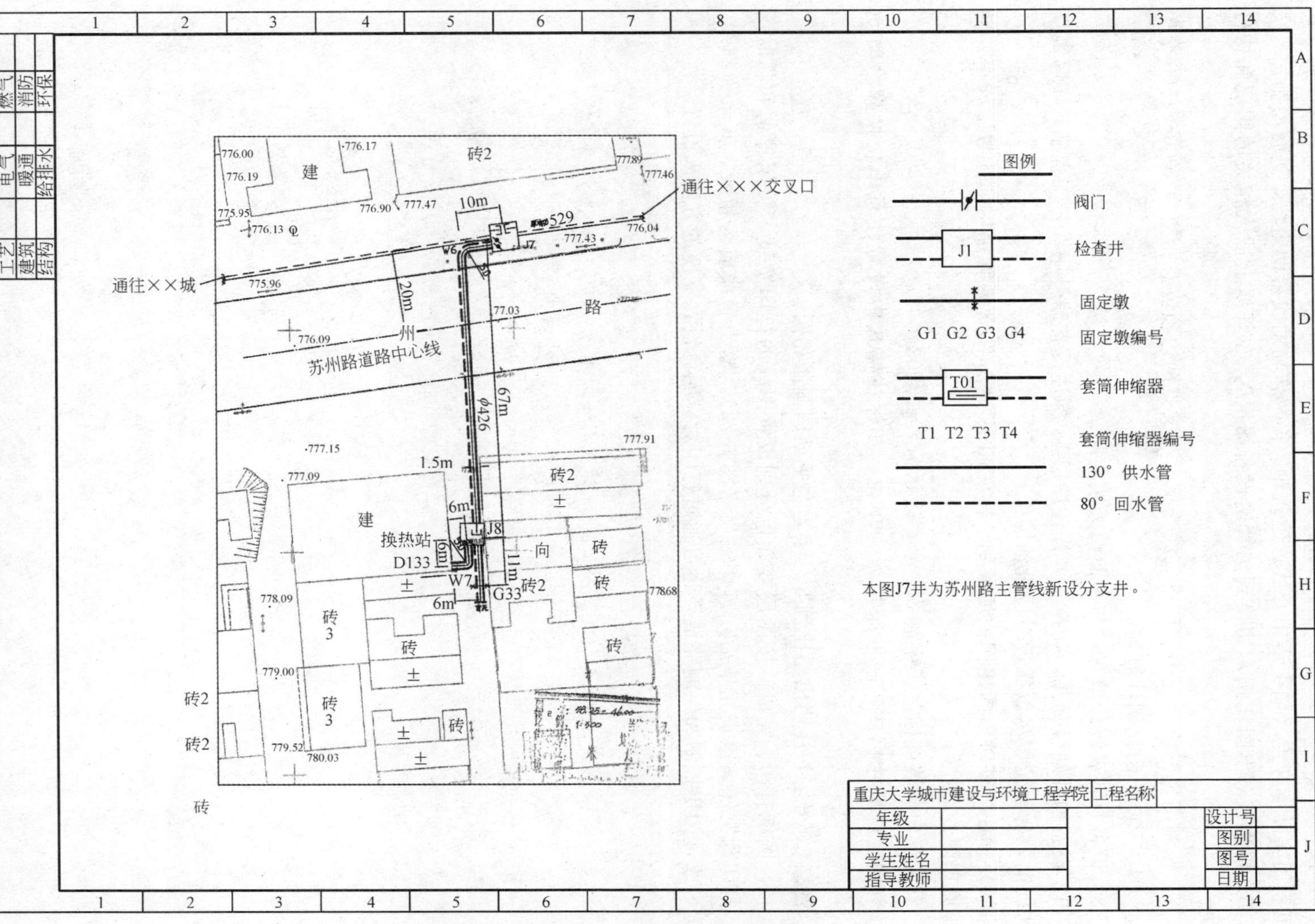

图 6-22　出图效果

4）按图纸出图比例的倍数插入 1∶1 对应图幅的图纸块（一般出图比例为 1∶500）。

5）按设计要求，切换到“管网图层”。首先绘制管网干线，再绘制支线。在绘制过程中可利用实际参考点（如街道中心线、建筑轮廓等）作辅助线帮助定位，进行绘制。

6）再次核对出图比例，切换到“管网设备图层”，在管线上插入相关的阀门和构件图块。

7）按制图规范修剪图中的所有管线交叉，交叉点两边预留总距离为 1000～1500 个单位（以 1∶500 出图比例计算）。

8）设备材料表统计填写，与平面图画法相同。

9）设备构件编号标注，切换到“标注图层”。标注设备编号用 5 号工程字，实际高度算法同前，标注位置尽量靠近对应设备构件。

10）标注。核对出图比例。切换到“标注图层”，标注管网管径用 3.5 号工程字，同系统原理图。

管网流向与坡度标注，字高 3.5 号，表示为 $i=0.003$。

管网定位尺寸标注，一般采用米为单位，在标注样式中设置注意单位换算（图 6-21）。

图名 10 号字，注明出图比例 5 号字，与平面图画法相同。

11）图纸打印、完成。按图层或颜色分别设置图线的打印宽度，关闭辅助和临时图层，打印预览仔细检查完毕后，打印输出（图 6-22）。输出管线应为粗线、其余为细线。线宽可通过图层控制和绘制完成，也可通过打印对应颜色设置宽度的方法来设置。

第7章 CAD在建筑给排水工程中的应用

建筑给水排水工程是为建筑防火灭火、人们的正常生活、生产和卫生健康服务的。其设计内容包含建筑物的消防灭火工程、生活给水工程、生产给水工程、污废水及雨水排水工程、热水工程、饮用水工程、中水工程等工程设计。而CAD为建筑给水排水工程设计提供了十分方便、易于修改的设计平台。本章将介绍建筑给水排水工程图纸CAD绘制的内容、一般要求以及基本的表达方法。

7.1 建筑给排水方案及初步设计

7.1.1 图纸编排

在工程设计中应单独绘制建筑给水排水工程图纸。设计应以图样及文字说明表示，不得以文字代替绘图。用文字说明图纸时，有关工程项目的总体问题应放在首页，并配以少量图样直观表达；局部问题应将说明文字注写在本张图纸中。说明文字应通俗易懂、简明清晰。同一个工程项目的设计图纸，图例、术语、绘图表达方法应完全一致，尽可能使图纸规格也保持一致，一般不宜超过2种规格。规划设计图纸应采用水规-××，初步设计图图纸应采用水初-××、水扩初-××，施工设计图图纸应采用水施-××方式编号。

初步设计图纸目录应以工程项目为单位进行编写，施工图设计图纸目录应以工程单体项目为单位进行编写。宜采用1～2张图幅来清楚表达工程项目的图纸目录、使用标准图纸目录、图例、主要设备器材表、设计说明等内容，并作为设计图册的首页，以后按系统原理图、平面图、剖面图、放大图、轴测图、详图的顺序在设计图册中排列；平面图按地下各层在前，地上各层依次在后的顺序排列。若有水净化（处理）工程，按水净化（处理）流程图在前，平面图、剖面图、放大图、详图依次在后的顺序排列；若有小区室外给水排水工程，则总平面图在前，管道节点图、阀门井示意图、管道纵剖面图或管道高程表、详图依次在后排列。

建筑给水排水工程设计同样分为方案设计、初步设计、施工图设计三个阶段。三个阶段中方案设计只出说明不出图纸。在初步设计阶段、施工图设计阶段至少应绘制给水排水总平面图、建筑给水排水平面图、系统原理图等，并列出主要设备材料表。

7.1.2 建筑给水排水工程方案设计

方案设计文件的目的是要满足编制初步设计文件的需要，当以招投标方式确定设计师时，投标方案应满足标书要求。

1）编制依据

编制依据应包含下述内容：国家、行业和地方规范与规程，与工程设计有关的依据性文件，地形地貌、气象等设计基础资料，委托设计的内容和范围。

2）设计说明

简述包括自备水厂及市政给水管网的水源情况，估算最高日、最大时的总用水量，消防水量和热水设计小时耗热量等。简述给水系统供水方式，消防系统种类和供水方式，热水系统的热源、供应范围和供应方式。简述中水系统的设计依据、处理方法、水量平衡、使用范围以及供水方式，循环冷却水、重复用水以及采用的其他节约用水措施，饮用净水系统的设计依据、处理方法、水量、使用范围以及供水方式等等。说明给水系统、消防给水系统、热水系统等的所需压力，系统分区情况以及节能措施。

说明排水体制，污、废水以及雨水的收集方式和排放出路，估算污、废水的排水量，确定雨水重现期并估算雨水量，简述排水系统，以及说明排水综合利用的情况，污、废水的处理方法。

7.1.3 建筑给水排水工程初步设计

初步设计文件应满足编制施工图设计文件需要，建筑给水排水工程初步设计文件包含下述内容。

7.1.3.1 设计说明书

1）设计依据。本工程采用的主要法规、标准以及地方或主管部门颁布的规程，摘录与本专业有关的工程项目批文、可行性研究报告、立项书、方案设计文件等内容。工程可利用的市政条件和交通运输条件，规划、用地、环保、卫生、绿化、消防、人防、抗震等要求和依据资料，工程所在地的气象、地理条件、建设场地的工程地质以及水文地质条件。建设单位提供的有关要求以及其他专业提供的本工程设计资料等。

2）建设规模和设计范围。简述工程的设计规模和项目组成、分期建设情况，特别是近期的工程建设情况。说明所承担的设计范围，与其他单位合作设计时的分工情况。

3）设计说明。应从以下多个方面加以说明。

① 水源。由市政或小区管网供水时，应说明供水干管的方位、接管管径、标高、能提供的水量与水压，属单座水厂供水还是多座水厂供水。

② 给水系统。说明或用表格列出各种用户的用水量标准、用水单位数、工作时间、小时变化系数、最高日用水量、最大时用水量。说明建筑小区、建筑物给水系统的划分和给水方式，分区供水的要求和采取的措施，计量方式，水箱和水池的容量、设置位置、材质，主要设备选型，防二次污染、节水、节能、保温、防结露、防腐蚀和防震等措施。

③ 消防系统。遵照各类防火设计规范的有关规定确定防火级别，分别说明消火栓、自动喷水、水幕、雨淋喷水、水喷雾、泡沫、气体灭火等各类消防系统的设计原则和依据、计算标准、系统组成、控制方式，以及消防水池和水箱的容量、设置位置以及主要设备选型等。

④ 热水系统。根据使用者要求确定热水供应范围，说明采取的热水供应方式、系统选择、水温、水质、热源、加热方式、节水措施、节能措施以及最大小时用水量和耗热量等。说明设备选型、保温、防腐的技术措施等。利用余热或太阳能时应说明采用的依据、供应能力、系统形式、运行条件及技术措施等。

⑤ 饮用净水、开水系统等。对水质、水温、水压有特殊要求或设置饮用净水、开水

系统的建筑小区或建筑，应说明采用的特殊措施，并列出设计数据及设计依据、设备选型、节水措施以及节能措施等。

⑥ 中水系统。需设置中水系统时，应说明中水系统的设计依据、水质要求、水量平衡及工艺流程，确定设计参数、节能措施及设备选型等。

⑦ 排水系统。说明建筑小区及建筑的排水体制、排水系统以及方式的选择，生活和生产污、废水排水量，室外排放条件。确定有毒有害污水的局部处理工艺流程及设计数据。确定屋面雨水的排水系统选择及室外排放条件，采用的降雨强度和重现期。

⑧ 管材与接口。确定并说明管材、接口及敷设方式。

⑨ 节水、节能措施。说明高效节水、节能设备及系统设计中采用的主要技术措施等。

⑩ 隔振、防噪措施。对有隔振及防噪要求的建（构）筑物，说明给排水设施所采取的技术措施。

⑪ 特殊地区技术措施。对地震区、湿陷性或胀缩性土地区、冻土区、软弱地基等特殊地区的给排水设施，应说明所采取的相应技术措施。

4）其他问题。需在设计审批时解决或确定的主要问题。

5）主要设备材料表。按子项分别列出主要设备名称、型号、规格（参数）、数量以及必要的说明。

7.1.3.2　设计图纸

① 给水排水总平面图。在初步设计中，应表达出全部建筑物、构筑物、道路、绿化等形状、编号、平面位置等，并标注出定位尺寸或坐标、标高，指北针或风玫瑰图等；应表达出给水、排水管道平面位置，标注出干管管径、流水方向；应表达出消防系统、中水系统、冷却循环水系统、重复用水系统管道的平面位置，标注出干管的管径、流水方向；应表达出阀门井、消火栓井、水表井、检查井、化粪池等和其他给排水构筑物的位置；应表达出场区内给水、排水等管道与城市或场区外管道系统连接点的控制标高和位置。在初步设计说明中可用方框图表示水处理（净化）流程图。

② 给水排水局部总平面图。在初步设计中，若涉及到取水构筑物、水处理厂（站）等局部给水排水构筑物时，应绘出局部总平面图。在净水、污水或中水等水处理净化厂（站）应单独绘出水处理构筑物局部总平面布置图，包括各构筑物、井室、道路平面位置、坐标、标高、方位等。同时还应给出流程示意以及各构筑物之间的高程关系的流程标高示意图，也可绘制水处理厂（站）工艺流程图或方框图。应列出建（构）筑物一览表，表中包含建（构）筑物的平面尺寸、结构形式等。各构筑物是否要绘制单线条的平、剖面图，可视工程复杂程度而定。

取水构筑物局部总平面图应包括取水头部（取水口）、取水泵房、转换阀门井、道路平面位置、坐标、标高、方位等，必要时还应给出流程示意以及各构筑物之间的高程关系图。

③ 建筑给水排水图。应绘制给水系统、排水系统、各类消防系统、循环水系统、热水系统、中水系统等系统原理图，标注干管管径、标高，设备设置标高，建筑楼层编号及层面标高。绘制各类消防系统、给水系统、排水系统等系统的底层、标准层、管道和设备复杂层的平面布置图，标出室内外或小区与城市之间的接管位置、管径等。绘制水池、水泵房、热交换间、水箱间、水处理间、游泳池、水景、冷却塔等机房的平面布置图。对于简单工程项目初步设计阶段一般可以不出图。

7.1.3.3 内部使用的计算书

包括各类用水量和排水量的计算，有关的水力计算及热力计算，设备选型和构筑物尺寸计算等。

7.2 建筑给排水施工图设计

在施工图设计阶段，给排水专业设计文件应包括图纸目录、施工图设计说明、设计图纸、主要设备材料表和计算书。

7.2.1 图纸目录

在施工图目录中应先列新绘制图纸，后列选用的标准图或重复利用图。按总平面图、系统原理图、平面图、剖面图、放大图、轴测图、详图的顺序排列；平面图按下层在前、上层在后的顺序依次排列。

7.2.2 设计总说明

① 设计依据。简述本工程采用的主要法规、标准以及地方或主管部门颁布的规程。工程可利用的市政条件，初步设计文件内容。建设单位提供的有关要求以及其他专业提供的本工程设计资料等。

② 给水排水系统概况。概述市政供水压力、各系统所需压力，最高日用水量、最大时用水量或设计秒流量，最高日排水量，最大时热水用量、耗热量，循环冷却水量，各消防系统的设计参数及消防总用水量等主要技术指标以及控制方法。各个系统的节水及节能措施等。

③ 其他。凡不能用图示表达的施工要求，例如，管道防腐、管道连接形式、试验压力等，均应以设计说明表述。

7.2.3 建筑物室外及建筑小区给排水工程施工图

1）给水排水总平面图

在施工图设计中，应绘出各建筑物、构筑物、道路、绿化地等的外形、名称等，并标注出定位尺寸或坐标、标高，绘出指北针或风玫瑰图等。应按标准的图例绘制全部的各类管道、阀门井、消火栓井、检查井、跌水井、水封井、雨水口、化粪池（污水处理构筑物）、隔油池、降温池、水表井等，同时应进行编号及详细索引号。给水、排水、雨水、热水、消防和中水等管道宜在同一张图纸上绘制，当无法清楚表达地形复杂、管道种类较多的复杂工程时也可分开绘制，以便于施工。给水等压力流管道应注明管径、埋设深度或敷设标高，并绘制阀门组合节点图，注明节点结构、阀门井尺寸、编号以及引用标准图号，宜标注管道长度。排水等重力流管道应标注管径、水流坡向、位置、标高、井室编号以及引用标准图号等。绘出与城市同类管道以及连接点的位置、连接点的井号、管径、标高、坐标以及水流方向等。绘出各建筑物、构筑物的引入管、排出管，并标注位置尺寸。建筑物、构筑物、管道转弯点、井室等处采用坐标定位时，应标注中心或两对角线。当采用控制尺寸定位时，应以建筑物外墙、轴线或道路中心线为定位起始基线。仅有本专业管道的平面图时，可从阀门井、检查井绘制引出线，线上标注井盖面标高，线下标注管底或管中心标高。

2）给水排水管道纵断面图

施工图设计时，对简单小区或室外给水排水管道工程亦可直接标注管道高程或埋深在平面图上；对地形复杂或交叉较多的给水排水管道应绘制管道纵剖面图，在图中标出地面设计高程、管道标高、管径、坡度、井距、井号、井深，并绘制与本专业管道相交的道路、铁路、河谷，注明其他专业管道、管沟、电缆等水平距离和标高，以及交叉管的管径、位置、标高等。纵断面图的竖向比例宜为1∶50～200，横向比例宜为1∶500或与总平面图一致。

管道纵断面图中，压力流管道应使用单粗实线绘制，管径大于400mm时可用双中粗实线绘制，对应的平面图用单中粗实线绘制。重力流管道应使用双中粗实线绘制，对应的平面图用单中粗实线绘制。设计地面线、阀门井或检查井、竖向定位线时应使用细实线绘制，自然地面用细虚线绘制。重力流管道也可用管道高程表（见表7-1）代替管道纵断面图。

管道高程表 **表7-1**

序号	管段编号		管长（m）	管径（mm）	坡度（%）	管底坡降（m）	管底跌落（m）	设计地面标高（m）		管内底标高（m）		埋深（m）		备　注
	起点	终点						起点	终点	起点	终点	起点	终点	

3）给水管道节点图

施工图设计时，对复杂的给水管道节点应绘制给水管道节点图，给水管道节点图中的管道节点位置、编号应与总平面图一致，但可不按比例绘制。节点应绘制所包括的平面形状和大小、阀门、管件、连接方式、管径以及定位尺寸，必要时应绘出节点井室以及节点井室的剖面示意图。

4）水处理（净化）站高程图

当建筑小区、建筑物内设置水处理（净化）站时，应绘制水处理（净化）站的高程图，并用它代替水处理（净化）系统流程图。其构筑物（设备）之间的管道用中粗实线绘制，辅助构筑物（设备）的管道以中实线绘制，各种构筑物（设备）的基本形状以单细实线绘制，各种构筑物（设备）的水面、管道、构筑物（设备）的底和顶应注明标高，构筑物（设备）下方应注明名称。高程图可不按比例绘制，构筑物（设备）应有编号及名称对照说明。

7.2.4 建筑物内部给排水工程施工图

建筑内部的给排水工程的设计是通过建筑给水排水平面图、系统原理图、轴测图、大样图、详图、主要设备材料表等图纸来表达。

建筑内部给排水图是以建筑图为基础的，因此，在建筑内部给排水图中建筑物轮廓线、主要轴线编号、房间名称及形状、门窗大小以及开向、用水点位置、绘图比例等应与建筑专业图纸一致，并用细线绘制。

各类管道、用水器具及设备、消火栓、喷洒头、雨水斗、阀门、附件、立管位置等应按图例以正投影法绘制在平面图上，按 45°正面斜轴测投影关系绘制在系统图上。主要设备、器具、仪表以及管道附、配件可在首页或相关图上列表表示。

安装在下层空间或埋设在地面下而为本层使用的管道，可绘制于本层平面图上；若有地下层，则排出管、引入管、汇集横干管可绘制于地下层内。

1）建筑给排水平面图

在施工图设计中，建筑给排水各层平面图中应绘出与给水排水、消防给水等管道布置有关的横管、立管位置，管道的控制附件、配水附件、计量附件等位置，以及消防设备、增压设备、贮存设备、卫生器具等位置，标出灭火器具放置的地点。注明各种管道的编号（或图例），标注管径、标高、位置尺寸、坡度、坡向等。平面图中还应标出各楼层建筑平面标高，应特别注意卫生间、设备间平面标高的变化。±0.000 标高层平面图应在右上方绘制指北针。

底层平面应注明引入管、排出管、水泵结合器、室外消火栓、各类井室等，以及建筑物的定位尺寸、穿建筑外墙管道的标高、防水套管形式等。

屋面雨水平面图中的屋面形状、分水线、汇水面积、伸缩缝位置、轴线编号等应与建筑专业一致，不同层或不同标高的屋面应注明屋面标高。绘出雨水斗位置、汇水天沟或屋面坡向、每个雨水斗的汇水范围、分水线位置等。应对雨水斗进行编号，并注明每个雨水斗汇水面积。雨水管应注明管径、坡度并进行编号，无剖面图或系统图时应在平面图上注明起始及终止管道标高。

若在同一图纸上无法清楚表示多种管道时，可分别绘制给水排水平面图和消防给水平面图。在上述平面图中无法清楚表达给排水设备以及管道较多的泵房、水池、水箱间、热交换器站、饮水间、卫生间、水处理间、报警阀门、气体消防贮瓶间时，应绘出它们的局部放大平面图。

立管应按管道类别和代号从左至右分别编号，且各楼层应完全一致，消火栓（箱）可根据需要分层按一定顺序进行标号。生活热水管应表示出伸缩装置及固定支架位置。

2）建筑给水排水及消防系统原理图

多层建筑、中高层建筑和高层建筑的管道以立管为主要表示对象，按管道类别分别绘制不同用途立管的系统原理图或展开系统原理图。

系统原理图或展开系统原理图中的立管应以平面图左端立管为起始管，顺时针从左至右按编号依次按顺序均匀排列，可以不按比例绘制。若有连接横管，应以首根立管为起点，按平面图的连接顺序，以水平方向与所在层立管相连。若为水平环状管网，应绘两条平行线并于两端封闭。立管、横管均应标注管径。

应在该层水平绘出立管上的引入、引出管。若支管上的用水或排水器具另有详图时，支管可在分户水表后断掉，并注明详见图号。若绘制立管在某层偏位（不含乙字管），该层偏置立管宜另行编号。系统的引入管、排水管应绘出穿墙轴线号。应注明排水立管上检查口及通气帽距楼地面或屋面的高度。

管道阀门及附件（过滤器、除垢器、水泵接合器、检查口、通气帽、波纹管、固定支架等）、各种设备及构筑物（水池、水箱、增压水泵、气压罐、消毒器、冷却塔、水加热器、仪表等）均应按图例示意绘出。

楼层间距按比例绘出，夹层、跃层、同层升降部分应以楼层线反映，在图纸的左端注明楼层数和楼层标高。

3）系统轴测图

当系统横管较多、系统复杂时，应绘制管道系统轴测图，简称管道系统图。各系统的轴测图应按45°正面斜轴测投影关系绘制，管道布图方向应与平面图一致，并按比例绘制，局部管道按比例不易表达清楚时，该处可不按比例绘制。卫生间管道宜单独绘制给水、排水、热水系统轴测图。

在系统轴测图上，应注明建筑楼层标高、层数、室内外建筑平面标高差，管道上的阀门和附件也应以图例形式加以表示，管径、立管编号与平面一致。管道应注明管径、标高（亦可标注距楼面尺寸），接出或接入管道上的设备、器具以编号或注字表示。

对于给水排水系统和消防系统，分别绘出各种管道系统轴测图（给水系统图、排水系统图、消火栓消防给水系统图、自动喷水消防给水系统图等），图中标明管道走向、管径、仪表及阀门、控制点标高和管道坡度（也可在设计说明中交待）、各系统的编号、各楼层卫生设备的连接点位置。重力流管道宜按坡度方向绘制。

各层或某几层卫生设备及用水点接管（分支管段）情况完全相同时，在系统轴测图上可只绘一个有代表性楼层的接管系统图，其他各层注明同该层即可。对于复杂的连接点应局部放大绘制。

当自动喷水灭火系统在平面图以及剖面图中已将管道管径、管道及附件标高、喷头间距、喷头设置标高、管道及附件位置标注清楚时，可简化表示从水流指示器至末端试水装置或试水阀等阀件之间的管道和喷头的系统图。

简单管段应在平面图上注明管径、坡度、走向、进出水管位置以及标高，不需绘制系统图。

4）大样图

当建筑物内有提升（泵房、排污设备等）、调节（水箱、集水坑等）或小型局部给排水处理设施时可绘制大样图，大样图比例一般采用1∶10～50。大样图可用平面图、剖面图或轴测图等表达，也可用注明引用的详图、标准图号来代替。

5）局部放大平面图

用正常比例不能清楚表示多种管道时可绘制放大图。绘图比例等于或大于1∶30时，设备和器具按原形用细实线绘制，管道采用双线并以中实线绘制。比例小于1∶30时，可按图例绘制。图中应注明管径和设备、器具附件、预留管口的定位尺寸。

6）剖面图

当设备、构筑物布置复杂，管道交叉多，平面图、轴测图不能清楚表示时应绘制剖面图。剖面图应清楚表示设备、构筑物、管道、阀门及附件的位置、形式和相互关系，注明管径、标高、设备及构筑物有关定位尺寸。建筑、结构的轮廓线应与建筑及结构专业一致，线型用细实线。本专业有特殊要求时，应加附注予以说明。当绘图比例等于和大于1∶30时，管道宜用双线以中实线绘制。

7）详图

对需要表达的特殊管件，设备、器具安装，非定型产品及非标准设备制造而又无标准设计图可利用时，应绘制详图。可用平面图、剖面图或轴测图表达。在安装或制造总装图上，应对零部件进行编号。零部件应按实际形状绘制，并标注各部分的尺寸、加工精度、材质要求和制造数量，编号应与总装图一致。

7.2.5 主要设备材料表

建筑给排水施工图应有主要材料设备统计表，其格式参见表 7-2。

主要设备材料一览表 表 7-2

序号	名　称	型　号	规　格(参数)	单位	数量	备　注

7.2.6 计算书

建筑给水排水施工计算书是进行施工图设计的重要证据，设计计算正确与否可从设计计算书得知。因此，设计计算书应作为设计者长期保留的内部文件。

设计计算书应包括设计依据、设计以及修改设计时间、设计人员构成、工程项目背景以及设计计算等内容。设计计算应含建筑物以及建筑小区的各类用水量、排水量计算，相关水力计算及热力计算，以及设备选型和构筑物尺寸计算等。

7.3 设计图绘制

7.3.1 建筑底图要求

由建筑专业设计师提供CAD 建筑图纸（含平面图、立面图、剖面图以及与给水排水专业有关的大样图、详图、标准图），并将建筑平面图中的粗线转换成细线、保留涉及本专业的建筑内容后，作为给水排水专业的CAD 建筑平面底图。

一般情况下，CAD 建筑平面底图应保留建筑物各房间等场所的用途名称、建筑物的总尺寸和轴线尺寸，保留柱、墙、楼梯、隔断、各类井道及孔洞、门、窗、踏步、坡道、栏杆等建筑平面，保留与给水排水工程有关的用水设备、卫生洁具、坑槽等。

7.3.2 给水排水制图要求

1）图线

要求图样的基本线宽 b 宜为 0.7mm 或 1.0mm。线宽为 b 的粗实线适用于新设计的各种排水和其他重力流管道的可见轮廓线，线宽为 b 的粗虚线适用于新设计的各种排水和其他重力流管道的不可见轮廓线；线宽为 $0.75b$ 的中粗实线适用于新设计的各种给水和其他压力流管道的可见轮廓线，线宽为 $0.75b$ 的中粗虚线适用于新设计的各种给水和其他压力流管道的不可见轮廓线；线宽为 $0.5b$ 的中实线适用于给排水设备、零（附）件的可见轮廓线，线宽为 $0.5b$ 的中虚线适用于给水排水设备、零（附）件的不可见轮廓线；线宽为

0.25b 的细实线适用于建筑物、构筑物、道路等建筑图中的可见轮廓线，线宽为 0.25b 的细虚线适用于建筑物、构筑物、道路等建筑图中的不可见轮廓线。原有的各种管线线宽在上述基础上降一档次。

管道类型（生活给水管、热水给水管、污水排水管、废水排水管等）通过字母（J、RJ、W、F 等）来区别。

2）比例

建筑给水排水平面图采用 1∶200、1∶150、1∶100，且宜与建筑专业一致；轴测图及系统原理图采用 1∶150、1∶100、1∶50，且宜与相应图纸一致；详图采用 1∶50、1∶30、1∶20、1∶10、1∶5、1∶1、2∶1。在建筑给水排水轴测图中，如局部表达有困难时，该处可不按比例绘制。水处理流程图、水处理高程图和建筑给水排水系统原理图均不按比例绘制。

3）标高

标高符号及一般标注方法应符合《房屋建筑制图统一标准》中有关规定。室内工程应标注相对标高，室外工程宜标注绝对标高，若标注相对标高时应与总平面图一致。压力流管道应标注管中心标高，沟渠和重力流管道宜标注沟（管）内底标高；沟渠和重力流管道的起讫点、转角点、连接点、变坡点、变尺寸（管径）点以及交叉点，压力流管道的标高控制点应标注标高；管道穿外墙、剪力墙和构筑物的壁及底板，不同水位线处、构筑物和土建与给排水工程相关的部位等应标注标高。管道也可采用如（h＋0.250)m 的方式标注相对本层建筑地面的标高。

4）管径

管径应以 mm 为单位。水煤气输送钢管（镀锌或非镀锌）、铸铁管等管材的管径宜以公称直径 DN 表示（如 DN100），无缝钢管、焊接钢管（直缝或螺旋缝）、铜管、不锈钢管等管材的管径宜以外径 D×壁厚（δ）表示（如 D108×4），钢筋混凝土（或混凝土）管、陶土管、耐酸陶瓷管、缸瓦管等管材的管径宜以内径 d 表示（如 d100），塑料管材的管径宜按产品标准的标注方法表示，例如聚乙烯塑料管（PP 管）外径用 De 表示（如 De20)。当设计均用公称直径 DN 表示管径时，应有公称直径 DN 与相应产品规格对照表。常见建筑给排水不同材质管道管径对照见表 7-3。

建筑给排水不同材质管道管径对照表 表 7-3

工程直径 DN	水煤气管 DN	焊接钢管 $D\times\delta$	无缝钢管 $\Phi\times\delta$	涂塑钢管 DN	给水铸铁管 DN	给水不锈钢管 $D\times\delta$	给水铜管 $D\times\delta$	PVC 给水管 D	PE、PP 给水管 De	排水铸铁管 DN	UPVC 排水塑料管 D
15	15	20×2.0	18×2.5 22×3.0	15		16×0.8	16×1.0 19×1.5	20	20		
20	20	25×2.5	25×2.5 27×3.0	20		22×1.0	22×1.0 22×1.5	25	25		
25	25	32×2.5	32×2.5 34×3.0	25		28×1.0	28×1.2 28×1.5	32	32		
32	32	38×2.5	38×3.0 42×3.5	32		35×1.2	35×1.2 35×1.5	40	40		40
40	40	45×2.5	38×3.0 45×3.5	40		42×1.2	44×1.5 44×2.0	50	50		50

续表

工程直径 DN	水煤气管 DN	焊接钢管 $D\times\delta$	无缝钢管 $\Phi\times\delta$	涂塑钢管 DN	给水铸铁管 DN	给水不锈钢管 $D\times\delta$	给水铜管 $D\times\delta$	PVC 给水管 D	PE、PP 给水管 De	排水铸铁管 DN	UPVC 排水塑料管 D
50	50	57×3.5	57×3.5 60×4.0	50		54×1.2	55×1.5 55×2.0	65	63	50	
70 (65)	70	76×4.5	76×4.0 76×4.5	65		76×2.0	70×1.8 70×2.5	75	75		75
80	80	89×4.5	89×4.0 89×5.0	80	75	89×2.0	85×2.0 85×2.5	90	90	75	90
100	100	108×4.0	108×4.5 114×6.0	100	100	108×2.0	105×2.0 105×2.5	110	110	100	110
								125	125		125
125	125	133×4.5	133×4.5 140×7.0	125	125		133×2.5 133×3.0	140	140	125	
150	150	159×4.5	159×5.0 168×7.0	150	150		159×3.0 159×4.0	160	160	150	160
								180			
200		219×6.0	219×6.0 219×10.0	200	200		219×4.0 219×6.0	225		200	200
225		245×7.0	245×7.0 245×10.0	225				250			
250		273×8.0	273×9.0 273×12.0	250	250			280			
300		325×8.0	325×8.0 325×12.0	300	300			315			
350		377×9.0	377×9.0 377×15.0		350			400			
400		426×9.0	426×9.0 426×15.0		400						

单根管道的管径应按图 7-1 的方式标注；多根管道的管径应按图 7-2 的方式标注。

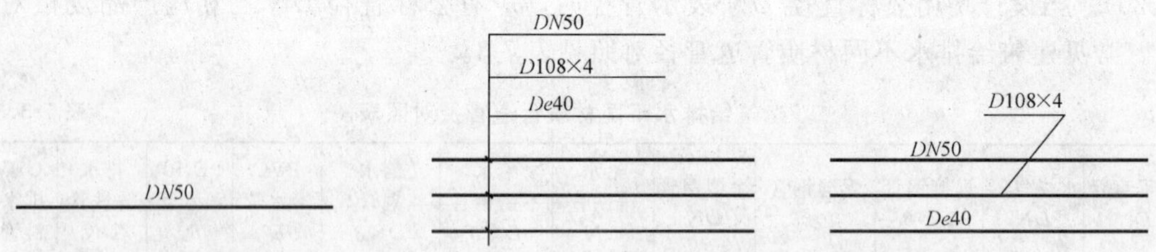

图 7-1　单管管径表示法　　　　图 7-2　多管管径表示法

5）编号

当建筑物的引入管或排出管的数量超过 1 根时宜进行编号，编号宜按图 7-3 的方法表示。建筑物内穿越楼层的立管，其数量超过 1 根时宜进行编号，编号宜按图 7-4 的方法表示。

总平面图中，当给水排水附属构筑物的数量超过 1 个时，宜按构筑物代号-编号形式进行编号。给水构筑物按水源到干管，再从干管到支管，最后到用户的顺序进行编号；排

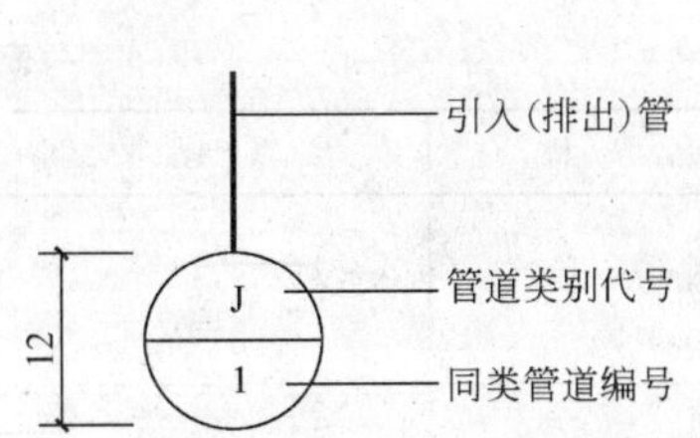

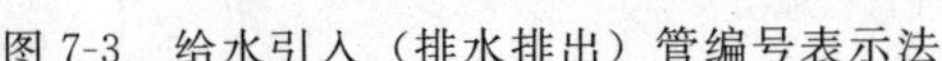
图 7-3　给水引入（排水排出）管编号表示法

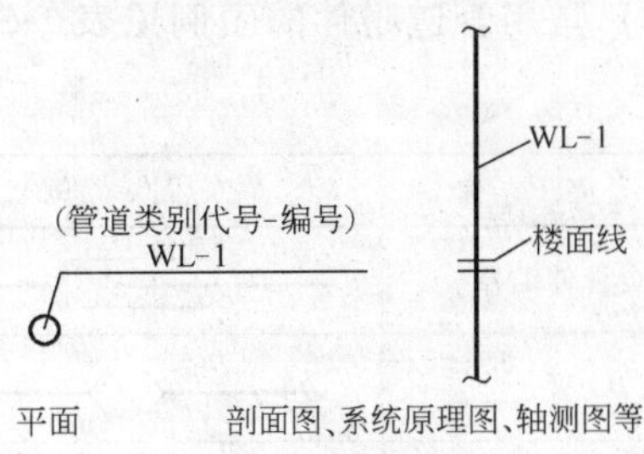

图 7-4　立管编号表示法

水构筑物按上游到下游，先干管后支管的顺序编号。

当给水排水机电设备的数量超过 1 台时宜进行编号，并应有设备编号与设备名称对照表。

7.3.3　图例

1）管道类别应以汉语拼音字母表示，管道的图例见表 7-4。 XL-1 中 X 表示管道类别、L 表示立管、1 表示立管编号。分区管道用加注角标方法表示，如 J_1、J_2、J_G、J_D 等。

管道图例表　　**表 7-4**

序号	名　称	图　例	序号	名　称	图　例
1	生活给水管	—— J ——	16	雨水管	—— Y ——
2	热水给水管	—— RJ ——	17	压力雨水管	—— YY ——
3	热水回水管	—— RH ——	18	膨胀管	—— PZ ——
4	中水给水管	—— ZJ ——	19	消火栓给水管	—— XHS ——
5	循环给水管	—— XJ ——	20	自动喷水灭火给水管	—— ZP ——
6	循环回水管	—— XH ——	21	雨淋灭火给水管	—— YL ——
7	热媒给水管	—— RM ——	22	水幕灭火给水管	—— SM ——
8	热媒回水管	—— RMH ——	23	水炮灭火给水管	—— SP ——
9	蒸气管	—— Z ——	24	保温管	
10	凝结水管	—— N ——	25	多孔管	
11	废水管	—— F ——	26	地沟敷设管	
12	压力废水管	—— YF ——	27	防护套管	
13	污水管	—— W ——	28	管道立管	XL-1 平面　XL-1 系统
14	压力污水管	—— YW ——	29	排水明沟	坡向 →
15	通气管	—— T ——	30	排水暗沟	坡向 →

2）常用管道附件的图例见表 7-5。

管道附件图例表 表 7-5

序号	名称	图例	序号	名称	图例
1	套管伸缩器	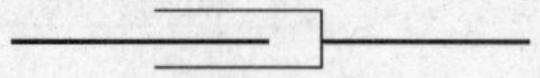	13	排水漏斗	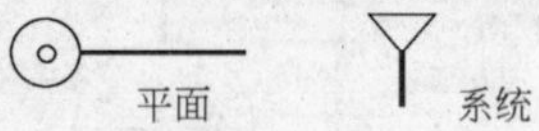 平面 系统
2	波纹管	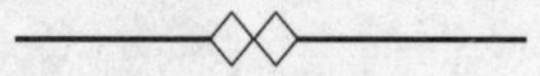	14	圆形地漏	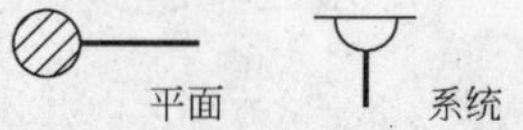 平面 系统
3	方形伸缩器		15	方形地漏	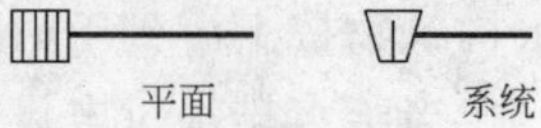 平面 系统
4	可曲绕橡胶接头		16	自动冲洗水箱	 平面 系统
5	刚性防水套管	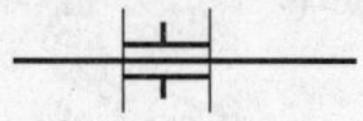	17	挡墩	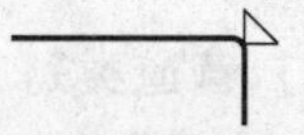
6	管道固定支架		18	减压孔板	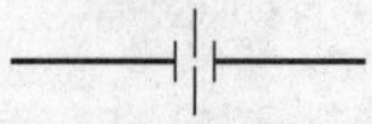
7	柔性防水套管	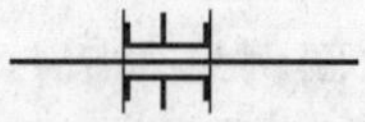	19	Y 形除污器	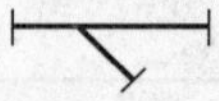
8	管道滑动支架	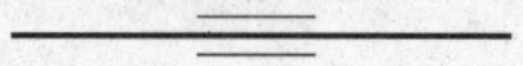	20	毛发聚集器	 平面 系统
9	立管检查口	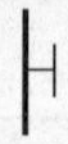	21	防回流污染止回阀	
10	清扫口	 平面 系统	22	吸气阀	
11	通气帽	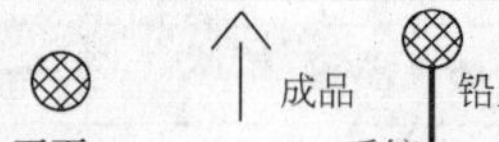 平面 成品 铅丝球 系统			
12	雨水斗	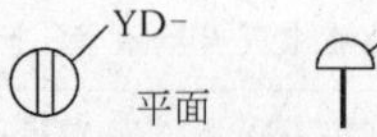 YD- 平面 YD- 系统			

3）管道连接的图例见表 7-6。

管道连接图例表 表 7-6

序号	名称	图例	序号	名称	图例
1	法兰连接	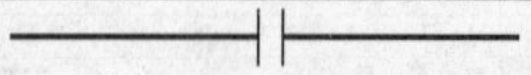	8	三通平面连接	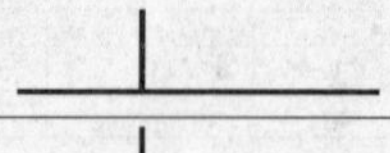
2	承插连接	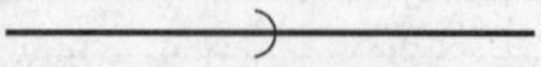	9	四通平面连接	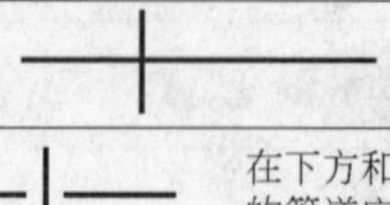
3	活接头	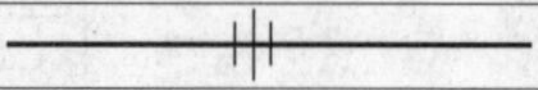	10	管道交叉	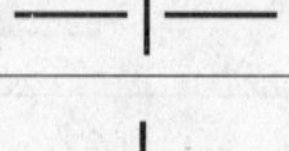 在下方和后面的管道应断开
4	管堵		11	管道丁字上接	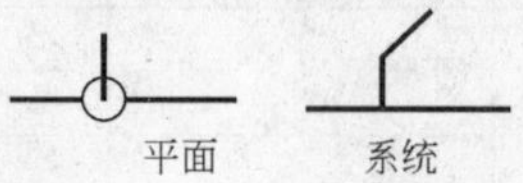 平面 系统
5	法兰堵盖		12	管道丁字下接	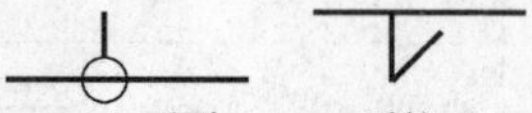 平面 系统
6	盲板				
7	弯折管	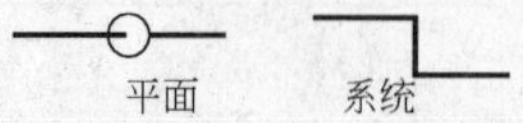 平面 系统			

4）管件的图例见表 7-7。

管件图例表　　表 7-7

序号	名　称	图　例	序号	名　称	图　例
1	偏心异径管		9	90°弯头	
2	异径管		10	45°弯头	
3	乙字管		11	T 型给水三通	
4	喇叭口		12	TY 型排水三通	
5	转动接头		13	Y 型三通	
6	短管		14	T 型给水四通	
7	存水弯		15	Y 型四通	
8	浴盆排水件		16	TY 型排水四通	

5）常用阀门的图例见表 7-8。

常用阀门图例表　　表 7-8

序号	名　称	图　例	序号	名　称	图　例
1	闸阀		11	底阀	
2	角阀		12	球阀	
			13	隔膜阀	
3	三通阀		14	气开隔膜阀	
4	四通阀		15	气闭隔膜阀	
5	截止阀		16	温度调节阀	
6	电动阀		17	压力调节阀	
7	液动阀		18	电磁阀	M
			19	止回阀	
8	气动阀		20	消声止回阀	
9	减压阀		21	蝶阀	
10	旋塞阀	平面　系统	22	弹簧安全阀	通用　带排水

续表

序号	名称	图例	序号	名称	图例
23	平衡锤安全阀		26	延时自闭冲洗阀	
24	自动排气阀	平面 系统	27	吸水喇叭口	平面 系统
25	浮球阀	平面 系统	28	疏水器	

6）给水配件的图例见表 7-9。

给水配件图例表　　　　表 7-9

序号	名称	图例	序号	名称	图例
1	放水龙头	平面 系统	6	光电感应开关	G
2	皮带龙头	平面 系统	7	化验龙头	
3	洒水(栓)龙头		8	混合水龙头	
4	肘式龙头		9	旋转水龙头	
5	脚踏开关		10	浴盆带喷头混合水龙头	

7）消防设施的图例见表 7-10。

消防设施图例表　　　　表 7-10

序号	名称	图例	序号	名称	图例
1	室外消火栓		7	自动喷水喷头（闭式下喷）	平面 系统
2	室内消火栓（单口）	平面 系统	8	侧墙式自动喷洒头	平面 系统
3	室内消火栓（双口）	平面 系统	9	侧墙式喷洒头	平面 系统
4	水泵接合器		10	水炮	
5	自动喷水喷头（开式）	平面 系统	11	干式报警阀	平面 系统
6	自动喷水喷头（闭式上喷）	平面 系统	12	湿式报警阀	平面 系统

续表

序号	名称	图例	序号	名称	图例
13	预作用报警阀	 平面 系统	17	水力警铃	
14	雨淋阀	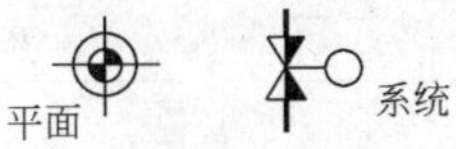 平面 系统	18	末端测试阀	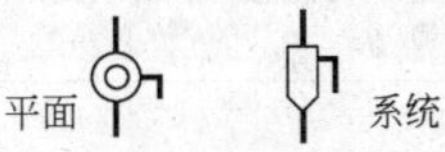 平面 系统
15	遥控信号阀		19	手提式灭火器	
16	水流指示器	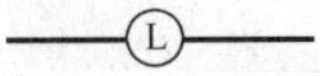 L	20	推车式灭火器	

8）卫生设备的图例见表 7-11。

卫生设备图例表　　表 7-11

序号	名称	图例	序号	名称	图例
1	立式洗脸盆	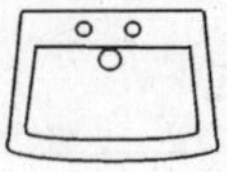	9	妇女卫生盆	
2	台式洗脸盆	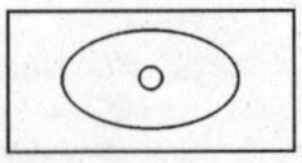	10	淋浴喷头	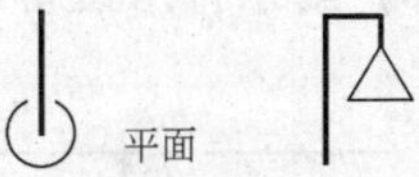 平面
3	挂式洗脸盆	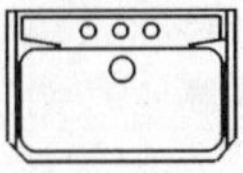	11	立式小便器	
4	浴盆	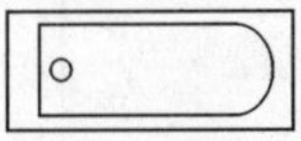	12	壁挂式小便器	
5	化验盆、洗涤盆	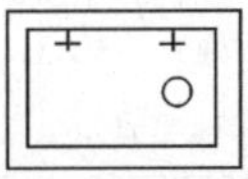	13	蹲式大便器	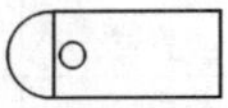
6	带沥水板洗涤盆（不锈钢制品）	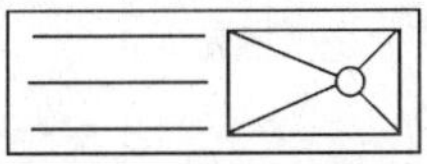	14	坐式大便器	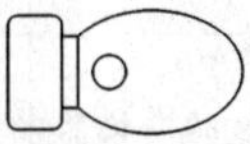
7	盥洗槽	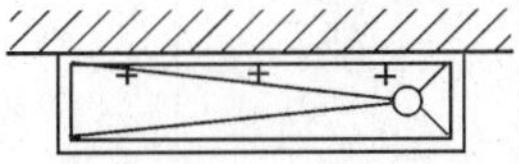	15	小便槽	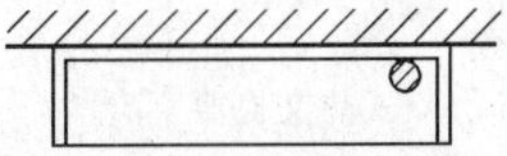
8	污水盆				

9）小型给排水构筑物的图例见表 7-12。

小型排水构筑物图例表　　表 7-12

序号	名　称	图　例	序号	名　称	图　例
1	矩形化粪池	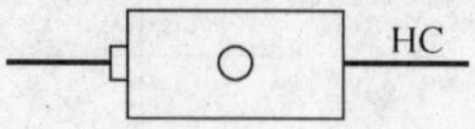 HC	7	雨水口	单口　双口
2	圆形化粪池	 HC	8	阀门井、检查井	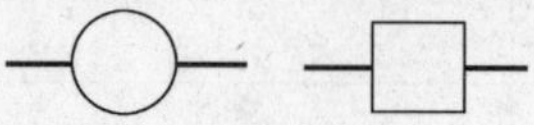
3	隔油池	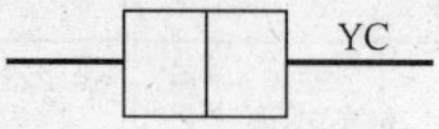 YC	9	水封井	
4	沉淀池	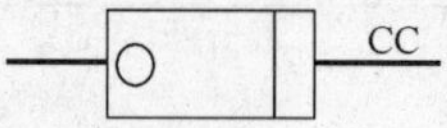 CC	10	跌水井	
5	降温池	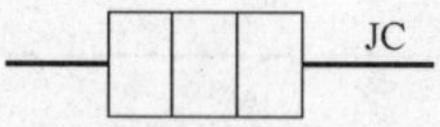 JC	11	水表井	
6	中和池	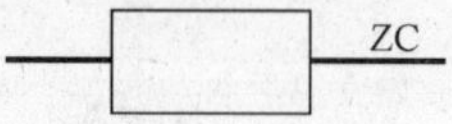 ZC			

10）给水排水设备的图例见表 7-13。

给水排水设备图例表　　表 7-13

序号	名　称	图　例	序号	名　称	图　例
1	水泵	 平面　系统	8	开水器	
2	潜水泵	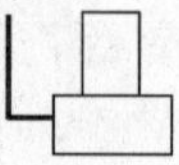	9	喷射器	 进水端
3	定量泵	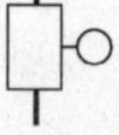	10	除垢器	
4	管道泵		11	水锤消除器	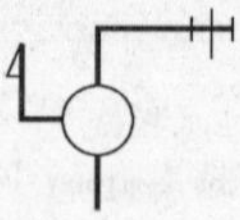
5	卧式热交换器	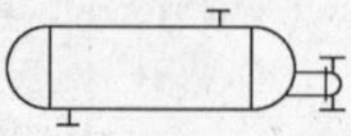	12	液位浮球阀	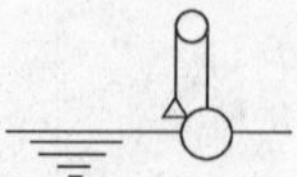
6	立式热交换器	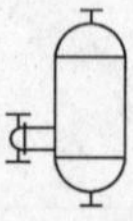	13	搅拌器	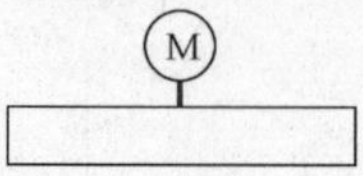 M
7	快速式热水交换器	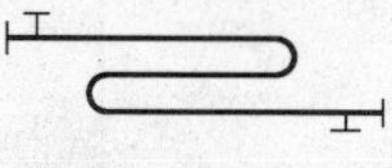			

11）仪表的图例见表 7-14。

仪表图例表 表 7-14

序号	名称	图例	序号	名称	图例
1	温度计	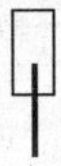	8	真空表	
2	压力表		9	温度传感器	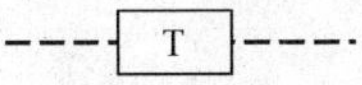 T
3	自动记录压力表		10	压力传感器	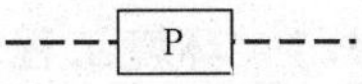 P
4	压力控制器		11	pH 值传感器	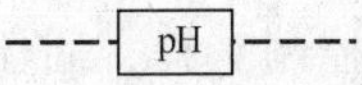 pH
5	水表		12	酸传感器	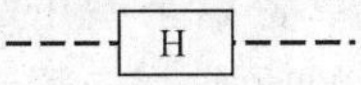 H
6	自动记录流量计	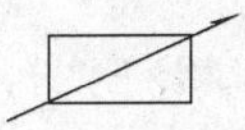	13	碱值传感器	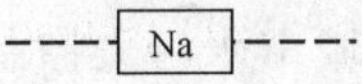 Na
7	转子流量计		14	余氯传感器	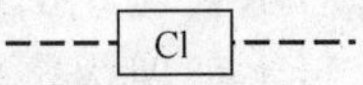 Cl

第 8 章　CAD 在环境工程中的应用

8.1　环境工程 CAD 制图概述

8.1.1　环境工程制图概述

环境工程是一门涉及多学科的交叉工程学科，研究内容主要包括大气污染控制工程、水污染控制工程、固体废物的处理以及噪声控制工程等，其中水污染控制工程是环境治理工程的重中之重。

本章将以某城市水污染控制工程与规划设计为实例，介绍 CAD 在环境工程设计制图应用中的原则、步骤和方法，达到掌握绘制城市市政排水系统、污水处理厂工程、具体污水处理构筑物工程设计图的基本方法。

在城市水污染控制工程规划设计中进行环境工程 CAD 制图，主要包括以下 3 个部分：

① 城市污水收集系统——即城市市政排水工程图。

② 污水处理厂工程总图。

③ 污水处理构筑物设计。

8.1.2　城市市政排水工程图

城市市政排水工程主要包括城市排水工程总体布置图和雨水、污水干管纵断面图两方面内容。城市市政排水工程图的 CAD 基本制图步骤如下：

① 索取城市道路竖向布置总图；

② 确定城市排水系统体制和排水坡向；

③ 绘制排水管线平面布置总图，对干支管、检查井定位，并标注排水坡向和井号；

④ 绘制排水干管纵断面图；

⑤ 进行水力计算，确定排水干管的埋深、管径及排水坡度；

⑥ 根据计算在总平面图和纵断面图中标注坐标、尺寸、管径及排水坡度等；

⑦ 画图例、标注说明文字等；

⑧ 确定图纸布局，设定打印参数，打印出图。

8.1.3　污水处理厂工程总图

污水处理厂工程总图应包括三方面：①工艺流程图；②总平面布置图；③高程图。

污水处理工程设计大致分为 5 个阶段：确定工艺流程，布置工程总平面，选择处理设备类型，设计非标设备，布置管路。将 CAD 技术用于设计的各阶段，将大大提高设计效率和质量。

污水处理的任务是采用各种方法将污水中含有的污染物分离出来，或将其转化为无害和稳定的物质，从而使污水得以净化，以符合国家排放标准为目的。常用的处理方法按作用或原理可分为物理处理、物化处理、生化处理等。生活污水和工业废水中的污染物多种多样，即便处理一种污水往往也需要由几种处理方法组成的处理系统才能达到要求。若按处理程度划分，污水处理可分为一级、二级和深度处理及污泥处理，其中的核心部分为二级生化处理。二级生化处理的主要任务是大幅度去除污水中呈胶体和溶解状态的可生物降解的有机物。二级处理常用于城市污水处理，故又称常规处理。

工业废水的处理流程必须根据水量、水质及去除的主要对象等因素，经过试验和调查研究加以确定。污水处理厂工程总图的计算机绘图步骤如下：

① 索取污水处理厂所在区域的规划、地形红线图；

② 确定污水处理厂的基本工艺流程，绘制污水处理工艺流程图；

③ 通过计算，确定水处理构筑物以及主要辅助建筑物的大小；

④ 在地形红线图中布置水处理构筑物和主要辅助建筑物的平面轮廓；

⑤ 布置各种管渠和厂区道路；

⑥ 绘制高程布置图；

⑦ 构筑物、建筑物编号、列表等；

⑧ 画图例，标注坐标、尺寸及说明文字；

⑨ 确定图纸布局，设定打印参数，打印出图。

8.1.4 污水处理构筑物工艺图

污水处理设施种类繁多，其中很大一部分是构筑物和非标设备，而这些构筑物和非标设备大多采用经验设计，难以实现参数化绘图，这无疑增加了绘图工作量。为此，在平时工作中需要积累，将以往绘制的各种常用非标设备图集保存起来供今后插入使用。插入相似设备图形，经修改就能使用。污水处理构筑物及设备工艺图的CAD绘图步骤基本如下：

① 绘制构筑物平面图；

② 根据构筑物工艺流程，选择剖切位置，绘制构筑物剖面图；

③ 画图例，标注坐标、尺寸及说明文字；

④ 确定图纸布局，设定打印参数，打印出图。

8.2 城市排水工程规划图

8.2.1 城市排水工程总体布置图

规划设计城市市政排水管道系统，首先要在城市道路竖向布置总平面图上进行管道系统平面布置，主要内容包括确定城市排水系统的体制、干管的平面位置和排水坡向。这部分工作常称为排水管道系统的定线。

城市道路下常有多种管道和地下设施。为了合理利用城市用地，统筹安排工程管线在城市地上、地下的空间位置，协调工程管线之间以及城市工程管线与其他各项工程之间的关系，在布置排水管道系统平面图前，应进行综合管网道路横断面图布置（如图 8-2 所示），以符合《城市工程管线综合规划规范》（GB 50289—98）。完成综合管网道路横断面图的布置后，可确定排水管线在地下敷设时的排列顺序和工程管线间的最小水平净距、最小垂直净距以及最小覆土深度。绘制综合管网道路横断面图的步骤如下：

1）索取道路专业的道路横断面图

城市市政排水管道系统的规划设计通常是和城市道路总体规划设计配套的，管道工程的绘制应和城市道路总体规划设计图相对应，因此，可以在道路专业的道路横断面图（见图 8-1）电子版的基础上改绘综合管网道路横断面图，具体步骤如下：

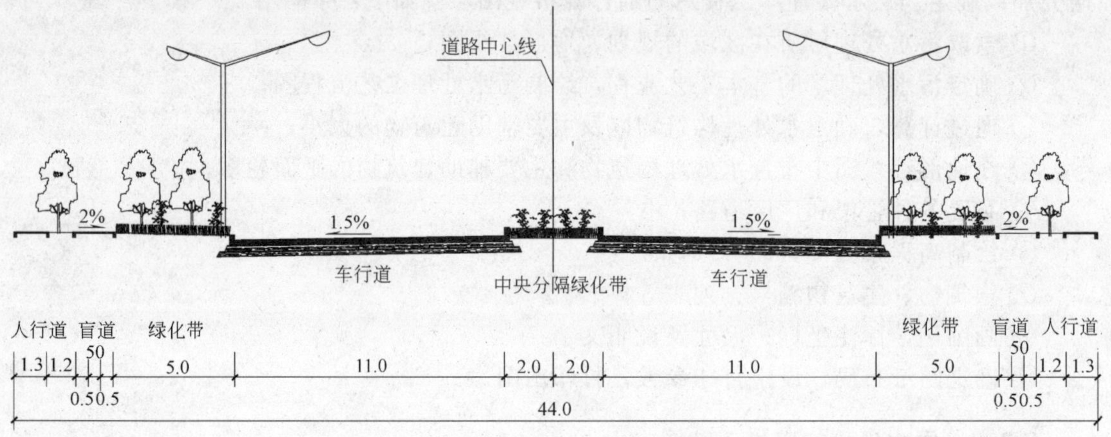

图 8-1　44m 道路幅标准横断面图

① 使用 layer 命令创建管道、标注以及文字说明图层，图层名字和颜色一般为：污水（黄色）、雨水（蓝色）、给水（紫色）、燃气（红色）、强电（30＃色）、弱电（40＃色）、标注（青色）、文字（青色）。

② 增设字体。当原道路横断面图所设置字体不能满足文字书写要求时，可使用 style 命令增设字体。

③ 增设标注。当原道路横断面图所设标注样式不能满足标注要求时，可使用 dimstyle 命令增设标注样式。标注样式中多使用 hztxt 字体，并保证出图后字高为 3mm。

2）绘制横断面图

在满足规范情况下，绘制综合管网道路横断面图时应遵循以下原则：

① 排水干管尤其是污水管道通常设置在污水量较大或地下管线较少一侧的人行道、绿化带或慢车道下。

② 当道路宽度大于 40m 时，可以考虑在道路两侧各设一条污水干管。

③ 工程管线从道路红线向道路中心线方向平行布置的次序宜为：电力电缆、电信电缆、燃气管线、给水管、热力管、污水管、雨水管。

④ 当工程管线交叉敷设时，自地表面向地下的排列顺序宜为：电力电缆、电信电缆、热力管、燃气管线、给水管、雨水管、污水管。

绘制命令如下：

① 用 circle 命令画出一管线，将其布置在道路横断面图的人行道、绿化带或慢车

道下。

② 按照工程管线之间及其与建（构）筑物之间的最小水平净距，利用 copy 命令复制出其他管线。若道路两边管道对称，可使用 mirror 命令，以道路中心线为对称轴，镜像而得另一边的管线布置。

③ 按照工程管线交叉时的最小垂直净距及其最小覆土深度，利用 move 命令垂直移动各工程管线的上下位置，确定不同的埋深。

④ 在管线旁使用 dtext 命令标注管线的名称；也可以使用 copy 命令，在各管线旁复制文字，再使用 ddedit 命令修改文字内容完成管线名称的标注。

⑤ 由于电力电缆、电信电缆的图例通常不使用一个圆，因此需使用 line 命令重新绘制图块，或使用 copy 命令复制原来已绘制的图块。

⑥ 使用 dim 命令标注各工程管线之间及其与建（构）筑物之间的水平净距。最后使用 dtext 命令标注图纸名称及其说明；或使用 copy 命令和 ddedit 命令或对象特性命令修改其内容。绘制完成后如图 8-2。

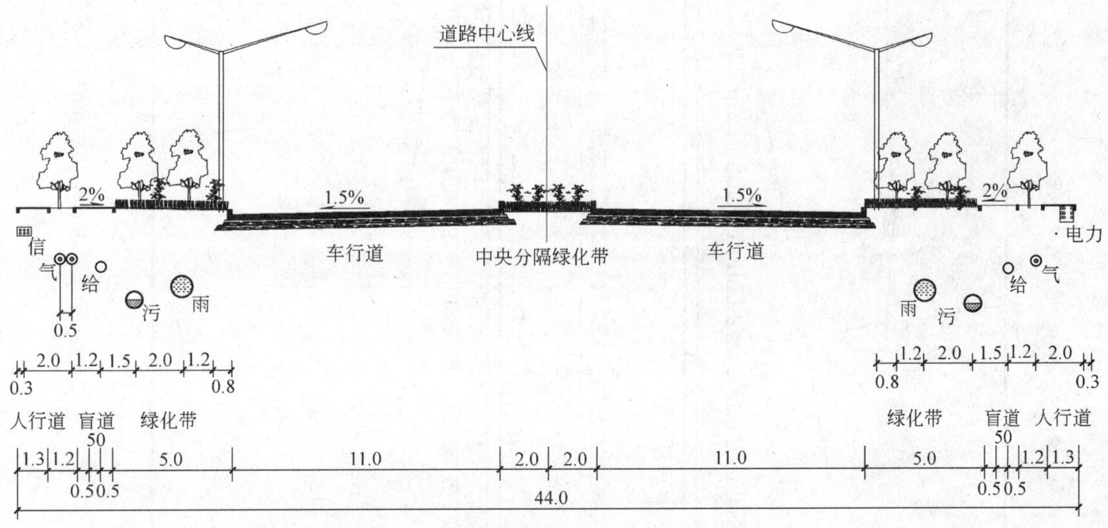

图 8-2　44m 道路幅综合管网横断面图

绘制排水管道系统平面图的步骤如下：

1）索取道路专业的道路竖向布置总图

城市市政排水管道系统的规划设计通常是和城市道路总体规划设计相配套的，管道工程的绘制应和城市道路总体规划设计图相对应，因此，可以在电子版的道路竖向总图基础上改绘排水管道系统的平面图，具体步骤如下：

① 利用 layer 命令增设图层。使用 layer 命令创建各种管道、标注以及文字说明的相关图层，图层名字和颜色可设定为：污水（黄色）、雨水（蓝色）、标注（青色）、文字（青色）。

② 增设字体。当原道路竖向总图所设置字体不能满足文字书写要求时，可使用 style 命令来增设字体。

③ 增设标注。当原道路竖向总图所设标注样式不能满足标注要求，可利用 dimstyle 命令增设标注样式。

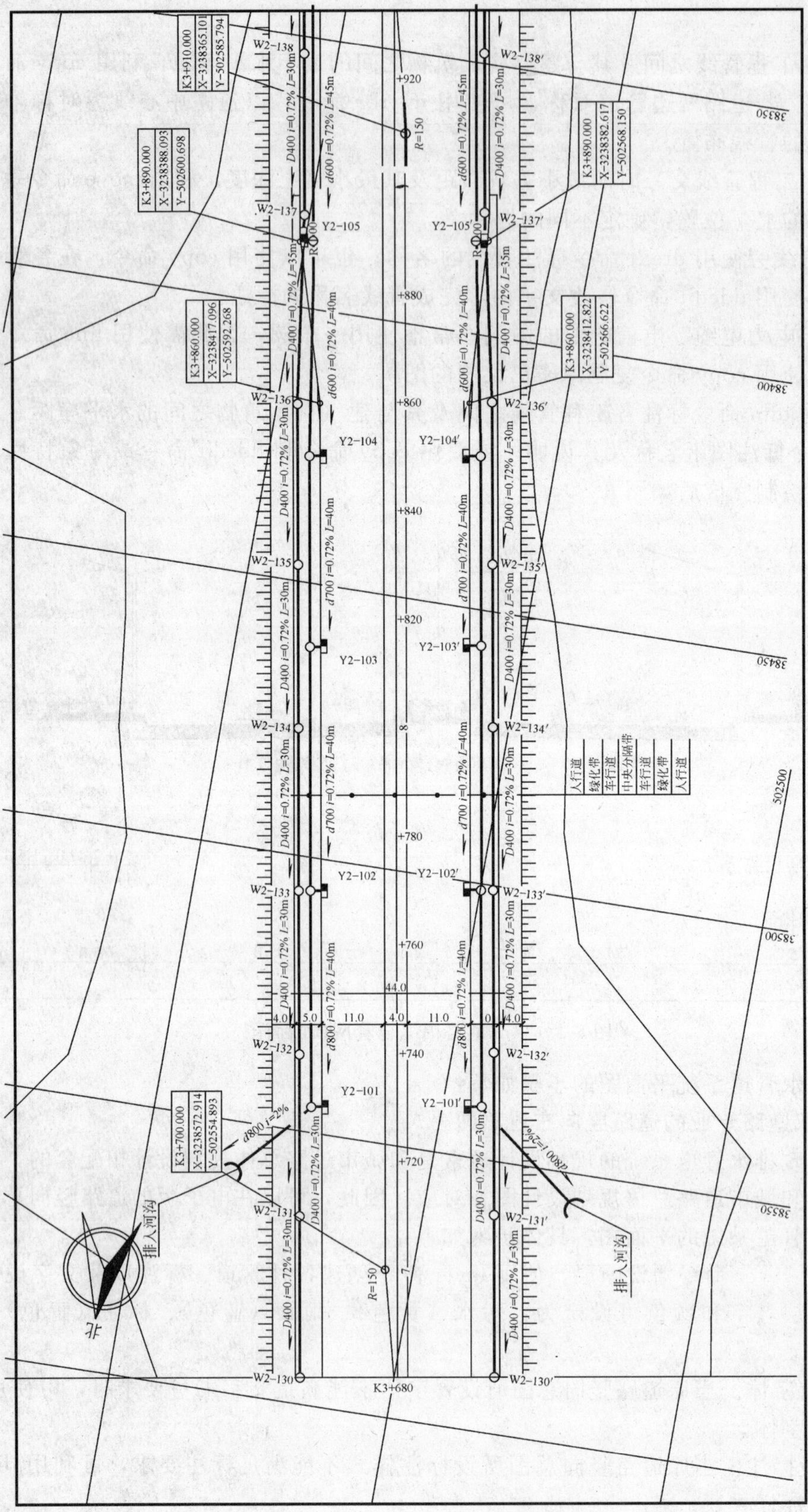

图 8-3　排水管道系统的平面图

2）绘制排水干管

在满足规范情况下，按综合管网道路横断面图绘制排水管道系统的平面图时，一般应遵循以下原则：

① 排水干管一般沿城市道路布置在地势较低的地带。

② 排水管道应尽可能避免穿越河道、铁路、地下建筑或其他障碍物。

③ 尽可能使排水管道的坡降与地面坡度一致，顺坡排水以减少管道的埋深。

④ 管线布置应简捷，注意节约干管的长度。

绘制命令如下：

① 绘制污水干管线。如图所示，根据前述绘制的综合管网道路横断面图可知污水干管与道路侧石边缘的距离为 4.0m，使用 offset 命令向人行道方向复制道路侧石边缘线，再使用对象特性或特性匹配（matchprop）命令修改其特性，使其成为“污水”层上的污水管线。

当然也可以在“污水”层上直接使用 line 或 pline 命令绘制污水管线，再通过 move 和 rotate 等命令为污水管线定位。在实际绘图过程中由于直接绘制管线工作量大且定位繁琐，耗时较多，故多使用 offset 命令复制。

② 绘制雨水干管线。如上述步骤，根据综合管网道路横断面图，使用 offset→对象特性或特性匹配（matchprop）绘制“雨水”层上的污水管线。如图 8-3。

3）对干支管、检查井定位并标注排水坡向和井号

粗略绘制完管线后，需要定位检查井并标注排水坡向和井号。

根据《室外排水设计规范》的要求，检查井位置应设在管道交汇处、转弯处、管径或坡度改变处、跌水处以及直线管线上每隔一定距离处（见表 8-1）。在实际工程中，为方便雨污管道的接入，检查井间距一般取污水检查井 30m，雨水检查井 40m。为方便日后施工定位，检查井定位时一般参考道路的桩号位置。

检查井最大间距 **表 8-1**

管　径	最大间距(m)	
	污　水　管　道	雨水管道(合流)管道
200～400	30	40
500～700	50	60
800～1000	70	80
1100～1500	90	100
＞1500	100	120

绘制命令如下：

① 标注起点检查井。由于排水管道系统的平面图出图比例一般为 1∶500，检查井多为圆井且在图上的大小不应小于 2mm，故绘图时，使用 circel 命令在“污水”层和“雨水”层绘制直径 1000～1500mm 的圆作为检查井，在一旁标注 1250～1500mm 高的文字作为井号（如 W1-1）。

② 标注其余点检查井。

a）虽然城市排水管线多为直线，但管线方向与用户坐标系统 UCS 所在轴方向不完全一致，为方便绘图，需要先使用UCS命令改变坐标系的原点和方向，或将图中某条特定排水管线定为用户坐标系UCS的坐标轴。

b）以起点检查井圆心为捕捉点，以30～40m为间距，使用copy命令，在排水管线上多重复设置检查井符号和井号。当城市排水管线在较长距离内为直线时，可使用array阵列命令，行距或列距为30～40m，在管线上快速布置检查井符号和井号。阵列时要注意道路与水平线所成角度。

c）使用对象特性管理器filter命令，在图中搜索出所有的排水检查井；再使用trim命令，以搜索到的检查井作为剪切边，剪切去掉所有检查井中的管线。

d）使用ddedit或对象特性命令修改井号文字内容，编出正确井号。

4）绘制排水干管纵断面图

根据上述绘图结果，本章将在8.2.2节中详细介绍雨水、污水干管纵断面图的绘制方法。

5）进行水力计算，确定排水干管的埋深、管径及排水坡度

6）根据计算标注管径、排水坡度并说明文字等

① 标注时先按图中某条特定排水管线确定用户坐标系UCS，再标注起点检查井以下管线的管径、排水坡度以及说明文字。

② 以起点检查井圆心为捕捉点，以30～40m为间距，使用copy命令，在排水管线上多次重复标注管径、排水坡度。当城市排水管线在较长距离内为直线时，检查井布置间距均匀时，可使用array阵列命令，行距或列距为30～40m，在管线上快速标注管径、排水坡度。

③ 根据计算结果，使用ddedit或对象特性命令，修改管径、排水坡度文字内容。

7）确定图纸布局，设定打印参数，打印出图

8.2.2 雨水、污水干管纵剖面图

城市雨水、污水纵断面图反映管道沿线高程位置，它应和城市排水工程管道平面布置图相对应。在纵断面图中应画出地面高程线、管道高程线（通常使用双线表示管顶和管底）。画出设计管段起始点处检查井及主要支管的接入位置与管径。在管道纵断面图下方应注明检查井的编号、管径、管段长度、管道坡度、地面高程和管底高程等。

城市雨水、污水纵断面图常用比例尺为：横向1∶500～1∶1000，纵向1∶50～1∶100，在地面高程变化较大情况下，纵向比例可取1∶200。在实际工程设计中，常在道路纵断面图的基础上改画雨水、污水纵断面图。实例绘制步骤如下：

1）索取道路专业的道路纵断面图

道路纵断面图常用比例尺为：横向1∶500～1∶1000，纵向1∶100～1∶200，与排水纵剖面图常用比例尺相同，由于排水纵断面图的绘制必须和城市道路纵断面图对应，因此，在道路专业的道路纵断面图（见图8-4）电子版的基础上改绘排水管网纵剖面图（见图8-5），可大大节省工作量。

绘图步骤如下：

① 利用layer命令，新建图层。其图层名字和颜色可设为：污水（黄色）、雨水（蓝色）。

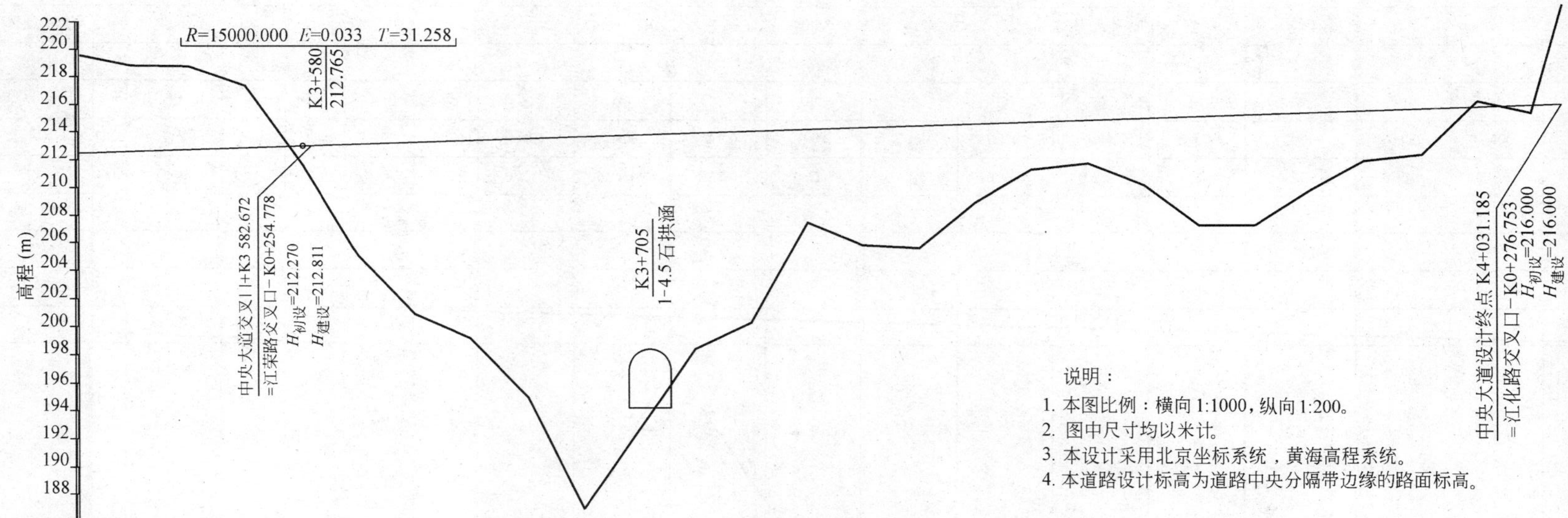

R=15000.000 E=0.033 T=31.258

K3+580
212.765

中央大道交叉口+K3 582.672
=江菜路交叉口−K0+254.778
$H_{初设}$=212.270
$H_{建设}$=212.811

K3+705
1-4.5石拱涵

中央大道设计终点 K4+031.185
=江化路交叉口−K0+276.753
$H_{初设}$=216.000
$H_{建设}$=216.000

高程 (m): 222, 220, 218, 216, 214, 212, 210, 208, 206, 204, 202, 200, 198, 196, 194, 192, 190, 188

说明：

1. 本图比例：横向 1:1000，纵向 1:200。
2. 图中尺寸均以米计。
3. 本设计采用北京坐标系统，黄海高程系统。
4. 本道路设计标高为道路中央分隔带边缘的路面标高。

地质概况	123													
设计高程(m)	212.525	212.585	212.645	212.709	212.798	212.913	213.052	213.195	213.338	213.482	213.625	213.768	213.912	214.055
地面高程(m)	219.600	218.800	218.740	217.400	211.700	205.000	201.000	199.200	195.000	187.000	192.900	198.500	200.400	207.500
填挖高(m)	−7.075	−6.215	−6.095	−4.691	1.098	7.913	12.052	13.995	18.338	26.482	20.725	15.268	13.512	6.555
坡度 / 坡长	0.30% 80.000(255.000)					0.72% 451.185(451.326)								
里程桩号	K3+500	+520	+540	+560	+580	6	+620	+640	+660	+680	7	+720	+740	+760
直线及平曲线	L=81.865	JD5 ay=5°46′9″R=1200.000							L=388.132					

地质概况														
设计高程(m)	214.199	214.342	214.485	214.629	214.772	214.915	215.059	215.202	215.345	215.489	215.632	215.775	215.919	215.999
地面高程(m)	205.900	205.700	209.000	211.300	211.800	210.200	207.310	207.300	209.900	212.000	212.400	216.230	215.400	223.200
填挖高(m)	8.299	8.642	5.485	3.329	2.972	4.715	7.749	7.902	5.445	3.489	3.232	−0.455	0.519	−7.201
坡度 / 坡长														
里程桩号	+780	8	+820	+840	+860	+880	9	+920	+940	+960	+980	K4	+020	K4+031.185
直线及平曲线														

图 8-4 道路纵断面图

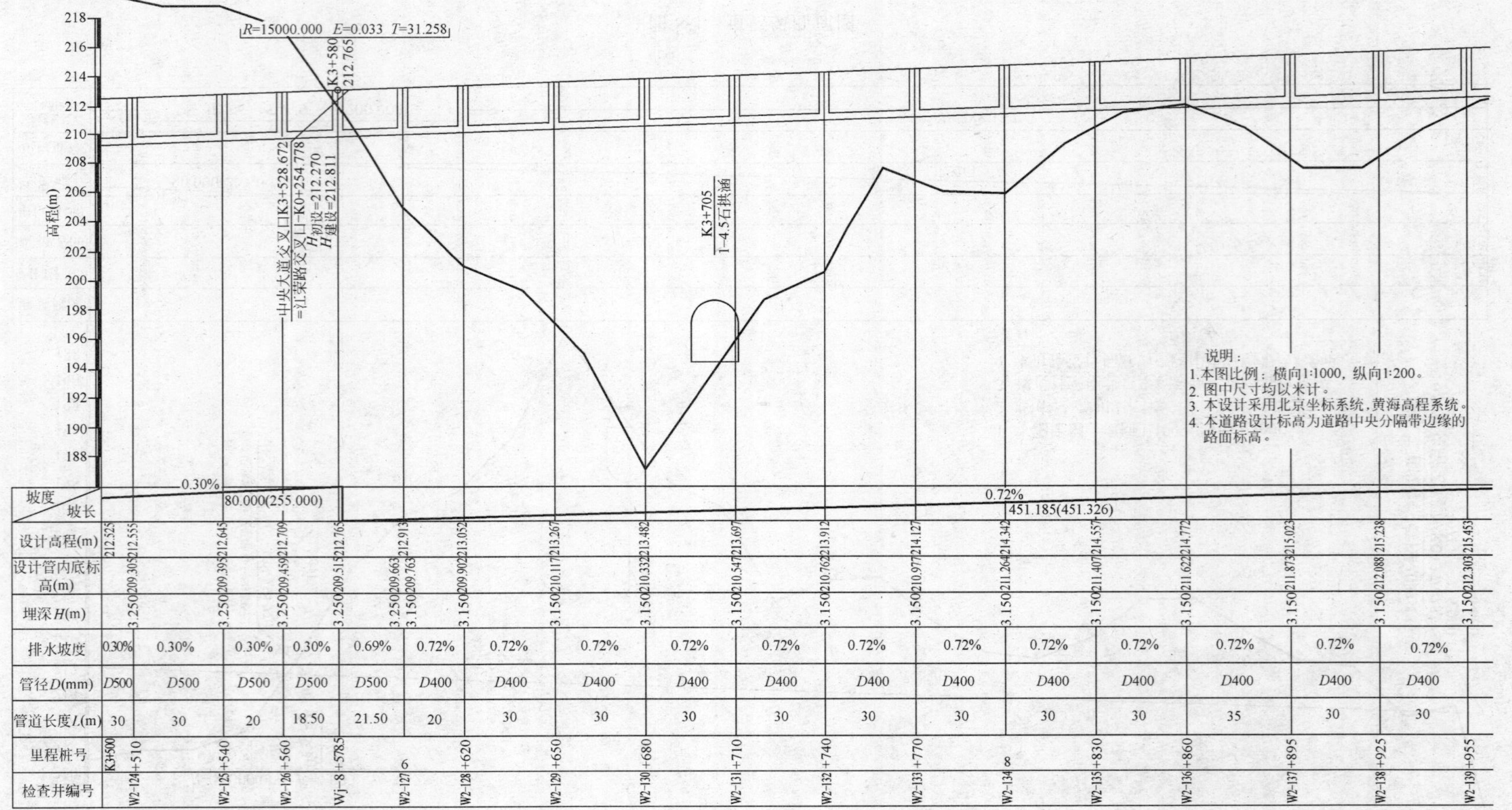

图 8-5 排水干管纵剖面图

② 增设字体。原道路纵断面图基本上设置了字体，若不能满足要求，可利用下拉菜单 Format \ TextStyle 或 style 命令增设字体：宋体和 hztxt。宋体用于说明文字，hztxt 用于标注或数字。

③ 改制表头。将原道路纵断面图表头（图 8-4）改制为排水管道纵断面图所需表头（图 8-5）。在改制过程中，使用 ddedit 或对象特性命令修改文字内容，使用 copy 命令增设表头。

2）根据排水管道系统的平面图绘制纵剖面图

通过已经绘制的排水管道系统平面布置图，在改制好的纵断面图中绘制排水管道纵剖面图：

① 利用道路桩号确定污水管起点检查井位置，绘制出起点检查井的定位线与地面线相交，并标注好井号。

② 以 30～40m 为间距，使用 copy 命令，在表头中重复绘制检查井定位线和井号。当城市排水管线在较长距离内为直线时，检查井布置间距均匀时，可使用 array 阵列命令，列距为 30～40m，在表头中快速绘制检查井定位线和井号。

③ 使用 trim 命令，以地面线作为剪切边，剪掉检查井定位线冒出地面线的多余部分。

④ 以起点检查井定位线与地面线的交点为定位点，使用 offset、line、trim 等命令绘制起点检查井。

⑤ 以检查井定位线与地面线的交点为定位点，起点检查井为源对象，使用 copy 命令，重复绘制各检查井，再使用 line 命令绘制管线，将各检查井连接起来。

3）进行水力计算，确定排水干管的埋深、管径及排水坡度

4）根据计算进行标注管径、排水坡度以及说明文字等

① 以 30～40m 为间距，使用 copy 命令，在表头上多次重复标注管径、排水坡度。当城市排水管线在较长距离内为直线时，检查井布置间距均匀时，可使用 array 阵列命令，列距为 30～40m，在表头中快速标注管径、排水坡度、地面高程、管底高程和埋深等数据。

② 根据计算结果，使用 ddedit 或对象特性命令，修改管径、排水坡度、地面高程、管底高程和埋深等数据文字内容，标注正确结果。

③ 根据计算结果，使用拉伸命令 stretch 调整各检查井井底位置，使用 move 命令调整图中各管线大小。

5）确定图纸布局，设定打印参数，打印出图

8.3 污水处理厂工艺流程图

城市污水二级生化处理的典型工艺流程图多采用框图的方式绘制，如图 8-6 所示，主要由各种反应构筑物、各种设备、污水流程、污泥流程和文字标注等组成。绘图步骤如下：

1）创建图层、颜色、线型

利用 layer 命令为各种管道、标注以及文字说明单独设置图层，其图层名字、颜色和

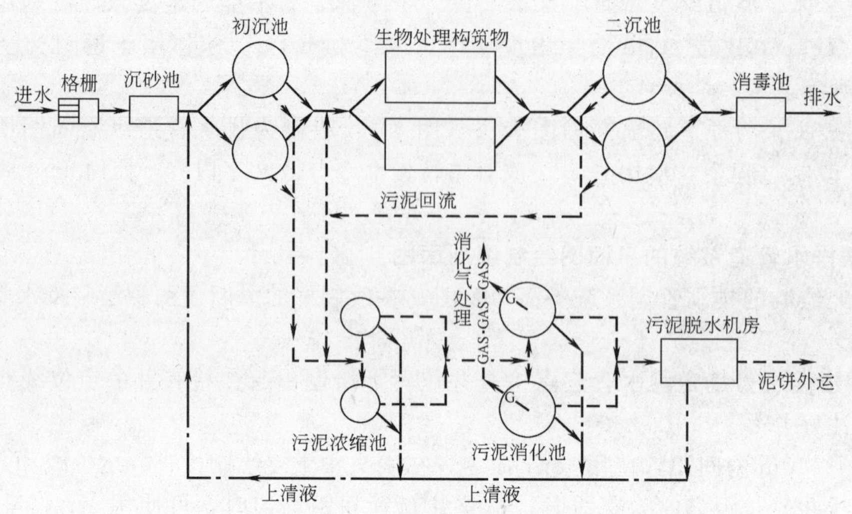

图 8-6　城市污水二级生化处理典型工艺流程图

线型可设定为：污水流程（绿色，continuous）、污泥流程（黄色，dashed）、消化气（红色，center）、构筑物设备（白色，continuous）、文本标注（青色，continuous）。

2）设定出图比例（1∶200）、创建图框、线型比例、字高

3）绘制格栅

① 使用矩形 rectangle 命令绘制矩形。

② 使用 line 命令绘制一条垂线，连接矩形上下两边的中点，将矩形分为左右两部分。

③ 使用填充 bhatch 命令，选择填充的图案、角度、比例，点取矩形左边部分为内部拾取点，填充矩形左边部分，绘成一个格栅。

4）绘制沉砂池

使用 rectangle 命令绘制一个矩形，并以此作为沉砂池。

5）绘制初沉池

再绘制一个圆作为初沉池，由于初沉池通常为 2 组，再使用 circle 命令或 copy 命令，绘制出第二个初沉池。使用 move 命令调整两个初沉池的相对位置。一般应将两初沉池圆心调整至同一垂线或水平线上。

6）绘制生物处理构筑物

使用 rectangle 命令绘制出一矩形，以此作为生物处理构筑物。由于生物处理构筑物通常为 2 组，再使用 mirror 命令或 copy 命令，绘制出第二个生物处理构筑物。使用 move 命令调整两个生物处理构筑物的相对位置。

7）绘制二次沉淀池

使用 circle 命令绘制出一个圆作为二次沉淀池。由于二沉池通常为 2 组，再使用 circle 命令或 copy 命令，绘制出第二个二沉池。使用 move 命令调整两个二沉池的相对位置。

8）绘制消毒池

使用 rectangle 命令绘制一矩形，并以此作为消毒池。

9）绘制污泥浓缩池

确定污泥浓缩池的圆心位置及半径，绘制出一个圆作为污泥浓缩池。由于污泥浓缩池通常为 2 组，再使用 circle 命令或 copy 命令，绘制出第二个污泥浓缩池。使用 move 命令调整两个浓缩池的相对位置。

10）绘制污泥消化池

绘制一个圆作为污泥消化池。由于污泥消化池通常为 2 组，再使用 circle 命令或 copy 命令，绘制出第二个消化池。使用 move 命令调整两个消化池的相对位置。

将“消化气”层设为当前层，使用 pline 命令绘制直线和箭头，同时使用 dtext 命令作图示文字标注。

11）绘制污泥脱水设备房

绘制一个矩形作为污泥脱水设备房。

12）绘制污水流程

将“污水流程”层设为当前层，使用 pline 命令绘制直线和箭头，连接各处理设备及构筑物，同时使用 dtext 命令作图示文字标注。

13）绘制污泥流程

将“污泥流程”层设为当前层，使用 pline 命令绘制直线和箭头，连接各处理设备及构筑物，同时使用 dtext 命令作图示文字标注。

14）文本标注

将“文本标注”层设为当前层，使用 dtext 命令作设计图的文本标注。

通过上述 14 步的绘制过程，完成了城市污水二级生化处理的典型流程图实例绘制。

8.4 污水处理厂总平面图

某城市污水处理厂总平面布置图（图 8-7）。实例绘制步骤如下：

① 创建各种管道、标注以及文字说明图层，并为图层设置颜色、线型等。层名、颜色、线型可设为：污水流程（绿色，continuous）、污泥流程（黄色，dashed）、空气管（白色，continuous）、构筑物设备（白色，continuous）、文本标注（青色，continuous）、道路（白色，continuous）、道路中心线（蓝色，center）。

② 设定出图比例（1∶500）、创建图框、线型比例、字高。

③ 绘制主体构筑物。将“构筑物”设为当前层，使用 line 命令绘制氧化沟内层直线段，以半圆弧将直线段连接。同理绘制出氧化沟中间层墙体和外层墙体。

通常氧化沟设置为每组两座，完成一座氧化沟的绘制，可使用 mirror 或 copy 命令复制另一座氧化沟。如需要多组氧化沟可多次复制。

④ 使用 circle 绘制二沉池。使用 rectang 命令绘制集泥池。

⑤ 绘制格栅和沉砂池。使用 rectang、line、array 等命令绘制格栅。使用 circle、offset、line、trim 等命令绘制沉砂池。

⑥ 厂区道路绘制。使用 line、pline、offset 等命令以厂区道路宽度为偏移距离绘制厂区道路，再将道路线段直接相交处使用 fillet 命令给对象加圆角。完成以上步骤可画出厂区内的道路。

⑦ 用 rec 命令绘制出其他诸如风机房、变电所、锅炉房、机修间、办公楼等配套设施。并使用 move 命令移动到合适位置。用 polygon 命令绘制出正方形。

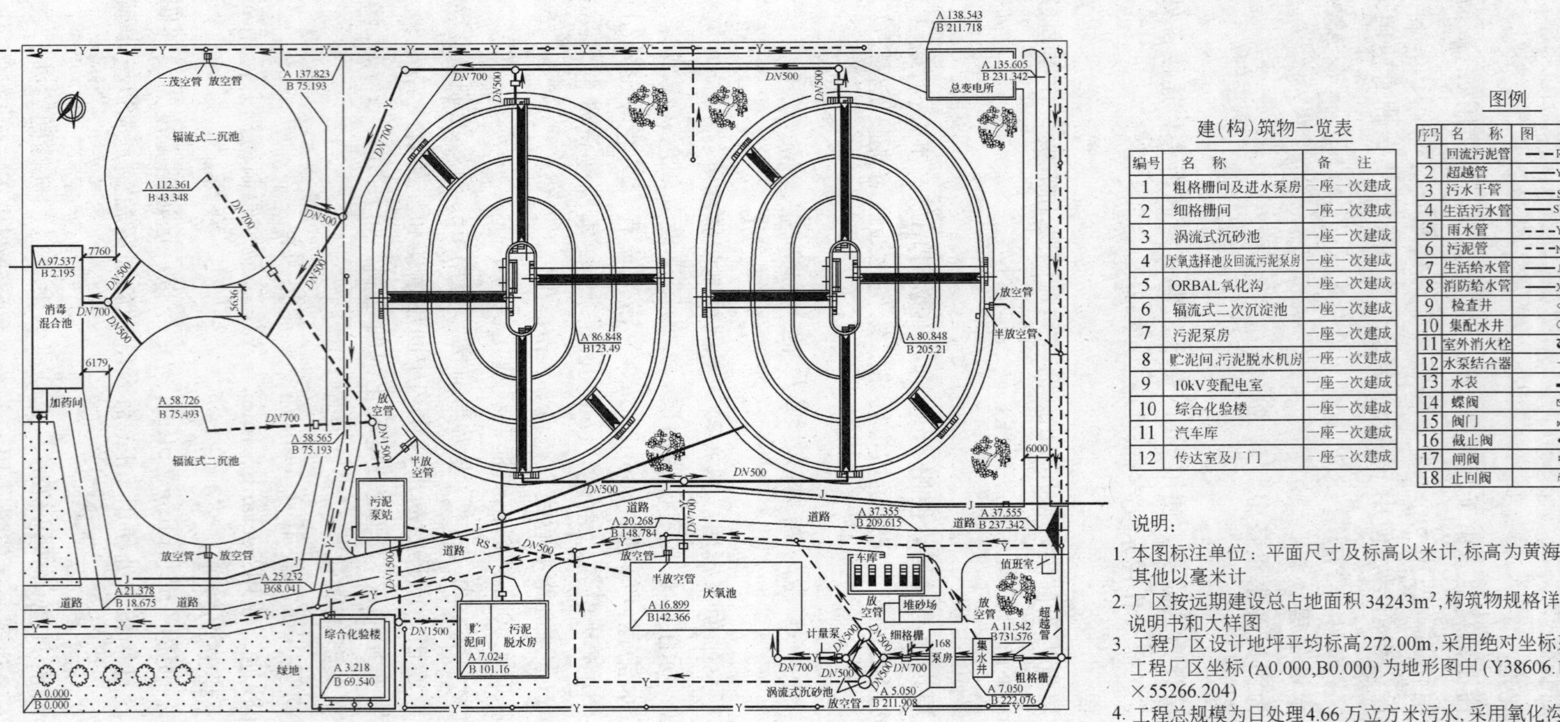

建(构)筑物一览表

编号	名　称	备　注
1	粗格栅间及进水泵房	一座一次建成
2	细格栅间	一座一次建成
3	涡流式沉砂池	一座一次建成
4	厌氧选择池及回流污泥泵房	一座一次建成
5	ORBAL氧化沟	一座一次建成
6	辐流式二次沉淀池	一座一次建成
7	污泥泵房	一座一次建成
8	贮泥间.污泥脱水机房	一座一次建成
9	10kV变配电室	一座一次建成
10	综合化验楼	一座一次建成
11	汽车库	一座一次建成
12	传达室及厂门	一座一次建成

图例

序号	名　称	图　例
1	回流污泥管	——RS——
2	超越管	——Y——
3	污水干管	——S——
4	生活污水管	——SY——
5	雨水管	---Y---
6	污泥管	---N---
7	生活给水管	——J——
8	消防给水管	——X——
9	检查井	◦
10	集配水井	○
11	室外消火栓	[illegible]
12	水泵结合器	[illegible]
13	水表	▪
14	蝶阀	[illegible]
15	阀门	[illegible]
16	截止阀	[illegible]
17	闸阀	[illegible]
18	止回阀	[illegible]

说明：

1. 本图标注单位：平面尺寸及标高以米计，标高为黄海高程，其他以毫米计
2. 厂区按远期建设总占地面积 34243m^2，构筑物规格详见说明书和大样图
3. 工程厂区设计地坪平均标高272.00m，采用绝对坐标系；工程厂区坐标（A0.000，B0.000）为地形图中（Y38606.126，×55266.204）
4. 工程总规模为日处理4.66万立方米污水，采用氧化沟工艺。
5. 厂内无建筑物的地方均为绿地，绿化率40%

图 8-7　某城市污水厂平面布置图（ORBAL 氧化沟）

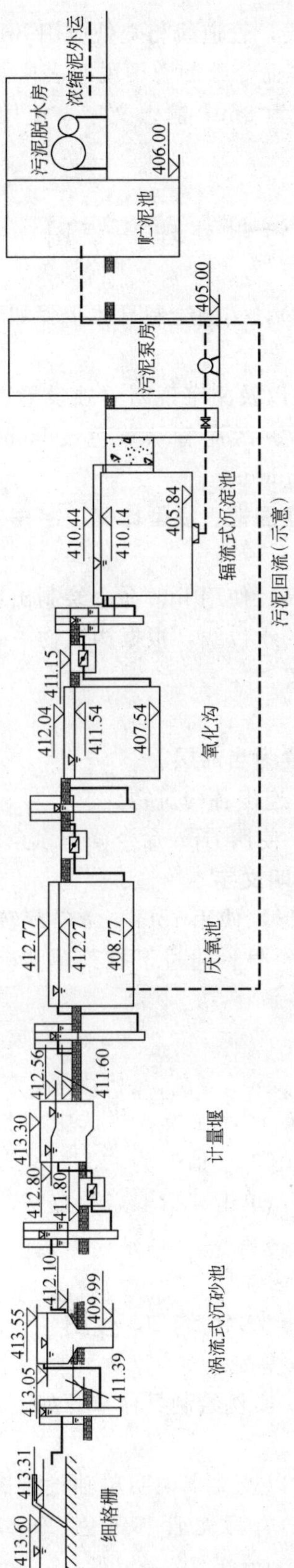

图 8-8 某城市污水处理厂高程图

⑧ 用 line 或 pline 命令画出管道线，管道线相交处应用 break 命令打断。

⑨ 绘制表格。使用 line、offset 等命令绘制总图说明表格。

⑩ 文字输入与标注。按出图高度为 3mm 输入文字。使用 dimstyle 命令对图形进行标注。

8.5 污水处理高程图

某城市污水处理厂高程图（图 8-8），实例绘制具体步骤如下：

1）创建图层、颜色、线型

利用 layer 命令为各种管道、标注以及文字说明单独设置图层，其图层、颜色、线型可设为：污水管（绿色，continuous）、污泥管（黄色，dashed）、构筑物设备（白色，continuous）、文本标注（青色，continuous）。

2）设定出图比例（1∶100）、创建图框、线型比例、字高

3）绘制各构筑物的高程位置

首先绘制出标尺，根据标尺的标高，使用 line 命令绘制出地面线的位置。

分别绘制各构筑物及各构筑物中的水位线，根据构筑物中的水位线来确定构筑物的高程位置，并根据流程顺序水平逐项布置。

4）绘制构筑物之间的管渠

分别将污水流程和污泥流程等设置为当前层。

使用 line 或 pline 命令绘制管线，连接各构筑物。

使用 break 命令打断交叉的管线，使用 trim 命令修剪多余的管线。

5）画图例，标注标高、尺寸及说明文字

① 使用 polygon 命令绘制正三角形，使用 rotate 命令旋转 180°后，再使用 line 命令绘制出标注线，完成如图所示的高度符号；通过下拉菜单“标注”可以进行各种尺寸的标注。

② 定义属性文字。

命令：ATT

执行命令后弹出“属性定义”对话框，在模式栏选中“验证”项；在属性栏，输入“标记”为“CD”，“提示”为“高度值”，“值”为“330.33”；文字选项栏，设置“左”对中，“fs”文字样式，字高为“3.5”，单击“拾取点”按钮，指定文字起始点。“确定”完成。

8.6 氧化沟工艺图

氧化沟工艺图绘制实例（图 8-9），实例绘制具体步骤如下：

1）创建图层、颜色、线型

利用 layer 命令为各种管道、标注以及文字说明单独设置图层，其图层、颜色、线型可设为：污水管（绿色，continuous）、污泥管（黄色，continuous）、构筑物（白色，continuous）、文本标注（青色，continuous）、设备（蓝色，continuous）。

I—I剖面图
II—II剖面图
进水管DN500
来自原泵池
防水管DN500
至沉淀池
氧化沟上层平面图
外 沟 道
中 沟 道
内 沟 道
中心岛
阀水井
阀门井见 S142-17-5
说明：
1. 图中尺寸除高程以米计外，其余都以毫米计。
2. 转盘曝气机组（包括防溅罩，防溅挡板，导流板）内设备生产厂家负责安装。
3. 转盘曝气机组基础顶面两点间高差不大于3mm。
城市建设与环境工程学院
设计项目
姓名
班级
学号
交叉评阅
指导老师
交叉评定成绩
指导教师成绩
制图
氧化沟单体图
比例
图别
图号
日期
建筑
结构
给排水
燃气
电气
弱电
暖通

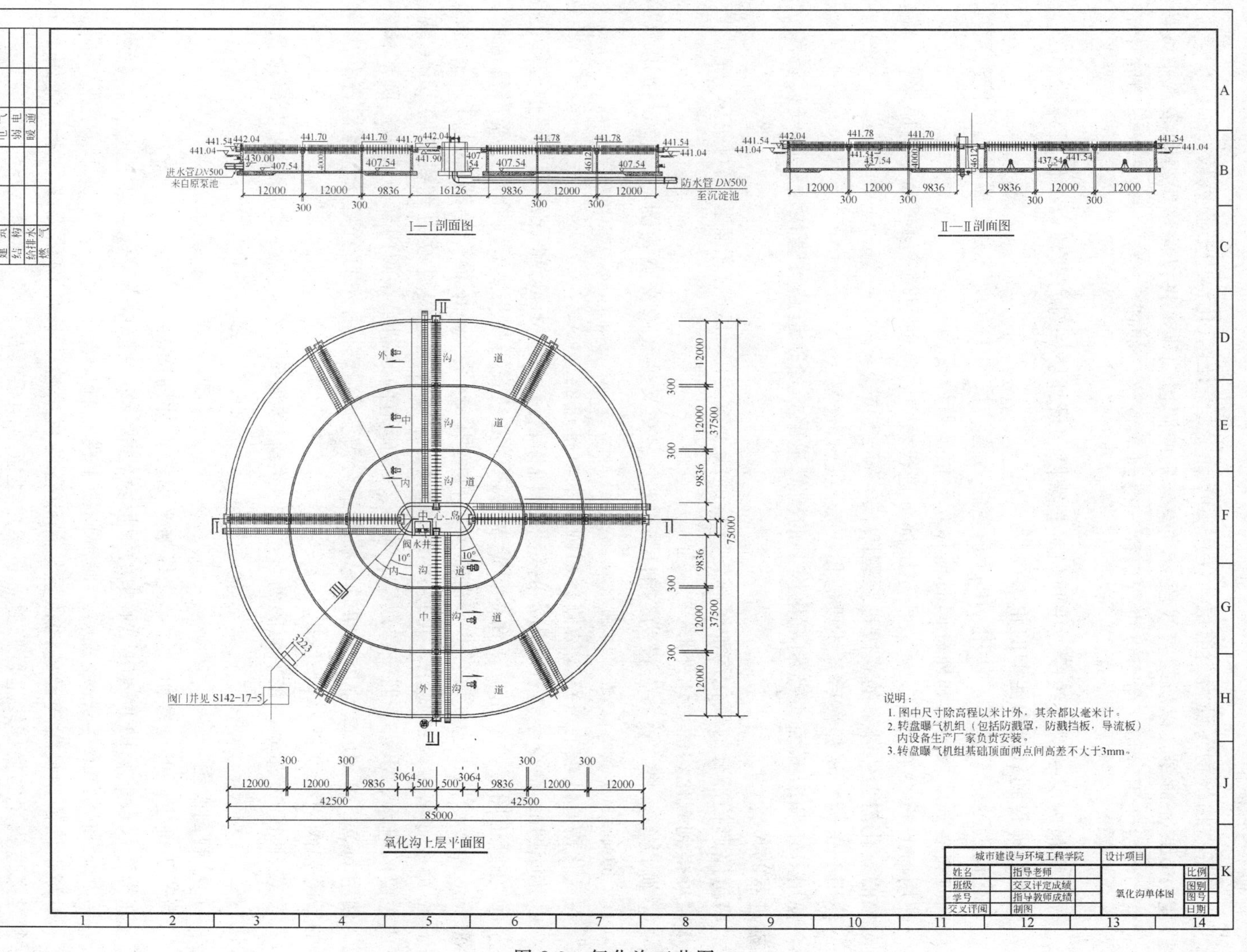

图 8-9　氧化沟工艺图

2）设定出图比例（1∶100 或 1∶200）、创建图框、线型比例、字高、多段线线宽

3）绘制平面图

① 画构筑物。

首先将“构筑物”设为当前层，使用 line 命令绘制出氧化沟中心直线段。

使用 offset 命令，以所绘直线段为对象分别向两边偏移，将以偏移所得两条水平线段为对象，再次使用 offset 命令以进行偏移，得到 7 条水平线段。使用 erase 命令删除中心直线段。

分别将最内层一对直线段、中间一对直线段和最外层一对直线段以半圆弧连接。

完成后即得到氧化沟池壁的轮廓线。

氧化沟的池壁有壁厚，使用 offset 命令将各直线段向上和向下分别偏移 0.5 倍池壁厚度，同时将各弧线段向内和向外同时偏移 0.5 倍池壁厚度。

使用 trim 命令将各相交弧线段超出部分进行裁剪，同时使用 erase 命令将原来作为偏移对象的氧化沟大体外形的线段进行删除。

使用 line 命令将偏移后各线段的相应端点进行连接。

使用 line 和 trim 命令绘制氧化沟上的检修道路，通过道路可直接通往曝气设备和水下推进器的位置。

将道路遮挡部分的氧化沟池壁和导流墙的线型改为 dashed（平面图不可见），完成以上步骤可得到氧化沟的大体外形。

② 画设备。将“设备”设为当前层，以十字交叉轴线的交点为圆心定位，使用 line 和 array 命令绘制曝气设备（转刷）。

在氧化沟直线段的道路线两侧分别画出水下推进器。

③ 使用 line 命令绘制进、出水的矩形阀门槽，最后用 break 和 trim 命令修剪图形。

④ 在管道图层，使用 line 命令，绘制管道中心线，再使用 offset 命令绘制出管道线。再用 line 命令绘制出法兰块，并依次插入，再使用 arc 和 circle 命令绘制管道口，最后使用 trim 命令修剪多余的线条，再使用 mpedit 命令将管道边线更改为有线宽的 pline 线，完成主要的进水、出水、回流、放空、半放空等管道的绘制。在阀门部位应画出圆形检查井。使用 circle 和 offset 命令。同时，将管道分解为检查井内外两个部分。将检查井内部分的管道和阀门线型该为 dashed。

⑤ 使用 pline 命令，在平面图的合适位置绘制数道剖面线，保证剖面图能准确地反映氧化沟各部分详图。

4）绘制剖面图

为便于确定图形位置和尺寸，先根据平面图作辅助线。

在构造线段的辅助下画出图形中的矩形及轮廓线以及壁厚等。

用 line 和 offset 及 array 命令绘制剖面图上的栏杆。

对照平面图中设曝气设备的位置绘制设备的机房位于氧化沟顶端线段上，使用 trim 命令对穿过机房的栏杆线进行修剪，机房中还应绘制出起吊设备和曝气设备。

5）标注

① 将“文本标注”设为当前层使用 dimstyle 命令，在弹出的“标注样式管理器”对话框中创建新标注。

② 样式“氧化沟尺寸标注”，建立尺寸、角度两个标注项，设置标注字体、字高和大小等内容。打开标注工具栏，可以方便地进行如快速标注，线性，坐标等标注。

③ 用 pline 命令作出图形中三角标高图案，在标高符号上书写字，最后用 wblock 命令做成块，再反复用 insert 命令，插到相应位置，用 ddedit 命令改写标高上的数字。

6）绘制表格

7）输入文字

同一列文字可以标注一个格，然后用 array 命令，选定“矩形阵列”，复制到其他行，再用 ddedit 修改其内容。

8.7 二沉池工艺图

普通辐流式沉淀池采用中心进水周边出水的方式，进水管设在池中心，流出槽设在池子四周，使得活性污泥在中心导流筒内难以絮凝，且进水仪冲击池底沉泥，不利于沉淀。而向心辐流式沉淀池流入区设在池周边，流出槽设在沉淀池中心部位的 R/4、R/3、R /2 或设在沉淀池周边，即采用周边进水中心出水或周边进水周边出水方式，克服了普通辐流式沉淀池的缺点，成为目前广泛使用的一种二次沉淀池。向心辐流式二沉池工艺图绘制实例（图 8-10）。实例绘制具体步骤如下：

1）创建图层、颜色、线型

利用 layer 命令为各种管道、标注以及文字说明单独设置图层，其图名、颜色、线型可设为污水管（绿色，continuous）、污泥管（黄色，continuous）、构筑物设备（白色，continuous）、文本标注（青色，continuous）。

2）设定出图比例（1∶100）、创建图框、线型比例、字高

3）绘制平面图

① 定位。向心辐流式沉淀池多为圆形，绘制平面图时，首先使用 line 命令绘制定位的十字交叉轴线，轴线选用 center 线型。

② 画池壁轮廓。以十字交叉轴线的交点为圆心，使用 circle 命令绘制池壁轮廓、流水槽等。再使用 line 命令绘制进、出水的矩形阀门槽，最后用 break 和 trim 命令修剪图形。

③ 画沉淀池的管道。在管道图层，使用 line 命令，绘制管道中心线，再使用 offset 命令绘制出管道线。再用 line 命令绘制出法兰块，并依次插入，再使用 arc 和 circle 命令绘制管道口，最后使用 trim 命令修剪多余的线条，再使用 mpedit 命令将管道边线更改为有线宽的 pline 线，将被二沉池挡住的池内部分的管道线改为虚线。在绘制导流管时应注意不要与沉淀池的进、出水管重叠。

④ 画吸泥机。在设备层，以十字交叉轴线的交点为圆心定位，使用 line 命令先绘制刮泥机的桁架、吸泥以及传动装置，最后绘制浮渣挡板、排渣管、栏杆。

⑤ 画剖面线。使用 pline 命令，在平面图的合适位置绘制数道剖面线，保证剖面图能准确地反映二沉池各部分详图。

4）绘制剖面图

① 为便于确定图形的位置和尺寸根据平面图做出辅助线。在构造线段的辅助下画出图形的剖面轮廓线以及壁厚等；根据池深、污泥斗尺寸等数据，使用 line 和 trim 命令对

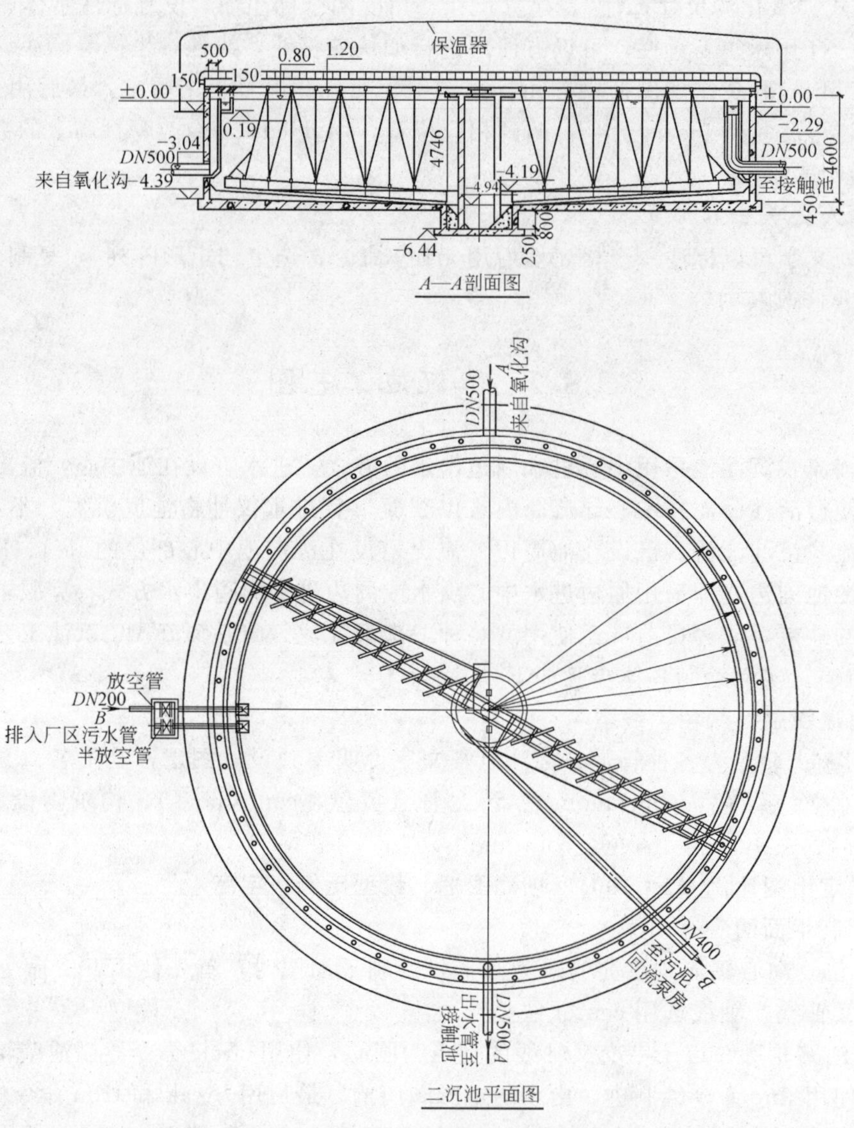

图 8-10　二沉池工艺图

轮廓线进行修剪。

② 对池壁填充。使用 bhatch 命令，在打开的填充对话框中，单击 pick points 按钮选择填充范围，再单击 pattern 按钮选择填充图案，先选择混凝图图案 ar-conc 填充，并调整图案比例和角度，通过 preview hatch 按钮预览达到效果后，再单击 apply 键完成填充。按照同样操作步骤，再对填充范围进行钢筋图案 ansi31 填充，通过重复操作，完成槽池的绘制。

③ 绘制管道。在管道图层，使用 line 命令，绘制管道中心线，再使用 offset 命令，以管径的 0.5 倍进行上下偏移，绘制出管道线。再用 line 命令绘制出法兰块，并依次插入，再使用 arc 和 circle 命令绘制管道口，最后使用 trim 命令修剪多余的线条，再使用 mpedit 命令将管道边线更改为有线宽的 pline 线，完成管道的绘制。

④ 绘制吸泥机。在设备层，使用 line 命令先绘制吸泥机的中轴线进行定位，再绘制桁架，可先只绘制左边桁架；再使用 line 命令绘制桁架上下两条线段；使用 line 命令绘制桁架的一个单元格；最后通过连续复制，完成衍架的绘制。

通过 line、offset、array 等命令可完成刮泥板及传动装置和栏杆的绘制。

5）标注、表格及说明文字

标注、表格及说明文字的绘制方法同前面氧化沟工艺图中的方法相同，这里不再重述。

提　高　篇

第 9 章　常用开发方法及应用

AutoCAD 不仅是一个优秀的绘图软件，还是一个开放式平台，用户可以充分利用 AutoCAD 开放性进行必要的二次开发，以改善设计环境、提高设计效率与绘图质量。

9.1　命令用户化

命令用户化主要表现在以下 2 个方面：

① 在 AutoCAD 环境中调用其它程序与实用命令。

② 按个人喜好和习惯为 AutoCAD 内部命令定义方便简捷的命令别名。

实现命令用户化应修订或使用 *acad. pgp* 文本文件。打开文本文件 *acad. pgp* 的方法有以下 2 种：

① 在资源管理器中找到该文件所在位置，使用书写器或记事本打开它。

② 拾取**菜单栏/工具(T)/自定义(C)/编辑自定义文件(E)/程序参数(acad. pgp)（P）**选项。

文件 *acad. pgp* 第 1 部分定义了可在 AutoCAD 环境中使用的外部命令，第 2 部分定义了 AutoCAD 的命令别名，第 3 部分指出了与低版本兼容的命令别名或低版本停止使用命令的替代命令。详细内容可直接查阅 *acad. pgp* 文件。

修订 *acad. pgp* 文件前应作好备份以便必要时恢复；修订文件 *acad. pgp* 后不能立即生效。使新别名生效的方法有以下 2 种：

① 执行命令行命令 reinit，重新加载 *acad. pgp* 文件。

② 退出 AutoCAD 后再重新打开它，以便启动时重载 *acad. pgp*。

9.1.1　外部命令

通过修订 *acad. pgp* 文件中相关定义，实现在 AutoCAD 环境中调用外部应用程序。这些外部应用程序可能是：

① DOS 内部命令或应用程序。如 dir、type、del、diskcopy…等；

② Windows 操作系统命令；

③ 文本编辑器和字处理器。如 edit、notepad…等；

④ 电子表格；

⑤ 数据库管理程序。如 FoxPro、Access…等；

⑥ 用户提供的可执行程序。如管网平差、给水管网造价、室内枝状管网水力计算等。

由于上述所列外部程序并非 AutoCAD 内部命令，若想在 AutoCAD 命令符提示下执行它，须先在 *acad. pgp* 文件中定义，并把定义后可在 AutuCAD 中执行的命令（或程序）简称为外部命令。在文件 *acad. pgp* 中定义 AutoCAD 外部命令的格式为：

＜命令名＞，[＜DOS 请求＞]，＜位标志＞，[*] ＜提示＞，[＜返回码＞]

每行仅描述一个可执行程序，并使用逗号分隔的 5 个字段来定义，中括号 [ ] 内是可选项，例如，DOS 请求、返回码等。不使用可选项时应保留逗号以便占位、留出空字段。*acad. pgp* 文件默认外部命令定义如下：

```
；Examples of external commands for command windows（用于命令窗口的外部命令定义示例）
CATALOG，    DIR/W，              8，   指定文件：          ，
DEL，        DEL，                8，   要删除的文件：      ，
DIR，        DIR，                8，   指定文件：          ，
EDIT，       START EDIT，         9，   要编辑的文件：      ，
SH，         ，                   1，   *操作系统命令：     ，
SHELL，      ，                   1，   *操作系统命令：     ，
START，      START，              1，   *要启动的应用程序： ，
TYPE，       TYPE，               8，   要列出的文件：      ，
；Examples of external commands for Windows（用于 Windows 的外部命令定义示例）
；See also the（STARTAPP）AutoLISP function for an alternative method.（AutoLISP 函数 STARTAPP 提供另一种定义方法）
EXPLORER，   START EXPLORER，     1，   ，                  ，
NOTEPAD，    START NOTEPAD，      1，   *要列出的文件：     ，
PBRUSH，     START PBRUSH，       1，   ，                  ，
```

外部命令定义格式说明 **表 9-1**

序号	名 称	说 明
1	命令名	定义在 AutoCAD 命令行提示符下可直接输入与执行的外部命令名。例如，像执行 AutoCAD 内部命令（命令行命令）一样，执行 acad. pgp 所定义的外部命令 CATALOG
2	DOS 请求	请求传递给 DOS 操作系统执行的命令序列。它是在 DOS 操作系统下可执行的合法命令。例如，指定执行外部命令 CATALOG 时，调用 DOS 的 DIR /W 命令
3	位标志	**用于指定外部命令与 AutoCAD 的运行关系。该运行关系用位标志表明：** 0：启动执行外部应用程序并等待其运行结束 1：启动执行外部应用程序而并不等待其运行结束 2：最小化运行外部应用程序 4："隐藏"（后台）运行外部应用程序 8：将参数字符串括在引号中，以便正确处理包含空格的文件名。例如，执行外部命令 CATALOG 输入"指定文件："时，可将带空格的文件名放入引号" "中 **其它位标志值均由以上整数经任意组合相加而得，如：** 3(2＋1)：最小化执行外部应用程序而不等待其运行结束 5(4＋1)："隐藏"（后台）运行外部应用程序而不等待其运行结束 9(8＋1)：启动执行外部应用程序（含带空格的文件名）而不等待其运行结束
4	提示	定义运行外部命令的提示信息。如执行外部命令 CATALOG 时，AutoCAD 系统将在命令行显示"指定文件："信息。需要注意： ① 用"*"引导提示，回答中可含空格，但要以回车终止输入 ② 无"*"引导提示，可用空格或回车终止输入
5	返回码	为可选参数码，主要用于处理二进制图形交换文件，一般不用

用分号引导注释行，其余皆为外部命令定义行，使用不带参数的 START 来启动与 AutoCAD 相互独立的新窗口或 Windows 应用程序。定义格式详细说明见表 9-1。

按此格式可将常用应用程序定义为 AutoCAD 外部命令，以便在 AutoCAD 中直接输入和执行。运行外部命令的常用方法有 2 种：

① 在 AutoCAD 中运行 *acad. pgp* 所定义的外部命令。例如，资源管理器 explorer、写字板 nodepad、画笔 pbrush、edit 编辑器，以及显示 type、删除 del、列出 dir、catalog 等文件操作命令（图 9-1（*a*）（*b*））。

② 在 AutoCAD 命令提示符下执行外部命令 sh，可进入 DOS 操作系统。在 DOS 操作系统中可运行 DOS 或 Windows 操作系统命令或应用程序（图 9-1（*c*））。返回 AutoCAD 界面须使用 exit 命令。

(*a*) 打开记事本

(*b*) 显示当前文件夹中文件

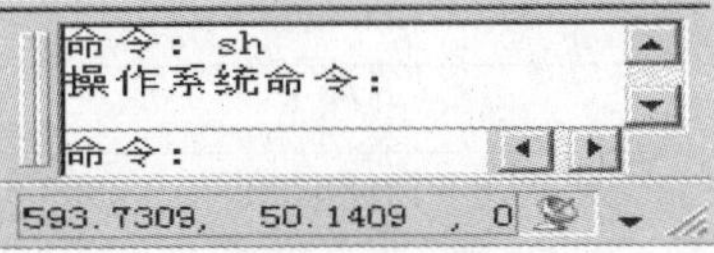

(*c*) 进入DOS操作系统

图 9-1 执行外部命令

9.1.2 命令别名

命令别名是在命令行中代替整个命令名而输入的缩写。在命令行提示符下输入并执行命令别名就会执行别名定义中所指定的 AutoCAD 命令，以减少命令输入字符，提高 AutoCAD 操作速度。而 AutoCAD 默认命令别名由 *acad. pgp* 文件指定，修订该文件既可更改原有命令别名也可定义新的命令别名。定义格式如下：

＜命令别名＞，* ＜命令名＞

每一行定义一个命令别名，且只包含由逗号分开的两个文本字段。其中，命令别名是用户在命令行中输入的内容，而命令名是要被缩写的 AutoCAD 命令。例如，AutoCAD 部分默认命令别名定义为：

```
; Sample aliases for AutoCAD commands（AutoCAD 命令别名定义示例）
; These examples include most frequently used commands.（这些示例包含了使用最为频繁的命令）
3A,            *3DARRAY
3DO,           *3DORBIT
3F,            *3DFACE
3P,            *3DPOLY
A,             *ARC
…              …
```

表 9-2 为常用默认命令别名。通过修订 *acad. pgp* 别名定义可将常用命令定义为意义明确、容易记忆、方便输入的命令别名。

ACAD. PGP 标准文件中的常命令别名 　　表 9-2

别名	命　令	别名	命　令	别名	命　令
A,	* ARC	DRA,	* DIMRADIUS	PR,	* PROPERTIES
AA,	* AREA	DST,	* DIMSTYLE	PU,	* PURGE
AR,	* ARRAY	DT,	* TEXT	-PU,	* -PURGE
-AR,	* -ARRAY	E,	* ERASE	R,	* REDRAW
ATT,	* ATTDEF	ED,	* DDEDIT	RA,	* REDRAWALL
-ATT,	* -ATTDEF	EL,	* ELLIPSE	RE,	* REGEN
ATE,	* ATTEDIT	EX,	* EXTEND	REA,	* REGENALL
-ATE,	* -ATTEDIT	F,	* FILLET	REN,	* RENAME
ATTE,	* -ATTEDIT	H,	* BHATCH	-REN,	* -RENAME
B,	* BLOCK	I,	* INSERT	RO,	* ROTATE
-B,	* -BLOCK	-I,	* -INSERT	S,	* STRETCH
BH,	* BHATCH	L,	* LINE	SC,	* SCALE
BR,	* BREAK	LA,	* LAYER	SCR,	* SCRIPT
C,	* CIRCLE	-LA,	* -LAYER	SET,	* SETVAR
-CH,	* CHANGE	LI,	* LIST	SN,	* SNAP
CHA,	* CHAMFER	LO,	* -LAYOUT	SO,	* SOLID
COL,	* COLOR	LS,	* LIST	ST,	* STYLE
CO,	* COPY	LT,	* LINETYPE	T,	* MTEXT
CP,	* COPY	-LT,	* -LINETYPE	-T,	* -MTEXT
D,	* DIMSTYLE	LTS,	* LTSCALE	TR,	* TRIM
DAL,	* DIMALIGNED	M,	* MOVE	UC,	* UCSMAN
DAN,	* DIMANGULAR	MA,	* MATCHPROP	UN,	* UNITS
DBA,	* DIMBASELINE	ME,	* MEASURE	-UN,	* -UNITS
DBC,	* DBCONNECT	MI,	* MIRROR	V,	* VIEW
DC,	* ADCENTER	ML,	* MLINE	-V,	* -VIEW
DCE,	* DIMCENTER	MT,	* MTEXT	VP,	* DDVPOINT
DCO,	* DIMCONTINUE	O,	* OFFSET	-VP,	* VPOINT
DDI,	* DIMDIAMETER	OS,	* OSNAP	W,	* WBLOCK
DED,	* DIMEDIT	-OS,	* -OSNAP	-W,	* -WBLOCK
DI,	* DIST	P,	* PAN	X,	* EXPLODE
DIV,	* DIVIDE	-P,	* -PAN	XA,	* XATTACH
DLI,	* DIMLINEAR	PE,	* PEDIT	XL,	* XLINE
DO,	* DONUT	PL,	* PLINE	XR,	* XREF
DOR,	* DIMORDINATE	PO,	* POINT	-XR,	* -XREF
DOV,	* DIMOVERRIDE	POL,	* POLYGON	Z,	* ZOOM

9.2 图 形 样 板

AutoCAD 要求为新建图形文件指定一个样板文件，无特殊说明时总把 *acadiso. dwt* 作为默认样板。图形样板不同于图形文件，主要包含某些指定惯例或默认设置。当设计中需要创建使用相同惯例和默认设置的几个图形时，选用图形样板可以节省很多时间。存储在样板文件中的惯例和设置通常有：①单位类型和精度；②标题栏、边框和徽标；③图层名；④捕捉、栅格和正交设置；⑤图形（栅格）界限；⑥标注样式；⑦文字样式与线型。

表 9-3 是基于建筑设备与环境工程的图形样板的基本设置。设置完毕后应将它另存为样板文件，最好存放在易于访问的文件夹 *template* 中，供今后新建文件时参考选用。

建筑设备与环境工程图形样板基本设置 **表 9-3**

序号	项 目	要 点 或 参 考
1	单位类型和精度	将单位长度与角度的精度设置为 0，其余不变(见图 2-15)
2	标题栏、边框和徽标	如果将标题栏、图框和徽标直接插入到样板文件，则需按图框规格(参见表 2-11)建立多个图形样板
3	图层及特性	建筑总图所需图层由参照文件或插入图块自动带入；建筑给排水与空调暖通所需图层可参照图 2-39 进行设置。请注意选用图层与对象的颜色和线型
4	捕捉(栅格)间距	在建筑设计中常见一个图形单位视为 1mm，最好将捕捉(栅格)间距调整为 1000(参见 2.1.5)，否则会因栅格太密而无法显示
5	图形(栅格)界限	修改图形界限以保证栅格的正常显示
6	捕捉模式	完成常用捕捉模式设置(参见图 2-4)
7	文字样式	设置多个基本文字样式，以满足文字标注的需要(参见表 5-2)。将文字样式的宽度比例置为 0.7 可产生工程字效果；高度置为 0 可调整文字输入的高度
8	标注样式	可参考表 5-9 创建符合建筑行业标准的标注样式

用自定义图形样板来新建具有相同设计风格的图形文件，简化了配置设计环境的步骤，提高了设计效率。用户可在设计过程中逐步修改与完善常用的图形样板，修改后必须按 .dwt 方式重新保存才行。否则，对新建图形的修改是不会影响到样板文件的。使用图形样板通常有 2 种方法：

① 直接法：在新建图形文件时直接指定样板文件名。

② 间接法：使用某一图形文件时，间接使用了该图形所用的图形样板。

9.3 形

形是一种能用直线、圆弧和圆来定义的特殊实体。定义形即按一定的规则去描述符号，使用形则按指定比例和转角将描述的符号应用到当前图形中。在 AutoCAD 中，形从定义到调用需经历 4 个步骤（表 9-4）。

形从定义到调用的过程 **表 9-4**

序号	步 骤	工具或命令	产 生 的 结 果	说 明
1	定义形文件	文本编辑器	得到形的源文件(*.shp)	按一定规则描述所需符号
2	编译形文件	compile 命令	得到形的目标文件(*.shx)	编译指定形文件,如 *ltypeshp. shp*
3	装入形文件	load 命令	该形文件中定义的形可被调用	装载指定形文件,如 *ltypeshp. shp*
4	调用形文件	shape 命令	在当前作业中插入形	绘入已加载形文件中定义的符号(形名),如 BOX

表 9-4 说明中多次提到的形文件 *ltypeshp. shp* 是 AutoCAD 提供的范例，位于 AutoCAD 系统目录 support 中。如 *C*: \ *Program Files* \ *AutoCAD* 2004 \ *support* \ *ltypeshp. shp*，读者不妨试试对它的编译、加载以及调用。调用的效果就是在当前窗口中绘入图 9-2 中的符号。由此可知，我们不仅可将建筑设备与环境工程中的常用图形定义成图块，还可将常用符号或图形定义成“形”以方便绘制。

图 9-2 *Itypeshp. shp* 文件中定义的形

9.3.1 形定义格式

用文本编辑器（如写字板或记事本）打开 *ltypeshp. shp*，其主要内容如下：

```
*130, 6, TRACK1
014, 002, 01C, 001, 01C, 0

*131, 3, ZIG
012, 01E, 0

*132, 6, BOX
014, 020, 02C, 028, 014, 0

*133, 4, CIRC1
10, 1, -040, 0

*134, 6, BAT
025, 10, 2, -044, 02B, 0
```

它正是对图 9-2 中 5 个符号的定义，每个形的定义有一个标题行和若干描述行。从中可知形的定义具有一定的格式和规定，用户必须严格遵守。

1）标题行

标题行以“*”开始，后面为形的编号、大小及名称。格式如下：

*Shapenumber，defbytes，Shapename

其中，各部分的意义见表 9-5

标题行的构成与意义　　表 9-5

序号	格式名	意　义
1	Shapenumber	每个形的定义都有一个在 1～255 间的编号,它将占用一个字节
2	defbytes	形定义字节数(≤2000),即描述一个形所需数据的字节数,含形结束符"0"所占字节
3	Shapename	每个形必须有一个形名,要求形名必须大写,否则将被忽略

2）描述行

标题行后为描述行，它是用特定意义的数字或字母按一定规律来描述形中所包含的线段、弧的大小及方向。构成一个语义（不可分割）的数字或字母算一个字节，字节间用逗号分开，并以字符“0”结束，总字节数不能超过 2000（含结束符“0”）。为弄清形文件 *ltypeshp.shp* 中构成描述行的各个字节（字母与数字）的语义，需先了解描述码的规定与含义。而定义形的描述码又分为特定长度、特定方向的编码和特殊码。

① 特定长度和方向的编码

描述一个直线矢量的长度和方向需用 3 个字符，其规定与意义见表 9-6。

直线矢量描述码的构成与意义　　表 9-6

字符序号	字　符	意　义
1	0	第 1 个字符必须是 0,表示后边的两个字符是十六进制数
2	十六进制数	用以表示线段的长度,有效值为 1～F 即 1～15 个单位
3	十六进制数	用以表示线段的方向,其标准矢量方向编码见图 9-3,有效值仍为 1～F

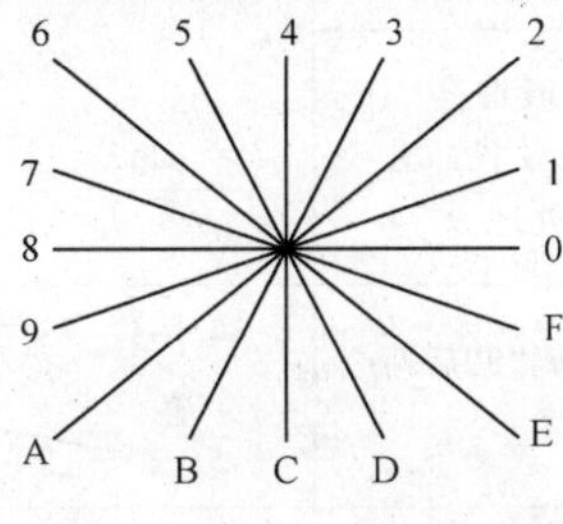

图 9-3　标准矢量方向编码

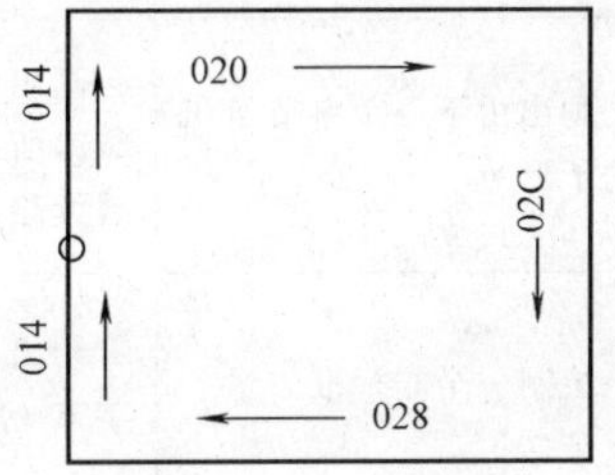

图 9-4　BOX 形描述

例如，图 9-4 中形名为 BOX 的定义如下：

*132，6，BOX

014，020，02C，028，014，0

其中，描述 BOX 形的字节数为 6，第 1 个字节表明向上（4 方向）位移 1 个单位，第 2 个字节表明向右（0 方向）位移 2 个单位等，全部语义见图 9-4 中注释。形定义了运笔的轨迹，换句话说刻画了绘图的过程。同样方法可以理解图 9-2 中名为 TRACK1、ZIG 的形定义。

② 特殊码

在形定义中有一些特定意义的编码，我们把它称之为特殊码。如形定义结束符，运笔状态（抬笔、落笔）描述码，圆弧大小描述码等。AutoCAD 设定这些特殊码，用以详细刻画绘图过程。特殊码是专用的，它们前面两个字符均为 0，其意义见表 9-7。

常用特殊码及其意义 **表 9-7**

特殊码	特殊码代号	简　述	意　义	实　例
000	0	形定义结束	用代码“0”标志形定义的结束	如：用它结束 BOX 的形描述 014,020,02C,028,014,0
001	1	落笔（激活绘图）	当代码为“1”时，打开绘图模式落笔画线，是缺省状态	例如，“成品通气帽”的形描述为： 022,02E,2,026,01C,1,04C,0 022　02E　04C　落笔 01C　026　抬笔
002	2	抬笔（关闭绘图）	当代码为“2”时，关闭绘图模式，只位移不画线	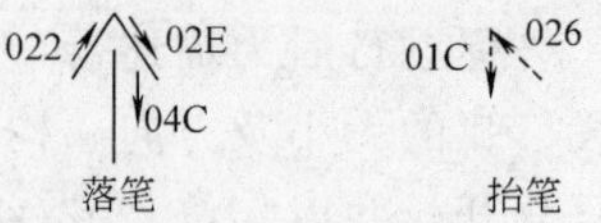
003	3	用下一字节（1～255）除矢量长度，以控制形定义中矢量的相对尺寸	用代码“3”后一字节的值除描述码中的矢量长度，即： 矢量的相对尺寸＝矢量长度/代码“3”后一字节的值	例如，形“ARROW”定义为： ＊135,7,ARROW 3,20,047,04C,041,0A8,0 若用 shape 调用该形的指定高度为 1，而绘出的实际尺寸为： 0.2 0.5
004	4	用下一字节（1～255）乘矢量长度，以控制形定义中矢量的相对尺寸	用代码“4”后一字节的值乘描述码中的矢量长度，即： 矢量的相对尺寸＝矢量长度＊代码“4”后一字节的值	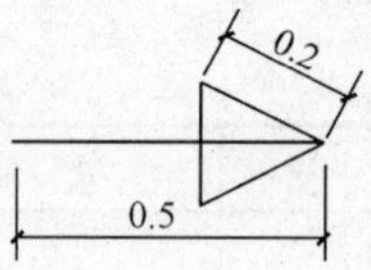
005	5	将当前位置压入栈	把当前位置压入（保存）到栈，以便从后面返回到原位	例如，在文件 *ltypeshp.shp* 中增加一个对“检查井”的形定义 ＊135,10,JCJ 040,5,7,132,6,2,020,1,040,0 子形编号 132 040　040
006	6	将栈中内容弹到当前位置	从栈中反序弹出压入的位置（重置），但位置栈最多放 4 个值	
007	7	画出由下一个字节给出的子形	画出附在代码“7”后形编号（1～255）所指的子形（同一形文件），若要继续绘制新形须作复位处理	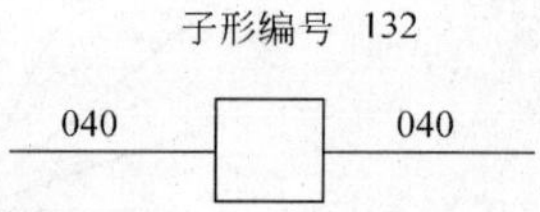
008	8	绘制一个非标准矢量	绘出由当前位置到代码“8”后两个字节（X,Y）的位移	如：8,（−5,−2） 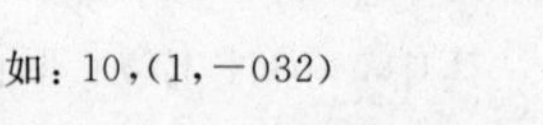 当前位置 −5,−2
009	9	绘制多个非标准矢量	依次绘出代码“9”后多个（X,Y）双字节的位移，并用(0,0)结束，最初的出发点仍为当前位置	如：9,(3,1),(5,−1),(0,0) 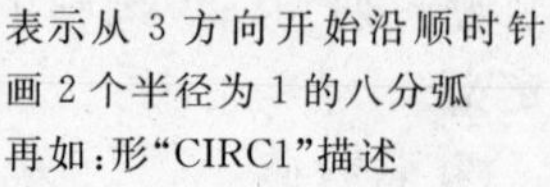 3,1 当前位置 5,−1
00A	10	由下两个字节定义八分弧	第 1 个字节：弧的半径（1～255） 第 2 个字节的格式：（−）0SC ① 正负号：正逆时针，负顺时针 ② S：起始八分弧的方向码（0～7） 3　2　1 4　　0 5　6　7  八分弧的方向码 ③ C：八分弧的跨度（0～7），0 意味着有 8 个八分弧或一整圆	如：10,(1,−032) 表示从 3 方向开始沿顺时针方向画 2 个半径为 1 的八分弧 再如：形“CIRC1”描述 10,1,−040,0 表示从 4 开始按顺时针方向画一个半径为 1 的圆

9.3.2 形定义实例

根据工程设计需要，常将一些符号（形状）定义为形，即建立用户符号库。例如，创建一个新的形文件 *UserShape.shp*，文件中的部分形定义如下，定义的符号（形状）显示在右侧。

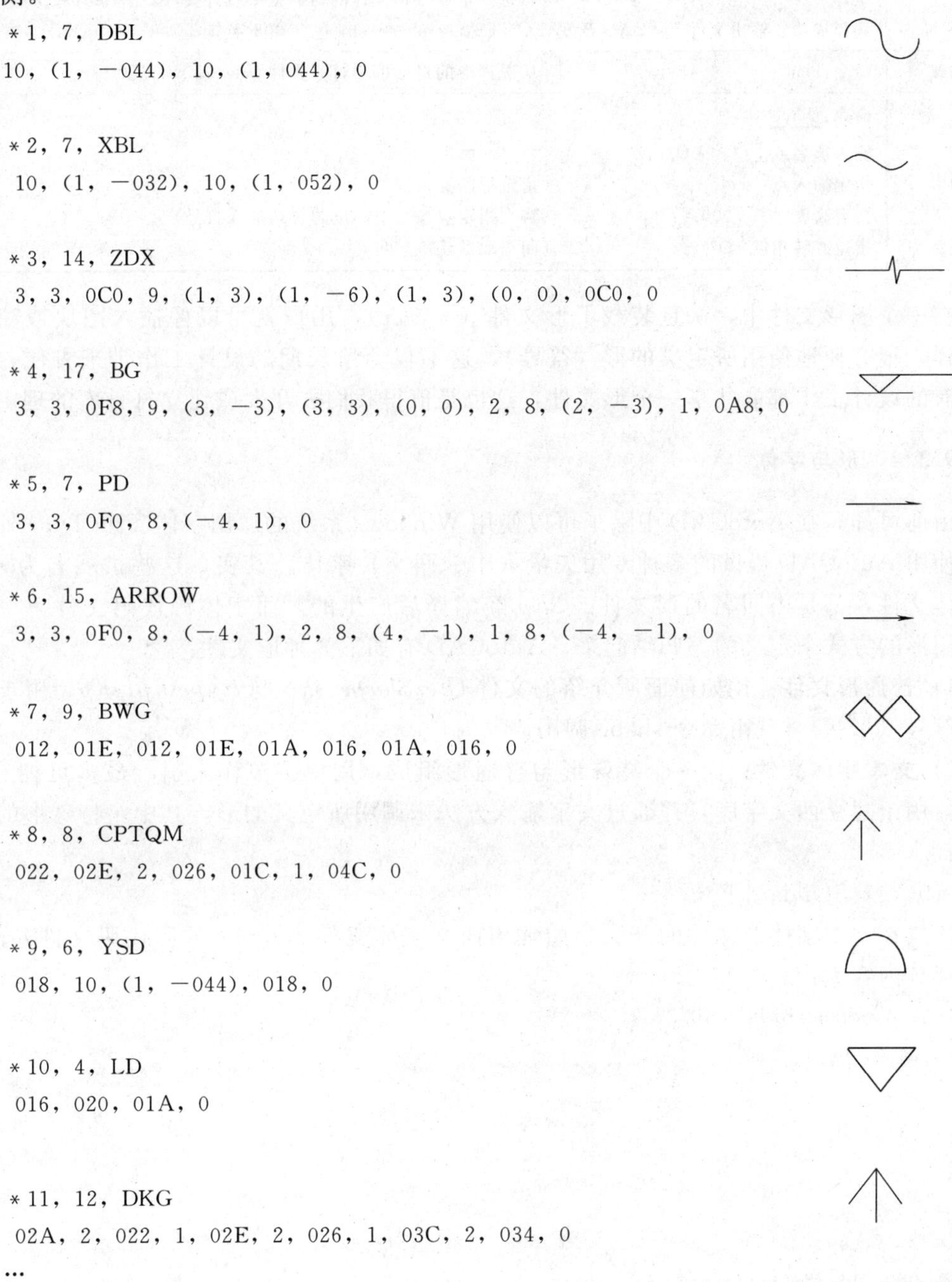

```
*1, 7, DBL
10, (1, -044), 10, (1, 044), 0

*2, 7, XBL
10, (1, -032), 10, (1, 052), 0

*3, 14, ZDX
3, 3, 0C0, 9, (1, 3), (1, -6), (1, 3), (0, 0), 0C0, 0

*4, 17, BG
3, 3, 0F8, 9, (3, -3), (3, 3), (0, 0), 2, 8, (2, -3), 1, 0A8, 0

*5, 7, PD
3, 3, 0F0, 8, (-4, 1), 0

*6, 15, ARROW
3, 3, 0F0, 8, (-4, 1), 2, 8, (4, -1), 1, 8, (-4, -1), 0

*7, 9, BWG
012, 01E, 012, 01E, 01A, 016, 01A, 016, 0

*8, 8, CPTQM
022, 02E, 2, 026, 01C, 1, 04C, 0

*9, 6, YSD
018, 10, (1, -044), 018, 0

*10, 4, LD
016, 020, 01A, 0

*11, 12, DKG
02A, 2, 022, 1, 02E, 2, 026, 1, 03C, 2, 034, 0
...
```

9.3.3 形调用过程

从表 9-4 中已获知，形从定义到调用应经历几个过程。下面以刚建立的形文件 *User-*

Shape. *shp* 为例，完成对它的编译、装载与调用（表 9-8）

形 调 用 实 例 **表 9-8**

调用过程	命令执行过程与效果	
编译	命令：compile	
	编译形/字体说明文件	（从选择形或字体文件的对话框中打开文件 *UserShape. shp*）
	编译成功。输出文件 F:\CAD 开发\FONTS\usershape. shx 包含 208 字节	
装载	命令：load	（从选择形的对话框中打开文件 *UserShape. shx*）
调用	命令：shape	
	输入形名或［?］<LD>：zdx	
	指定插入点：	（指定形的插入点）
	指定高度 <1. 0000>：300	（将在指定点按指定高度与转角插入符号）
	指定旋转角度 <0>：	（回车取默认旋转角）

在一个图形文件中，一旦装载了形文件（ * *.shx*），用户就可以像插入图块或注写文本那样，很方便地使用所定义的形（符号）。这不仅会给长期的设计工作带来方便，关键是所有的设计工作都能共享一个形文件，这也是值得我们去开发或建立符号库的理由。

9. 3. 4 形与字体

由前可知，在 AutoCAD 中除了可以使用 Windows 系统的通用字体 TrueType 外，还可以使用 AutoCAD 提供的多种专用矢量（中、西文）字体。其实，这些扩展名为 * *.shx* 的字体文件，都是由同名的形文件 * *.shp* 经编译后产生的，而字体源代码文件 * *.shp* 也是采用形的方式来定义的。归纳起来，AutoCAD 有如下 3 种形文件：

1）普通形文件：比如前面所介绍的文件 *UserShape. shp* 与 *ltypeshp. shp*，用于描述普通符号（形状），且由命令 shape 调用。

2）文本字体文件：由一个特殊形与普通形组成，用单字节作索引，最多可拥有 256 个形，用于建立西文字库，并通过文字输入方法来调用所定义的形。其中，特殊形的标题行为：

*0，4，Standard Font

它应该放在文本字体形文件的开头。如常用西文字体文件 *txt. shx* 的源代码文件 *txt. shp* 的前部分内容为：

```
*0，4，Standard Font 10/23/91
6，2，2，0

*10，7，lf
2，0AC，14，8，(9，10)，0

*32，7，spc
2，060，14，8，(−6，−8)，0

*33，17，kexc
2，14，06C，1，014，2，014，1，044，2，020，06C，14，8，(−2，−3)，0
```

```
*34，20，kqt
2，14，8，(－1，－6)，044，1，023，2，010，1，02B，2，04C，030，14，8，(－3，1)，0

*35，27，kns
2，14，8，(－2，－6)，024，1，040，2，024，1，048，2，023，1，06C，2，020，1，064，2，
06D，14，8，(－4，－3)，0
…
```

读者还可查看位于…\ *AutoCAD* 2004 *support* 目录中的 *gdt.shp* 文件，由于它是按文本字体方式来定义的符号（形状），故调用时只能采用文字输入的方法，输入格式是:%%形编号。例如，输入%%126 将产生度“°”符号。

3）大字体文件：由一个特殊形与普通形和文本标志组成，用双字节作索引，最多拥有 65536 个形，用于建立汉字字库。

这种带有成百上千个汉字字符的字体，其处理方法与只有 256 个字符的 ASC II 集不同。除去在文件中寻找时采用复杂技巧之外，AutoCAD 还需要有一种用双字节而不是单字节表达字符的方式，这个问题可通过在大字体文件开始处使用特殊码来解决。其大字体形文件的首行格式为：

*BIGFONTS nchars，nranges，b1，e1，b2，e2，…

其中：

① nchars——大字体文件中字符数目的估计值

② nranges——换码范围个数

③ bi，ei (i=1，…，n)——定义每一个换码范围的起始码与终止码

在首行格式行之后（以*BIGFONT 为开头），字体定义就如同正常的 AutoCAD 文本字体形定义格式一样。如 *hztxt.shp* 文件的格式与前部分内容应改为：

```
*BIGFONT 6763，1，0B0，0F7

*0，4，HZTXT
15，15，0，0

*0B0A1，字节数，A（啊）
字节，字节，…，…，0
…
*CAAF，65，SHI（石）
2，8，(17，106)，1，9，(99，9)，(－5，2)，(－8，－3)，(0，0) 2，8，(－36，－6)，1，9，
(0，－6)，(－3，－7)，(－14，－18)，(－12，－14)，(－11，－11)，(－10，－9)，(－7，－7)，
(0，0)，2，8，(35，34)，1，9，(3，－8)，(2，－38)，(0，－12)，(－1，8)，(1，4)，(46，5)，
(－6，－1)，(6，45)，(2，－3)，(－50，－8)，(0，0)，0
…
*0F7FE，字节数，ZHA（齇）
```

用形来定义大字体是一个比较复杂的过程，在此不深究。如定义双线字比单线字要复杂得多，描述有笔锋的字比无笔锋的字会更困难。

9.4 专 业 线 型

AutoCAD 在系统线型文件 *acadiso. lin* 或 *acad. lin* 中提供了众多标准线型，用户既可直接使用现有线型，也可以创建专业线型或修改已有线型。使用线型前须先加载，修改线型前应先备份，创建专业线形时建议与系统线型文件分开存放，既安全又方便管理。

9.4.1 线型文件格式

线型文件（*.lin）是 ASC II 码纯文本格式，可容纳多个线型定义。线型定义在线型文件中占两行，格式如下：

*线型名称［，线型说明］

A，*dash*-1，…，［嵌入的文本字符串或形定义］，…，*dash*- *n*

用于描述一组重复图案的外观，中括号［ ］为可选项，无［嵌入的文本字符串或形定义］是简单线型，否则为复合线型。例如，常用线型 CENTER 定义为：

*CENTER，Center ____ _ ____ _

A，1.25，−0.25，0.25，−0.25

这是一个简单线型，线型定义中的意义为：

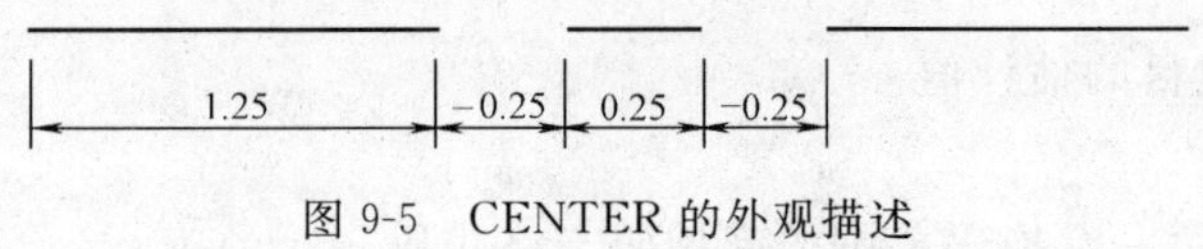

图 9-5 CENTER 的外观描述

① 1.25——短划线长度
② −0.25——间隔长度
③ 0.25——短划线长度
④ −0.25——间隔长度

它描述了线型一个周期的外观（见图 9-5），线型定义格式详细说明见表 9-9。

例如，点划线 DASHDOT 定义为：

*DASHDOT，Dash dot __ . __ . __ . __ . __ . __ . __ . __

A，0.5，−0.25，0，−0.25

而含字符“X”的复合线型 X _ LINE 定义为：

*X _ LINE，--- X --- X ---X --- X---

A，1.0，−0.25，["X"，ST，S=0.2，R=0，X=−0.1，Y=−0.1]，−0.25

含图案“□”的复合线型 BOXLINE 可定义为：

*BOXLINE，--- [ ] --- [ ] ---- [ ] ---

A，1.0，−0.25，[BOX，LTYPESHP. SHX，S=0.2，R=0，X=−0.2，Y=0]，−0.25

线型文件中空行或分号以后注释的内容将被忽略。系统线型文件的区别仅在于定义线型的单位不同，因此使用时线型比例也会不同。

9.4.2 定义专业线型

由于 AutoCAD 提供的标准线型不能满足所有专业设计的需要，用户常常需要创建一些专业线型。例如，定义建筑设备与环境工程设计所需的专业线型。为方便起见，下面将建筑设备与环境工程设计中常用的专业线型定义如下，以供读者参考使用。定义线型的单位和 *acadiso. lin* 大致相同，以便使用时统一线型比例。

线型定义格式说明 **表 9-9**

<table>
<tr><th>序号</th><th>格式名</th><th colspan="2">说　　明</th></tr>
<tr><td>1</td><td>线型名称</td><td colspan="2">以星号 * 开头，用大写字母为线型提供惟一描述性名称，如 CENTER</td></tr>
<tr><td>2</td><td>线型说明</td><td colspan="2">在编辑、加载或重载线型文件时直观显示线型。如名称后的说明：Center ＿.＿.＿.＿.将显示在线型管理器中</td></tr>
<tr><td>3</td><td>A</td><td colspan="2">AutoCAD 惟一支持的对齐方式，保证使用线型时开始和结束处为短划线。即，当所绘线长与描述周期不成倍时，AutoCAD 要么调整直线的点划线序列，要么调整图案使直线的起点和终点至少含有第一段划线的一半，以保证短划线和直线端点重合</td></tr>
<tr><td>4</td><td>dash-i(i=1,…n)</td><td colspan="2">每个图案描述符字段指定了构成线型的线段长度，并以逗号分隔。其中：
① 正十进制数：表示相应长度的落笔(短划线)线段
② 负十进制数：表示相应长度的提笔(空移)线段
③ 数 0：绘制一个点</td></tr>
<tr><td rowspan="8">5</td><td rowspan="8">嵌入文本</td><td colspan="2">格式：[“文字”，文字式样，S=值，R=值，A=值，X=xoffset，Y=yoffset]</td></tr>
<tr><td>文字</td><td>线型中嵌入与显示的字符</td></tr>
<tr><td>文字样式</td><td>指定要使用的文字样式名，否则将使用当前文字样式</td></tr>
<tr><td>S=值</td><td>确定文本比例系数，如 S=n。当使用固定高度(m≠0)文本样式时，文字高度=m×n；如果使用的是可变高度样式(m=0)，则文字高度=n</td></tr>
<tr><td>R=值</td><td>指定文本相对于当前线段方向的转角。特别地，当 R=0 时表示文本方向与所给线段方向一致</td></tr>
<tr><td>A=值</td><td>表示文本相对于世界坐标系 X 轴的绝对转角。特别地，当 A=0 时表示文本始终水平出现，与线段的方向无关</td></tr>
<tr><td>X=xoffset</td><td>文字左下角相对于当前位置的 X 偏移量</td></tr>
<tr><td>Y=yoffset</td><td>文字左下角相对于当前位置的 Y 偏移量</td></tr>
<tr><td rowspan="8">6</td><td rowspan="8">嵌入形</td><td colspan="2">格式：[形名，形文件，S=值，R=值，A=值，X=xoffset，Y=yoffset]</td></tr>
<tr><td>形名</td><td>指定线型中需要嵌入的形名</td></tr>
<tr><td>形文件</td><td>指定含有嵌入形名的已编译形文件名(shx)。按文件名所指路径找不到该形文件时，AutoCAD 将到库文件中搜索。即便找不到形文件线型定义仍可使用，但不含嵌入形</td></tr>
<tr><td>S=值</td><td>形的比例用作缩放比例，与形内部定义的比例相乘。如果形内部定义的比例是 0，则 S=值单独用作比例</td></tr>
<tr><td>R=值</td><td>指定形相对于当前线段方向的转角。特别地，当 R=0 时表示形方向与所给线段方向一致</td></tr>
<tr><td>A=值</td><td>表示形相对于世界坐标系 X 轴的绝对转角。特别地，当 A=0 时表示形始终水平出现，与线段的方向无关</td></tr>
<tr><td>X=xoffset</td><td>形插入点相对于当前位置的 X 偏移量</td></tr>
<tr><td>Y=yoffset</td><td>形插入点相对于当前位置的 Y 偏移量</td></tr>
</table>

*生活给水管，生活给水管 ---- J ---- J ---- J ---- J ----　　——J——J——J——

A，26.67，−3.5，[“J”，ST，S=3.33，R=0.0，X=−0.1，Y=−1.67]，−5.0

*空调冷水管，空调冷水管----L----L----L----L----　　——L——L——L——

A，26.67，−3.5，[“L”，ST，S=3.33，R=0.0，X=−0.1，Y=−1.67]，−5.0

＊空调冷却水管，空调冷却水管----LQ----LQ----LQ----LQ----

A，26.67，−3.5，[“LQ”，ST，S=3.33，R=0.0，X=−0.1，Y=−1.67]，−7.0

＊空调冷凝水管，空调冷凝水管----n----n----n----n----

A，26.67，−2.0，[“n”，ST，S=4.0，R=0.0，X=−0.1，Y=−1.67]，−4.0

＊空调凝结水管，空调凝结水管----KN--------KN--------KN

A，6，−2，6，−3.0，[“KN”，ST，S=3.33，R=0.0，X=−0.1，Y=−1.67]，−7.0，6，−2，6，−2

＊热水管，热水管 ---- R ---- R ---- R ---- R ----

A，26.67，−3.5，[“R”，ST，S=3.33，R=0.0，X=−0.1，Y=−1.67]，−5.0

＊热水给水管，热水给水管 ---- RJ ---- RJ ---- RJ ---- RJ ----

A，26.67，−3.5，[“RJ”，ST，S=3.33，R=0.0，X=−0.1，Y=−1.67]，−7.0

＊热水回水管，热水回水管 ----RH----RH----RH----RH----

A，26.67，−3.5，[“RH”，ST，S=3.33，R=0.0，X=−0.1，Y=−1.67]，−7.0

＊空调冷热水管，空调冷热水管----LR----LR----LR----LR----

A，26.67，−3.5，[“LR”，ST，S=3.33，R=0.0，X=−0.1，Y=−1.67]，−7.0

＊中水给水管，中水给水管----ZJ----ZJ----ZJ----ZJ----

A，26.67，−3.0，[“ZJ”，ST，S=3.33，R=0.0，X=−0.1，Y=−1.67]，−6.0

＊循环给水管，循环给水管----XJ----XJ----XJ----XJ----

A，26.67，−3.0，[“XJ”，ST，S=3.33，R=0.0，X=−0.1，Y=−1.67]，−6.0

＊循环回水管，循环回水管----XH----XH----XH----XH----

A，26.67，−3.0，[“XH”，ST，S=3.33，R=0.0，X=−0.1，Y=−1.67]，−6.5

＊热媒给水管，热媒给水管----RM----RM----RM----RM----

A，26.67，−3.5，[“RM”，ST，S=3.33，R=0.0，X=−0.1，Y=−1.67]，−7.0

＊热媒回水管，热媒回水管----RMH----RMH----RMH----RMH----

A，26.67，−3.0，[“RMH”，ST，S=3.33，R=0.0，X=−0.1，Y=−1.67]，−8.0

＊蒸汽管，蒸汽管----Z----Z----Z----Z----

A，26.67，−3.0，[“Z”，ST，S=3.33，R=0.0，X=−0.1，Y=−1.67]，−4.5

＊凝结水管，凝结水管----N----N----N----N----

A，26.67，−3.5，[“N”，ST，S=3.33，R=0.0，X=−0.1，Y=−1.67]，−5.0

*废水管，废水管-- --F-- ---- --F-- -- -- -- F ——F————F————F———

A，6，－2，6，－3.0，[“F”，ST，S=3.33，R=0.0，X=－0.1，Y=－1.67]，－4，6，－2，6，－2

*压力废水管，压力废水管-- --YF-- -- -- --YF-- -- -- -- YF ———YF————YF———

A，6，－2，6，－3.0，[“YF”，ST，S=3.33，R=0.0，X=－0.1，Y=－1.67]，－7，6，－2，6，－2

*通气管，通气管-- --T-- ---- --T-- -- -- -- T ——T————T————T———

A，6，－2，6，－3.0，[“T”，ST，S=3.33，R=0.0，X=－0.1，Y=－1.67]，－4，6，－2，6，－2

*污水管，污水管-- --W-- -- -- --W-- -- -- -- W ——W————W————W———

A，6，－2，6，－3.0，[“W”，ST，S=3.33，R=0.0，X=－0.1，Y=－1.67]，－4，6，－2，6，－2

*压力污水管，压力污水管----YW----YW----YW----YW---- ———YW———YW———YW———

A，26.67，－3.0，[“YW”，ST，S=3.33，R=0.0，X=－0.1，Y=－1.67]，－6.5

*雨水溢排管，雨水溢排管-- --Y-- -- -- --Y-- -- -- -- Y ——Y————Y————Y———

A，6，－2，6，－3.0，[“Y”，ST，S=3.33，R=0.0，X=－0.1，Y=－1.67]，－4，6，－2，6，－2

*压力雨水管，压力雨水管----YY----YY----YY----YY---- ———YY———YY———YY—

A，26.67，－3.00，[“YY”，ST，S=3.33，R=0.0，X=－0.1，Y=－1.67]，－6.5

*膨胀水管，膨胀水管----PZ----PZ----PZ----PZ---- ———PZ———PZ———PZ———

A，26.67，－3.5，[“PZ”，ST，S=3.33，R=0.0，X=－0.1，Y=－1.67]，－7.0

*排污排气旁通管，排污排气旁通管----P----P----P----P---- ———P———P———P———

A，26.67，－3.0，[“P”，ST，S=3.33，R=0.0，X=－0.1，Y=－1.67]，－5.0

*软化水管，软化水管----RH----RH----RH----RH---- ———RH———RH———RH———

A，26.67，－3.5，[“RH”，ST，S=3.33，R=0.0，X=－0.1，Y=－1.67]，－7.0

*除氧水管，除氧水管----CY----CY----CY----CY---- ———CY———CY———CY———

A，26.67，－3.5，[“CY”，ST，S=3.33，R=0.0，X=－0.1，Y=－1.67]，－7.0

*盐液管，盐液管----YS----YS----YS----YS---- ———YS———YS———YS———

A，26.67，－3.0，[“YS”，ST，S=3.33，R=0.0，X=－0.1，Y=－1.67]，－6.5

*氟汽管，氟汽管----FQ----FQ----FQ----FQ---- ———FQ———FQ———FQ———

A，26.67，－3.5，[“FQ”，ST，S=3.33，R=0.0，X=－0.1，Y=－1.67]，－7.0

*氟液管，氟液管----FY----FY----FY----FY---- ———FY———FY———FY———

A，26.67，－3.5，[“FY”，ST，S=3.33，R=0.0，X=－0.1，Y=－1.67]，－7.0

*保温管，保温管 -/-\-/-\-/-\-/-\-/-\-/-\-/-\-/-\-/-\

A，8.0，[DBL，*usershape.shx*，S=2.0，R=0.0，X=−4.0，Y=0]，0.0

*多孔管，多孔管----/|\----/|\----/|\----/|\----

A，26.67，0，[DKG，*usershape.shx*，S=1.0，R=0，X=0，Y=0]

*波纹管，波纹管----◇◇----◇◇----◇◇----◇◇----

A，30.0，[BWG，*usershape.shx*，S=3.0，R=0，X=0，Y=0]，−12.0

…

9.4.3 线型开发方法

创建线型文件既可使用通常的文本编辑器，又可使用 AutoCAD 内部命令 linetype；定义新线型既可增加到已有线型文件中，也可增加到新建线型文件中。开发线型常用以下 2 种方法。

1）编辑线型文件生成新线型

勿需进入 AutoCAD，直接利用文本编辑器新建（或打开）一个线型文件，然后在线型文件中增加或修改线型定义。例如，用记事本或写字板新建水暖专用线型 *.lin* 文件，输入 9.4.2 中线型定义，经编辑、修改、保存、退出，即可创建新线型文件。使用线型前须用命令 linetype 加载，并在图 9-6 **加载或重载线型/文件(F)…**处指定线型文件，最后在**可用线型**列表框中选择需要加载的线型。

若想在 *acadiso.lin* 中增加新线型的定义，先用文本编辑器打开文件 *acadiso.lin*，后在其中增加新线型或修改已有线型定义。值得注意的是增加新线型定义时，不要将它插入到已有线型定义的两行内容之间。

2）用-linetype 生成新线型

使用 AutoCAD 命令-linetype 既可创建新线型文件，又可在指定线型文件中增加新线型定义。其具体过程如下：

命令：-linetype

当前线型："保温管"

输入选项［？/创建（C)/加载（L)/设置（S)］：C

输入要创建的线型名：DXHH

在随后出现的**创建或附加线型文件**（图 9-7）中指定新线型定义所在文件，或是已有线型文件，或在当前目录中新建一个线型文件。AutoCAD 会自动把新线型定义增加到线型文件末尾，并作安全检查以防新线型与原线型同名。检查时将显示：

请稍候，正在检查线型是否已定义…

若发现新线型名已在所选线型文件中，AutoCAD 将显示该线型的定义，并提示：

覆盖（Y/N）<N>？

确认覆盖同名线型或没有同名线型都将继续线型定义。

说明文字：---.--.---.--.---.--

输入线型图案（下一行）：A，25，−7.5，0，−7.5，12.5，−7.5，0，−7.5

新线型定义已保存到文件。

输入选项［？/创建(C)/加载(L)/设置(S)］：(回车结束)

用文本编辑器打开新线型所在线型文件，可在文件末看到新增加的线型定义。

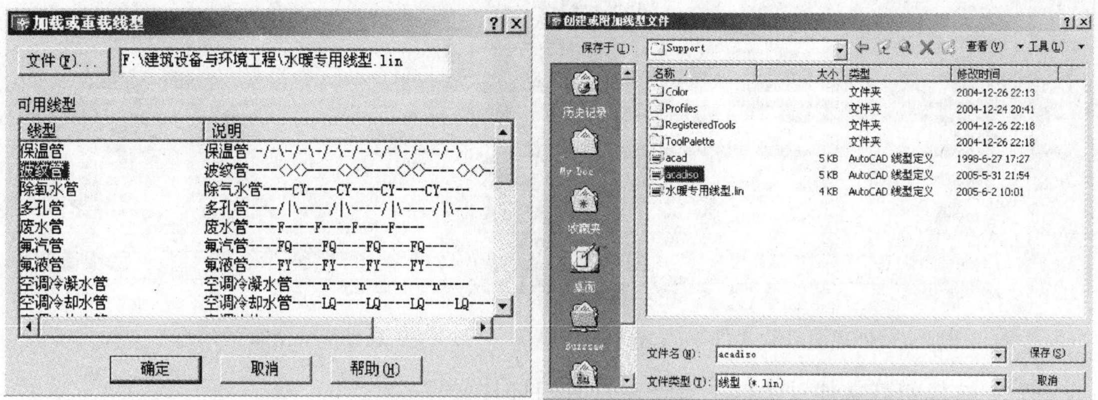

图 9-6　指定线型文件与线型　　　　图 9-7　指定或创建线型文件

9.5　幻灯片与图像控件菜单

幻灯片是图形的快照，是图形在特定时刻的图形图片，主要用于在 AutoCAD 中演示，或制作图像控件菜单。不能输入幻灯片到当前图形中，也不能对它进行编辑或打印，只能进行查看。

9.5.1　制作幻灯片

使用 AutoCAD 内部命令 mslide 可以制作幻灯片文件。幻灯片不显示已关闭或冻结图层上的对象，也不显示已关闭视口中的对象，仅截取绘图区内能看到的内容，且不含光标图像、UCS 图标和栅格。因此在运行 mslide 之前应对图层、颜色等特性进行设置，使绘图区中的图形成为幻灯片中显示的内容与效果。制作幻灯步骤如下：

① 显示用于制作幻灯片的视图；

② 执行命令行命令 mslide；

③ 在**创建幻灯文件**对话框中输入幻灯片名称并为它选择存放位置（图 9-8），AutoCAD 将图形的当前名称作为幻灯片的默认名称，并自动附加文件扩展名 .sld；

④ 单击**创建幻灯文件/保存（S）**按钮即可。

在模型空间中创建幻灯片只显示当前视口，在图纸空间中创建幻灯片可显示所有可见视口及其内容。由于幻灯片不同于图形文件，是一幅凝固的画面而不能编辑它，故修改方法是：编辑用于创建幻灯片的图形文件后重做幻灯片。

9.5.2　查看幻灯片

使用 vslide 命令可单个查看幻灯片，即在 AutoCAD 图形区调用和显示幻灯片文件。查看幻灯片步骤如下：

① 执行命令行命令 vslide，随后出现**选择幻灯文件**对话框中（图 9-9）；

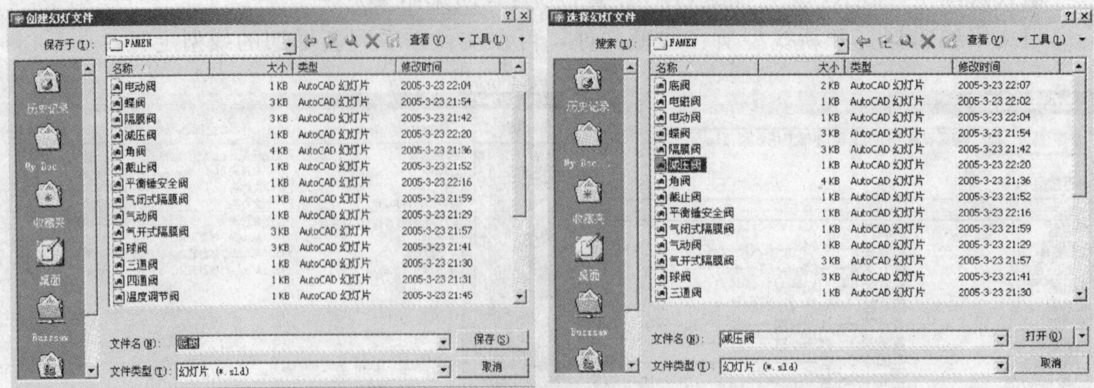

图 9-8　创建幻灯片文件　　　　图 9-9　选择需要查看的幻灯片文件

② 在**选择幻灯文件**对话框中选择需查看幻灯片文件；

③ 单击**选择幻灯文件/打开(O)**按钮，幻灯图像将显示在绘图区域。

AutoCAD 将在当前图形上临时地“画图”，使用户可在绘图区域查看幻灯片文件，同时将当前图形（*.*dwg*）原样保持并处于活动状态，只是暂时不可见而已。由于幻灯片看起来很像普通图形，故查看时要注意正确使用编辑命令，类似 copy、mirror 编辑只会影响幻灯片下的当前图形而不是幻灯片本身。

若想恢复图形可用重画命令 redraw 清除幻灯片文件。某些命令可能会强制重画使幻灯片不再显示，如平移、缩放操作有可能重画当前图形而导致幻灯片消失。

若要查看系列幻灯片，可以使用脚本文件。

9.5.3　创建幻灯片库

幻灯片库能使用户把许多独立的幻灯片文件组合起来，存储在一个扩展名为 *.sld* 的幻灯片库文件中，以便于管理与查找幻灯片，减少堆积的目录文件。在 AutoCAD 二次开发中常将幻灯片库文件用于创建自定义图像控件菜单（见图 9-11）。

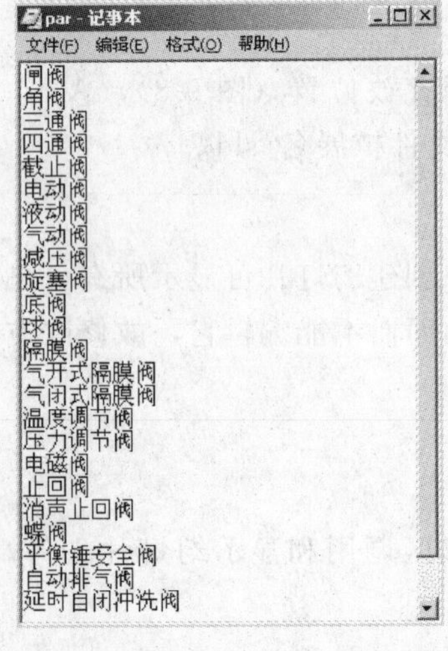

图 9-10　阀门幻灯片库文件列表

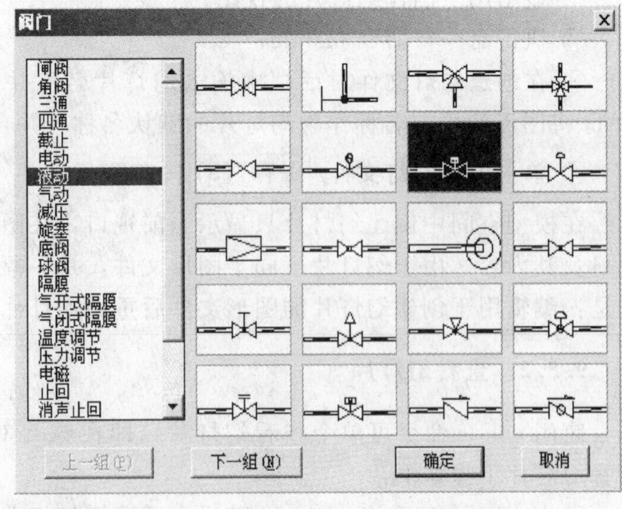

图 9-11　阀门图像控制菜单

创建幻灯片库的 DOS 命令为 slidelib，使用资源管理器搜索功能可在 AutoCAD 2004 下找到应用程序文件 *slidelib. exe*。用 *slidelib. exe* 创建幻灯片库的步骤如下：

① 使用文本编辑器创建幻灯片库所含幻灯文件列表。例如，幻灯片库文件 *famenslb. slb* 应含下列幻灯片文件：

闸阀 *.sld*

角阀 *.sld*

三通阀 *.sld*

四通阀 *.sld*

截止阀 *.sld*

电动阀 *.sld*

液动阀 *.sld*

气动阀 *.sld*

减压阀 *.sld*

旋塞阀 *.sld*

隔膜阀 *.sld*

…

将幻灯片文件名（不含扩展名）依次输入到文本编辑器中（图 9-10）。

② 将幻灯片库所含幻灯列表文件以文本方式（.txt）存放，然后退出文本编辑器。例如，将阀门幻灯片库文件列表存为 *par. txt*。

③ 将程序文件 *slidelib. exe* 拷贝到幻灯片文件（.sld）和幻灯片库列表文件所在目录。例如，*par. txt* 文件与所含幻灯片文件同在目录 FAMEN 中，应将文件 *slidelib. exe* 拷贝到 FAMEN 中。

④ 从 AutoCAD 转到 MS-DOS。或拾取 **Windows 2000/开始/运行(R)** 选项，在**运行/打开(O)** 编辑框输入 command，单击**运行/确定**按钮。

⑤ 进入创建幻灯片库的目录路径，创建幻灯片库的语句如下：

slidelib 幻灯片库名 ＜ 幻灯片列表文本文件

例如，在 FAMEN 目录下创建幻灯片库的语句为：*slidelib famenslb* ＜ *par. txt*

创建幻灯片库文件时，系统将自动添加扩展名 .sld，完成创建操作后可在 FAMEN 目录下看到新增幻灯片库文件 *famenslb. sld*。若要从幻灯片库中添加或删除幻灯片，须更新幻灯片列表文件后用命令 slidelib 重建，重建幻灯片库时要求包含的所有幻灯片文件都必须可用。因此，创建幻灯片库后不要删除原始幻灯片，否则无法用实用程序 slidelib 更新幻灯片库文件。

9.5.4 查看幻灯片库

查看幻灯片库中幻灯片仍用命令 vslide，但须指定幻灯片所在位置。格式如下：

幻灯片库名（幻灯片名）

执行命令 vslide 前须置系统变量 FILEDIA 为 0，否则将出现选择幻灯文件对话框。查看步骤如下：

① 置系统变量 FILEDIA 为 0；

② 执行命令行命令 vslide；

③ 指定需查看的幻灯片：幻灯片库名（幻灯片名）。例如，famenslb（闸阀）。

拾取**菜单栏/视图(V)/重画(R)** 选项可清除 AutoCAD 绘图区幻灯片图像。

9.5.5 定义图像控件菜单

图像控件菜单常用于可视化选择与操作中。例如，在专业 CAD 中插入图块往往用图像控件菜单辅助完成。图像控制件菜单在菜单源代码文件中定义格式为：

```
***IMAGE
**&lt;图像控件菜单名&gt;
[菜单项] 菜单命令
```

而菜单项常用格式如下：

[幻灯片库名，(幻灯片文件名，幻灯片标号)] 菜单命令

幻灯片标号将显示在图像控件菜单的左方。例如，阀门图像控件菜单（图 9-11）在示例菜单 *.mnu* 源代码文件（参见 11.10）中的定义为：

```
***IMAGE                                   //在菜单源代码文件中标识图标菜单开始
**par                                      //用于菜单调用的图标菜单名
[阀门]                                     //显示在图像控制件菜单中的名称
[famenslb(闸阀，闸阀)] ^C^C-insert 闸阀    //"^C^C- insert 闸阀"表示终止程序插入块
[famenslb(角阀，角阀)] ^C^C-insert 角阀
[famenslb(三通阀，三通)] ^C^C-insert 三通阀
[famenslb(四通阀，四通)] ^C^C-insert 四通阀
[famenslb(截止阀，截止)] ^C^C-insert 截止阀
[famenslb(电动阀，电动)] ^C^C-insert 电动阀
[famenslb(液动阀，液动)] ^C^C-insert 液动阀    //幻灯片标号"液动"将显示在左区
[famenslb(气动阀，气动)] ^C^C-insert 气动阀
[famenslb(减压阀，减压)] ^C^C-insert 减压阀
[famenslb(旋塞阀，旋塞)] ^C^C-nsert 旋塞阀
[famenslb(底阀，底阀)] ^C^C-insert 底阀
[famenslb(球阀，球阀)] ^C^C-insert 球阀
…
```

用此方法可建立卫生洁具、空调、管道附件、设备仪表等相关图像控件菜单，以方便使用。菜单调用方法将在 15.10 节中介绍。

9.6 数 据 库

可从带属性的图块中提取属性以形成专业数据库，也可在数据库管理系统中直接创建。常用数据库管理系统有 Access 、FoxPro、SQL Server、Oracle。而 AutoCAD 2004 提供了与数据库连接的功能，并支持对外部数据库的修改、查询等访问操作。在 AutoCAD 中建立数据库记录与图形对象的链接，可动态了解图形对象的相关信息，方便标注、统计、计算等。

9.6.1 数据库连接

连接数据库与 AutoCAD 应在**数据库连接管理器**中进行（图 9-12）。打开**数据库连接管理器**通常有 2 种方法。

① 执行命令行命令 dbConnect，或命令别名 DBC。

② 单击**菜单栏/工具(T)/数据库连接(D)** 选项。

打开数据库连接管理器的同时将添加**数据库连接（D）**到菜单栏中（图 9-13）。

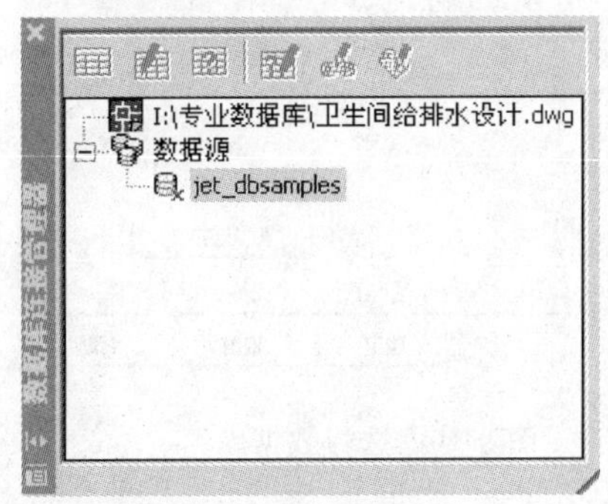

图 9-12 数据库连接管理

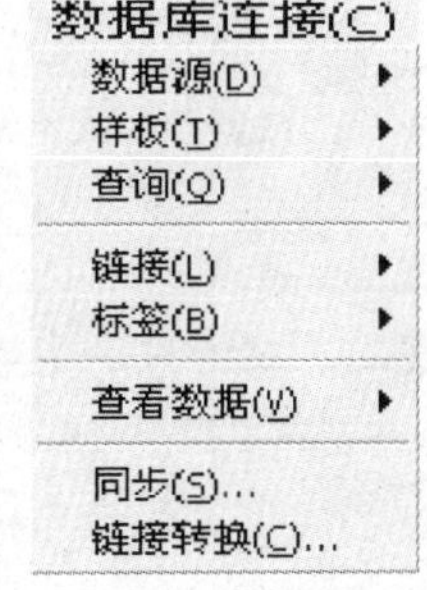

图 9-13 数据库连接菜单

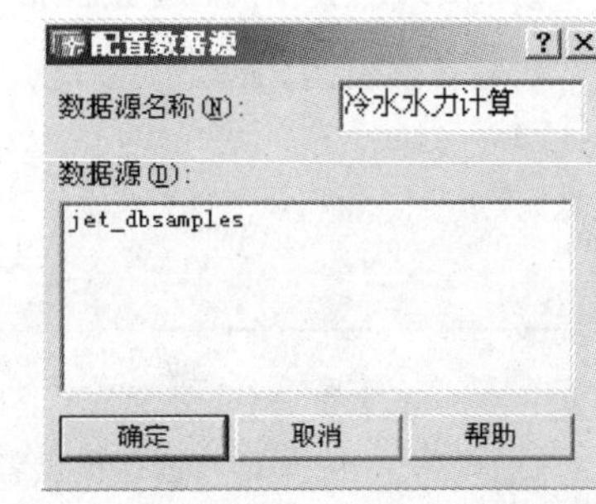

图 9-14 添加数据源节点

数据库连接管理器含一组按钮和一个窗口，位置与大小皆可改变。窗口中树状图含：

① 图形节点：已打开图形文件。如卫生间给排水设计 *.dwg*。

② 数据源节点：已经配置的数据源。如 AutoCAD 已配置数据源为 jet _ dbsamples。

从图 9-12 可知当前系统只有一个数据源，因数据源节点 jet _ dbsamples 前符号为×，说明数据库与 AutoCAD 处于断开状态。

添加、配置、连接数据源节点的步骤如下：

1）添加数据源节点：单击图 9-12 窗口中**数据源**上鼠标右键，拾取**快捷菜单/配置数据源…**选项，将出现**配置数据源**对话框（图 9-14），添加数据源节点应在该对话框中完成。例如，在**数据源名称(N)** 文本编辑框中输入冷水水力计算，单击**确定**按钮后将出现**冷水水力计算**数据源节点的**数据链接属性**窗口（图 9-15）。

2）配置数据源属性：配置数据源节点的**数据链接属性**需要在图 9-15、9-13 中完成，通常先选择提供者再进行连接。

① **提供者**窗口用于选择希望连接的数据（图 9-15）。若连接 Access 数据库（*.mdb*），则提供者应选 Microsoft Jet 4.0 OLE DB Provider。在 Access 数据库管理系统中可导入其他数据库，也就是将其他数据库转换为 *.mdb*。

② **连接**窗口用于指定需要连接的数据库名称（图 9-16）。并把名称输入到**选择或数据库名称(D)** 文本编辑框中。例如，图 9-16 中 **I:\专业数据库\冷水水力计算** *.mdb*。

连接已有数据源节点 jet _ dbsamples 可省略第 1 步，单击放在数据源节点 jet _ dbsamples 上鼠标右键，拾取**快捷菜单/配置(E)…**选项即可打开**数据源链接属性**窗口。在此可使用 AutoCAD 提供的数据库 *db _ samples. mdb* 作为连接数据库，大致路径为：Auto-

数据链接属性

提供者 | 连接 | 高级 | 所有

选择您希望连接的数据：

OLE DB 提供者

MediaCatalogDB OLE DB Provider
MediaCatalogMergedDB OLE DB Provider
MediaCatalogWebDB OLE DB Provider
Microsoft Jet 3.51 OLE DB Provider
Microsoft Jet 4.0 OLE DB Provider
Microsoft OLE DB Provider For Data Mining Services
Microsoft OLE DB Provider for Internet Publishing
Microsoft OLE DB Provider for ODBC Drivers
Microsoft OLE DB Provider for OLAP Services 8.0
Microsoft OLE DB Provider for Oracle
Microsoft OLE DB Provider for SQL Server
Microsoft OLE DB Simple Provider
MSDataShape
OLE DB Provider for Microsoft Directory Services

下一步(N)>>

确定 取消 帮助

图 9-15 选择提供者

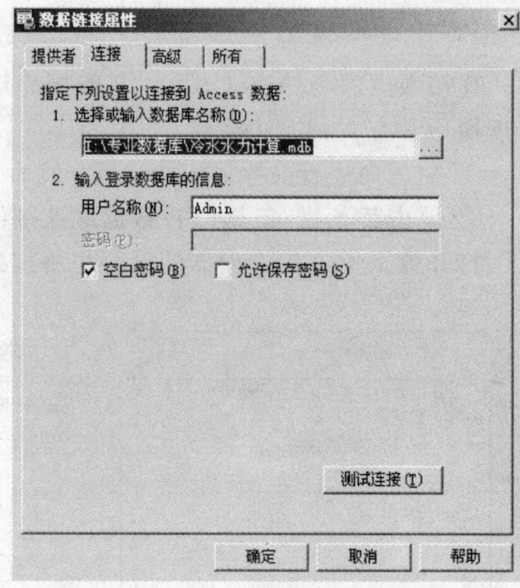

图 9-16 选择数据库

CAD 目录 \ sample \ db _ samples. mdb。

3）测试连接： 单击**数据链接属性/连接/测试连接(T)** 按钮，可测试指定数据库与 AutoCAD 连接状态。正常连接时将在 **Microsoft 数据链接**信息框中显示测试连接成功信息。单击**数据链接属性/确定**按钮将正常链接的数据源节点显示在数据库连接管理器窗口中。例如，数据库连接管理器窗口的树形目录中将增加数据源节点**冷水水力计算**（图 9-17），而图 9-17 中共有 3 个数据源节点。

在数据库连接管理器中，常用以下方法连接或断开已有数据源节点。

① 双击数据源节点名称。

② 单击数据源节点上鼠标右键，拾取**快捷菜单/连接(断开)** 选项。

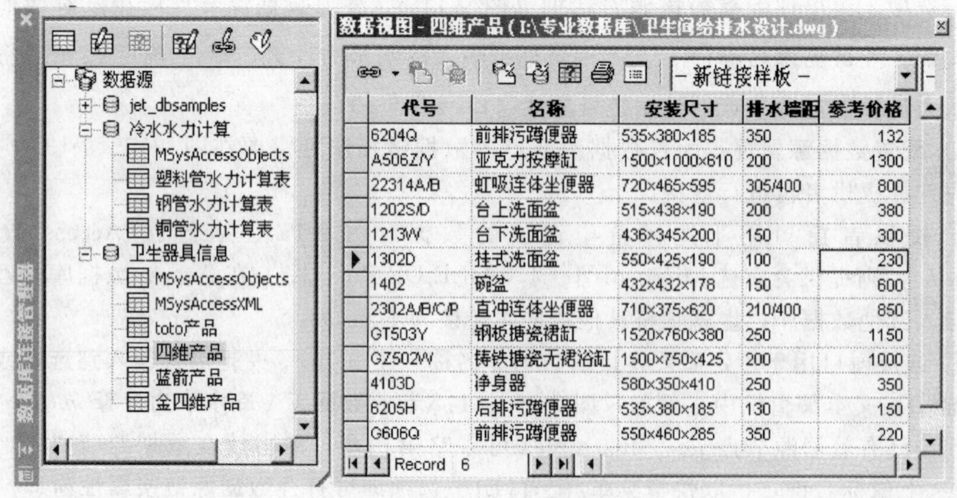

代号	名称	安装尺寸	排水墙距	参考价格
6204Q	前排污蹲便器	535×380×185	350	132
A506Z/Y	亚克力按摩缸	1500×1000×610	200	1300
22314A/B	虹吸连体坐便器	720×465×595	305/400	800
1202S/D	台上洗面盆	515×438×190	200	380
1213W	台下洗面盆	436×345×200	150	300
1302D	挂式洗面盆	550×425×190	100	230
1402	碗盆	432×432×178	150	600
2302A/B/C/P	直冲连体坐便器	710×375×620	210/400	850
GT503Y	钢板搪瓷裙缸	1520×760×380	250	1150
GZ502W	铸铁搪瓷无裙浴缸	1500×750×425	200	1000
4103D	净身器	580×350×410	250	350
6205H	后排污蹲便器	535×380×185	130	150
G606Q	前排污蹲便器	550×460×285	350	220

图 9-17 数据连接与数据视图

双击数据库表名可打开**数据视图**窗口，以查看数据源节点下表中内容。例如，双击**数据库连接管理器/卫生器具信息/四维产品**项目，将在视图窗口中显示四维产品数据库表（图 9-17 右）。使用**数据视图**窗口上方的按钮，能链接当前记录与图形对象，修改与查询外部数据库文件等，读者不妨一试。

9.6.2 数据库应用

下面通过两个实例说明专业数据库在建筑设备与环境工程设计中的应用，以作抛砖引玉之用。未学过数据库基础知识的读者可将它作为常识来了解。

数据视图 - 钢管水力计算表（I:\专业数据库\卫生间给排水设计.dwg）

钢管链接 | 钢管管径2

设计类型	当量数	流量	可选管径1	流速1	水头损失1	可选管径2	流速2	水头损失2
医院、疗养	1800	16.9	DN100	1.96	77.300003	DN125	1.28	24.9
医院、疗养	1850	17.2	DN125	1.3	25.65	DN150	0.91500	10.5
医院、疗养	1900	17.4	DN125	1.3200	26.4	DN150	0.93000	10.8
医院、疗养	1950	17.6	DN125	1.375	28.200001	DN150	0.94	11.1
医院、疗养	2000	17.8	DN125	1.375	28.200001	DN150	0.94	11.1
▶ 旅馆、招待	1	0.2	DN10	1.92	1318	DN15	1.17	354
旅馆、招待	2	0.40	DN20	1.24	263	DN25	0.75	74.800003
旅馆、招待	3	0.60	DN20	1.86	591	DN25	1.13	159
旅馆、招待	4	0.80	DN25	1.51	279	DN32	0.83999	63.200001
旅馆、招待	5	1	DN25	1.88	437	DN32	1.05	95.699997
旅馆、招待	6	1.2	DN32	1.27	135	DN40	0.94999	66.300003
旅馆、招待	7	1.32	DN32	1.37	159	DN40	1.03	76.900002
旅馆、招待	8	1.41	DN32	1.53	197	DN40	1.15	94.400002

Record 851

图 9-18　钢管水力计算数据视图

例 1：查询钢管水力计算表（图 9-18），为宾馆卫生间给水管道选择并标注管径（图 9-19）。

数据库文件冷水水力计算 *.mdb* 中有多个表，全部显示在冷水水力计算数据源节点下（图 9-17 左），双击图 9-17 中**冷水水力计算/钢管水力计算表**可打开钢管水力计算表的数据视图（图 9-18），其中带有符号▶的记录为当前记录。从数据视图可知，钢管水力计算表是对设计手册按实际需要整理而得的，据此可按设计类型、管道上设备当量总数选择管径。过程如下：

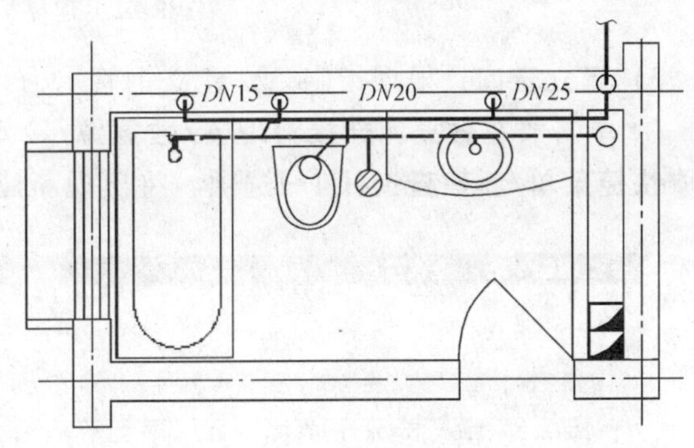

图 9-19　宾馆卫生间平面图

1）**建立链接样板**：建立钢管水力计算表中当前记录与所选管道图形链接样板的步骤如下：

① 单击**数据库连接管理器/数据源/冷水水力计算/钢管水力计算表**上鼠标右键，拾取**快捷菜单/新建链接样板(L)…**选项，将出现**新建链接样板**对话框。

② 输入钢管链接到**新建链接样板/新链接样板名(N)** 编辑框中，单击[继续]按钮将出现**链接样板**窗口（图 9-20）。

③ 在**链接样板**中将设计类型和当量数作为主键，即置这 2 个字段前的复选框为[√]，

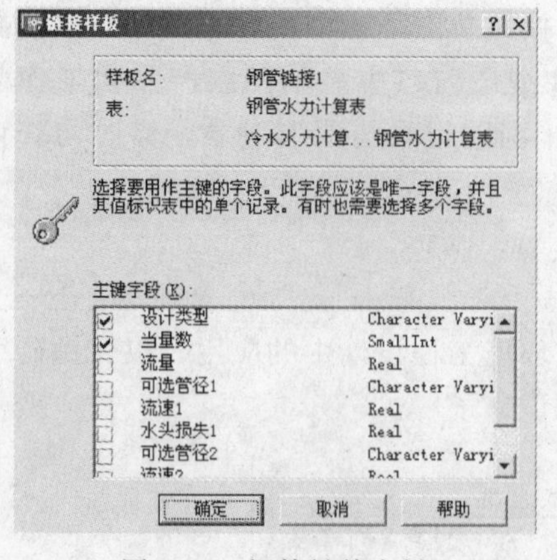

图 9-20 钢管链接主键

单击**链接样板**/**确定**按钮，即可完成**钢管链接样板**的建立。

2）建立标签样板：建立钢管水力计算表中当前记录与所选管道图形标签样板的步骤如下：

① 单击放在**数据库连接管理器**/**数据源**/**冷水水力计算**/**钢管水力计算表**上的鼠标右键，拾取**快捷菜单**/**新建标签样板(I)**…选项，将出现**新建标签样板**对话框。

② 输入钢管管径1到**新建标签样板**/**新标签样板名(N)**编辑框，单击**继续**按钮将出现**标签样板**窗口（图 9-21）。

③ 按图 9-21 所示，将可选管径 1 字段添**加（A）**到文本编辑框，同时设置字体、字高、宽度、引线、对齐方式等，单击**标签样板**/**继续**按钮完成钢管管径 1 标签样板的建立。

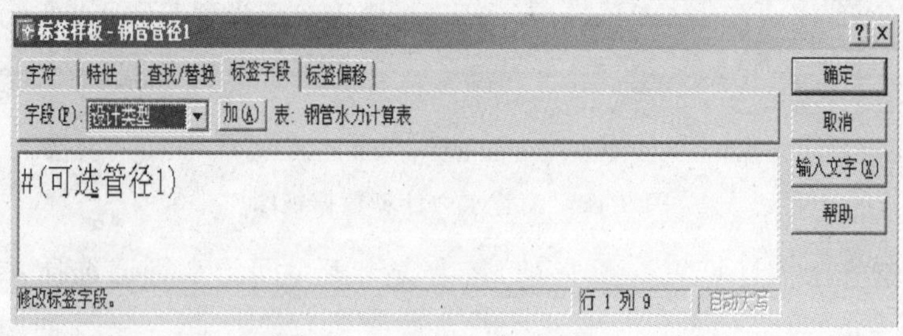

图 9-21 建立标签样板

3）建立查询：根据指定条件建立钢管水力计算表查询的步骤如下：

① 单击放在**数据库连接管理器**/**数据源**/**冷水水力计算**/**钢管水力计算表**上鼠标右键，拾取**快捷菜单**/**新建查询(Q)**…选项，将出现**新建查询**对话框。

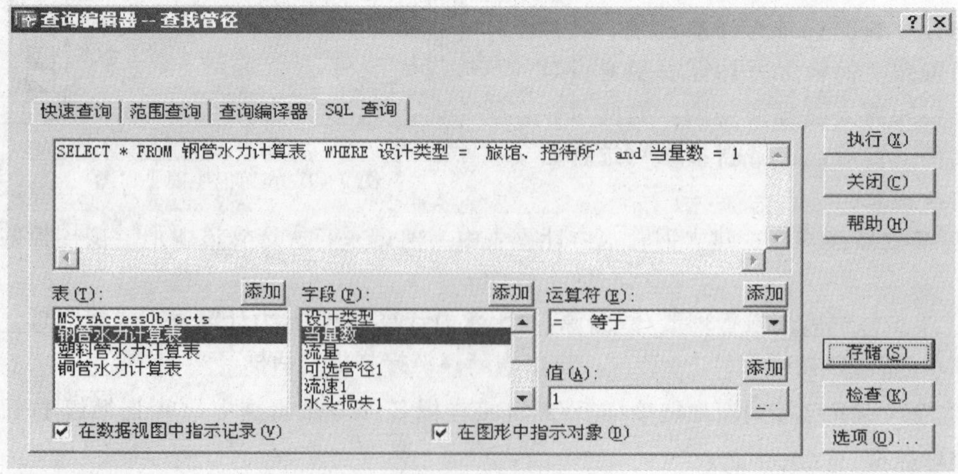

图 9-22 管径查询条件

② 输入查找管径到**新建查询/新查询名(N)** 编辑框，单击 继续 按钮将出现**查询编辑器**对话框，图 9-22 是**查询编辑器/SQL 查询**界面。

③ 该窗体中文本编辑区中内容是用户直接输入的 SQL 查询语句：

SELECT * FROM 钢管水力计算表 WHERE 设计类型='旅馆、招待所' and 当量数=1

也可将所选表(T)、字段(F)、运算符(E)、值(A) 列表框中当前项 添加 到编辑框中以形成 **SOL** 语句。由于其他 3 个选项卡的操作界面不难理解，故在此不详述。使用查询编辑器建立查询，以便从上万条记录的数据库中快速找到符合条件的记录。特别地，单击**查询编辑器/ 检查(K)** 按钮，可检测 SQL 语法错误；单击**查询编辑器/ 存储(S)** 按钮，能保存查询结果；单击**查询编辑器/ 执行(X)** 按钮，将得到图 9-23 的查询结果。

数据视图 - 钢管水力计算表 (1:\专业数据库\卫生间给排水设计.dwg)

钢管链接　钢管管径2

设计类型	当量数	流量	可选管径1	流速1	水头损失1	可选管径2	流速2	水头损失2
旅馆、招待所	1	0.2	DN10	1.92	1318	DN15	1.17	354

Record 2

图 9-23　查询结果

4）创建链接：单击数据视图左上角**链接**图标，再选择管道对象，可按指定链接样板建立当前记录与管道图形间的链接。例如，用钢管链接作样板创建钢管水力计算表中记录与管道间的链接。

5）创建独立标签：用户可根据链接记录中流速、单位长度水头损失选择符合设计要求的管径。并由管径值确定所用标签样板是钢管管径 1 还是钢管管径 2，拾取**数据视图/链接和标签设置/创建独立标签(F)** 选项，单击创建独立标签图标，指定需要标注的管段即可将管径值标注在管道旁。按此方法，能完成宾馆卫生间给水设计与管径标注（图 9-19）。

例 2：以四维产品为例建立卫生洁具信息与图 9-24 中卫生设备的链接，并标注设备的排水墙距。其中，四维产品数据视图见图 9-17 右侧。操作步骤如下：

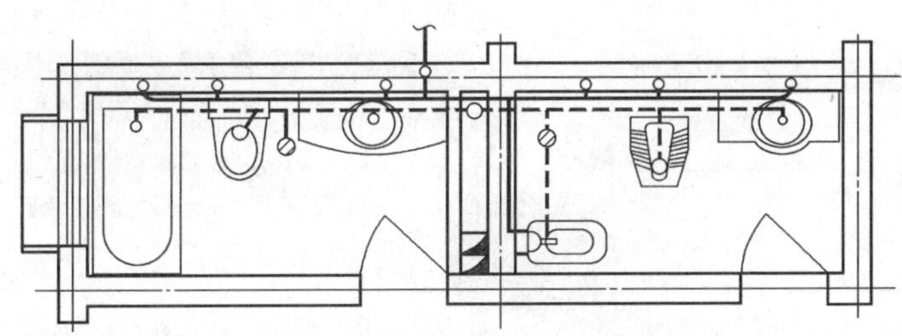

图 9-24　卫生间给排水平面图

1）新建链接样板：以代号字段为主键，创建四维产品链接样板。

2）新建标签样板：以排水墙距为标注字段，创建排水管离墙距离标签样板。

3）建立卫生器具与数据库的链接关系：建立设备块与数据库表中记录间的链接，以便通过链接关系了解设备块的相关信息。图 9-25 中**数据管理链接器**树形图中含已创建链

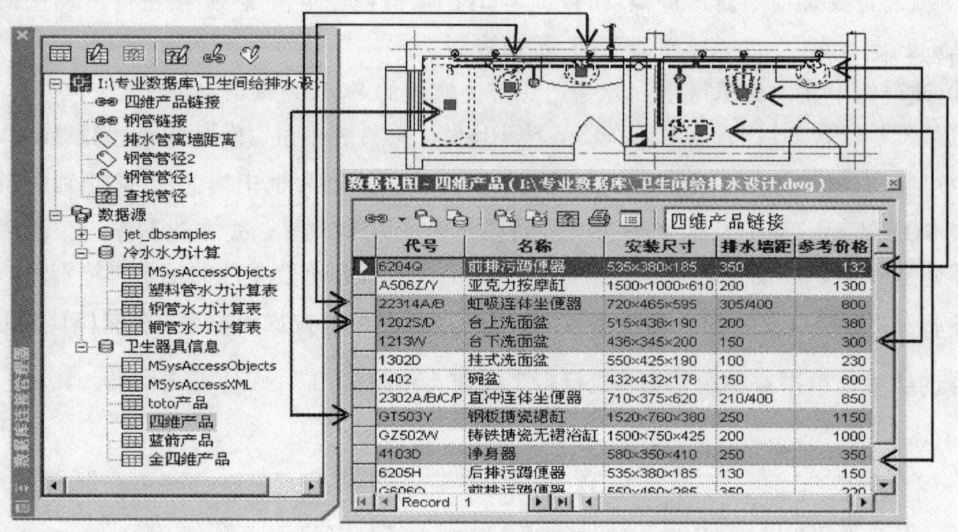

图 9-25　四维产品信息与卫生器具的链接

接样板、标签样板与查询，而四维产品**数据视图**与卫生间给排水平面图标识了所有设备块与四维产品信息的链接情况。

4）创建独立标签：将排水墙距字段值标注在对应卫生器具旁（图 9-26），并可由**菜单栏/数据库连接(C)/标签(B)** 下菜单选项，删除、显示与隐藏现有标签。

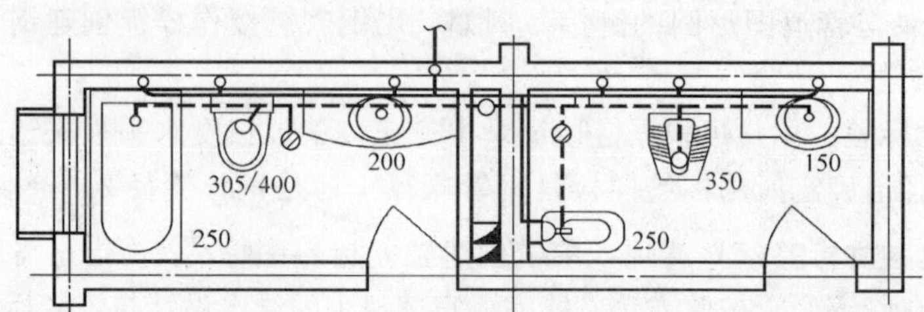

图 9-26　标注卫生器具的排水墙距

5）输出链接：输出链接设备相关信息到文件的步骤如下：

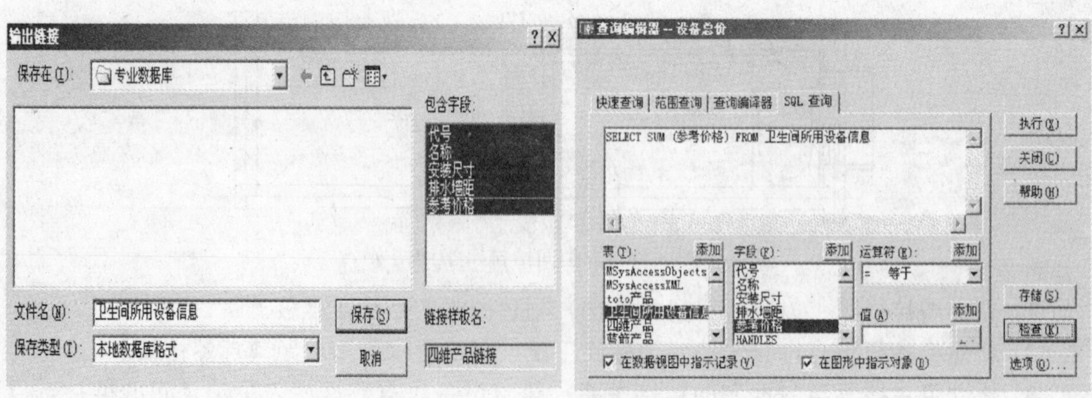

图 9-27　输出链接的设置　　　　图 9-28　计算设备参考总价

① 拾取**菜单栏/数据库连接(C)/链接(L)/输出链接(E)**…选项，选择需要输出的链接图形，将出现图 9-27 所示的**输出链接**对话框。特别地，选择输出设备对象时不要包含标签，否则同一记录会出现 2 次。

② 在**输出链接**对话框中指定存储信息的文件名称与类型，选择准备输出的设备信息(即包含字段)，单击**输出链接/保存 (S)** 按钮，即可产生一个数据库表文件。例如，图 9-27 将建立一个名称卫生间所用设备信息的本地数据库表文件。

③ 随后**卫生间所用设备信息**将显示在数据源节点**卫生器具信息**下。

6）统计计算：图 9-28 是对卫生间所用设备信息表建立的设备总价 SQL 查询，单击**查询编辑器/执行(I)** 按钮，将算出设备参考总价（图 9-29)。

图 9-29　查询设备参考总价

由上可知，在 AutoCAD 中既可直接查询专业数据库，又可用数据库中所选字段值来标注链接图形，还能对指定对象的链接数据进行统计、计算等。共享专业数据库不仅减少了数据冗余，而且减少了繁琐的输入，较属性更为方便、快捷、有效，具有优化设计、提高效率的作用。

第 10 章　常用程序开发方法

10.1 命令脚本

AutoCAD 提供了一个叫 Script File（脚本文件）的工具，允许将不同的 AutoCAD 命令组合起来按预先确定的顺序执行。该命令组文件亦称为脚本文件，其扩展名为 **.scr*，可用任意文本编辑器编辑。脚本文件具有 AutoCAD 的编辑、修改、绘图、输出等功能，但在脚本文件中不能交互输入以及调用对话框、菜单等。

10.1.1 编写与调用脚本

1）编写脚本（*.scr*）

编写脚本文件必须熟悉 AutoCAD 常用命令功能、选项以及命令序列，才能在脚本文件中提供正确的响应顺序。特别地，脚本文件中空格键 SpaceBar 与回车键 Enter 用于分隔命令或数据，使用时要仔细斟酌，不能随意增删，否则执行脚本文件时将导致非正常中断或错误执行。为方便阅读并防止出错，编写脚本文件时最好一个命令或一组参数独占一行。但本节为了节约篇幅还用选用空格来表示命令或数据字段的结束，并用字符“␣”代表，以便引起读者的注意。编写脚本文件规则如下：

① 空格代表回车。

② 注释行以分号开头，且不能与命令或其他参数位于同一行。

③ 字母大小写不限。

④ 文件最后一行必须为空。

例如，编写一个名为旋塞阀 *.scr* 的脚本文件，绘制图 10-1 所示的图形并使它充满屏幕。其文件内容为：

```
layer␣m␣shebei␣l␣continuous␣␣c␣4␣␣
；新建 shebei 层并置为当前层。线型：continuous 颜色：（青）4 号
snapmode␣0
；关闭捕捉模式（snapmode 为系统变量）
line␣0，0␣@800，400␣@0，-400␣@-800，400␣C
；绘制图中 10-1 中所有直线
circle␣400，200␣50
；绘制以 400，200 为圆心 50 为半径的圆
trim␣w␣200，400␣600，0␣␣400，200␣380，190␣
；剪切在圆内的直线段
zoom␣e
```

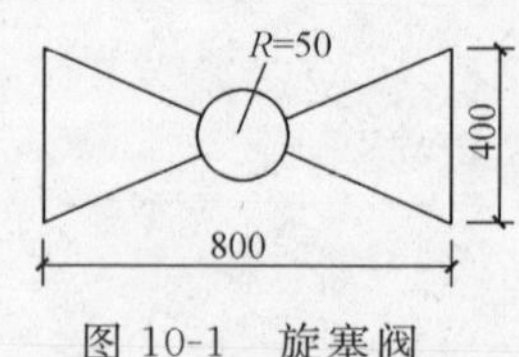

图 10-1　旋塞阀

；在范围内缩放图形使之充满屏幕

除以前学过的 AutoCAD 命令外，下列命令在脚本中十分有效（表 10-1）。其中，前面带有撇号（′）的命令表示可透明执行。

脚本文件中常用命令与说明 **表 10-1**

命令	说 明
′delay	在脚本中提供指定时间的暂停(以毫秒 ms 为单位)，最大允许延迟值是 32767，其延迟时间稍短于 33s
′grapshcr	从文本窗口切换到绘图区域
resume	如果运行脚本时出现错误(被挂起)，可用该命令来实现继续执行被中断脚本文件的功能
rscript	常用于重复执行脚本文件。如果 rscript 是脚本文件中的最后一行，此文件将循环运行直到用户按 Esc 键中断
′textscr	切换至文本窗口

2）调用脚本

用命令 script 调用和运行脚本，AutoCAD 将根据脚本文件规定的序列依次执行 AutoCAD 命令，类似于执行 DOS 操作系统中的批处理文件（＊*.bat*）。例如，运行旋塞阀*.scr* 脚本文件的步骤如下：

① 拾取**菜单栏/工具(T)/运行脚本(R)**…选项或执行命令行命令 script，将出现**选择脚本文件**对话框（图 10-2）。

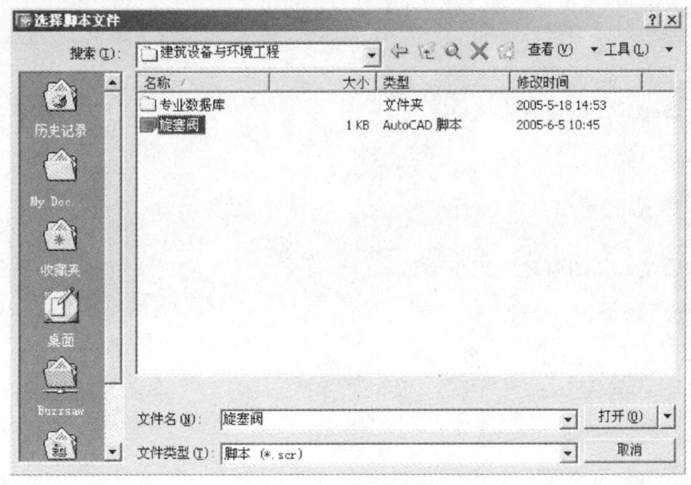

图 10-2 选择脚本文件示例

② 输入脚本文件名旋塞阀*.scr* 到**选择脚本文件/文件名(N)** 对话所对应文本编辑框中。

③ 单击**选择脚本文件/打开(O)**按钮，将执行脚本文件旋塞阀*.scr*。

AutoCAD 将按脚本文件旋塞阀*.scr* 中规定的顺序完成图 10-1 的绘制。特别地，脚本文件勿需编译，若不满意绘图效果应参考命令文本窗口（F2）与所绘图形找出问题，以便继续修改与测试直到满意为止。中断正在运行的脚本文件应使用 Esc 键或 SpaceBar 键。

10.1.2 用脚本展播幻灯

使用命令脚本文件成批放映幻灯片，介绍与展播工程设计概况与效果，以便于相互交流与学习。也可以缩短一组幻灯片的连续展播时间以产生动画效果。

通常情况下，幻灯片的显示速度与 AutoCAD 访问磁盘读取幻灯文件的速度有关，如果在放映幻灯片时能将下一个幻灯片从磁盘预先加载到内存，让新幻灯片直接从内存中显示可保证放映效果。预先加载幻灯片的方法是在幻灯片文件名前加星号 *。这样，下一个 vslide 命令可检测到该幻灯片已被预先加载，并直接显示而不再要求输入幻灯片文件名。

加载下一个幻灯片的磁盘访问时间与当前幻灯片的观看时间相重叠。可以使用 delay 命令指定额外延迟时间，每个延迟单位是 1ms。停止重复脚本请按 Esc 键，恢复执行脚本请用 resume 命令。

例如，用设计步骤 *.scr* 脚本文件，连接播放预先制作的一组幻灯，以介绍建筑给排水工程的设计步骤与方法，展示 AutoCAD 的制图功能。该脚本文件的部分内容如下。

```
vslide␣图框␣
；插放图框 .sld 幻灯片
vslide␣*轴线与标注␣
；预装轴线与标注 .sld 幻灯片
delay␣4000␣
；延时 4000ms
vslide␣
；插放轴线与标注 .sld 幻灯片
vslide␣*柱子与墙线␣
；预装柱子与墙线 .sld 幻灯片
delay␣4000␣
；延时 4000ms
vslide␣
；插放柱子与墙线 .sld 幻灯片，以下类似
vslide␣*门窗与设备␣
delay␣4000␣
vslide␣
vslide␣*管线与文字␣
delay␣4000␣
vslide␣
vslide␣*镜像与电梯␣
delay␣4000␣
vslide␣
vslide␣*拷贝与修改␣
delay␣4000␣
vslide␣
vslide␣*大样图管线␣
```

```
delay␣4000␣
vslide␣
vslide␣*大样图标注␣
delay␣4000␣
vslide␣
vslide␣*厨卫系统图␣
delay␣4000␣
vslide␣
vslide␣*标注厨卫系统图␣
delay␣4000␣
vslide␣
vslide␣*住宅系统图␣
delay␣4000␣
vslide␣
vslide␣*标注住宅系统图␣
delay␣4000␣
vslide␣
vslide␣*布局与效果␣
delay␣4000␣
vslide␣
；插放布局与效果 .sld 幻灯片文件
```

10.1.3 脚本与高级语言

因命令脚本的格式非常严格且不易把握，最好使用高级语言来生成。即用任何高级语言将 AutoCAD 命令与参数按脚本文件格式输出到文件，以快速、准确地编写命令脚本以实现参数化绘图。

下面以 C 语言为例，介绍用参数化绘图方法生成绘制阀门的脚本文件，用其他高级语言编写脚本的方法类似。以下程序在 Visual C＋＋ 6.0 中调试通过，为节省篇幅采用了 C＋＋注释“//”方法，若在 C 环境中运行须将注释语句去掉，或将符号“//”后的注释文字放入“/ *”“* /”中。步骤如下：

① 按 AutoCAD 命令格式建立基本绘图程序头文件 *basedraw.h*

```
#include <stdio.h>                                   //输入输出头文件

FILE *fp;                                            //定义用于文件操作的指针

void scr_line (double x1, double x2, double y1, double y2)   //两点 (x1, y1), (x2, y2) 绘线
{ fprintf (fp,"line \n %f,%f \n %f,%f \n \n", x1, x2, y1, y2);}
                                                     //输出到 fp 指向的文件, end_line

void scr_donut (double r1, double r2, double x, double y)  //圆环内径 r1, 外径 r2, 圆心 (x, y)
```

```
    { fprintf (fp,"donut\n %f\n %f\n %f,%f\n\n", r1, r2, x, y);}
                                        //输出到 fp 指向的文件, end _ donut

    void scr _ circle (double x, double y, double r)      //由圆心 (x, y) 与半径 r 绘圆
    { fprintf (fp,"circle\n %f,%f\n %f\n", x, y, r);}     //同上, end _ circle

    void scr _ arc (double x1, double y1, double x2, double y2, double x3, double y3)
                                        //3 点绘弧
    { fprintf (fp,"arc\n %f,%f\n %f,%f\n %f,%f\n", x1, y1, x2, y2, x3, y3);}
                                        //end _ arc

    void scr _ rect (double x1, double y1, double x2, double y2, int wid) //由点 (x1, y1), (x2, y2) //
                                        绘矩形
    { fprintf (fp,"rectang\n w\n %d\n non\n %f,%f\n non\n @%f,%f\n", wid, x1, y1, x2,
y2);}                                   //end _ rect

    void scr _ txt (char * sty, double x, double y, double hig, double ang , char * str)
                                        //写文字
    { fprintf (fp,"text\n s\n %s\n non\n %f,%f\n %f\n %f\n %s\n", sty, x, y, hig, ang,
str);}                                  //end _ txt

    void scr _  attblk (char * name, double x, double y, int ang, char st)
                                        //插入属性块
    { fprintf (fp,"-insert\n %s\n non\n %f,%f\n 1\n 1\n %d\n %c\n", name, x, y, ang,
st);}                                   //end _ attblk

    void scr _ blk (char * name, double x, double y)      //定义图块
    { fprintf (fp,"-block\n %s\n non\n %f,%f\n all\n\n", name, x, y);}
                                        //end _ blk

    void scr _ ins (char * name, double x, double y, int ang)  //插入图块
    { fprintf (fp,"-insert\n %s\n non\n %f,%f\n 1\n 1\n %d\n", name, x, y, ang);}
                                        //end _ ins

    void scr _ dim (double x1, double y1, double x2, double y2, double u, double v)
                                        //标注
    { fprintf (fp,"dimlinear\n non\n %f,%f\n non\n %f,%f\n non\n %f,%f\n", x1, y1, x2,
y2, u, v);
    }                                   //end _ dim
```

② 根据需要，调用 *basedraw. h* 编写实际绘图程序绘阀门 *.c*

```
    #include <stdio. h>
    #include <string. h>                    //字符串处理
    #include <process. h>                   //含 exit (int) 的原形及定义
```

```
#nclude "basedraw. h"                                          //见前

void main ()                                                   //定义 main 函数
{ void jzf (double, double, double);                           //函数声明
  void gmf (double, double, double);
  void stf (double, double, double);
  void wdtjf (double, double, double);
  void jyf (double, double, double);
  double x, y, a; int type =1;                                 //变量声明
  char * scr _ name [5] = {"截止阀","隔膜阀","四通阀","温度调节阀","减压阀"}, filename
[20];

  printf ("截止阀(1)/隔膜阀(2)/四通阀(3)/温度调节阀(4)/减压阀(5)/退出(0)/<截止阀>:");
                                                               //输入名称提示
  do { scanf ("%d", &type);                                    //输入阀门名称代码
     } while (type <0 || type > 5);                            //直到输入 [0, 5] 间整数为止, end _ do
  if ( type! =0)                                               //输入值不为 0
    { printf (" \n 脚本文件名:%s. scr:", scr _ name [type-1] );
                                                               //输出脚本文件名
      strcpy (filename, scr _ name [type-1]);                  //filename=输入代码对应字串
      strcat (filename,".scr");                                //增加扩展名 .scr
      if ((fp=fopen (filename,"w")) ==NULL)                    //以写方式打开文件
       { printf (" \n 不能打开输出文件!");                      //未打开时给出信息, 并退出
         return;}                                              //end _ if
      printf (" \n 基点:");                                    //输入阀门基点
      scanf ("%f,%f", &x, &y);                                 //输入时用半角逗号分隔
      do {printf ( " \n 阀门长度 (图形单位):");                 //输入阀门长度
           scanf ("%f", &a);                                   //输入阀门长
         } while (a≤0);                                        //直到大于 0 为止, end _ do
      fprintf (fp,"snapmode 0 \n");                            //关闭捕捉
    }                                                          // end _ then
  else exit (0);                                               //输入值=0 退出, end _ if _ else
   switch (type)                                               //按名称代码选择
     { case 1: jzf (x, y, a); break;                           //调用 jzf 绘截止阀, 跳出 switch
       case 2: gmf (x, y, a); break;                           //调用 gmf 绘隔膜阀, 跳出 switch
       case 3: stf (x, y, a); break;                           //调用 stf 绘四通阀, 跳出 switch
       case 4: wdtjf (x, y, a); break;                         //调用 wdtjf 绘温度调节阀, 跳出 switch
       case 5: jyf (x, y, a); break; }                         //调用 jyf 绘减压阀, end _ switch
  fclose (fp);                                                 //关闭脚本文件
   }                                                           //end _ main

void jzf (double x, double y, double a)                        //根据指定插入点与长度绘截止阀
{scr _ line (x, y-a/4, x+a, y+a/4);
```

```
scr _ line (x+a, y+a/4, x+a, y-a/4);
scr _ line (x+a, y-a/4, x, y+a/4);
scr _ line (x, y+a/4, x, y-a/4);
}

void gmf (double x, double y, double a)                    //根据指定插入点与长度绘隔膜阀
{jzf (x, y, a);        //绘截止阀
 scr _ line (x+a/2, y, x+a/2, y+a/2);
 scr _ line (x+a/4, y+a/2, x+3*a/4, y+a/2);
 scr _ donut (0, a/8, x+a/2, y);
}                         //end _ gmf

void stf (double x, double y, double a)                    //根据指定插入点与长度绘四通阀
{jzf (x, y, a);        //绘截止阀
 scr _ line (x+a/4, y+a/2, x+3*a/4, y-a/2);
 scr _ line (x+3*a/4, y-a/2, x+a/4, y-a/2);
 scr _ line (x+a/4, y-a/2, x+3*a/4, y+a/2);
 scr _ line (x+3*a/4, y+a/2, x+a/4, y+a/2);
}                         //end _ stf

void wdtjf (double x , double y, double a)                 //根据指定插入点与长度绘温度调节阀
{jzf (x, y, a);        //绘截止阀
 scr _ circle (x+a/2, y, a/6);
 scr _ line (x+a/2, y+a/6, x+a/2, y+a/3);
 scr _ arc (x+a/3, y+a/3, x+a/2, y+a/2, x+2*a/3, y+a/3);
 scr _ line (x+a/3, y+a/3, x+2*a/3, y+a/3);
}                         //end _ wdthif

void jyf (double x, double y, double a)                    //根据指定插入点与长度绘制减压阀
{scr _ rect (x, y-a/4, x+a, y+a/4, 0);
 scr _ line (x, y+a/4, x+a, y);
 scr _ line (x+a, y, x, y-a/4);
}                         //end _ jyf
```

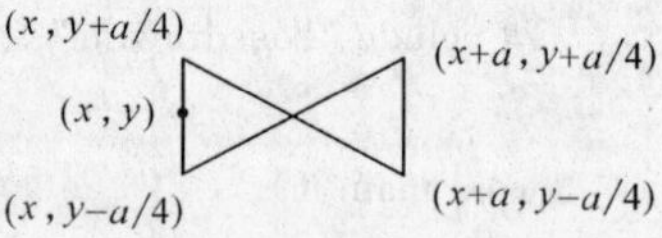

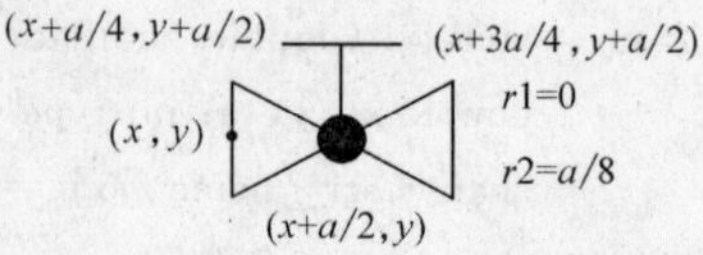

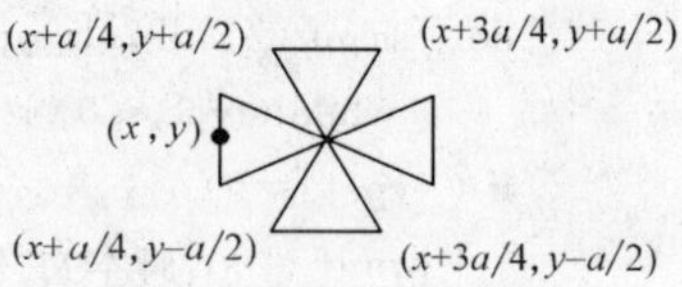

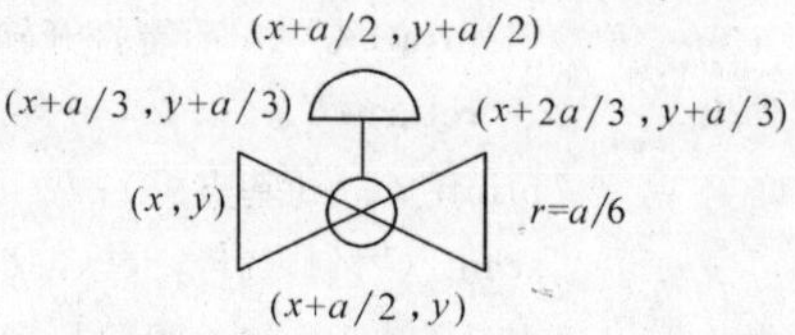

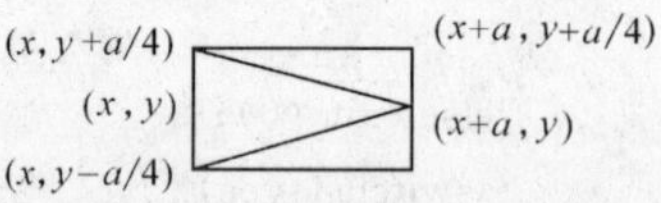

③ 在 AutoCAD 中运行由 C 程序生成的脚本文件，即可实现参数化绘制阀门。用户不妨仿此方法编写参数化绘制卫生洁具、图框等应用程序（参见 11.2）。

10.2 图形交换文件

DXF 文件是 Autodesk 公司为 AutoCAD 与外部 CAD/CAM 系统接口所定义的一种图形交换格式文件。随着 AutoCAD 在业界的广泛使用，多数 CAD/CAM 系统都具备与 AutoCAD 接口的功能。将图形数据按照一定规则与顺序存为文本格式易于阅读与分析。了解图形数据与文本数据的转换规则，有利于进行 AutoLISP 编程以二次开发 AutoCAD。

因篇幅有限，本节仅介绍一些与 AutoLISP 编程相关的基础知识。

10.2.1 DXF 文件结构

DXF 文件的最小组成单位是组（group），每组占两行：第一行是组码（code），第二行是组值（value），并以组码作简称。组码分为很多类，除有确定用途外还可由它确定相应组值的数据类型（见表 C-1）。

典型的 DXF 文件由节（section）构成，每个节又包含了多个组（表 10-2）。节的开头由一个组值为字符串 SECTION 的 0 组标识，后跟组值为表示节名字符串的 2 组。节的中间为组成该节的各个组。节的末尾以组值为字符串 ENDSEC 的 0 组标识。最后一节的后面应增加 DXF 文件结束标志，即组值是字符串 EOF 的 0 组。例如，在 DXF 文件尾对象节的结束标识后还应加上 DXF 文件的结束标识。

DXF 文件结构 表 10-2

<table>
<tr><th rowspan="2">序号</th><th rowspan="2">节名</th><th colspan="4">节 描 述</th></tr>
<tr><th>开 始</th><th colspan="2">组码及组值的描述内容</th><th>结 束</th></tr>
<tr><td rowspan="2">1</td><td rowspan="2">标题节</td><td rowspan="2">0
SECTION
2
HEADER</td><td colspan="2">记录图形一般信息，描述图形数据库的版本号及系统变量。例如：</td><td rowspan="2">0
ENDSEC</td></tr>
<tr><td>9
$CLAYER
8
0</td><td>用组码 9 标识系统变量名
组值是系统变量名 CLAYER（当前图层）
用组码 8 标识图层名称
组值是 0 层</td></tr>
<tr><td>2</td><td>类节</td><td>0
SECTION
2
CLASSES</td><td colspan="2">保存由应用程序定义的类，而该类实例则出现在块节、实体节和对象节中。
初学者可忽略对它的进一步了解</td><td>0
ENDSEC</td></tr>
<tr><td rowspan="2">3</td><td rowspan="2">表节</td><td rowspan="2">0
SECTION
2
TABLES</td><td colspan="2">主要描述包含以下 9 个符号表的相关信息</td><td rowspan="2">0
ENDSEC</td></tr>
<tr><td>APPID
BLOCK_RECORD
DIMSTYLE
LAYER
LTYPE
STYLE
UCS
VIEW
VPORT</td><td>应用程序标识符表
块引用描述表
尺寸标注格式描述
层描述表
线型定义表
文本格式表
用户坐标系统表
视图表
视口配置表</td></tr>
<tr><td>4</td><td>块节</td><td>0
SECTION
2
BLOCKS</td><td colspan="2">① 描述图形中所含块的定义，包括块中的实体
② 块节中的实体格式与实体节中的格式相同
③ 所有实体均在 BLOCK 与 ENDBLK 实体之间出现
④ 因块定义不能嵌套，故 BLOCK...ENDBLK 结构不能嵌套</td><td>0
ENDSEC</td></tr>
<tr><td>5</td><td>实体节</td><td>0
SECTION
2
ENTITIES</td><td colspan="2">描述构成图形的所有图形实体和块引用，但不含块内实体</td><td>0
ENDSEC</td></tr>
<tr><td>6</td><td>对象节</td><td>0
SECTION
2
OBJECTS</td><td colspan="2">包含图形数据库中所有非图形实体的定义数据。所有那些既不是实体，也不是符号表记录，又不是符号表的实体出现在该节中。
初学者可忽略对它的进一步了解</td><td>0
ENDSEC
0
EOF</td></tr>
</table>

读者不妨在 AutoCAD 新文件的 0 层画一个以（0，0）为圆心、10 为半径的圆，另存为 dxf 文件后再用写字板打开它，使用**菜单栏/编辑/查找(F)**…可快速找到与表 10-2 对应的每个节的开始与结尾，并在文件末尾清楚地看到文件结束标志。其他 DXF 组及组码的含义参见表 C-2。

由于 DXF 文件包含的信息量太大、不易读懂，查阅时只需按 DXF 文件格式抓住重要信息即可，勿需全部读懂。下面仅介绍与 AutoLISP 编程相关的表节和实体节的构成，以便进一步学习。

10.2.2 表节的构成

表节总是用固定的组来描述它的开始与结束，中间包含了 9 种表的描述（表 10-2）。这 9 种表的顺序可以改变，但表 LTYPE 总是在表 LAYER 之前，且每个表都用组值为字符串 TABLE 的 0 组来引入，然后是命名该表的 2 组，最后以组值为 ENDTAB 的 0 组结束该表。每个表的构成见表 10-3。

表的基本结构及意义 **表 10-3**

表的构成			实例	表节中各个表的通用组码及含义	
开始节	0 TABLE 2 ＜table type＞	表类型名称 （有 9 种供选择）	0 TABLE 2 LAYER(例如,图层)	组码 −1	说明 应用程序使用的实体名（每次打开图形时都会发生变化）
中间节	5 ＜handle＞	句柄	5 2　（可变的）	0	表类型
	100 AcDbSymbolTable	子类标记	100 AcDbSymbolTable	2	表名
	70 ＜max. entries＞	最大表项 （该种表的数量）	70 6　（例如，图层数目）	5	句柄（DIMSTYLE 表为 105 组）
	0 ＜table type＞	表类型 （即表开始处）	0 LAYER（每个图层开始）	100	子类标记
	…	从表类型开始描述每个具体表的特性 例如，每个层名、颜色、线型、状态等		70	最大表项
结束节	0 ENDTAB	表结束（固定）	0 ENDTAB	注： 各种表的组码及说明见表 C-2	

AutoCAD 中与 LAYER 类似的 9 种符号表结构皆如表 10-3 所示。每种符号表除含有通用组码外还有一些特定的组码，理解特定组码的具体含义需要参阅表 C-3。

10.2.3 实体节的组码

实体节的中间将逐一描述图形对象（实体）的特性。每个实体均从标识实体类型的一个组码 0 开始，后面将给出实体的名称。例如：

0

CIRCLE

其后给出图形对象的相关信息。一般而言，每个实体都包含一个组码 8，它后面给出实体所在的层名。每个实体均有高度、厚度、线型或颜色等相关信息。常用实体共用组码见表10-4、专用组码见表10-5。对照此表阅读DXF文件实体节中内容，有助于理解图形对象描述方法。

常用实体公用组码 **表10-4**

组码	说　明	省略与缺省
0	实体类型名	不省略
5	实体描述字(句柄)	不省略
100	子类标记(AcDbEntity)	不省略
67	无值或0表示实体在模型空间中,1表示在图纸空间中	0
8	层名	不省略
6	线型名(非BYLAYER才有该组,可选)	BYLAYER
62	颜色号(非BYLAYER才有该组,可选),其中: 0——BYBLOCK;256——BYLAYER;负值表示该层关闭	BYLAYER
48	线型比例(可选)	1.0
60	可见性(可选):0——可见;　1——不可见	0
38	高度(非零)	0
39	厚度(非零)	0
210、220、230	厚度方向(若不平行于WCS的Z轴)	

常用实体专用组码 **表10-5**

序号	DXF实体名	组码	意　　义
1	POINT	100	子类标记(AcDbPoint)
		10、20、30	点坐标X,Y,Z
		50	画点时UCS的X轴角度,可选0,用于PDMODE非零时
2	LINE	100	子类标记(AcDbLine)
		10、20、30	起点X,Y,Z
		11、21、31	终点X,Y,Z
3	ARC	100	子类标记(AcDbArc)
		10、20、30	圆心X,Y,Z
		40	半径
		50、51	起始、终止角度(度)
4	CIRCLE	100	子类标记(AcDbCircle)
		10、20、30	圆心X,Y,Z
		40	半径
5	SOLID	100	子类标记(AcDbDSolid)
		10、20、30	实心体的第一点X,Y,Z
		11、21、31	实心体的第二点X,Y,Z
		12、22、32	实心体的第三点X,Y,Z
		13、23、33	实心体的第四点X,Y,Z

续表

序号	DXF 实体名	组码	意　　义
6	LWPOLYLINE	100	子类标记(AcDbPolyline)
		90	顶点个数
		70	多段线标记(可选 0),1 代表封闭
		43	宽度常数(可选 0)。如果是可变宽度则不用该组。
		38、39	高度、厚度
		10、20	顶点坐标 X,Y,可有多项(每个顶点一项)
		40、41	缺省起始、终点宽度
		42	凸度,可选 0,可有多项(每个顶点一项)
7	TEXT	100	子类标记(AcDbText)
		10、20、30	插入点 X,Y,Z
		40、1	文字高度、文本值
		50、51	旋转角度、倾斜角度(均可选 0)
		41	相关的 X 比例因子,可选 1
		7	文本字体名,可选 Standard
		71	文本生成标志(可选 0)　2——反向;4——颠倒
		72	水平对齐方式(可选 0):0——左边;1——中间;2——右边 以上需与垂直对齐结合考虑,以下仅适用于垂直对齐基线方式: 3——对齐;　4——布满;　5——中间
		73	垂直对齐方式(可选 0):3——顶上;2——中间;1——底;0——基线
		11、21、31	对齐点,可选(当 72、73 组为非零时才出现)
8	INSERT	100	子类标记(AcDbBlockReference)
		66	属性跟随标记(可选 0),若为 1 要求跟随属性实体(ATTRIB)
		2	块名
		10、20、30	插入点 X,Y,Z 的坐标
		41、42、43	X,Y,Z 方向的插入比例(均可选 1)
		50	旋转角度(可选 0)
		70、71	列数、行数(可选 1)
		44、45	列间距、行间距(可选 0)

10.2.4　DXF 接口技术

DXF 文件是 AutoCAD 与其他高级语言程序的接口文件，DXF 接口技术指用高级语言编程生成 DXF 文件以实现与 AutoCAD 的通信。

编写一个完备的 DXF 文件是比较困难的，但 AutoCAD 允许在 DXF 文件中省略许多项（节或组），且仍能获得一个可用的图形。构造 DXF 文件时应以实体节（ENTITIES）为主，完全忽略类节（CLASSES）和对象节（OBJECTS），尽量减少或省略标题节（HEADER）、块节（BLOCKS）和表节（TABLES）。例如，运行 *pipe.c* 程序能生成一

个简单的 *pipe.dxf* 文件，在 AutoCAD 中打开 *pipe.dxf* 文件能在**设备层**上生成一个蓝色管道泵（图 10-3）。

***dxf.h* 文件内容**

```
void dxf _ hsec ();                      //函数原型
void dxf _ endsce ();
void dxf _ circle (double, double, double, int);
void dxf _ line (double, double , double , double , int);
FILE * fp;                               //定义文件指针

void dxf _ hsec ()                       //定义实体节的头函数
{fprintf (fp,"%c\n",'0');
 fprintf (fp,"%s\n","SECTION");
 fprintf (fp,"%c\n",'2');
 fprintf (fp,"%s\n","ENTITIES");
}

void dxf _ endsec ()                     //定义实体节和 DXF 结束函数
{fprintf (fp,"%c\n",'0');                //实体结束组
 fprintf (fp,"%s\n","ENDSEC");
 fprintf (fp,"%c\n",'0');                //DXF 文件结束组
 fprintf (fp,"%s\n","EOF");
}

void dxf _ circle (double x, double y, double r, int k)
                                         //定义绘圆函数
{fprintf (fp,"%c\n",'0');                //实体名组
 fprintf (fp,"%s\n","CIRCLE");
 fprintf (fp,"%c\n",'8');                //图层名组
 fprintf (fp,"%s\n","设备");
 fprintf (fp,"%s\n","62");               //颜色组
 fprintf (fp,"%d\n", k);
 fprintf (fp,"%s\n","10");               //圆心 X 坐标
 fprintf (fp,"%f\n", x);
 fprintf (fp,"%s\n","20");               //圆心 Y 坐标
 fprintf (fp,"%f\n", y);
 fprintf (fp,"%s\n","40");               //圆半径
 fprintf (fp,"%f\n", r);
}
// 定义绘线函数
void dxf _ line (double x1, double y1, double x2, double y2, int k)
{fprintf (fp,"%c \n",'0');               //实体名组
 fprintf (fp,"%s \n","LINE");
```

***pipe.dxf* 文件内容**

```
0
SECTION
2
ENTITIES
0
LINE
8
设备
62
5
10
0.000000
20
0.000000
11
800.000000
21
400.000000
0
LINE
8
设备
62
5
10
0.000000
20
400.000000
11
800.000000
21
0.000000
0
LINE
8
设备
62
5
10
0.000000
20
0.000000
11
0.000000
21
400.000000
```

```
 fprintf (fp,"%c\n",'8');                 //图层名组
 fprintf (fp,"%s\n","设备");
 fprintf (fp,"%s\n","62");                //颜色组
 fprintf (fp,"%d\n", k);
 fprintf (fp,"%s\n","10");                //起点 X 坐标
 fprintf (fp,"%f\n", x1);
 fprintf (fp,"%s\n","20");                //起点 Y 坐标
 fprintf (fp,"%f\n", y1);
 fprintf (fp,"%s\n","11");                //终点 X 坐标
 fprintf (fp,"%f\n", x2);
 fprintf (fp,"%s\n","21");                //终点 Y 坐标
 fprintf (fp,"%f\n", y2);
}
```

***pipe.c* 文件内容**

```
#include <stdio.h>
#include "dxf.h"                           //包含自定义头文件

FILE *fp;                                  //文件指针

void main ()                               //主函数
{//以写的方式打开文件 pipe.dxf
 if ((fp=fopen ("pipe.dxf","w")) ==NULL)
    {printf ("cannot open this file\n");   //不能打开就给出信息
    return ;}                              //并退出
 dxf_hsec ();                              //生成实体节的段头
 dxf_line (0, 0, 800, 400, 5)              //绘图
 dxf_line (0, 400, 800, 0, 5);
 dxf_line (0, 0, 0, 400, 5);
 dxf_line (800, 0, 800, 400, 5);
 dxf_circle (400, 200, 200, 5);
 dxf_endsec ();                            //生成实体节与文件的段尾
}                                          //end_main
```

```
0
LINE
8
设备
62
5
10
800.000000
20
0.000000
11
800.000000
21
400.000000
0
CIRCLE
8
设备
62
5
10
400.000000
20
200.000000
40
200.000000
0
ENDSEC
0
EOF
```

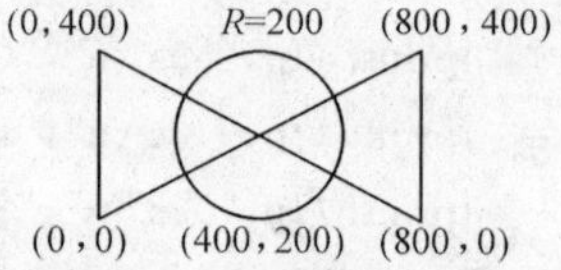

图 10-3　用 pipe.dxf 绘制管道泵

类似地，可编写其他高级语言程序或完善 C 语言程序以形成完整的 DXF 接口，在高级语言编程环境中调用 DXF 接口程序（函数）以产生 DXF 文件以实现参数化绘图。例如，改写 *pipe.c* 主函数后可按用户输入基点与颜色完成管道泵的绘制。

```
#include <stdio.h>
#include "dxf.h"                                      //包含自定义头文件

FILE *fp                                              //定义文件指针 fp

void main ()                                          //主函数
```

```
{ void dxf _ hsec ();                                          //函数声明
  void dxf _ endsec ();
  void dxf _ circle (double, double, double, int);
  void dxf _ line (double, double, double, double, int);
  double x, y; int k;                                          //变量声明

  if (( fp= fopen ("pipe. dxf","w"))==NULL)                    //以写方式打开文件 pipe.dxf
    {printf ("cannot open this file \n");
     return ;}                                                 //end _ if
  printf (" \n 管道泵的基点 (左下角):");                        //管道泵基点
  scanf ("%f,%f", &x, &y);
  printf (" \n 管道泵的颜色:");                                 //管道泵颜色
  scanf ("%d", &k);

  dxf _ hsec ();                                               //生成实体节的段头
  dxf _ line (x, y, x+800, y+400, k);                          //按输入参数进行绘图
  dxf _ line (x, y+400, x+800, y, k);
  dxf _ line (x, y, x, y+400, k);
  dxf _ line (x+800, y, x+800, y+400, k);
  dxf _ circle (x+400, y+200, 200, k);
  dxf _ endsec ();                                             //生成实体节和文件段结束码
}                                                              //end _ main
```

10.3 程序文件

AutoCAD 的开放体系结构使其二次开发成为可能，其通用性为二次开发提供了必要的条件。它为用户和开发者提供了完整的、高效的、面向对象的二次开发环境以及多种开发环境的选择，使 AutoCAD 二次开发和定制变得轻松、容易。

10.3.1 开发环境与程序

为满足广大用户的需求，自 AutoCAD v2.18 版至 AutoCAD 2004 的短短十几年间，相继推出了 3 代二次开发工具，其开发环境与应用程序文件类型列于表 10-6 中。

利用这些二次开发工具，可以编写功能强大的实用辅助设计程序，将如此众多的实用程序挂接到 AutoCAD 平台便构成建筑给排水、暖通、电气等专业 CAD 软件。

其中，AutoLISP 是开发 AutoCAD 的重要工具之一，因简单、易学深受广大用户喜爱，用它编写的应用程序具有较好的交互性。下面仅介绍一点 AutoLISP 实用知识，以使读者能大致理解和应用现有 AutoLISP 程序。

10.3.2 AutoLISP 语言特点

AutoLISP 是一种嵌入在 AutoCAD 内部的 LISP 语言，即在 AutoCAD 环境可以直接运行 LISP 程序。它不仅具备与图形有关的函数，而且可以调用绝大多数 AutoCAD 命令，

二次开发工具与程序 **表 10-6**

序号	开发环境	说　　明	应用程序扩展名
1代	AutoLISP	AutoCAD v2.18 提供的二次开发工具，是嵌入在 AutoCAD 内部被解释执行的表处理编程语言，使用 AutoLISP 可直接调用几乎所有的 AutoCAD 命令	*.*lsp*（ASCⅡ文本）
2代	ADX	是 AutoCAD R11 开始支持的基于 C 语言的开发环境，可利用 C 编译器将应用程序编译成可执行文件后，在 AutoCAD 环境下运行，但在 AutoCAD 2000 后已不再支持	*.*ads*
3代	Visual LISP	是与 AutoLISP 完全兼容的换代产品，提供了一个完整的含编译器、调试器和其他集成工具的开发环境（IDE），VLISP 添加了更多的功能，并扩展了语言以与使用 ActiveX 的对象进行交互	*.*lsp*（ASCⅡ文本） *.*vlx*（二进制编译本） *.*fas*（编译集合）
	ObjectARX	提供了以 C++ 为基础的面向对象的开发环境及应用程序接口（含 ADS、ARX 和 ADSRX），能与 AutoCAD 14 直接进行交互，真正快速访问 AutoCAD 图形数据库	*.*arx*
	VBA	将 Mcrosoft office 中的 Visual Basic for Applications 集成到 AutoCAD 2000 中，通过 VBA 可以操作 AutoCAD，控制 ActiveX 和其他一些应用程序，使之相互之间发生互易活动	*.*dvb*
	ObjextDBX	ObjectDBX 可以创建在 AutoCAD 外读、写图形文件的程序。即在不打开图形甚至不打开 AutoCAD 的情况下对图形文件进行操作	*.*dbx*

既具有一般高级语言的基本功能又具有一般高级语言所没有的强大的图形处理功能，是当今世界上 CAD 软件中被广泛采用的语言之一，主要特点如下：

1）AutoLISP 语言以解释方式直接运行于 AutoCAD 内部，勿需编译、连接。运行前需先加载，以初始化(init).*lsp* 程序为例有 2 种加载方法。

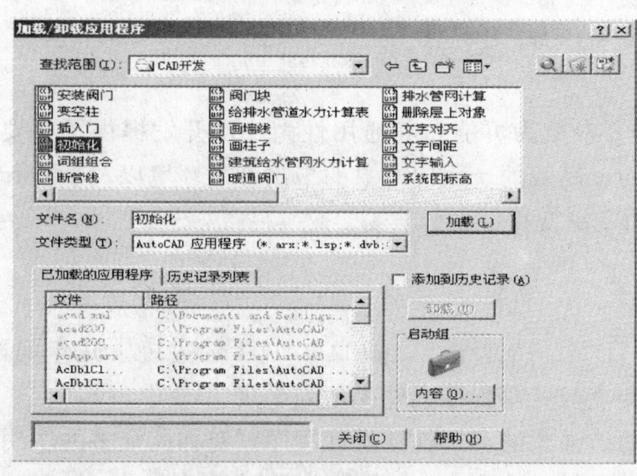

图 10-4　加载/卸载应用程序

① 用 AutoLISP 内部 load 函数加载，即在 AutoCAD 的命令提示符下执行：

(load "F:/CAD 开发/初始化(init).*lsp*")

或 (load "F: \\CAD 开发\\初始化 (init).*lsp*")

系统将返回最后一个用 defun 定义的 AutoLISP 函数名。

② 用 AutoCAD 内部命令 appload 进行加载，命令执行后将出现**加载/卸载应用程序**对话框（图 10-4），正确设置对话框中可加载所选应用程序。

2）AutoLISP 语言的所有成分都以函数形式给出，没有语句概念或其他语法结构。例如，计算 1+2+3+…的 LISP 程序如下（注释用分号引导）：

```
(defun c: add ( )                          ; 定义 AutoCAD 新命令
  (setq i 1 sum 0 )                        ; i=1 sum=0
  (setq n (getint "\n求和项数:"))           ; 用户输入求和项数，并赋给 n
```

```
    (repeat n                                               ; 设置重复次数为 n
      (setq sum (+ sum i))                                  ; sum=sum+i
      (setq i (1+ i ))                                      ; i=i+1
    )                                                       ; end repeap
    (prompt (strcat "sum=" (itoa sum) "\n" ))               ; 将结果转换为字符串，并显示连接后的字符
    )                                                       ; end _ add
```

该程序定义了一个 AutoCAD 新命令 add，调用时在 AutoCAD 命令行提示符下直接输入命令名 add 即可。定义 AutoCAD 新命令格式为：

(defun< C：命令名（）>< 表达式 >……)

特别地，命令名前不含盘符只能当作用户（外部）函数，可由其他函数调用，但不能当作 AutoCAD 新命令来使用。例如，(defun sub（）<表达式>……）定义的 sub 函数只能由其他函数调用而不能作为 AutoCAD 外部命令。

该程序所涉其他内部函数及意义见表 10-7。常用 AutoLISP 系统函数及说明见附录 D。结合程序注释查阅附录 D 或**菜单栏/帮助(H)/开发人员帮助(V)** 可帮助读者理解现有 AutoLISP 应用程序。

add 新命令中所涉 AutoLISP 函数说明　　表 10-7

函数名	作　用	调用格式	返回值	实例或备注
setq	依次将<式>值赋给对应<符号>	(seqt <符号 1> <式 1 > …)	最后一个赋值结果	(setq *i* 1 sum 0) 返回 0
getint	等待用户输入一个整数	(getint [<提示>])	返回输入整数	(getint "\n 项数：") 本例返回输入的 *n* 值
repeat	按<次数>重复计算的指定<表达式>	(repeat <次数> <式 1> <式 2> …)	返回最后一个表达的结果	本例中 repeat 函数的返回值为 *i* 值(*n*+1)
+	依次求指定数之和	(+ <数 1> <数 2> …)	返回求和结果	(+ 1 2 3 4.0) 返回 10.0
1+	<数>加 1	(1+ <数>)	返回<数>加 1 的结果	(1+ 18.4) 返回 19.4
itoa	将<整数>转换为字符串	(itoa <整数>)	转换后的字符串	(itoa 4) 返回 "4"
strcat	依次连接字符串	(strcat <串 1> <串 2>…)	连接后的结果	(strcat "name" ".lsp") 返回 "name.lsp"
prompt	在屏幕提示区显示信息内容	(prompt <信息>)	返回 nil	(prompt "起点：") 返回 nil

3）AutoLISP 把数据和程序（函数）统一表达为表结构。程序由一系列按顺序排列的标准表组成，既可把程序当作数据处理，也可把数据当作程序执行。常用基本数据见表 10-8，表中的元素可以是整数、实数、符号、字符串与表，表项之间用空格分隔。AutoLISP 的基本数据由原子与表构成，统称为符号表达式，简称为 S—表达式。

4）运行 AutoLISP 程序的过程就是对函数的求值过程，通过函数求值来实现函数功能。调用函数的一般格式为：

(函数名 [<参数 1>] [<参数 2>] …… [<参数 n>])

AutoLISP 的基本数据（S—表达式） **表 10-8**

类型	名称	说　明	备　注
原子(atom)	整数	分正负整数，由 0～9 及＋、－号构成	32 位机的取值范围：$-2^{31}\sim2^{31}-1$
	实数	双精度浮点数，至少有 14 位精度，绝对值小于 1 的实数，小数点前必须加 0	也可用科学记数法表示：0.12E9
	符号（原子）	符号的长度不受限制，常用于表示变量名，并不区分大小写，变量类型取决于约束值。例如，(setq x 2.5) 表示 x 为实型	显示符号约束值的格式：命令：！符号名
	字符串	又称为字符串常数，放入一对双引号""内。例如，"filename"	不同于符号
表(lisp)	标准表	格式：（函数 元素 元素…）例如，(strcat<串 1><串 2> …)	常用于调用函数
	引用表	格式：（元素 元素 元素…）例如，(4.5 7.6)或(3.2 2.1 8.9)	常用于表示点坐标
	点对	格式：（元素．元素）例如，(0."LINE")	常用于实体操作

其中：

① ＜　＞：尖括号中内容为必选项。

② [　]：方括号中内容为可选项。

③ ……：省略与前面同样的参数，数目不限。

特别地，在 AutoLSIP 中运行 AutoCAD 内部命令的格式为如下：

(command＜ AutoCAD 命令 ＞＜ 参数 ＞ ……)

例如，函数（command "line"'(1 2)'（13 20)" "）完成从点（1，2）到点（13，20）的画线操作。

5）AutoLISP 语言的主要控制结构是采用递归方式。运行函数时先从外到内进行表的配对，再从内到外完成计算。例如：

(prompt（strcat "sum＝"（itoa sum)"\n"))

递归调用函数的顺序是：itoa、strcat、prompt。

总之，学习 AutoLISP 系统内部函数，必须掌握以下基本内容：

① 函数调用格式：函数名、参数个数与类型。

② 函数功能：函数的作用以及对参数的处理方法。

③ 求值情况：哪些参数需求值，哪些不被求值。

④ 返回值类型：多数函数的求值结果又是其他函数的参数，而每个函数参数都有特定的类型，故应弄清函数的返回值类型。

10.3.3 Visual LISP 编辑器

AutoCAD 为广大用户和开发者提供了 Visual LISP 编辑器（图 10-5），以便于输入、调试 AutoLISP 源程序。打开 Visual LISP 编辑器常用以下 2 种方法：

① 执行命令行命令 vlide。

② 拾取**菜单栏/工具(T)/AutoLISP(S)/Visual LISP 编辑器(V)**选项。

1. 编写 AutoLISP 源程序：在 Visual LISP 编辑器编写 AutoLSIP 程序时应注意以下几点：

① 每个表构成的表达式必须合法，即是一个标准表。

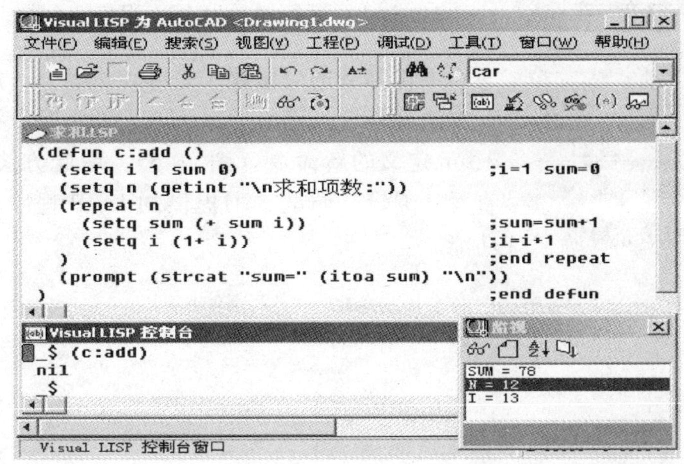

图 10-5　Visual LISP 编辑器

② 一行可以写一个或几个表，或一个表分几行书写，每行用回车结束。

③ 为了便于阅读，程序最好用缩写格式书写。

④ 从分号开始到行尾是注释。

⑤ AutoLISP 程序可用任意文本编辑器建立，但必须以 ASSCⅡ码格式存储，且文件扩展名为 *.lsp*。

例如，在图 10-5 所示的 Visual LISP 编辑器中输入求和 *.lsp* 源程序，并保存该文件到指定目录路径中。

2. 调试 AutoLISP 程序： Visual LISP 编辑器是一个完整的集成开发环境（IDE），含有编译器、调试器和一些其他工具。用过集成开发工具的用户都能通过菜单选项初步了解 Visual LISP 编辑器的使用方法，全面而系统的调试手段和方法本文不予详细介绍，简单调试方法如下：

① 设置断点。拾取**菜单栏/调试(D)/切换断点(T)** 选项，可在行首的当前光标所在处设置一个断点，调试过程中程序运行到断点处将自动停止，以便于用户观察与分析。

② 增加监视窗口。拾取**菜单栏/视图(V)/监视窗口(W)** 选项，可在 Visual LISP 编辑器中添加一个**监视**窗口（图 10-5 右下角）。

③ 添加监视：拾取**菜单栏/调试(D)/添加监视(A)** 选项，可打开**添加监视**窗口，使用该窗口可指定添加需要监视函数或变量，使用户在程序调试过程中有效地查看函数与变量值，以帮助用户调试程序。

④ 设置执行方式。拾取**菜单栏/调试(D)/自动执行(E)** 选项，程序将自动匹配括号并执行，用户可直观观察函数递归调用过程。

⑤ 运行调试：以调试求和 *.lsp* 程序为例，在 Visual LISP 控制台提示符“_$”后输入并执行（c：add），系统将自动运行程序，以方便观察与调试。

在 VisualLISP 编译器中可将 AutoLISP 的文本程序制作为二进制编译文件 *.vlx*，以及将一个或多个 LSP 文件与对话框（DCL）制作成编译集合文件 *.fas*，以便保密或快速加载。但加载/卸载应用程序时要注意选择文件类型（图 10-4）。

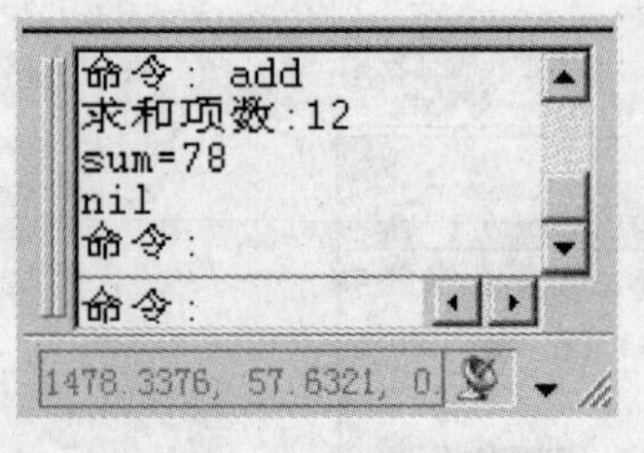

图 10-6　运行求和程序

10.3.4　运行 AutoLISP 程序

无论加载的应用程序是哪种类型（*.lsp*、*.vlx*、*.fas*），执行方法都一样，即在 AutoCAD 命令提示符下输入并执行由 defun 定义的新命令（图 10-6）。用此方法，读者可以打开、查看、编辑、调试本书提供的 LSIP 程序，以便改进或增删功能。

第 11 章　CAD 开发应用实例

学完本书基础篇后，读者基本会用 AutoCAD 软件完成工程设计的计算机绘图工作，但没有充分体现计算机辅助设计的优势。用计算机辅助工程设计人员计算、绘图和进行方案的比较、选择、优化更具有吸引力和前景。众多专业软件通过对 AutoCAD 的二次开发，以辅助用户提高工程设计质量与速度。本章将以某住宅建筑给排水设计为例，结合程序设计基础知识和专业设计主要步骤，集程序分析、注释为一体介绍 CAD 开发应用基本方法。不仅综合应用了 AutoCAD 的基础知识，还间接介绍了专业软件的开发方法与手段，以帮助读者了解专业软件的概貌，真正理解 CAD 的含义。

11.1　初始化绘图环境

在新图形文件中使用图形样板，可引用指定图形样板中定义的图层、标注样式、文字样式、线型等，以完成 AutoCAD 绘图环境的初始配置。该功能也可用程序来实现，如本章示例的初始化（init）．*lsp* 程序。执行初始化（init）．*lsp* 程序可重新配置图形文件的绘图环境，建议在新图形文件开始时执行。使用程序来初始化绘图环境修改方便、灵活。阅读程序注释不仅能帮助读者理解 AutoLISP 程序，还可详细了解样板文件所含内容，以帮助读者订制符合个人设计习惯的初始化绘图环境的配置程序。

在初始化（init）．*lsp* 程序中创建了 15 个图层、5 个文字样式、2 种标注样式等，并加载了本章提供的所有应用程序以及常用形与线型，还为后续程序应用定义了必要的图块，供读者参考使用。源程序如下：

```
；初始化（init）.lsp 程序用于配置绘图环境
(defun c:init  (/  scale  size  pt  moth)                      ;scale size pt moth 为符号变量
  (initget  (＋  2  4))                                        ;要求比例＞0
  (setq  scale (getint  "出图比例[1:?]<100>:"))                ;scale＝输入整数(比例)
  (if  (=  scale  nil)  (setq  scale  100))                    ;缺省输入时置 scale＝100
  (setvar  "useri1"  scale)                                    ;将比例存入系统变量 useri1中以备后用
  (initget 4)                                                  ;要求图幅≥0
  (setq  size  (getint  "图幅 A[?]<2>:"))                      ;size＝输入整数(图幅)
  (if  (=  size  nil)  (setq  size  2))                        ;缺省输入时置 size＝2
  (initget  "Hor Ver nil")                                     ;规定 getkword 只能接受 H/V/回车/空格
  (setq  moth  (getkword  "放置[横(H)/竖(V)]<H>:"))            ;将输入值赋给符号 moth
  (if (=  moth  nil)  (setq  moth  "H"))                       ;moth ="H"为缺省值
  (conner _ point)                                             ;调用函数确定图形界限对角点
  (command  "cmdecho"  0)                                      ;不显示命令执行过程中的提示
  (command  "limits"  '(0  0)  pt)                             ;设置图形界限,以保证栅格正常显示
```

```
  (command  "ucsicon"  "n")                                ;坐标系图标不随原点
  (command  "－units"  2  0  1  0  0  "N")                 ;定义图形单位
  (command  "snap"  (* 10  scale)  "snap"  "off")          ;定义捕捉间距,并关闭 (F9)
  (command  "grid"  "s"  "grid"  "off")                    ;设置栅格间距为捕捉间距并关闭
  (command  "zoom"  "e")                                   ;范围缩放(E),
  (command  "filletrad"  0)                                ;圆角半径＝0
  (command  "lwdisplay"  1)                                ;显示线宽,否则不显示墙线宽度
  (command  "load"  "usershape")                           ;加载自定义形,以便使用隔断线等符号
  (setvar  "autosnap"  63)                                 ;打开极轴和对象追踪
  (setvar  "mirrtext"  0)                                  ;保持镜像文字可读
  (setvar  "pickbox"  5)                                   ;拾取框尺寸＝5
  (setvar  "aperture"  5)                                  ;靶区尺寸＝5
  (setvar  "gripsize"  5)                                  ;夹点尺寸＝5
  (setvar  "pdmode"  1)                                    ;无点样式
  (setvar  "pickadd"  1)                                   ;添加选取对象模式
  (load_linetype)                                          ;调用函数加载线型
  (make_layer)                                             ;调用函数创建图层
  (text_style)                                             ;调用函数定义文字样式
  (dim_style)                                              ;调用函数定义标注样式
  (setq  blk  (tblsearch  "block"  "标高1600乘300"))       ;搜索"门100乘100"块
  (if (=  blk  nil)  (make_block))                         ;不存在该图块时调用函数创建相关图块
  (load_program)                                           ;调用函数加载本节提供的 lisp 程序
  (setvar  "osmode"  695)                                  ;设置捕捉模式(查 osmode 帮助,有7类)
  (setvar  "clayer"  "图框")                               ;置图框层为当前层
  (command  "cmdecho"  1)                                  ;显示命令提示
)                                                          ;end defun _ init

;定义函数 conner _ point,以便根据图幅求图形界限对角点
(defun  conner_point (/  ang  dist)                        ;ang 与 dist 为符号变量
  (if(wcmatch  moth  "H *")                                ;水平放置对角点求法
    (cond  ((=  size 0)  (setq  x  (* 1180.0  scale)  y  (* 841.0  scale)))   ;图幅 A0对角点
           ((=  size 1)  (setq  x  (* 841.0  scale)  y  (* 594.0  scale)))    ;图幅 A1对角点
           ((=  size 2)  (setq  x  (* 594.0  scale)  y  (* 420.0  scale)))    ;图幅 A2对角点
           ((=  size 3)  (setq  x  (* 420.0  scale)  y  (* 297.0  scale)))    ;图幅 A3对角点
           ((=  size 4)  (setq  x  (* 297.0  scale)  y (* 210.0  scale)))     ;图幅 A4对角点
           (T  (setq x  (* 594.0  scale)  y  (* 420.0  scale)))               ;缺省为 A2图
    )                                                                          ;end _ cond _ and _ else
    (cond  ((=  size 0)  (setq  x  (* 841.0  scale)  y  (* 1180.0  scale)))   ;垂直放置对角点求法
           ((=  size 1)  (setq  x  (* 594.0  scale)  y (* 841.0  scale)))
           ((=  size 2)  (setq  x  (* 420.0  scale)  y  (* 594.0  scale)))
           ((=  size 3)  (setq  x  (* 297.0  scale)  y  (* 420.0  scale)))
           ((=  size 4)  (setq  x  (* 210.0  scale)  y  (* 297.0  scale)))
           (T  (setq  x  (* 420.0  scale)  y  (* 594.0  scale)))
```

```
    )                                                  ;end _ cond _ end
 )                                                     ;end _ if
 (setq  ang  (atan  (/ y x)))                          ;ang =arctg(y / x)(弧度)
 (setq dist (sqrt (+ (* x x) (* y y))))                ;dist =sqrt(x *x+y *y)
 (setq  pt  (polar  '(0.0  0.0)  ang  dist))           ;pt =绕原点 o 转 ang 角取 dist 长
)                                                      ;end _ defun _ conner _ point
```

;加载线型函数

```
(defun  load _ linetype ()
  (setq  line  (tblsearch  "ltype"  "CENTER"))  ;查符号表中有无线型"CENTRE"
  (if  (=  line  nil)                           ;若无此线型加载指定文件中指定线型
    (command  "-linetype"  "L"  "center"  "acadiso. lin"  "L"  "dashed"  "acadiso. lin"  "")
  )                                             ;end _ if _ load _ linetype
  (setq  line  (tblsearch  "ltype"  "保温管"))  ;查符号表中有无"保温管"线型
  (if  (=  line  nil)                           ;若无此线型加载指定文件中所有线型
    (command  "-linetype"  "L"  " *"  "水暖专用线型. lin"  "")
  )                                             ;end _ if
  (command  "ltscale"  75)                      ;线型比例=75,使轴线长线段长=31.75×75
)                                               ;end _ load _ linetype
```

;创建图层函数

```
(defun  make _ layer()                          ;设置图层名称、颜色、线型、/线宽
  (command  "-layer" "m" "图框" "c" 7 "" "L" "continuous" "" "Lw" 0.25 "" "")
  (command  "-layer" "m" "轴线" "c" 2 "" "L" "center" "" "Lw" 0.25 "" "")
  (command  "-layer" "m" "标注" "c" 3 "" "L" "continuous" "" "Lw" 0.25 "" "")
  (command  "-layer" "m" "柱子" "c" 1 "" "L" "continuous" """Lw" 0.25 "" "")
  (command  "-layer" "m" "墙线" "c" 7 "" "L" "continuous" "" "Lw" 0.3 "" "")
  (command  "-layer" "m" "建筑构筑" "c" 7 "" "L" "continuous" "" "Lw" 0.3 "" "")
  (command  "-layer" "m" "门窗" "c" 4 "" "L" "continuous" "" "Lw" 0.25 "" "")
  (command  "-layer" "m" "给水" "c" 1 "" "L" "生活给水管" "" "Lw" 0.25 "" "")
  (command  "-layer" "m" "排水" "c" 5 "" "L" "continuous" "" "Lw" 0.25 "" "")
  (command  "-layer" "m" "废水" "c" 2 "" "L" "废水管" "" "Lw" 0.25 "" "")
  (command  "-layer" "m" "设备" "c" 8 "" "L" "continuous" "" "Lw" 0.25 "" "")
  (command  "-layer" "m" "阀门" "c" 3 "" "L" "continuous" "" "Lw" 0.25 "" "")
  (command  "-layer" "m" "文字" "c" 6 "" "L" "continuous" "" "Lw" 0.25 "" "")
  (command  "-layer" "m" "标注设备" "c" 3 "" "L" "continuous" "" "Lw" 0.25 "" "")
  (command  "-layer" "m" "电梯" "c" 3 "" "L" "continuous" "" "Lw" 0.25 "" "")
  (setvar  "cecolor"  "bylayer")                ;对象颜色随层
  (setvar  "celtype"  "bylayer")                ;对象线型随层
  (setvar  "celweight"  -1)                     ;对象线宽随层
)                                               ;end _ make _ layer
```

;创建文字样式函数,特别提醒字高为0以便输入时改变

```
(defun  text _ style()
  (command  "-style"  "standard"  "txt. shx,china. shx"  0 0.7  ""  ""  "")
  (command  "-style"  "st"  "宋体"  0 0.7 0  ""  "")
  (command  "-style"  "罗马"  "romanc. shx"  0  0.7  0  ""  ""  "")
  (command  "-style"  "斜体"  "italic. shx"  0  0.7  0  ""  ""  "")
  (command  "-style"  "hw"  "华文彩云"  0  0.7  0  ""  "")
  (setvar  "textstyle"  "st")                          ;置为当前文字样式
)                                                      ;end _ txt _ style

;定义标注样式函数,其中标注外观应与出图比例相关,以保证出图后的效果
(defun dim _ style ()
  (setvar  "dimdle"  (* 3  scale))          ;尺寸线超出标记
  (setvar  "dimdli"  (* 4  scale))          ;尺寸线基线间距
  (setvar  "dimexe"  (* 3  scale))          ;尺寸界线超出尺寸线
  (setvar  "dimexo"  (* 5  scale))          ;尺寸界线起点偏移量
  (setvar  "dimse1"  0)                     ;不隐藏尺寸界线1
  (setvar  "dimse2"  0)                     ;不隐藏尺寸界线2
  (setvar  "dimblk"  "_ ArchTick")          ;箭号标记块=建筑标记
  (setvar  "dimasz"  (* 3  scale))          ;箭号大小
  (setvar  "dimtxt"  (* 3  scale))          ;文字高度
  (setvar  "dimtad"  1)                     ;文字标线上
  (setvar  "dimtix"  1)                     ;文字在尺寸界限间
  (setvar  "dimsoxd"  0)                    ;任何情况不能消除箭号
  (setvar  "dimjust"  0)                    ;文字水平置中
  (setvar  "dimgap"  (* 1  scale))          ;文字在尺寸线上的距离
  (setvar  "dimtih"  0)                     ;与 dimtoh 配合
  (setvar  "dimtoh"  1)                     ;让文字与尺寸线对齐
  (setvar  "dimtmove"  0)                   ;不是默认位置时移到尺寸线旁
  (setvar  "dimscale"  1)                   ;全局比例=1
  (setvar  "dimtofl"  1)                    ;在尺寸界限间绘尺寸线
  (setvar  "dimdec"  0)                     ;小数精度为0
  (setvar "dimlfac"  0.5)                   ;测量比例=0.5,用于标注同一文件中放大2倍后的大样图
  (setvar  "dimcen"  (* 1  scale))          ;设置圆心标记
  (setvar  "dimassoc"  1)                   ;创建非关联标注
  (setvar  "textstyle"  "罗马")             ;用于标注的文字样式
  (setvar  "dimzin"  0)                     ;不消除十进制标注中的前导0与后续0(用于系统图标注)
  (setq dimname  (tblsearch  "dimstyle"  "建筑大样图1-2"));判断有无标注样式名"建筑大样图1-2"
  (if  (=  dimname  nil)                                ;不存在该标注样式时
    (command  "-dimstyle"  "s"  "建筑大样图1-2")        ;定义大样所用标注样式
  )                                                     ;end _ if
  (setq dimname  (tblsearch  "dimstyle"  "建筑平面图1-1"))  ;判断有无"建筑平面图1-1"
  (if  (=  dimname  nil)                                ;不存在该标注样式时
   (progn                                               ;该函数用于实现程序顺序结构
```

```
    (setvar "dimlfac" 1)                            ;修改测量比按实际长度量(用于标注平面图)
    (command "-dimstyle" "s" "建筑平面图1－1")      ;定义平面图所用标注样式
   )                                                ;end _ progn
  )                                                 ;end _ if
)                                                   ;end _ dim _ style

;定义后续程序要用到的图块
(defun make _ block ()
  (setvar "osmode" 0)                               ;关闭对象捕捉功能
  (setvar "clayer" "0")                             ;将0层置为当前图层,并注意是否打开
  ;定义标高图块,请注意点的表示方法
  (command "line" '(20000 20000) '(21600 20000) "")                          ;画线
  (command "line" '(20000 20000) '(20300 19700) '(20600 20000) "")           ;画线
  (command "line" '(19700 19700) '(20900 19700) "")                          ;画线
  (command "-block" "标高1600乘300" '(20300 19700) "all" "")                 ;定义图块

  ;定义窗图块
  (command "line" '(20000 20000) '(20100 20000) "")                          ;以下画4条平行线
  (command "line" '(20000 20020) '(20100 20020) "")
  (command "line" '(20000 20040) '(20100 20040) "")
  (command "line" '(20000 20060) '(20100 20060) "")
  (command "-block" "窗100乘60" '(20050 20030) "all" "")                     ;图块名标识了图块尺寸
  ;定义门图块
  (command "line" '(20000 20000) '(20000 20100) "")                          ;画线
  (command "arc" '(20000 20100) "c" '(20000 20000) "a" －90)                 ;画弧
  (command "-block" "门100乘100" '(20000 20000) "all" "")                    ;定义图块
  ;定义轴号属性块
  (command "circle" '(2000 2000) (* 5 scale))                                ;半径5*scale 的圆
  (command "-attdef" "" "A" "轴号:" 1 "s" "罗马" "m" '(2000 2000) (* 4 scale) 0)
  (command "-block" "轴号" '(2000 2000) "all" "")                            ;定义带属性的"轴号"块
)                                                                            ;end _ make _ block

;加载本节提供的应用程序,用户应根据该文件的存放路径进行修改
(defun load _ program ()
  (load "f:\\cad开发\\画柱子(cyl).lsp")          ;根据指定尺寸画实心柱
  (load "f:\\cad开发\\柱变空(cyh).lsp")          ;将已有的实心柱变为空心柱
  (load"f:\\cad开发\\画墙线(wa).(lsp)")          ;按指定墙宽画墙线
  (load "f:\\cad开发\\双线管(dp).lsp")           ;根据指定宽度画双线管
  (load "f:\\cad开发\\单线管(sp).lsp")           ;画双线管,确保管线上的字不倒置
  (load "f:\\cad开发\\插入门(ind).lsp")          ;插入门并打断墙线
  (load "f:\\cad开发\\插入窗(iw).lsp")           ;插入窗并打断墙线
  (load "f:\\cad开发\\断管线(bp).lsp")           ;打断管线
  (load "f:\\cad开发\\阀门块(vb).lsp")           ;用程序制作阀门图块
```

```
  (load  "f: \\ cad 开发 \\ 安阀门(iv). lsp")                ;打断管线并插入阀门
  (load  "f: \\ cad 开发 \\ 改线宽(lwe). lsp")               ;将改变指定图层上的线宽
  (load  "f: \\ cad 开发 \\ 输文字(wt). lsp")                ;输入字库中的专业词组
  (load  "f: \\ cad 开发 \\ 标高(sd). lsp")                  ;进行系统图的标高
)                                                            ;end _ defun _ load _ rpogram

;补充定义命令别名以供用户参考使用,加了盘符 C:的函数名可作为 AutoCAD 的新命令
(defun c:q () (command  "qtext"))          ;qtext 的命令别名为 q
(defun c:as () (command  "assist"))        ;实时助手 assist 的命令别名为 as
(defun c:au () (command  "audit"))         ;audit 的命令别名为 au
(defun c:chp () (command  "chprop"))       ;chprop 的命令别名为 chp
(defun c:dte () (command  "dimtedit"))     ;dimtedit 的命令别名为 dte
(defun c:ev () (command  "elev"))          ;elev 的命令别名为 ev
(defun c:mu () (command  "menu"))          ;调用菜单 menu 的命令别名为 mu
(defun c:tu () (command  "status"))        ;status 的命令别名为 tu
(defun c:tra () (command  "trace"))        ;轨迹线 trace 的命令别名为 tra
(defun c:uic () (command  "ucsicon"))      ;ucsicon 的命令别名为 uci
```

执行初始化（init）. *lsp* 程序还可配置新图形文件的单位、栅格、捕捉、图形界限、命令别名等。执行该程序前需置 0 层为当前层并打开它，以便顺利创建图块（图 11-1）。了解图块形状、规格与插入点位置有助于理解后续程序的应用。图中实心点注释了插入点的位置。

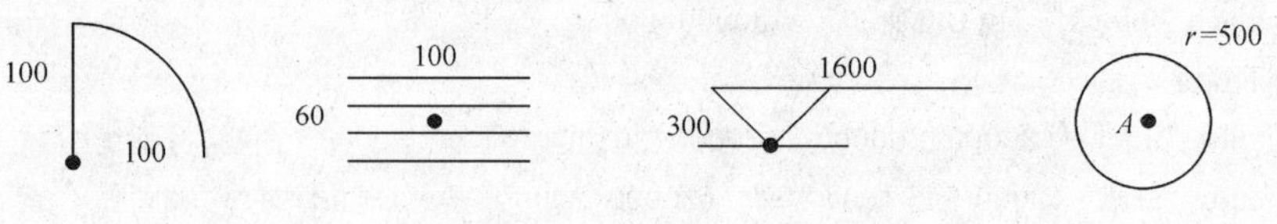

图 11-1　图块规格与插入点

11.2　画　图　框

在建筑设备与环境工程设计中，通常使用插入图框图块的方法来限制绘图范围。为得到各种图幅及方位的图框需要储备多个图块，不妨参照《房屋建筑制图标准》（GBT/50001－2001）第 2.1 条，使用高级语言编程来产生绘制图框的命令脚本，运行命令脚本即可完成图框的绘制。例如，使用本节提供的示例程序生成图框 .c 以产生绘制图框的脚本文件，脚本文件名称标识了图幅与方位。再如，画图框 H-1. *scr* 表示绘制水平放置的 A1 图框。C 程序注释约定同 10.1.3，生成图框 .c 程序内容如下：

```
//生成图框.c 程序用于产生绘制图框的脚本文件
#include  <stdio.h>
#include  <string.h>
#include  <stdlib.h>                               //类型转换,如 itoa
#include  " basedraw.h"                            //见10.1.3

int  scale, size, direc ;                          //比例、图幅、方位是全局变量
```

```
void  main ()                                                   //定义 main 函数
{ void  condition (double  *);                                  //函数原型
  void  out _ conner (double  *);
  void  in _ conner (double  *,double  *);
  void  label _ line (double  *, double  * ,double  *,double  *);
  void  label _ text(double  * ,double  *,double  *  );
  double  po[ 2 ],pt[ 2 ];                                      //用数组 po、pt 存点坐标
  double  ax[4], bx[4], cy[5];                                  //用 ax、bx 标签交点横坐标,cy 存纵坐标
  char  name[ 20 ]="", str[ 2 ];                                //用 name 存脚本文件名
  condition (po);                                               //调用函数带回插入点 po
  itoa (size,str,10);                                           //用 str 存 size 转为字符后的结果
  if (direc==1)                                                 //水平放置图框
     {strcat(name,"画图框 H-");                                  // name="画图框 H-"
     strcat(name,str);}                                         //name="画图框 H-str",end _ then
   else                                                         //垂直放置图框
     {strcat(name,"画图框 V-");                                  // name="画图框 V-"
     strcat(name,str);}                                         // name="画图框 V-str",end _ if _ else
 strcat(name, ". scr");                                         //加扩展名. scr
 printf("脚本文件名是:%s: \n",name);                              //输出脚本文件名
 if ((fp=fopen (name,"w"))==NULL)                               //判断并打开脚本文件
   { printf  ("\n 不能打开输出文件!");
     return;  }                                                 // end _ if
 out _ conner (pt);                                             //计算外框坐标(pt 外框右上角相对坐标)
 scr _ rect (po[ 0 ],po[ 1 ],pt[ 0 ],pt[ 1 ],0);                 //画外框
 in _ conner (po,pt);                                           //调用函数,带回内框对角点
 if (size>=0  &  &size<2)                                       //当图幅为 A0-A1时
     scr _ rect (po[ 0 ],po[ 1 ],pt[ 0 ],pt[ 1 ],(int) (1.4 *scale));  //内框图线宽=1.4mm
 else                                                           //否则内框图线宽=1mm
     scr _ rect(po[ 0 ],po[ 1 ],pt[ 0 ],pt[ 1 ],scale);          //end _ if _ else
 po[ 0 ]=po[ 0 ] + pt[ 0 ];                                     //用 po 存内框右下角点
 label _ line (po,ax,bx,cy);                                    //调用函数画标签(用 po 定位)
 label _ text (ax,bx,cy);                                       //调用函数,参照标签交点写文字
 scr _ block ("图框",po[ 0 ],po[ 1 ]);                           //调用函数将图框做成块
 scr _ insert ("图框",po[ 0 ],po[ 1 ],0);                        //调用函数插入图框
 fclose (fp);                                                   //关闭脚本文件
}                                                               // end _ main

void  condition (double  *po)                                   //定义 condition 函数
 { do{ printf ("出图比例[1:<?>]:");                              //提示输入出图比例
       scanf ("%d",&scale);                                     //输入出图比例整数
       }while (scale <=0);                                      //直到 scale>为止,end _ do
   do{ printf ("图幅[A<?>]:");                                   //提示输入图幅
     scanf("%d",&size);                                         //输入图幅整数
```

```
   }while (size<0||size>4);                                    //直到在[0,4]间之止,end_do
do { printf ("水平(1)/垂直(2)]:");                             //提示输入图框方位
     scanf ("%d",&direc);                                      //输入代表方位的整数
   }while (direc<1||direc>2);                                  //直到是1或2为止,end_do
 printf ("插入点(x,y):");                                      //提示输入图框插入点(左下角)
 scanf (" %lf,%lf ",&po[ 0 ],&po[ 1 ]);                        //横纵坐标用半角逗号分隔
}                                                              // end_condition

void  out_conner (double  *pt)                                 //定义求外框角点相对坐标的函数
{ double  t;
  switch (size)                                                //按图幅求外框对角点
    {case 0: pt[ 0 ]=1189.0 *scale; pt[ 1 ]=841.0 *scale; break;   //A0右上角相对坐标
     case 1: pt[ 0 ]=841.0 *scale;pt[ 1 ]=594.0 *scale; break;     //A1右上角相对坐标
     case 2: pt[ 0 ]=594.0 *scale;pt[ 1 ]=420.0 *scale; break;     //A2右上角相对坐标
     case 3: pt[ 0 ]=420.0 *scale;pt[ 1 ]=297.0 *scale; break;     //A3右上角相对坐标
     case 4: pt[ 0 ]=297.0 *scale;pt[ 1 ]=210.0 *scale; break;}    //A4,end_switch
  if (direc !=1)                                               //垂直时交换横纵坐标
  { t = pt[ 0 ];   pt[ 0 ] = pt[ 1 ];   pt[ 1 ] = t;}          // end_if
}                                                              // end_out_conner

void  in_conner (double  *po, double  *pt)                     //求内框对角点
{ if (size >=0  &&  size<=2)                                   // A0-A2图幅水平放置时
  if (direc==1)                                                //按规定边距求内框角点
    {po[ 0 ]=po[ 0 ]+25.0 *scale; po[ 1 ]=po[ 1 ]+10.0 *scale;    //距外框左=25mm,下=10mm
     pt[ 0 ]=pt[ 0 ]-35.0 *scale; pt[ 1 ]=pt[ 1 ]-20.0 *scale;}   //距外框右=上=10mm,end_then
  else                                                         //A0-A2垂直放置时
    {po[ 0 ]=po[ 0 ]+10.0 *scale; po[ 1 ]=po[ 1 ]+10.0 *scale;    //距外框左=下=10mm
     pt[ 0 ] =pt[ 0 ]-20.0 *scale; pt[ 1 ] =pt[ 1 ]-35.0 *scale;} //距外框右=10mm,上=25mm,end_else
  if (size==3||size==4)                                        // A3、A4图幅
   if (direc==1)                                               //水平放置
    {po[ 0 ]=po[ 0 ]+25.0 *scale; po[ 1 ]=po[ 1 ]+5.0 *scale;     //距外框左=25mm,右=5mm
    pt[ 0 ]=pt[ 0 ]-30.0 *scale; pt[ 1 ]=pt[ 1 ]-10.0 *scale;}    //距上=下=5mm,end_then
   else                                                        //垂直放置
    {po[ 0 ]=po[ 0 ]+5.0 *scale; po[ 1 ]=po[ 1 ]+5.0 *scale;      //距左=右=5mm
    pt[ 0 ]=pt[ 0 ]-10.0 *scale; pt[ 1 ]=pt[ 1 ]-30.0 *scale;}    //距上=25mm,下=5mm,end_if_else
}                                                              // end_in_conner

//定义画标签线的函数
void  label_line (double  *po, double  *ax,  double  *bx, double  *cy)
{int  i;  double  weig,hig;
 if (direc==1 && size >=0 && size <=3)                         //A0-A3横放,规定标签长=240mm
   {ax[ 0 ] =po[ 0 ]-240.0 *scale; weig =30.0 *scale ;}        //自定义分栏长=30mm,end_then
 else                                                          //否则按规定取标签长=200mm
```

```
   {ax[ 0 ] =po[ 0 ]-200.0 *scale; weig =25.0 *scale ;}       //自定义分栏长=25mm,end _ if _ else
  cy[ 0 ] =po[ 1 ]+40.0 *scale;  hig =9.0 *scale;              //标签宽=40mm,分栏高=9mm
  bx[ 0 ] =po[ 0 ]; cy[4] =po[ 1 ];                            //cy 从上到下,bx 从右到左
  for (i=0;i<2;i ++)                                           //横向取8个定位点
   {ax [ i+1] =ax[ i ]+weig; bx[i+1] =bx[ i ]-weig; }          //按栏长定位,end _ for
  for (i=3;i >=1;i--)                                          //从下到上,纵向中间取3个点
   cy[ i ] =cy[i+1]+hig;                                       //按栏高定位,end _ for
  scr _ rect (po[ 0 ],po[ 1 ],ax[ 0 ]-po[ 0 ],cy[ 0 ]-po[ 1 ],(int) (0.7 *scale));
                                                               //画标签外框,线宽=0.7mm
  scr _ line (ax[ 0 ],cy[ 1 ],bx[ 0 ],cy[ 1 ]);                //画顶栏横线
  ax[ 3 ] =ax[ 2 ]+1.5 *weig;                                  //从左计横向定位顶栏竖线
  bx[ 3 ] =bx[ 2 ]-1.5 *weig;                                  //从右计横向定位顶栏竖线
  scr _ line (ax[ 3 ],cy[ 0 ],ax[ 3 ],cy[ 1 ]);                //画顶栏短竖线
  scr _ line (bx[ 3 ],cy[ 0 ],bx[ 3 ],cy[ 1 ]);
  for (i =1;i<3;i++)                                           //画除上栏外的分隔线
    { scr _ line (ax[ 0 ],cy[i+1],ax[ 2 ],cy[i+1]);            //左区分栏短横线
      scr _ line (bx[ 0 ],cy[i+1],bx[ 2 ],cy[i+1]);            //右区分栏短横线
      scr _ line (ax[ i ],cy[ 1 ],ax[ i ],cy[ 4 ]);            //左区分栏竖线
      scr _ line (bx [ i ],cy[ 1 ],bx[ i ],cy[4]);}            //右区分栏竖线,end _ for
  }                                                            // end _ label _ line

  void  label _ text (double  *ax, double  *bx,double  *cy)    //定义标签文字函数
  {int  i, text _ hig ;double px[ 3 ], x,y ;                   //txt _ hig 存入字高
   char  *top _ str[ 3 ]={"重庆大学城环学院","类  别","AutoCAD综合作业"};
                                                               //顶栏文字
   char  *lef _ str[ 3 ]={"专  业","年  级","姓  名"};          //左区文字
   char  *rig _ str[ 3 ]={"指导教师","成    绩","日    期"};    //右区文字
   if (direc==1  &&  size >=0 &&  size <=3)  text _ hig=7;     //A0-A3(H)顶栏字高(出图后)
   else  text _ hig=6;                                         //其余图框顶栏字高 end _ if _ else
   px[ 0 ] =ax[ 0 ]+4 *scale;                                  //顶栏字串1起点横坐标
   px[ 1 ] =ax[ 3 ]+3 *scale;px[ 2 ] =bx[ 3 ]+4 *scale;        //顶栏字串2、3起点横坐标
   y =cy[ 1 ]+3 *scale;                                        //顶栏文字起点纵坐标
   for (i=0;i<3;i++)                                           //注写顶栏文字
      scr _ txt ("hw",px[ i ],y, text _ hig *scale , 0, top _ str[ i ]);  // end _ for
   for (i=2;i <=4;i++)                                         //对下栏左右区
   { x =ax[ 0 ]+4 *scale;y =cy[ i ]+1.5 *scale;                //左区文字起点坐标
      scr _ txt  (" st ",x,y,(text _ hig-2) *scale,0,lef _ str[i-2]);  //写左区文字
      x =bx[ 2 ]+3 *scale;                                     //右区文字起点横坐标
      scr _ txt (" st ",x,y,(text _ hig-2) *scale,0,rig _ str[i-2]);   //写右区文字
   }                                                           // end _ for
}                                                              // end _ label _ text
```

执行经编译、连接后的可执行文件生成图框*.exe*，输入出图比例、图幅、放置方式、插入点坐标后将生成相应的命令脚本，在AutoCAD中执行命令脚本即可在当前图层绘制图框。由于该程序未操作图层，运行命令脚本前须置**图框**为当前层，程序所绘图框概貌如图11-2所示，用于工程设计时还需补充会签栏并逐步完善。当打印比例、图幅与初始化设置相同且以（0，0）为插入点时，图框正好放置在图形界限范围内。实例中住宅建筑给水排水设计使用了水平放置的A1图框，以便同时容纳平面图、大样图和系统图。

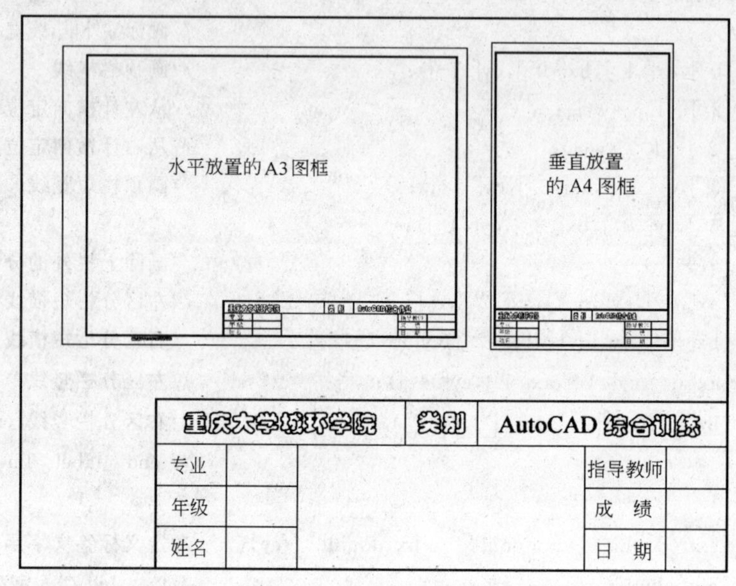

图 11-2 图框布局与标签样式

11.3 绘制与标注轴线

用命令脚本绘制与标注轴线的方法类似于画图框，标注主轴线时将插入初始化(init)*.lsp*程序中创建的“轴号”属性块。由于文字高度、轴号大小、尺寸界限与短斜线长度等都与出图比例有关，运行本节示例的生成轴线.c程序时，出图比例应与初始化绘图环境设置相同；插入点坐标值须用半角逗号分隔；行数、列数、行间距、列间距、水平轴号起始值和垂直轴号起始值等须用空格或回车分隔。特别地，行、列间距数值常取实际尺寸（mm），行、列间距个数应等于行、列个数减1。生成轴线.c源程序如下：

```
//生成轴生.c 程序用于生成绘制、标注轴线的脚本文件画轴线.scr
#include <stdio.h>
#include <string.h>
#include <malloc.h>                          //动态分配内存,如 malloc
#include <ctype.h>                           //字符处理,如 toupper
#include "basedraw.h"
```

```
int   scale, n, m;                                          //出图比例,行数、列数为全局变量
void   main ()                                              //定义 main 函数
{ char   scr_name [ 12 ]="画轴线.scr";                      //脚本文件名为局部变量
  double * x, * y, pt[ 2 ];                                 //用双精度指针或数组存点坐标
  void   in_condition (double *);                           //传入 pt 数组,带回插入点坐标
  void   in_value (double *,double *);                      //传入 x,y 指针,带回轴线交点
  void   draw_zouxiang (double *,double *);                 //用交点画轴线
  void   chang_layer (char *);                              //设置当前层
  void   chang_dimvar (char *, double);                     //设置变量值
  void   dim_value (double *,double *);                     //按轴线坐标进行标注和插入轴号

  if((fp=fopen (scr_name,"w")) ==NULL)                      //判断并打开脚本文件
    { printf (" \n不能打开输出文件!");
      return;   }                                           // end_if
  in_condition (pt  );                                      //调用函数并带回插入点
  x=(double *) malloc (m*sizeof (double));                  //按行数建立堆空间
  y=(double *) malloc (n*sizeof (double));                  //按列数开辟动态内存
  if (x==NULL||y==NULL)                                     //判断创建是否成功
    { printf (" can't  malloc! ");                          //若不成功给出信息并退出
      return;}                                              //end_if
  x[0]=pt[ 0 ];y[0]=pt[1];                                  //用 x[0],y[0]存插入点
  in_value(x,y);                                            //调用函数,行列间距带回交点坐标
  chang_layer("轴线");                                      //置"轴线"为当前层
  draw_zouxiang(x,y);                                       //调用函数按交点画轴线
  chang_layer ("标注");                                     //置"标注"为当前层
  dim_value (x,y);                                          //调用函数标注
  fclose (fp);                                              //关闭已打开的脚本文件
}                                                           //end_main

void   in_condition(double *pt)                             //定义 in_condition
{ do {printf ("出图比例[1:?]:");                            //提示输入出图比例
      scanf("%d",&scale);                                   //输入正整数
      }while(scale<= 0);                                    //直到 scale>0为止,end_do
   printf ("插入点(x,y):");                                 //提示输入插入点(左下角)
   scanf ("%lf,%lf",&pt[0],&pt[1]);                         //输入实数时用半角逗号分隔数据
   do{printf("行数 n=");                                    //提示输入横轴线数
      scanf ("%d",&n);                                      //输入横轴线数(整数)
     }while (n<=0);                                         //直到 n>0为止,end_do
   do {printf ("列数 m=");                                  //提示输入纵轴线数
      scanf("%d",&m);                                       //输入纵轴线数(整数)
      }while(m<=0)                                          //直到 m>0为止,end_do
}                                                           //end_in_condition
```

```
void   in _ value (double *x, double *y)                     //定义交点计算函数 in _ value
{int i; double   x _ sum=x[0],y _ sum=y[0];                  //x _ sum 与 y _ sum 用于累加
 printf ("n-1个行间距(mm):");                                 //提示输入行间距
 for(i=1; i<n;i++)                                           //输入值存入 y[1]-y[ n-1]
   {scanf ("%lf",&y[i]);                                     //用空隔或回车分隔数据
     y _ sum=y _ sum+y[ i ];                                 //累加计算交点纵坐标]
     y[i]=y _ sum;}                                          //回置到 y[i]中,end _ for
 printf ("m-1个列间距(mm):");                                 //与上类似
   for (i=1; i < m;i++)
   { scanf ("%lf",&x[i]);
     x _ sum=x _ sum+x[i];
     x[i]=x _ sum;}                                          //横坐标回置到 x[i]中,end _ for
}                                                            //end _ in _ value

void   chang _ layer (char * layer _ name)                   //定义当前层设置函数 chang _ layer
{   fprintf (fp,"setvar \n clayer \n %s \n",layer _ name);}
                                                             // end _ chang _ layer

void   chang _ dimvar (char*var _ name,double   value) //定义标注变量设置函数
{   fprintf(fp,"setvar \n %s \n %f \n",var _ name,vaule);}
                                                             //end _ chang _ dimvar

void   draw _ zouxiang (double *x,double *y)                 //定义画轴线函数
{ int i;
  for (i=0;i< n;i++)
    scr _ line (x[0],y[i],x[m-1],y[i]);                      //画 n 条横轴线(左右),end _ for
  for(i=0;i<m;i++)
    scr _ line(x[i],y[0],x[i],y[n-1]);                       //画 m 条纵轴线(下上),end _ for
}                                                            // end _ draw _ zouxiang

void   dim _ value (double *x,double *y)                     //定义标注函数
{ int i; char ch;                                            //局部变量
  chang _ dimvar ("dimexe",12*scale);                        //扩大尺寸界线超出量以便插轴号
  for(i=0;i<m-1;i++)                                         //用 basedraw. h 中函数完成 m-1个水平标注
  {scr _ dim (x[i],y[0],x[i+1],y[0],x[i+1],y[0]-12*scale);
                                                             //下方内层
  scr _ dim(x[i],y[n-1],x[i+1],y[n-1],x[i+1],y[n-1]+12*scale); }
                                                             //上方内层,end _ for
  getchar ();                                                //接受缓冲区字符
  printf ("水平轴号:");                                       //水平轴号输入提示.
  ch=getchar();                                              //输入到字符变量 ch
  if (ch>96)   ch=toupper (ch);                              //小写转大写
```

```
  for (i=0;i<m; i++,ch++)                          //插入 m 个轴号,轴号值递增
      {scr_attblk ("轴号",x[i],y[0]-12*scale-17*scale,0,ch);
                                                   //下方插入
       scr_attblk ("轴号",x[i],y[n-1]+12*scale+17*scale,0,ch);}
                                                   //上方插入,end_for
  for (i=0;i<n-1;i++)                              //n-1个垂直标注
      {scr_dim (x[0],y[i],x[0],y[i+1],x[0]-12*scale,y[i+1]);
                                                   //左方内层
      scr_dim (x[m-1],y[i],x[m-1],y[i+1],x[m-1]+11*scale,y[i+1]);}
                                                   //右方内层,end_for
  getchar ();                                      //接受缓冲区字符
  printf ("垂直轴号:");                             //提示输入轴号值.
  ch=getchar();                                    //起始值(字母或数字)
  if(ch>96)   ch=toupper (ch);                     //小写转大写
  for(i=0;i<n;i++,ch++)                            //垂直插入 n 个轴号
      {scr_attblk ("轴号",x[0]-12*scale-17*scale,y[i],0,ch);
                                                   //左方插入
      scr_attblk ("轴号",x[m-1]+12*scale+17*scale,y[ i ],0,ch);}
                                                   //右方插入,end_for
  chang_dimvar ("dimexe",6*scale);                 //缩短外层标注超出量
  scr_dim(x[0],y[0],x[m-1],y[0],x[m-1],y[0]-18*scale);
                                                   //标注下方总尺寸
  scr_dim(x[0],y[n-1],x[m-1],y[n-1],x[m-1],y[n-1]+18*scale);
                                                   //标注上方总尺寸
  scr_dim(x[0],y[0],x[0],y[n-1],x[0]-18*scale,y[n-1]);
                                                   //标注左方总尺寸
  scr_dim(x[m-1],y[0],x[m-1],y[n-1],x[m-1]+18*scale,y[n-1]);
                                                   //标注右方总尺寸
  chang_dimvar("dimexe",3*scale);                  //恢复变量值
}                                                  // end_dim_value
```

执行经编译、连接后的生成轴线 *.exe* 文件将产生名为画轴线 *.scr* 的命令脚本，运行命令脚本前需确认已有**轴线**和**标注**层，以便分层绘制和标注轴线。否则，会因找不到指定图层而终止运行命令脚本。

住宅建筑给排水设计实例中上、下或左、右轴线有异（图 11-3），应通过两次生成来复合产生：

① 先按左侧与下方的尺寸生成轴线，删除右侧与上方的标注，并按指定距离移开左侧与下方的标注。

② 取相同插入点按图右侧与上方的尺寸生成轴线，删除左侧与下方的标注。

③ 复位已移开的左侧与下方的标注，删除两次绘图中的重复轴线。

④ 用 attedit 命令修改轴号值，直到完全与图 11-3 中相同。

两次运行画轴线 *.scr* 命令脚本，按以上步骤复合可得图 11-3。

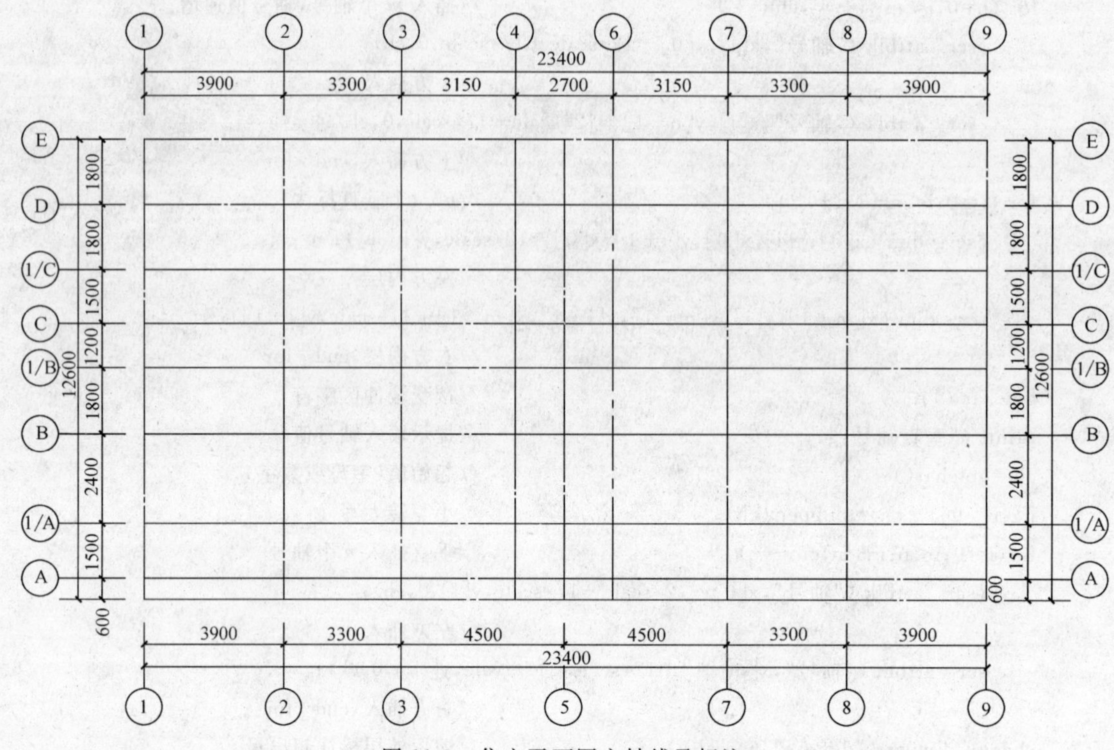

图 11-3 住宅平面图主轴线及标注

11.4 建筑构件

绘制主要建筑构件图形柱子与墙线，可用交互性较好的 AutoLISP 程序来实现。本节提供的 2 个 LISP 应用程序可进一步帮助读者理解 AutoLISP 编程方法与技巧。

11.4.1 柱子

在建筑设计绘图中常用内径为 0 的实心圆环表示圆柱，填充矩形或正方形表示一般的混凝土柱子，所有柱子的中心大都在轴线交点上。在 AutoCAD 中用 donut 命令定位画圆柱比较容易，而用 solid 命令定位画填充矩形或正方形柱子时，因不易找准柱子的 4 个顶点相对而言比较困难。即便费尽心思按给定尺寸画好一个填充矩形，拷贝它到新位置时也难将其中心准确置于轴线交点处。为此，可使用画柱子（cyl）. *lsp* 程序中自定义外部命令 cyl 来快速准确完成绘柱子的操作。

```
；画柱子（cyl）.lsp 程序用于绘制矩形柱
(defun c:cyl (/len wid pt po1 po2 po3 po4)          ;定义画柱子的新命令 cyl
  (command "cmdecho" 0)                             ;不显示命令提示
  (initget (+ 2 4))                                 ;要求柱长>0
  (setq len (getreal "\n柱长<400>mm:"))             ;输入柱长并赋给 len
  (if (= len nil) (setq len 400))                   ;缺省时 len=400
  (setq txt (rtos len 2 0))                         ;将输入值转换为字符
```

```
  (prompt (strcat "柱宽<"txt">mm:"))                        ;提示输入柱宽并显示柱长值
  (initget (+ 2 4))                                          ;要求柱宽>0
  (setq wid (getreal))                                       ;wid=输入柱宽
  (if (= wid nil) (setq wid len))                            ;缺省时 wid=柱长
  (setq ang (getreal "\n 转角<0>:"))                         ;ang=输入转角
  (if (= ang nil) (setq ang 0))                              ;缺省时 ang=0
  (command "-layer" "lo" "轴线" "s" "柱子" "")               ;锁定"轴线"层置"柱子"为当前层
  (setq e 1)                                                 ;e=1
  (while e                                                   ;进入循环操作
    (command "osnap" "int")                                  ;捕捉交点
    (setq pt (getpoint "\n 中心:"))                          ;pt=拾取点(轴线交点)
    (if (= pt nil)(prompt "\n 拾取轴线交点!"))               ;如果 pt 为空,显示信息并结束
    (setq x1 (/ len 2) y1 (/ wid 2))                         ;x1=长/2,y1=宽/2
    (setq r (sqrt (+ (* x1 x1) (* y1 y1))))                  ;柱中心到角点的距离 r
    (setq po1 (polar pt (+ ang (atan wid len)) r))           ;求柱子右上角点 po1
    (setq po2 (polar po1 (+ ang (/ pi -2)) wid))             ;求柱子右下角点 po2
    (setq po3 (polar po1 (+ ang pi) len))                    ;求柱子左上角点 po3
    (setq po4 (polar po2 (+ ang pi) len))                    ;求柱左下角点 po4
    (setvar "osmode" 0)                                      ;取消捕捉
    (command "solid" po1 po3 po2 po4"")                      ;用 solid 画柱子
  )                                                          ;end _ while
)                                                            ;end _ defun _ cyl

(defun *error* (st)                                          ;非正常结束时调用该函数
  (setvar "osmode" 695)                                      ;恢复捕捉模式
  (command "cmdecho" 1)                                      ;显示命令提示
)                                                            ;end _ defun _ error
```

执行程序时需指定柱长、柱宽、旋转角度、中心点位置等，用法类似于画圆环，连续捕捉轴线交点可画出多个 solid 实心柱。图 11-4 中实心图形是用该程序为实例中住宅平面图左半部画出的 solid 方柱，方柱尺寸是 240mm×240mm，其右半部的对称图形可由左半部镜像而得。

执行 15.1 新定义初始化 init 命令时已建有轴线和标注层，而画柱子 (cyl) *.lsp* 程序具有锁定轴线层、置柱子为当前层的操作，当不存在指定图层时系统将终止程序运行。解决办法有以下 3 种：

① 在图层操作函数前加分号变为注释句，即不执行图层操作。

② 修改函数中图层操作名称。

③ 创建柱子和轴线层。

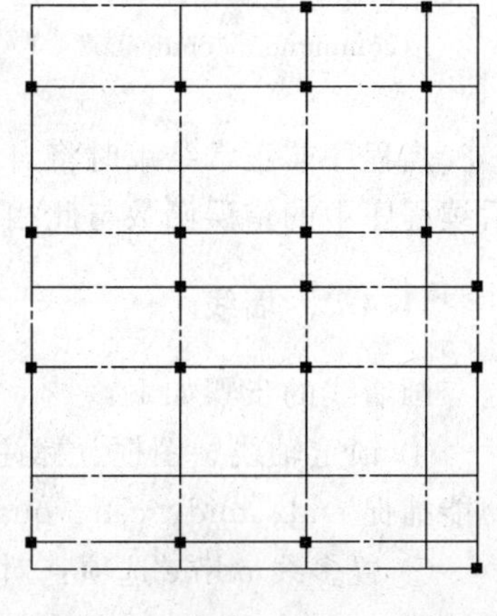

图 11-4 住宅平面图左半部

将此程序中 solid 命令改为 line，并调整顶点顺序就可画出中心定位的矩形或两个顶点相对的三角形。为能直观

说明问题，将此程序取名为柱变空(cyh). *lsp*，该程序可将现有 solid 矩形实体修改为中心定位的矩形。

```
;程序柱变空(cyh).lsp 可将 solid 实体变为矩形
(defun  c:cyh  (/  ent  tb  pt  pt1  pt2  pt3  pt4)          ;定义新命令 cyh
  (command  "cmdecho"  0)                                   ;关闭命令提示
  (command  "-layer"  "lo"  "轴线"  "u"  "柱子"  "s"  "柱子"  "")
                                                            ;要特别注意选择处理方式
  (setq  e  1)                                              ;e=1
  (while  e                                                 ;进入循环
    (command  "osnap"  "nea")                               ;捕捉最近点
    (initget  1)                                            ;所选实体不能为空
    (setq  ent  (entsel  "\n 选择柱子:"))                   ;选择 solid 实体
    (if  (=  ent  nil) (prompt "\n 请选择 SOLID 实体!"))    ;没选中结束显示信息并结束
    (setq  tb  (entget  (car  ent)))                        ;根据 ent 的图元名取实体表
    (setq  name  (cdr  (assoc  0  tb)))                     ;name=从实体表中取出实体名
    (if  (eq  name  "SOLID")                                ;当 name="SOLID"时
      (progn
        (setq  pt1  (cdr  (assoc  10  tb)))                 ;pt1=solid 实体的第1点
        (setq  pt2  (cdr  (assoc  11  tb)))                 ;pt2=solid 实体的第2点
        (setq  pt3  (cdr  (assoc  12  tb)))                 ;pt3=solid 实体的第3点
        (setq  pt4  (cdr  (assoc  13  tb)))                 ;pt4=solid 实体的第4点
        (command  "erase"  ent  "")                         ;删除选中的 solid 实体
        (command  "osnap"  "non")                           ;取消捕捉
        (command "line" pt1 pt2 pt4 pt3 "c")                ;根据取出点画直线
      )                                                     ;end _ progn
    )                                                       ;end _ if
  )                                                         ;end _ while
)                                                           ;end _ defun _ cyh

(defun *error* (st)                                         ;正常结束时调用错误函数
  (setvar "osmode" 695)                                     ;恢复捕捉模式
  (command  "cmdecho"  1)                                   ;显示命令提示
)                                                           ;end defun
```

当程序非正常结束时将自动调用错误处理函数 *error*，它主要用于恢复系统状态，后续程序中的错误函数与此相同，为节略篇幅将省略对它的重复定义。

11.4.2 墙线

画墙线的步骤如下：

① 锁定轴线、图框、标注层，置墙线为当前层，确认系统变量 osmode 值为 695，以便能捕捉 end、mid、cen、qua、int、per、nea 特征点。

② 置多线 mline 选项：对正(J)=无(Z)、比例(S)=墙宽(mm)，便可用 mline 命令来画墙线。

③ 先用 mledit 命令编辑多线，再用 explode 命令炸开它，其目的是将多线转换为 line 直线，确保顺利进行 break 操作，以方便插入门窗。

由于 init 新命令已置墙线层线宽＝0.3mm，当对象线宽随层（ByLayer）时，出图后墙线宽度应为 0.3mm，不受模型空间出图比例、线宽显示状态（开/关）以及显示比例的影响。由于建筑设备与环境工程的设计绘图不需突出墙线，一般情况下取 0.3mm 的图线比较合理。需要突出专业设计时，最好将墙线层线宽改为默认值。总之，出图前应根据工程设计效果需要实时进行调整。

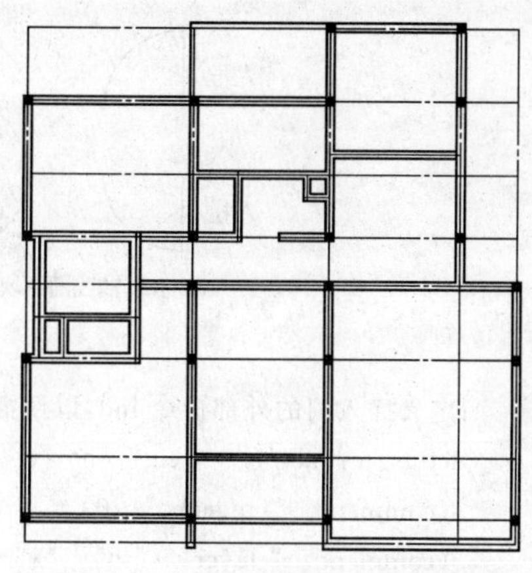

图 11-5　住宅平面图左半部墙线

图 11-5 是按此步骤画出的墙线，墙线宽度有 240mm 和 120mm 两种。因画墙线前已锁定其他层，炸开 mline 对象时可用 all 作答。为了观察方便，图 11-5 是关闭线宽显示后的效果。画完墙线后还应对通风道等部分建筑构筑物作局部的修改。

11.5　门、窗、设备

在 AutoCAD 中设计绘图时常把门、窗、建筑设备做成图块，以便能插入到当前图层的指定位置。特别地，在插入门、窗图块时常常需要打断门、窗图块的占位墙线，并为已断墙线补画封口等。本节不妨用自编程序来实现这一功能，但须确认相应图层处于打开状态。建议指定插入点位置时使用 FRO 捕捉方式，以便能按它与某捕捉点距离来确定插入点。也可以先插入门、窗，再用拉伸命令 stretch 调整现有门、窗图块的位置。位移要点如下：

① 确定门、窗移动方位与距离。

② 选择拉伸对象时用交叉窗口全包围门、窗，并将选择窗口边沿压在被拉伸墙线上。

③ 输入位移或距离时应取消捕捉功能，免受干扰。

11.5.1　插入门

本节示例的插入门（ind）*.lsp* 程序能打开墙线、门窗层并锁定其他层，运行前只须确认图层的存在即可，勿需再对图层进行操作。程序中所用门图块由初始化绘图环境时创建，图块规格与插入点见图 11-1。插入比例大小按门的实际尺寸与图块尺寸来计算，插入角度由轴线起点和插入点的方位角来定。轴线起点已由生成轴线 .c 程序内定：水平轴线起点在左，垂直轴线起点在下。插入比例正负（镜像类型）由门垛方向与开门方向确定，为便于描述，不妨将原图块直观称为左推，门图块的镜像变换由此而得名（见图 11-6（*a*））。因垂直轴线起点在下，门图块的非水平插入相当于逆时针旋转水平轴线，其名称仍可沿用（图 11-6（*b*））。运行插入门（ind）*.lsp* 程序时需指定墙宽、插入点位置、门宽、门垛方向（左、右）、开门方向（推、拉）等。修改程序中插入图块的名称或图形可以改变门的形状。插入门（ind）*.lsp* 源程序如下：

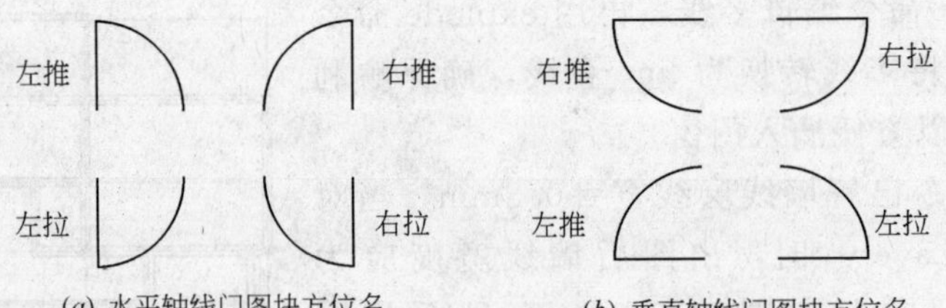

(*a*) 水平轴线门图块方位名　　(*b*) 垂直轴线门图块方位名

图 11-6　门图块方位名

```
;定义插入门的外部命令 ind,以便插入门的同时打断补画墙线
(defun c:ind (/ weig ent e tb name)
  (command "cmdecho" 0)                                   ;不显示命令提示
  (command "-layer" "lo" "*"+""柱子""u" "门窗" "u" "墙线" "")
                                                          ;特别注意能否正常运行
  (initget 4)                                             ;墙宽实数>0
  (setq weig (getreal "\n墙宽<240>:"))                    ;dist=输入墙宽
  (if (= weig nil)(setq weig 240))                        ;缺省输入 dist=240
  (command "osnap" "nea")                                 ;捕捉最近点
  (setq ent (entsel "\n插入点(在轴线):"))                 ;ent=返回所选实体
  (if (= ent nil) (prompt "\请选择轴线!"))                ;没选中显示信息并退出
  (setq tb (entget (car ent)))                            ;tb=图元实体表
  (setq name (cdr (assoc 8 tb)))                          ;name=表中实体所在图层名
  (if (eq name "轴线")                                    ;所选实体为轴线
    (insdoor weig ent tb)                                 ;调用函数插入门
    (prompt "\n未选中轴线!"))                             ;否则显示信息,end_if
  (setvar "osmode" 695)                                   ;恢复捕捉方式
  (command "cmdecho" 1)                                   ;显示命令提示
)                                                         ;end_defun_ind

(defun insdoor(weig ent tb / pt size mirr ang sizeX sizeY)
                                                          ;符号"/"前为形参,后为变量表
  (setq pt (car (cdr ent)))                               ;pt=所选点坐标
  (setq pt1 (cdr (assoc 10 tb)))                          ;pt1=实体表中取轴线起点
  (setq ang (angle pt1 pt))                               ;pt1-pt 的方位角
  (initget 4)                                             ;门宽实数>0
  (setq size (getreal "\n门宽<900>:"))                    ;size=输入门宽
  (if (= size nil)(setq size 900))                        ;缺省输入 size=900
  (setq size (/ size 100))                                ;size 转为插入比例
  (initget "L R nil")                                     ;限制输入选项
  (setq direct (getkword "\n门垛方向[左(L)/右(R)]<L>:"))
                                                          ;direct=所选门垛方向
  (if (= direct nil)(setq direct "L"))                    ;缺省输入取 direct="L"
  (initget "I O nil")
  (setq inout(getkword "\n方式[推(I)/拉(O)]<I>:"))        ;inout=所选开门方向
```

```
  (if (= inout nil) (setq inout "I"))                       ;缺省输入 inout="Ⅰ"
  (cond                                    ;根据门垛方向、开门方向分别确定 x、y 方向的插入比例因子
   ((and (wcmatch direct "L") (wcmatch inout "I")) (setq sizeX size sizeY size))
                                                            ;不变化
   ((and (wcmatch direct "L") (wcmatch inout "O")) (setq sizeX size sizeY (*-1 size)))
                                                            ;上下翻
   ((and (wcmatch direct "R") (wcmatch inout "I")) (setq sizeX (* -1 size) sizeY size))
                                                            ;左右翻
   ((and (wcmatch direct "R") (wcmatch inout "O")) (setq sizeX (* -1 size) sizeY (*-1
     size))))                                               ;绕定点转180°,end _ cond
  (setvar "osmode" 0)                                       ;取消捕捉
  (break _ doorwall pt sizeX ang weig)                      ;调用 break _ wall 函数打断
  (setvar "clayer" "门窗")                                  ;置门窗为当前层
  (setq ang (chang _ ang ang))                              ;ang=转弧度为角度
  (command "-insert" "门100乘100" pt sizeX sizeY ang)
                                                            ;按计算参数插入图块
)                                                           ;end _ insdoor

(defun break _ doorwall (pt sizeX ang weig / pt1 po1 po2 po3 po4)
                                                            ;符号"/"前为形参
  (setq weig (/ weig 2.0))                                  ;求半墙宽 dist=dist/2
  (if (< sizeX 0)                                           ;计算轴线上第2断点
    (setq pt1 (polar pt (+ ang pi) (* sizeX -100.0)))
                                                            ;sizeX<0时第2断点
    (setq pt1 (polar pt ang (* sizeX 100.0)))               ;sizeX>0时第2断点
  )                                                         ;end _ if
  (setq po1 (polar pt (+ ang (/ pi 2)) weig))               ;po1=pt 上方墙线第1断点
  (setq po2 (polar pt (-ang (/ pi 2)) weig))                ;po2=pt 下方墙线第1断点
  (setq po3 (polar pt1 (+ ang (/ pi 2)) weig))              ;po3=pt1上方墙线第2断点
  (setq po4 (polar pt1 (-ang (/ pi 2)) weig))               ;po4=pt1下方墙线第2断点
  (command "break" po1 po3)                                 ;断开轴线上方墙线
  (command "break" po2 po4)                                 ;断开轴线下方墙线
  (setvar "clayer" "墙线")                                  ;置墙线为当前层
  (command "line" po1 po2 "")                               ;补画第1封口线
  (command "line" po3 po4 "")                               ;补画第2封口线
)                                                           ;end _ break _ doorwall

  (defun chang _ ang (ang /)                                ;角度单位转换
  (setq ang (* ang (/ 180.0 pi)))                           ;化弧度为角度
)                                                           ;end _ chant _ ang
```

后续程序中用到的角度单位转换函数 chang _ ang 与插入门（ind）. *lsp* 源程序中的角度转换函数 chang _ ang 完全相同，为节约篇幅，相同函数不再重现。

11.5.2 插入窗

插入窗的方法与插入门类似，相对来说更简单。因为窗是中心对称图形，插入点也在窗中心，故插入时不用考虑如何镜像的问题。运行插入窗（iw）.*lsp* 程序前一定要打开墙线层，以便打断和补画墙线，否则会出错。运行过程中只需输入墙宽、窗宽、插入点，AutoCAD便能准确插入程序中指定的窗图块。插入窗（iw）.*lsp* 源程序如下：

```
(defun c:iw (/  weig  e  ent  tb  name)                          ;定义插入窗的外部命令
  (command  "cmdecho"  0)                                        ;关闭命令提示
  (command  "-layer"  "lo"  "*"  "u"  "门窗"  "u"  "墙线" "")   ;锁定墙线、门窗外图层
  (initget  4)                                                   ;墙宽>0
  (setq  weig  (getreal  "\n 墙宽<240>:"))                       ;weig=输入墙宽
  (if  (=  weig  nil)  (setq  weig  240))                        ;缺省输入 weig=240
  (command  "osnap"  "nea")                                      ;捕捉最近点
  (setq  ent  (entsel  "\n 插入点(在轴线):"))                    ;ent=返回所选实体
  (if  (=  ent  nil)  (prompt "\ 请选择轴线!"))                  ;显示提示信息
  (setq  tb  (entget  (car  ent)))                               ;根据图元名取实体表
  (setq  name  (cdr  (assoc  8  tb)))                            ;name=实体图层名
  (if  (eq  name  "轴线")                                        ;所选实体为轴线
    (inswind  weig  ent  tb)                                     ;调用函数插入窗
    (prompt "\ 未选中轴线!"))                                    ;否则显示信息,end_if
  (setvar "osmode" 695)                                          ;恢复捕捉方式
  (command "cmdecho" 1)                                          ;显示命令提示
)                                                                ;end_defun_iw

(defun  inswind  (weig  ent  tb  / pt  len  mirr  ang  scl_x  scl_y)
                                                                 ;ent 与 weig 为传入参数
  (setq  pt  (car  (cdr  ent)))                                  ;pt=从实体中取所选点
  (setq  pt1  (cdr  (assoc  10  tb)))                            ;pt1=从实体表中取起点
  (setq  ang  (angle  pt1  pt))                                  ;ang=pt1-pt 的方位角
  (initget  4)                                                   ;窗长>0
  (setq  len  (getreal  "\n 窗宽<1000>:"))                       ;len=窗长
  (if  (=  len  nil)  (setq  len  1000.0))                       ;缺省输入 len=1000
  (setq  scl_x  (/  len  100.0)  scl_y  (/  weig  60.0))         ;weig=weig/60,len=len/100
  (command  "osnap"  "non")                                      ;取消捕捉
  (break_windwall  pt  len  ang  weig)                           ;调用函数断墙封口
  (setq  ang  (chang_ang  ang))                                  ;调用函数转换角度单位
  (setvar  "clayer"  "门窗")                                     ;置门窗为当前层
  (command  "-insert"  "窗100乘60"  pt  scl_x  scl_y  ang)       ;插入窗
)                                                                ;end_inswind

(defun  break_windwall  (pt  len  ang  weig  /  pt1  po1  po2  po3  po4)
                                                                 ;函数定义
```

```
  (setq  pt1  (polar  pt  ang  (/  len  2)))                  ;pt1=窗右边中点
  (setq  pt2  (polar  pt  (+  ang  pi)  (/  len  2)))         ;pt2=窗左边中点
  (setq  weig  (/  weig  2))                                  ;weig=墙半宽
  (setq  po1  (polar  pt1  (+  ang  (/  pi  2))  weig))       ;po1=窗右边上角点
  (setq  po2  (polar  pt1  (-ang  (/  pi  2))  weig))         ;po2=窗右边下角点
  (setq  po3  (polar  pt2  (+  ang  (/  pi  2))  weig))       ;po3=窗左边上角点
  (setq  po4  (polar  pt2  (-ang  (/  pi  2))  weig))         ;po4=窗左边下角点
  (command  "break"  po1  po3)                                ;打断轴线上墙线
  (command  "break"  po2  po4)                                ;打断轴线下墙线
  (setvar  "clayer"  "墙线")                                   ;置墙线为当前层
  (command  "line"  po1  po2  "")                             ;补画右封口线
  (command  "line"  po3  po4  "")                             ;补画左封口线
)                                                             ;end_break_windwall
```

使用以上两个程序在图 11-5 的基础上能够快速、准确地插入门、窗，插入后的效果见图 11-7。

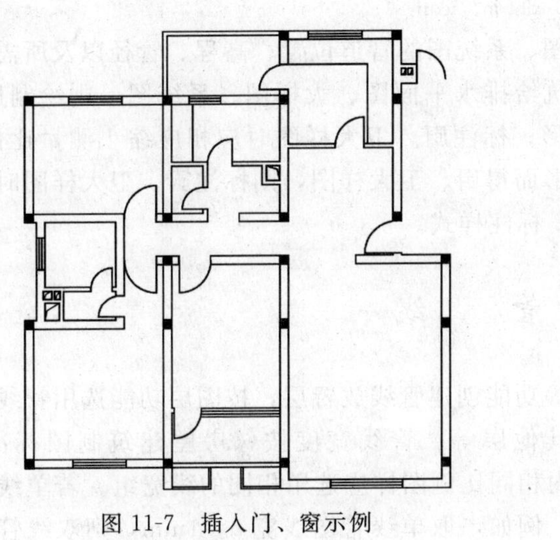

图 11-7　插入门、窗示例

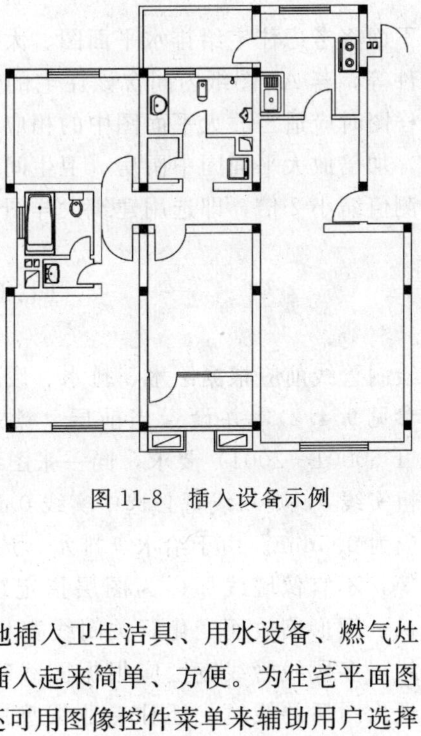

图 11-8　插入设备示例

11.5.3　插入设备

由前可知，使用设计中心、工具选项板能方便地插入卫生洁具、用水设备、燃气灶、室外空调机等设备，由于这些设备没有嵌入墙线，故插入起来简单、方便。为住宅平面图（图 11-7）插入相应设备后的效果见图 11-8。除此之外还可用图像控件菜单来辅助用户选择与插入设备图块，这是众多专业 CAD 软件的常用做法。调用图像控件菜单的方法有 2 种：

① 在下拉式菜单或屏幕菜单中调用。调用格式为：

$I=<图像空件菜单名>　$I=＊

例如，在示例菜单 *.mns* 文件中调用 9.5.5 所建立图像控件菜单 par 的格式为：

[阀门]　$I=par　$I=*

用此方法可将多个图像控件菜单放入菜单栏选项（图 11-9）中调用。例如，在示例菜单 *.mns* 文件中定义的菜单选项中（图 11-9）调用相应图像控件菜单的格式如下：

[面盆] $I=face $I=*

[浴盆，水池] $I=bare $I=*

[便池，地漏] $I=ground $I=*

[阀门] $I=par $I=*

[水龙头] $I=water $I=*

[管道附件] $I=pipe $I=*

[消防设备] $I=fire $I=*

[设备仪表] $I=disgen $I=*

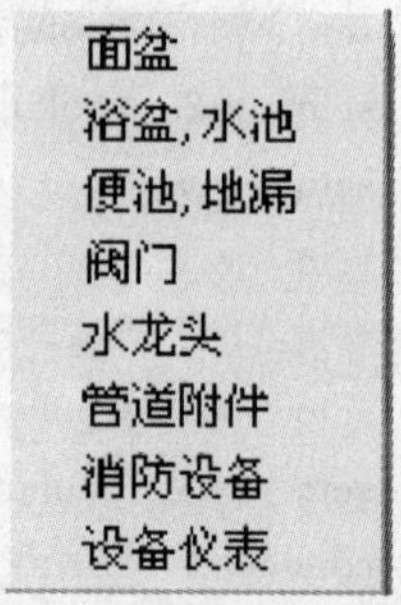

面盆
浴盆,水池
便池,地漏
阀门
水龙头
管道附件
消防设备
设备仪表

图 11-9 调用图例控件菜单

② 用 AutoLISP 函数调用图像控件菜单。调用格式为：

(menucmd "I=<图像空件菜单名>")

(menucmd "I=*")

例如，调用图像控件菜单 par 的 AutoLISP 函数为：

```
(defun  c:icon (  )                          ;定义调用图像控件菜单 par 的命令
(menucmd  "I =par"  )
(menucmd  "I=*"  )
)                                            ;end _ defun _ icon
```

下面将考虑住宅给排水平面图、大样图、系统图的管道位置、高程、管径以及所需管道附件等。若 A1 图纸内同含该住宅的建筑给排水平面图、大样图、系统图，则绘制厨、卫大样图时应适当放大平面图中的相应图形；标注厨、卫大样图时应相应缩小测量比例。例如，加倍放大平面图中厨房、卫生间图形而得厨、卫大样图，则标注厨、卫大样图时应将实测值缩小 2 倍，即选用建筑大样图 1-2 标注样式。

11.6 管 线

绘制管线前应根据给水、排水、废水等功能创建管线放置层，按图层功能选用管线线型（参见 9.4.2)，并设置当前层、锁定其他层等。管线宽度按《房屋建筑制图标准》(GB/T 50001—2001) 要求，同一张图纸内相同比例图样应选用相同的线宽组。若单线管选用粗实线 b，则双线管必选中实线 0.5b。例如，取单线管图线宽 b=1mm，则双线管图线宽应为 0.5mm。由于给水、排水、废水等图层不仅含有管道，还有相关配件、标号、说明等，不宜像墙线那样为图层指定统一线宽。因这种具有绝对宽度的管道不会随出图比例、图形缩放而变化，关闭线宽显示又无法突出管道。因此，最好用多段线 pline 画管线，多段线管线宽度应根据图线宽度（出图后）与出图比例来计算。pline 管线既能保证出图后的线宽，还让专业线型中的文字不受线宽影响而变粗，使人们具有更好的观感。

11.6.1 单线管

1）绘制单线管： 用 pline 命令和专业线型连续绘制单线管时存在 3 个问题：

① 从右至左或从上至下绘线时，线型中的文字可能倒置，无法控制直线行走方向。

② 连续的 pline 管线不便于计算嵌入管线附件的插入角度，如插入阀门块的插入角。因插入块的角度常与管线的起始位置有关。

③ 若用 explode 命令炸开 pline 线将失去管线的固定宽度，并改变管线所在图层。

本节示例的单线管（sp）．*lsp* 程序，能按从左到右、从下到上的方向分段绘制 pline 线，以保持专业线型中的文字有较好可读性。单线管（sp）．*lsp* 程序内容如下：

```
(defun  c:sp(/   e pt po lwe)                          ;定义绘制单线管的外部命令
  (command  "cmdecho"  0)                               ;关闭命令提示
  (setq  lwe  (getvar  "useri1"))                       ;线宽 lwe=系统变量中出图比例
  (if  (=  lwe  0)                                      ;若线宽为0
    (progn
      (initget  (+  2  4))                              ;出图比例>0
      (setq  lwe  (getint  "出图比例[1:?]<100>:"))      ;lwe=输入比例
      (if  (=  lwe  nil)  (setq  lwe  100))             ;置缺省值为 lwe=100
      (setvar  "useri1"  lwe)                           ;存入 useri1=lwe
    )                                                   ;end_progn
  )                                                     ;end_if
  (setq  pt  (getpoint  "\n起点:"))                     ;pt=管线起点
  (if  (=  pt  nil)  (prompt "\n空格与回车结束!"))      ;pt为空显示信息中止运行
  (command  "pline"  '(0 0)  "w"  lwe  lwe  "")         ;设置多段线固定宽度
  (setq  e  1)                                          ;e=1
  (while  e                                             ;进入循环
  (setq  po  (getpoint  pt  "\n下一点:"))               ;po=下一拾取点
  (setq  ang  (angle  pt  po))                          ;ang=线段 pt-po 的方位角
  (setvar  "osmode"  0)                                 ;取消捕捉
  (if  (and  (>  ang  1.5708)  (<=  ang  4.71240))      ;当 π/2<ang≤3π/2时
    (command  "pline"  po  pt  "")                      ;绘图时交换线段起始点
    (command  "pline"  pt  po  "")                      ;否则不交换起始点
  )                                                     ;end_if
  (setq  pt  po)                                        ;下一线段的起点 pt=po
  )                                                     ;end_while
  (command  "cmdecho"  1)                               ;显示命令提示
)                                                       ;end_defun_sp
```

绘制单线管还可用以下方法与步骤：

① 用 line 命令从左到右、从下到上画线。

② 用 11.7.2 中安阀门(iv)．*lsp* 程序插入阀门管道配件。

③ 用改线宽(lwe)．*lsp* 程序将 line 对象成批修改为多段线，并为多段线指定固定宽度。改线宽(lwe)．*lsp* 程序内容如下：

```
(defun  c:lwe (/  moth  layname  plwid  ent  sel  tb  name  n  name)
                                                        ;定义改变线宽的外部命令
  (command  "cmdecho"  0)
  (initget  " L S O")                                   ;设置输入选项
  (setq  moth  (getkword  "\n层名(L)/层上实体(S)/所选实体(o):"))
                                                        ;moth=输入选择字符
  (if  (=  moth  "L")                                   ;当 moth ="L"时
```

```
  (progn  (setq  layname  (getstring  "\n层名:"))          ;layname=输入图层名称
          (setq  sel  (ssget  "X"  (list  (cons  8  layname)))) ;select=layname层上图形
  )                                                         ;end progn
 )                                                          ;end _ if
 (if  (=  moth  "S")                                        ;当 moth ="S"时
  (progn  (prompt  "\n层上实体:")                             ;显示信息
          (setq  ent  (ssget))                              ;eng=所选实体集
          (setq  name  (ssname  ent  0))                    ;nsmr=选择集第1个实体名
          (setq  tb  (entget  name))                        ;第1个实体的表
          (setq  layname  (cdr  (assoc  8  tb)))            ;从表中提取图层名
          (setq  sel  (ssget  "x"  (list  (cons  8  layname)))) ;由层名过滤实体得选择集
  )                                                         ;end _ progn
  (progn  (prompt  "\n选择实体:")                             ;显示信息
          (setq  sel  (ssget))                              ;sel=选择集
          (setq  name  (ssname  sel  0))                    ;nsmr=选择集第1个实体名
          (setq  tb  (entget  name))                        ;第1个实体的表
          (setq  layname  (cdr  (assoc  8  tb)))            ;实体所在层
          (setvar  "clayer"  layname)                       ;将 layname 置为当前层
  )                                                         ;end _ progn
  )                                                         ;end _ if
  (setq  plwid  (getreal  "\n输入线宽:"))                      ;plwid=输入线宽
  (setq  n  0)                                              ;初值 n=0
  (if  (/=  sel  nil)                                       ;当 sel 非空时
  (repeat
    (sslength  sel)                                         ;重复次数为选择集长
    (setq  entname  (ssname  sel  n))                       ;取 sel 中第 n+1个实体名
    (setq  tb  (entget  entname))                           ;tb=与实体名相关表
    (setq  name  (cdr  (assoc  0  tb)))                     ;name=实体类型名
    (if  (or  (=  name  "LINE")  (=  name  "ARC"))          ;类型名是 line 或 arc
      (command  "pedit"  entname  "y"  "w"  plwid  "")      ;直接用 pedit 修改
    )                                                       ;end _ if,类型为 pline 时同上
    (if  (=  name  "LWPOLYLINE")  (command  "pedit"  entname  "w"  plwid  ""))
    (if  (=  name  "CIRCLE")  (chang _ circle))             ;类型为圆时调用函数修改
    (setq  n  (+  1  n))                                    ;修改下一个
  )                                                         ;end _ repeat
  )                                                         ;end _ if
  (command  "cmdecho"  1)                                   ;打开命令提示
)                                                           ;end _ lwe

(defun  chang _ circle (/  pt  r  ptx  pty  pt1)              ;定义圆的修改方法
  (setq  pt  (cdr  (assoc  10  tb)))                        ;pt =圆心
  (setq  r  (cdr  (assoc  40  tb)))                         ;r =半径
  (setq  pt1  (polar  pt  0  r))                            ;pt1=圆在0度的点
```

```
  (entdel  entname)                                              ;删除圆
 (setvar  "clayer"  layname)                                     ;将 layname 置为当前层
 (command  "pline"  pt1  "w"  plwid  plwid  "a"  "ce"  pt  "a"  355.999999  "")
                                                                 ;画带宽的弧(360°)
 )                                                               ;end chang _ circle
```

运行改线宽（lwe）. lsp 程序有 3 个选项：① 修改指定层名（L）上实体的固定宽度；② 修改与所选实体（S）有相同层名的实体宽度；③ 修改选中实体（O）的固定宽度。用此程序可将 line、arc、circle 对象转化为多段线，并为 pline 对象指定一个固定宽度，但不能用它修改对象的线宽特性。若要修改对象的线宽特性，要么重置对象线宽值，要么使用特性匹配工具将源对象的线宽特性匹配给目标对象。而特性匹配工具不能将 pline 对象的固定宽度匹配给目标对象。用改线宽(lwe). *lsp* 程序修改 line 为 pline 管线时不会影响到对象的颜色、线型、图层等特性。

2）断管线：指按统一距离快速打断交叉管线，以弥补 break 命令无法控制打断线段长度的不足（见图 11-10）。运行本节示例的断管线(bp). *lsp* 程序仅需指定管线交叉点置和需要打断的管线，程序即可按预定长度打断管线。断管线（bp). *lsp* 源程序如下：

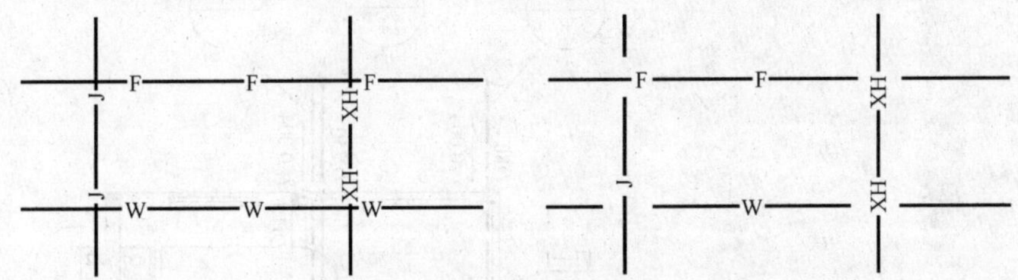

图 11-10　断管前后效果

```
;断管线(bp)lsp 程序
(defun  c:bp  (/  ent  pt  ent1  pt1  obj  ang  dist)        ;定义断管线外部命令 bp
  (setq  dist  (getvar  "useri1"))                           ;dist=出图比例
  (if  (=  dist  0)
      (progn
          (initget  (+  2  4))                               ;出图比例>0
          (setq  dist  (getint  "出图比例[1:?]<100>:"))      ;scale=输入值
          (if  (=  dist  nil)  (setq  dist  100))            ;缺省输入置 scale=100
          (setvar  "useri1"  dist)
      )                                                      ;end _ progn
  )                                                          ;end _ if
  (setq  dist  (*  dist  1.5))                               ;断管距离 dist=比例因子×1.5
  (command  "osmode"  695)                                   ;捕捉7种特征点
  (setq  ent  (entsel "\n 中心点:"))                         ;ent=所选管线对象
  (if  (not  (=  ent  nil))                                  ;非空选择
  (progn
    (setq  pt  (car  (cdr  ent)))                            ;pt=所选对象上的拾取点
    (setq  ent1  (entsel  "\n 断开线:"))                     ;ent1=需要断开管线对象
    (if  (not  (=  ent1  nil))                               ;非空选择
```

```
(progn
  (setq  pt1  (car  (cdr  ent1)))                    ;pt1=所选对象上拾取点
  (setq  obj  (ssget  pt1))                          ;obj=过 pt1点的图形
  (setq  ang  (angle  pt  pt1))                      ;ang=pt-pt1的方位角
  (setq  po1  (polar  pt  ang  dist))                ;po1=以 pt 中心的第1断开点
  (setq  po2  (polar  pt  (+  ang  pi)  dist))       ;po2=以 pt 中心的第2断开点
  (command  "osnap"  "non"  "break"  obj  po1  po2)
                                                     ;取消捕捉,按计算值打断管线
  )                                                  ;end _ prong
  (prompt"\n 请选择管线!")                            ;ent1=nil 时显示信息并退出
  )                                                  ;end _ if
 )                                                   ;end _ prong
 (prompt "\n 请选择管线!")                            ;ent=nil 时显示信息并退出
 )                                                   ;end _ if
)                                                    ;end _ defun _ bp
```

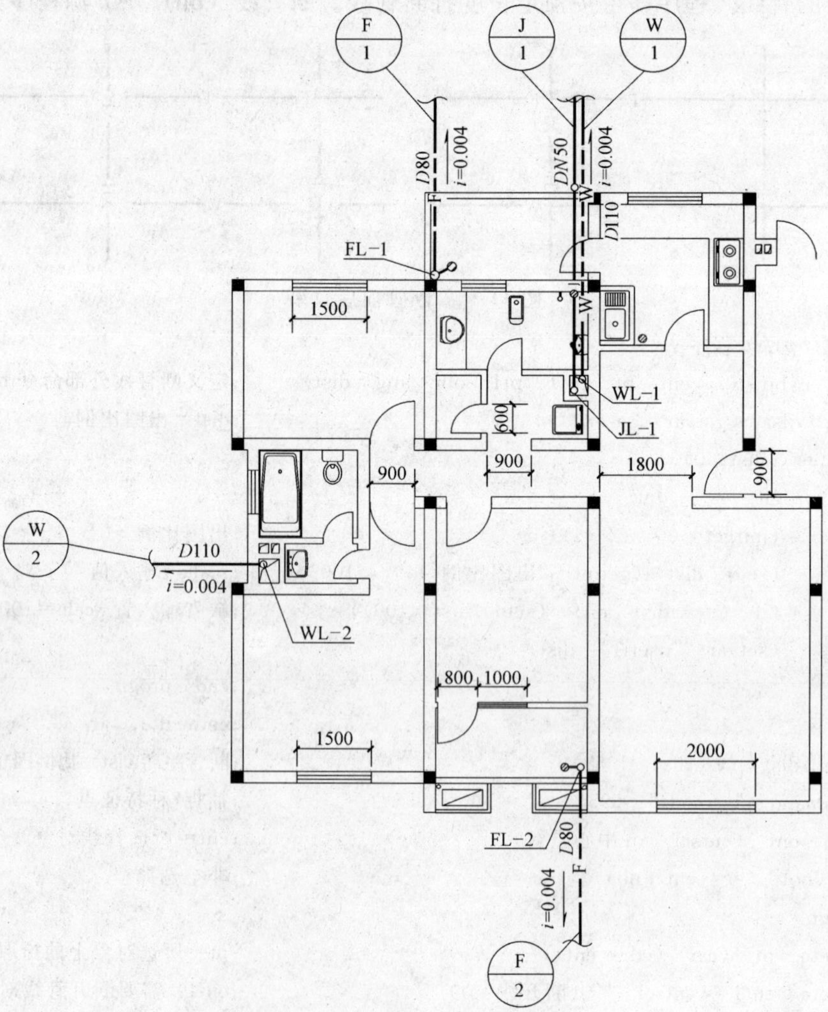

图 11-11　住宅一层平面图管线布置 1∶100

用此程序可绘出图 11-11 中住宅平面图中管线，图 11-12 中厨、卫大样图中管线。图中文字用 txt. *shp* 取代宋体，半箭头、隔断线等均使用了前面定义形（参见 9.3）。

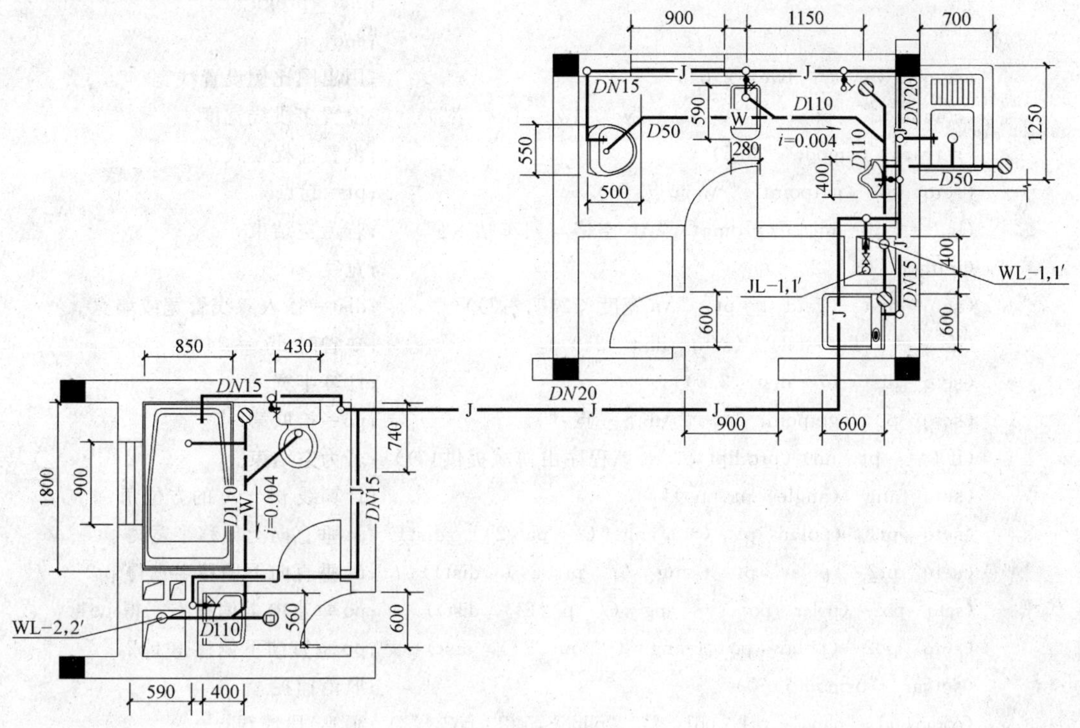

图 11-12　卫生间、厨房平面大样图 1∶50

11.6.2　双线管

绘制地沟、风管等双线管，常用以下 2 种方法：

① 炸开用 mline 命令绘制的双线使之成为 line 对象，再用改线宽(lwe). *lsp* 程序将 line 对象修改成多段线，并为其指定固定宽度。

② 用本节提供的双线管(dp). *lsp* 程序分段绘出具有固定宽度的 pline 双线管，也可用它绘制双墙线，但须捕捉轴线上特征点（图 11-13）。双线管(dp). *lsp* 源程序如下：

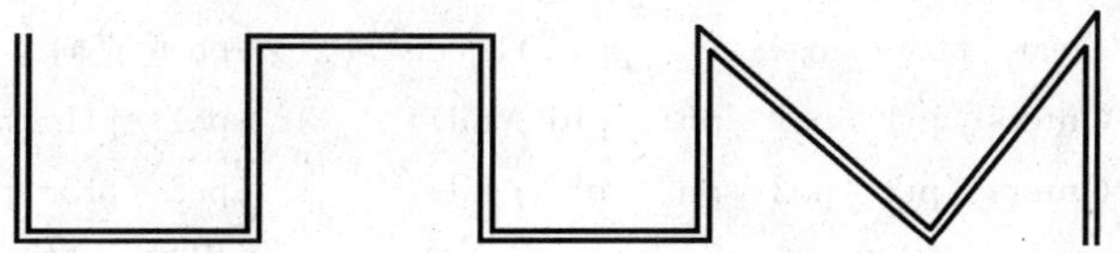

图 11-13　双线管程序绘图效果

```
(defun  c:dp (/  os  dist  e  pt1  pt2  pt3  a)        ;定义外部命令 dp 用于画双线管或墙线
(command  "cmdecho"  0)                                 ;关闭命令提示
(setq  lwe  (getvar  "useri1"))                         ;初始化时用 useri1存入出图比例
  (if  (=  lwe  0)                                      ;若出图比例=0,即没有存入值
    (progn                                              ;相当于构造复合语句
      (initget  (+  2  4))                              ;比例>0
      (setq  lwe  (getint  "出图比例[1:?]<100>:"))      ;scale=输入比例（整数）
```

```
    (if (=  lwe  nil)  (setq  lwe  100))                   ;缺省时置 scale=100
     (setvar  "useri1"  lwe)                               ;并将其存入 useri1中
    )                                                      ;end _ progn
)                                                          ;end _ if
    (setq  lwe  (/  lwe  2.0))                             ;用出图比例设置线宽
    (command  "pline"  '(0 0)  "w"  lwe  lwe  "")          ;设置多段线宽度
    (setvar  "osmode"  695)                                ;设置捕捉模式
    (setq  pt  (getpoint  "\n 起点:"))                     ;pt=起点
    (if (=  pt  nil)  (prompt  "\n 空格与回车结束!"))      ;若为空结束
    (initget  (+  2  4))                                   ;宽度>0
    (setq  dist  (getdist  pt  "\n 宽度<240>:"))           ;dist=输入双线管宽或墙宽
    (if  (=  dist  nil)  (setq  dist  240))                ;缺省时 dist=240
    (setq  dist  (/  dist  2.0))                           ;计算半宽
    (setq  po  (getpoint  pt  "\n 下一点:"))               ;po=拾取第2点
    (if (=  pt  nil) (prompt  "\n 该程序由傅斌提供!"))     ;若为空结束
    (setq  ang  (angle  pt  po))                           ;计算线 pt-po 的方位角
    (setq  pt1  (polar  pt  (+  ang  (/  pi  2))  dist))   ;pt 垂直向上偏移半宽得 pt1
    (setq  pt2  (polar  pt  (-ang  (/  pi  2))  dist))     ;pt 垂直向下偏移半宽得 pt2
    (setq  po1  (polar  po  (+  ang  (/  pi  2))  dist))   ;po 垂直向上偏移半宽得 po1
    (setq  po2  (polar  po  (-ang  (/  pi  2))  dist))     ;po 垂直向下偏移得 po2
    (setvar  "osmode"  0)                                  ;取消捕捉
    (command  "pline"  pt1  po1  ""  "pline"  pt2  po2  "") ;画第1段墙线
    (setq  e  1)                                           ;e=1
    (while  e                                              ;进入循环
    (setvar  "osmode"  695)                                ;打开捕捉
    (setq  pb  (getpoint  po  "\n 下一点:"))               ;pb=拾取第3点
    (if  (=  pb  nil) (exit))                              ;若为空则退出
    (setq  ang1  (angle  po  pb))                          ;计算 po-pb 的方位度
    (setq  pn1  (polar  po  (+  ang1  (/  pi  2))  dist))  ;po 垂直向上偏移半宽得 pn1
    (setq  pn2  (polar  po  (-ang1  (/  pi  2))  dist))    ;po 垂直向下偏移半宽得 pn2
    (setq  pb1  (polar  pb  (+  ang1  (/  pi  2))  dist))  ;pb 垂直向上偏移半宽得 pb1
    (setq  pb2  (polar  pb  (-ang1  (/  pi  2))  dist))    ;pb 垂直向下偏移半宽得 pb2
    (setq  pe1  (inters  pt1  po1  pn1  pb1  nil))         ;pe1=pt1-po1与 pn1-pb1的交点
    (setq  pe2  (inters  pt2  po2  pn2  pb2  nil))         ;pe2=pt2-po2与 pn2-pb2的交点
    (setq  ent  (ssget  po1))                              ;用过 po1的直线构成选择集
    (command  "erase"  ent  "")                            ;删除过 po1的线
    (setq  ent  (ssget  po2))                              ;同上
    (command  "erase"  ent  "")                            ;同上
    (setvar  "osmode"  0)                                  ;关闭捕捉
    (command  "pline"  pt1  pe1  ""  "pline"  pt2  pe2  "") ;画线 pt1-pe1-po1
    (command "pline" pe1 pb1 "" "pline" pe2 pb2 "")        ;画线 pt2-pe2-po2
    (setq  po  pb  pt1  pe1  pt2  pe2  po1  pb1  po2  pb2)
                                                           ;赋值移动以便循环处理
```

```
)                                                    ;end _ while
 (command  "cmdecho"  1)                             ;显示提示
)                                                    ;end _ defun _ dp
```

运行该程序需要输入起点、双线管（墙线）宽度、下一点等，AutoCAD 将按指定点顺序画出宽度为 0.5b 的双线管，并在画管线时完成交接点的处理。也可用此程序来绘制住宅平面图中的墙线。

11.7 阀　　门

插入阀门前应打开**阀门**层与相应**管线**层，其方法与在墙线中插入门、窗类似，在插入阀门等管道配件的同时自动打断管线，并准确地将它们嵌入到管线中。

11.7.1 阀门块

为使插入阀门的程序能准确运行，不妨先用阀门块（vb）. *lsp* 程序制作一些阀门块，块的尺寸皆为 400×200。做块前需确认 0 层已打开，且没有任何：可用图形，因为做块前将删除 0 层上所有实体。

```
(defun  c:vb ()                                                   ;用程序定义阀门块
 (setvar  "osmode"  0)                                            ;关闭捕捉
 (command  "-layer"  "S"  "0"  "F"  "*"  "N"  ""  "")             ;置0层为当前层,冻结其他层
 (command  "erase"  "all"  "")                                    ;删除0层上实体
 (zj)                                                             ;调用函数画截止阀
 (command  "-block"  "截止阀400乘200"  '(200  100)  "all"  "")    ;将截止阀定义为块
 (za)                                                             ;调函数画闸阀
 (command  "-block"  "闸阀400乘200"  '(200  100)  "all"  "")      ;将闸阀定义为块
 (xs)                                                             ;画旋塞阀
 (command  "-block"  "旋塞阀400乘200"  '(200  100) "all"  "")     ;将旋塞阀定义为块
 (qf)                                                             ;画球阀
 (command  "-block"  "球阀400乘200"  '(200  100)  "all"  "")      ;将球阀定义为块
 (gm)                                                             ;画隔膜阀
 (command "-block"  "隔膜阀400乘200"  '(200  100)  "all"  "")     ;将隔膜阀定义为块
 (tj)                                                             ;画调节阀
 (command  "-block"  "调节阀400乘200"  '(200  100)  "all"  "")    ;将调节阀定义为块
 (jy)                                                             ;画减压阀
 (command  "-block"  "减压阀400乘200"  '(200  100)  "all"  "")    ;将减压阀定义为块
 (zh)                                                             ;画止回阀
 (command  "-block"  "止回阀400乘200"  '(200  100)  "all"  "")    ;将止回阀定义为块
 (df)                                                             ;画蝶阀
 (command  "-block"  "蝶阀400乘200"  '(200  100)  "all"  "")      ;将蝶阀定义为块
 (command  "-layer"  "T"  "*"  "S"  "阀门"  "")                   ;解冻所有图层将阀门置为当前层
 (setvar  "osmode"  695)
)                                                                 ;end _ defun _ vb
```

```
(defun  zj ()                                                        ;定义画截止阀
  (command "line" '(0 0) '(0 200) '(400 0) '(400 200) "c")
                                                                     ;用 line 命令画图
)                                                                    ;end _ zj

(defun  za ()                                                        ;定义画闸阀
  (zj)                                                               ;画截止阀
  (command "line" '(200 0) '(200 200) "")                            ;增画图形
)                                                                    ;end _ za

(defun  xs ()                                                        ;定义画旋塞阀
  (zj)                                                               ;画截止阀
  (command "circle" '(200 100) 50)                                   ;补画圆
  (command "trim" '(250 100) "" '(213 94) '(212 106) "")             ;剪掉圆内线段
)                                                                    ;end _ xs

(defun  qf ()                                                        ;定义画球阀
  (zj)                                                               ;画截止阀
  (command "donut" 0 50 '(200 100) "")                               ;补画实心圆
)                                                                    ;end _ qf

(defun  gm ()                                                        ;定义画隔膜阀
  (qf)                                                               ;画球阀
  (command "line" '(200 100) '(200 300) ""                           ;补画图形
           "line" '(100 300) '(300 300) "")
)                                                                    ;end _ qm

(defun  tj ()                                                        ;定义画调节阀
  (zj)                                                               ;画截止阀
  (command "line" '(200 100) '(200 300) ""                           ;补画图形
           "line" '(100 300) '(300 300) ""
           "line" '(100 330) '(300 330) "")
)                                                                    ;end _ tj

(defun  jy ()                                                        ;定义画减压阀
  (command "rectang" '(0 0) '(400 200)                               ;画矩形
           "line" '(0 200) '(400 100) '(0 0) "")                     ;画矩形内线段
)                                                                    ;end _jy

(defun  zh ()                                                        ;定义画止回阀
  (command "line" '(0 0) '(0 200) '(400 0) '(400 200) ""             ;画图命令
           "line" '(100 230) '(300 230) '(200 250) "")
)                                                                    ;end _ zh

(defun  df ()                                                        ;画蝶阀
```

```
(command  "rectang"  '(0  0)  '(400  200)                          ;相关画图命令与参数
          "line"  '(0  200)  '(400  0)  ""
          "donut"  0  50  '(200  100)  "")
)                                                                   ;end_df
```

11.7.2 插入阀门

用本节提供的安阀门（iv）.*lsp* 程序可快速、准确地将阀门图块安置并嵌入到管线上（图 11-14），修改该程序中图块名称还可用于装配其他管道配件。该程序所安阀门保证出图后的阀门尺寸为 4mm×3mm，若有特殊需求应调整程序中的插入比例。安阀门（iv）.*lsp* 源程序如下：

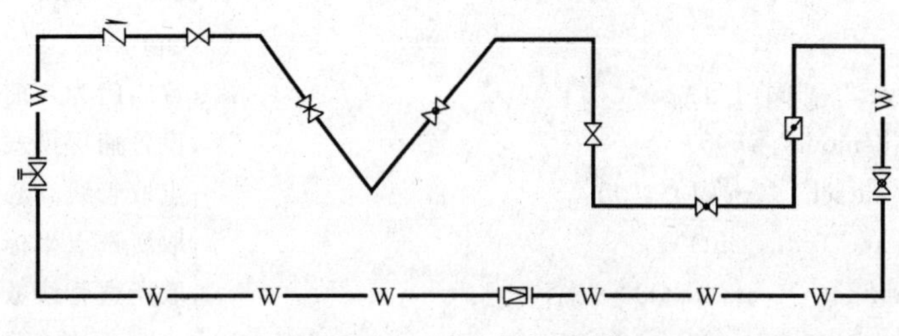

图 11-14 插入阀门示例

```
(defun  c:iv (/  vatype  yesno)                                    ;定义插入阀门外部命令
 (command  "cmdecho"  0)                                           ;不显示命令提示
 (setq  yesno  (getstring  "\n 阀兰[有(Y)/无(N)]<N>:"))            ;yesno=输入选项字符
 (if  (=  yesno  nil)  (setq  yesno  "N"))                         ;缺省输入 yesno="N"
 (initget  "Z  J  Y  X  Q  G  T  H  D  nil")                       ;限制输入值
 (setq  vatype  (getkword                                          ;vatype=输入关键字
        "\n 名称[闸(Z)/截(J)/减(Y)/旋(X)/球(Q)/隔(G)/调(T)/止(H)/蝶(D)]<Z>:"))
 (if  (=  vatype  nil)  (setq  vatype  "Z"))                       ;缺省输入 vatype="Z"
 (va  vatype  yesno)                                               ;调用带参数的函数 va
 (command  "cmdecho"  1)                                           ;显示命令提示
)                                                                  ;end_iv

(defun  va (vatype  yesno  /  scale  scl_x  scl_y  dist  mirr  e  ent
        pt  tb  pt1 ang  pt2  po1  po2  po3  po4  blkname)         ;定义 va 函数
 (setq  scale  (getvar  "useri1"))                                 ;scale=从变量 useri1中出图比例
 (if  (=  scale  0)                                                ;若该变量值为0
   (progn
     (initget  (+  2  4))                                          ;出图比例>0
     (setq  scale  (getint  "出图比例[1:?]<100>:"))                ;scale=输入比例
     (if  (=  scale  nil)  (setq  scale  100))                     ;缺省输入 scale=100
     (setvar  "useri1"  scale)                                     ;存入 useri1=scale
   )                                                               ;end_progn
 );end_if
 (setq  scl_x  (/  scale  100.0)                                   ;scl_x=x 方向插入比
```

```
      scl_y  (/  scale  66.7))                          ;scl_y=y方向插入比
  (if  (=  (strcase  yesno)  "Y")                       ;输入字符转为大写后="Y"?
      (setq  dist  (*  scale  3.0))                     ;dist=有法兰时断管距离
      (setq  dist  (*  scale  2.0)))                    ;dist=无法兰断管距离,end_if
  (if  (or  (wcmatch  vatype "Y")  (wcmatch  vatype  "H"))  ;阀门类型为"Y"或"H"
    (progn
      (setq  mirr  (getstring  "\n反向[y/n?]<n>:"))      ;mirr=是否反向
      (if  (=  mirr  nil) (setq  mirr  "N"))            ;缺省输入 mirr="N"
      (if  (=  (strcase mirr)  "Y")  (setq  scl_x  (*  scl_x  -1.0)))
                                                        ;反向时修改插入比例
    )                                                   ;end_progn
  )                                                     ;end_if
  (setvar  "clayer"  "阀门")                             ;置阀门为当前层
  (command  "osmode"  695)                              ;设置捕捉模式
  (setq  ent  (entsel  "\n阀心:"))                       ;点取管线阀心位置
  (setq  pt  (car  (cdr  ent)))                         ;取所选点坐标
  (setq  tb  (entget  (car  ent)))                      ;取所选管线数据表
  (setq  pt1  (cdr  (assoc  10  tb)))                   ;pt1=所选管线起点
  (setq  ang  (angle  pt1  pt))                         ;计算管线方位角(弧度)
  (setq  pt1  (polar  pt  (+  ang  pi)  dist))          ;pt1=管线第1断点
  (setq  pt2  (polar  pt  ang  dist))                   ;pt2=管线第2断点
  (command  "osnap"  "non"  "break"  pt1  pt2)          ;取消捕捉,断管线
  (if(=  (strcase  yesno)  "Y")                         ;有法兰时补画图形
    (progn
      (setq  po1  (polar  pt1  (+  ang  (/  pi  2))  (*  scl_y  100)))
                                                        ;po1=过第1断点竖线起点
      (setq  po2  (polar  pt1  (-  ang  (/  pi  2)) (*  scl_y  100)))
                                                        ;po2=过第1断点竖线终点
      (setq  po3  (polar  pt2  (+  ang  (/  pi  2))  (*  scl_y  100)))
                                                        ;po3=过第2断点竖线起点
      (setq  po4  (polar  pt2  (-  ang  (/  pi  2)) (*  scl_y  100)))
                                                        ;po4=过第2断点竖线终点
      (command  "line"  po1  po2  ""  "line"  po3  po4  "")  ;补画两条垂直管线的线段
    )                                                   ;end_progn
  )                                                     ;end_if
  (setq  blkname  (search  vatype))                     ;插入 vatype 类型阀门
  (command  "insert"  blkname  pt  scl_x  scl_y  (chang_ang ang))
                                                        ;按指定参数插入阀门
)                                                       ;end_va

(defun  search  (vatype)                                ;定义寻块函数
  (cond((wcmatch  vatype  "Z")  (setq  blkname "闸阀400乘200"))
       ((wcmatch  vatype  "J")  (setq  blkname  "截止阀400乘200"))
```

```
        ((wcmatch  vatype  "Y")  (setq  blkname "减压阀400乘200"))
        ((wcmatch  vatype  "X")  (setq  blkname  "旋塞阀400乘200"))
        ((wcmatch  vatype  "Q")  (setq  blkname  "球阀400乘200"))
        ((wcmatch  vatype  "G")  (setq  blkname  "隔膜阀400乘200"))
        ((wcmatch  vatype  "T")  (setq  blkname  "调节阀400乘200"))
        ((wcmatch  vatype  "H")  (setq  blkname "止回阀400乘200"))
        ((wcmatch  vatype  "D")  (setq  blkname  "蝶阀400乘200"))
    )                                                   ;end _ cond
)                                                       ;end _ search
```

运行该程序时，需选择有无法兰、阀门名称，并指定阀心位置等。若有法兰需补画线段，且改变断管距离。图 11-15、11-16 是厨卫给排水系统图，在此图中插入的阀门不多。

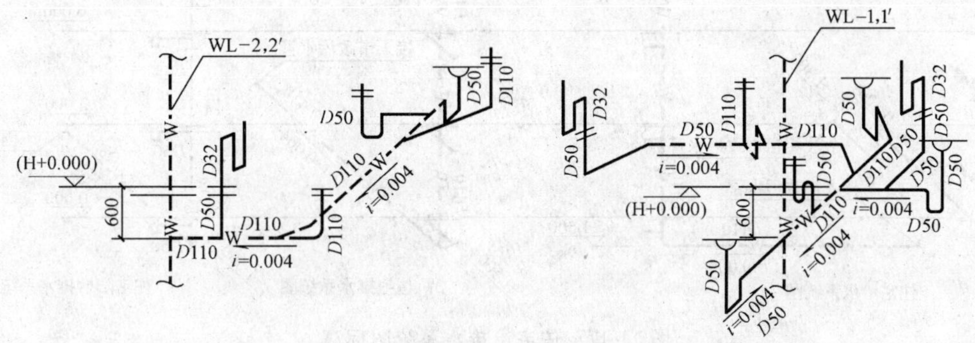

图 11-15　厨房、卫生间排水系统图

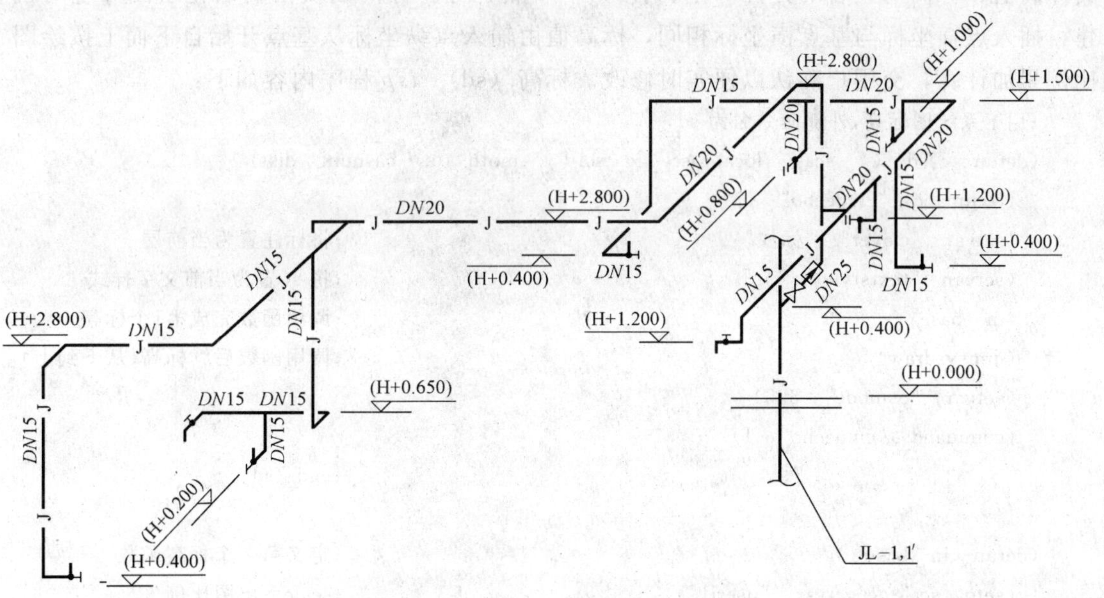

图 11-16　厨房、卫生间给水系统图

11.8　标　　高

用标高(sd). *lsp* 程序为住宅给排水系统图标高（图 11-17）时，需指定标高基点及

图 11-17　住宅给排水系统图标高

其标高值、标高与立管的方位（左、右），下一点…等。标高图块由初始化绘图环境时创建，插入点横坐标与基点横坐标相同，标高值由输入点纵坐标从基点开始自下而上按绘图比例累加计算，交用户确认以便实时修改。标高（sd）. *lsp* 程序内容如下：

```
;用于系统图标高,外部命令名为 sd
(defun c:sd (/ scale locat scl_x scl_y moth pt basnum dist)
  (command "cmdecho" 0)
  (setvar "clayer" "标注")                          ;将标注置为当前层
  (setvar "textstyle" "st")                          ;将 st 置为当前文字样式
  (in_base)                                          ;调用函数完成第1个标高
  (dimsysdraw)                                       ;调用函数后续标高(从下到上)
  (setvar "osmode" 695)
  (command "cmdecho" 1)
)                                                    ;end_sd

(defun in_base ()                                    ;定义第一个标高函数
  (setq scale (getvar "useri1"))                     ;scale=出图比例
  (setq scl_x (/ scale 100) scl_y scl_x)             ;设置标高图块插入比例
  (initget 4)                                        ;测量比例>0
  (setq measuer (getreal "\n 测量比例[1:?]<1>:"))    ;输入测量单位比例
  (if (= measuer nil) (setq measuer 1))              ;缺省输入,measuer=1
  (initget "L R nil")                                ;限制输入值
```

```
(setq locat (getstring "\n标高在立管[左(L)/右(R)]<R>:"))  ;locat=标高与立管的位置字符
(if (= setq locat "nil") (setq locat "R"))             ;缺省输入 locat="R"
(if (= (strcase locat) "L")                            ;若 locat="L"
  (progn
     (setq scl_x (* scl_x -1))                         ;修改标高图块插入比例
     (setq moth "BR")                                  ;文字对齐方式 moth="BR"
  )                                                    ;end progn
  (setq moth "BL")                                     ;否则,立管右方时 moth="BL"
)                                                      ;end_if
(setvar "osmode" 695)                                  ;设置捕捉模式
(setq pt (getpoint "\n基点:"))                          ;pt=插入点
(setq basnum (getreal "\n标高(m)<0.000>:"))             ;basnum=起点标高值
(if (= basnum nil) (setq basnum 0.000))                ;缺省输入 basnum=0.000
(setq txt (rtos basnum 2 3))                           ;txt=标高值转换为字符
(command "osnap" "non")                                ;取消捕捉
(command "-insert" "标高1600乘300" pt scl_x scl_y 0)
                                                       ;插入标高图块
(setq dist (+ (* scale 3) 100))                        ;dist=文字与标高符号的距离
(setq po (polar pt (/ pi 2) dist))                     ;po=文字的起点
(command "text" "j" moth po (* scale 3) 0 txt)         ;写标高文字
)                                                      ;end_in_base
(defun dimsysdraw()                                    ;定义后续标高函数
(setq e 1 sum basnum)                                  ;置 e=1,sum=basnum
(while e                                               ;进入循环
  (setvar "osmode" 695)                                ;设置捕捉方式
  (setq pt1 (getpoint "\n下一点:"))                     ;pt1=标高位置
  (setq pt1 (subst (car pt) (car pt1) pt1))            ;用 pt 横坐标替换 pt1横坐标
  (setq floorhig (distance pt pt1))                    ;floorhig=pt-pt1的距离
  (setq floorhig (* floorhig measuer) pt pt1)          ;将 floorhig 转换单位,且 pt=pt1
  (setq txt (rtos floorhig 2 3))                       ;txt=floorhig 转换为字符
  (prompt (strcat "\n层高(m)<" txt ">:"))               ;显示按比例计算的层高信息
  (initget (+ 2 4))                                    ;距离≥0
  (setq hig (getdist))                                 ;hig=用户输入层高
  (if (= hig nil)(setq hig floorhig))                  ;缺省输入 hig=floorhig
  (setq hig (/ hig 1000) sum (+ sum hig))              ;将 mm 转换为 m,用 sum 累加
  (setq po (polar pt1 (/ pi 2) dist))                  ;po=文字起点
  (setq txt (rtos sum 2 3))                            ;txt=标注数值转换为字符
  (command "osnap" "non")                              ;取消捕捉
  (command "-insert" "标高1600乘300" pt1 scl_x scl_y 0)
                                                       ;插入标高符号
  (command "text" "j" moth po (* scale 3) 0 txt)       ;注写标高文字
)                                                      ;end_while
)                                                      ;end_dimsysdraw
```

11.9 文　字

注写文字前应置**文字**为当前层，并选定当前文字样式，以减少修改工作量。若将常用词组放入数据文件，用对话框选择并注写文本可大大提高输入速度。例如，将图11-17中的专业词组放到常用词组数据文件中以便用输文字（wt）．*lsp* 程序快速输入。

11.9.1 常用词组

将常用专业词组分类存放在类似文件＄text1.*dat* 名的数据文件中，该文件可由任何文本编辑器编辑，但每行只能放一个专业词组（见图 11-18）。例如，数据文件＄text1.*dat*…＄text11.*dat* 分别存放了 11 个类别的专业词组。用对话框文件 text_dcl.dcl 为其定义一个含数据文件索引、词组内容列表等布局的对话框，然后通过输文字（wt）．*lsp* 程序调用并显示该对话框（图 11-19），以便用对话框选择并输入数据文件中已有常用专业词组。

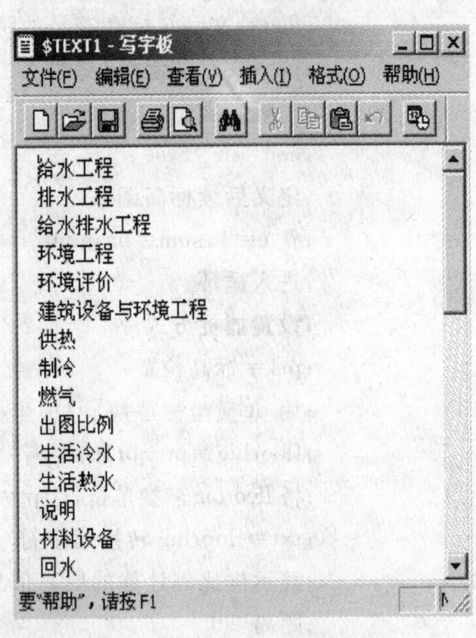

图 11-18　数据文件中专业词组

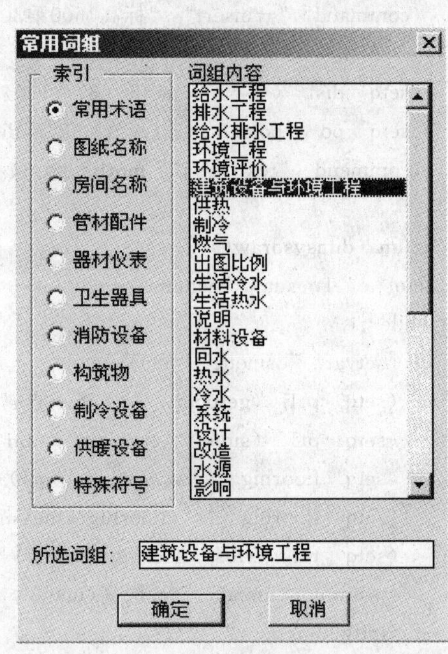

图 11-19　文字输入对话框示例

```
;对话框文件 text_dcl.dcl 内容
filetext:dialog
{label="常用词组";
    :row
    {:boxed_column
        {label="索引";
        :  radio_button
            {label="常用术语";
```

```
        key="A1";
        value="1";}
    :radio _ button
        {label="图纸名称";
        key="A2";}
    :radio _ button
        {label="房间名称";
        key="A3";}
    :radio _ button
        {label="管材配件";
        key="A4";}
    :radio _ button
        {label="器材仪表";
        key="A5";}
    :radio _ button
        {label="卫生器具";
        key="A6";}
    :radio _ button
        {label="消防设备";
        key="A7";}
    :radio _ button
        {label="构筑物";
        key="A8";}
    :radio _ button
        {label="制冷设备";
        key="A9";}
    :radio _ button
        {label="供暖设备";
        key="A10";}
    :radio _ button
        {label="特殊符号";
        key="A11";}
}
  :list _ box
  {label="词组内容";
    key="what";
    height=15;
    width=26;
    allow _ accept=true;
  }
}
spacer _ 1;
 :edit _ box
```

```
  {label="所选词组:";
    key="select";
  }
  spacer _1;
  ok _ cancel;
}
```

程序 text _ dcl. dcl 仅仅定义了一个对话框，即指明了对话框的行、列布局以及相应的值。必须通过输文字（wt）. *lsp* 程序来调用和显示对话框，才能正常使用。输文字（wt）. *lsp* 程序内容如下：

```
(defun  c:wt (/  sel  txt  txt _ list  txt _ id  sty  fp  num  hig  pt  old)
                                                          ;定义写文字外部命令 wt
  (setvar  "cmdecho"  0)                                  ;关闭命令提示
  (setq  num  11)                                         ;num=对话框索引项
  (begin)                                                 ;调用 begin 函数初始化
  (dia)                                                   ;调用 dia 函数驱动对话框
  (if  (and  sel  txt)                                    ;选中对话框文字
   (progn
     (setq  pt  (getpoint  "\n 起点:"))                    ;pt=文字起点
     (initget  (+  2  4))                                 ;要求字高>0
     (setq  hig  (getdist  pt  "\n 字高<300>:"))           ;hig=输入字高
     (if  (=  hig  nil)  (setq  hig  300)  )              ;缺省输入 hig=300
     (setq  ang  (getangle  pt  "\n 转角<0:"))             ;ang=文字转角
     (if  (=  ang  nil) (setq  ang  0))                   ; 缺省输入 ang=0
     (command  "text"  pt  hig  (chang _ ang  ang)  txt)  ;转换角度(同前)后写文字
   )                                                      ; end _ progn
  )                                                       ;end _ if
 (setvar  "cmdecho"  1)                                   ;打开命令提示
)                                                         ;end _ defun _ wt

;定义初始化程序,将索引第1项字库读入 txt _ list 表中
(defun  begin  (/ filename fp txt1)                       ;定义 begin 函数
  (setq  filename  (findfile  "$text1. dat"))             ;filename=字库文件$text1. dat 名
  (if  (not  filename)                                    ;没找到文件
      (progn  (prompt " \n 字库文件不存在!")                ;给出信息并退出
              (exit)
      )                                                   ;end _ progn
  )                                                       ;end _ if
  (setq  fp  (open  filename  "r"))                       ;pf=只读方式打开 filename
  (setq  txt _ list  '())                                 ;置 txt _ list 为空表
  (while  (setq  txt1  (read-line  fp))                   ;txt=fp 指字库中按行读出文字串
          (setq  txt _ list  (cons  txt1  txt _ list))    ;txt _ list=所读字串不断添进表头
  )                                                       ;end _ while
```

```
  (close  fp)                                               ;关闭 fp 所指文件
  (setq  txt_list  (reverse  txt_list))                     ;txt_list=回置倒放 txt_list 字串
)                                                           ;end_begin

(defun  dia (/  i)                                          ;定义对话框显示驱动函数
  (if  (>  (setq  dcl_id  (load_dialog  "text_dcl"))  0);对话框文件 text_dcl. 加载成功
      (progn                                                ;del_id=加载对话框时返回的代码
      (if  (new_dialog  "filetext"  dcl_id)                 ;加载 del_id 所指 filetext 对话框
        (progn
         (start_list  "what")                               ;显示对话框
         (mapcar  'add_list  txt_list)                      ;显示 txt_list 表中文字串
         (end_list)                                         ;完成加截显示
         (setq  i  1)                                       ;i=初始索引代码
         (repeat  num                                       ;按索引项数重复
           (action_tile  (strcat  "A"  (itoa  i))  "(write_txt)"  )
                                                            ;单击索引项更换列表框文字
           (setq  i  (+  i  1))                             ;变更索引项所对键值 Ai
         )                                                  ;end_repeat
         (action_tile  "what"  "(setq  i  (atoi  $value))  (setq  txt  (nth  i  txt_list))
                               (set_tile  \"select\"  txt)"))
                                                            ;编辑框显示列表框所选文字
         (action_tile  "accept"  "(setq  sel  t)  (done_dialog  1)
                               (unload_dialog  dcl_id)")    ;"确定"时 sel=t,卸载对话框
         (action_tile  "cancel"  "(unload_dialog  dcl_id)")
                                                            ;"取消"时,卸载对话框
         (start_dialog)                                     ;显示对话框
         )                                                  ;end_progn
        (prompt  "\n 无法显示对话框!请检查对话框内容!")     ;没找到对话框定义显示
        )                                                   ;end_if
      )                                                     ;end_progn
    (prompt "\n 无法加载对话框!请检查是否有此文件以及路径正确否?")
                                                            ;没找到对话框文件时显示
  )                                                         ;end_if
)                                                           ;end_defun_dia

(defun  write_txt  (/ filename  fname  fp  txt1  i)         ;更换列表框词组函数定义
  (setq  i  1)                                              ;i=1
  (while  (<=  i  num)                                      ;i=1到 num
   (if  (=  (get_tile  (strcat  "A"  (itoa i)))  "1")       ;若索引项被选中
       (setq  fname  (strcat  "$text"  (itoa i)  ".dat")  i  num)
                                                            ;fanme=选中索引对应字库文件
   )                                                        ;end_if
   (setq  i  (+  i  1))                                     ;更新索引号,找到为止
```

```
    )                                               ;end_while
  (if (setq filename (findfile fname))              ;filename=字库路径与名称
    (progn                                          ;找到字符文件后
      (setq fp (open filename "r"))                 ;以只读方式打开该文件
      (setq txt_list'())                            ;置 txt_list 为空表
      (while (setq txt1 (read-line fp))             ;按行读字串
        (setq txt_list (cons txt1 txt_list)))       ;end_while
      (close fp)                                    ;关闭该字库文件
      (setq txt_list (reverse txt_list))            ;倒置表
      (start_list "what")                           ;显示对话框
      (mapcar 'add_list txt_list)                   ;列表框中显示文字
      (end_list)                                    ;完成 start_list 操作
    )                                               ;end_progn
  )                                                 ;end_if
)                                                   ;end_write_txt
```

11.9.2 修改字高

修改图中现有文字高度通常使用特性选项板或特性匹配工具。使用特性匹配工具时可将源对象的文字高度逐个匹配给目标对象，为避免匹配文字以外的其他特性，如图层、颜色等，应先在图 11-20 所示的**特性设置**对话框中进行设置。AutoCAD 在匹配文字高度的时候也会匹配文字样式、转角、宽度因子等，操作时要注意选择。成批修改字高亦可由程序来实现，读者不妨一试。

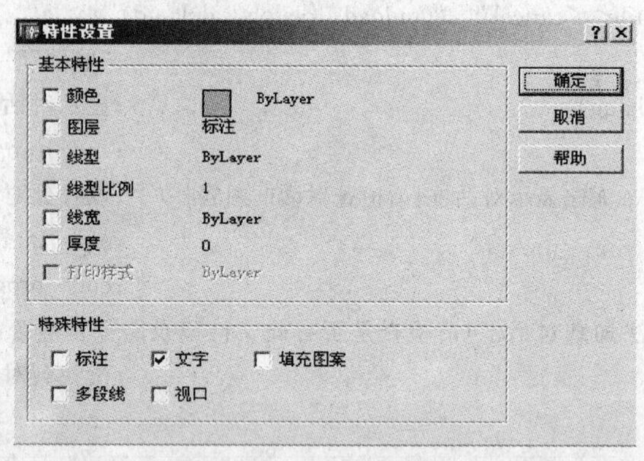

图 11-20 文字特性匹配选项

进行住宅建筑给水排水设计时还会涉及到一些计算，几乎所有建筑设备与环境工程设计或多或少都有一些计算，如管网计算、喷淋计算、室内枝状管网计算等。而 Internet 中相关网站总有不少计算程序可供大家共享。例如，筑龙网、晓东 CAD 空间、给排水在线等都有许多可供选用的计算程序，本书所附光盘也有部分计算程序以供参考。当大家在使用程序的同时，完成工程设计计算与绘图时更能感受到 CAD 的魅力，读者不妨一试。而实例中住宅建筑给排水设计后的总图布局参见图 11-21。

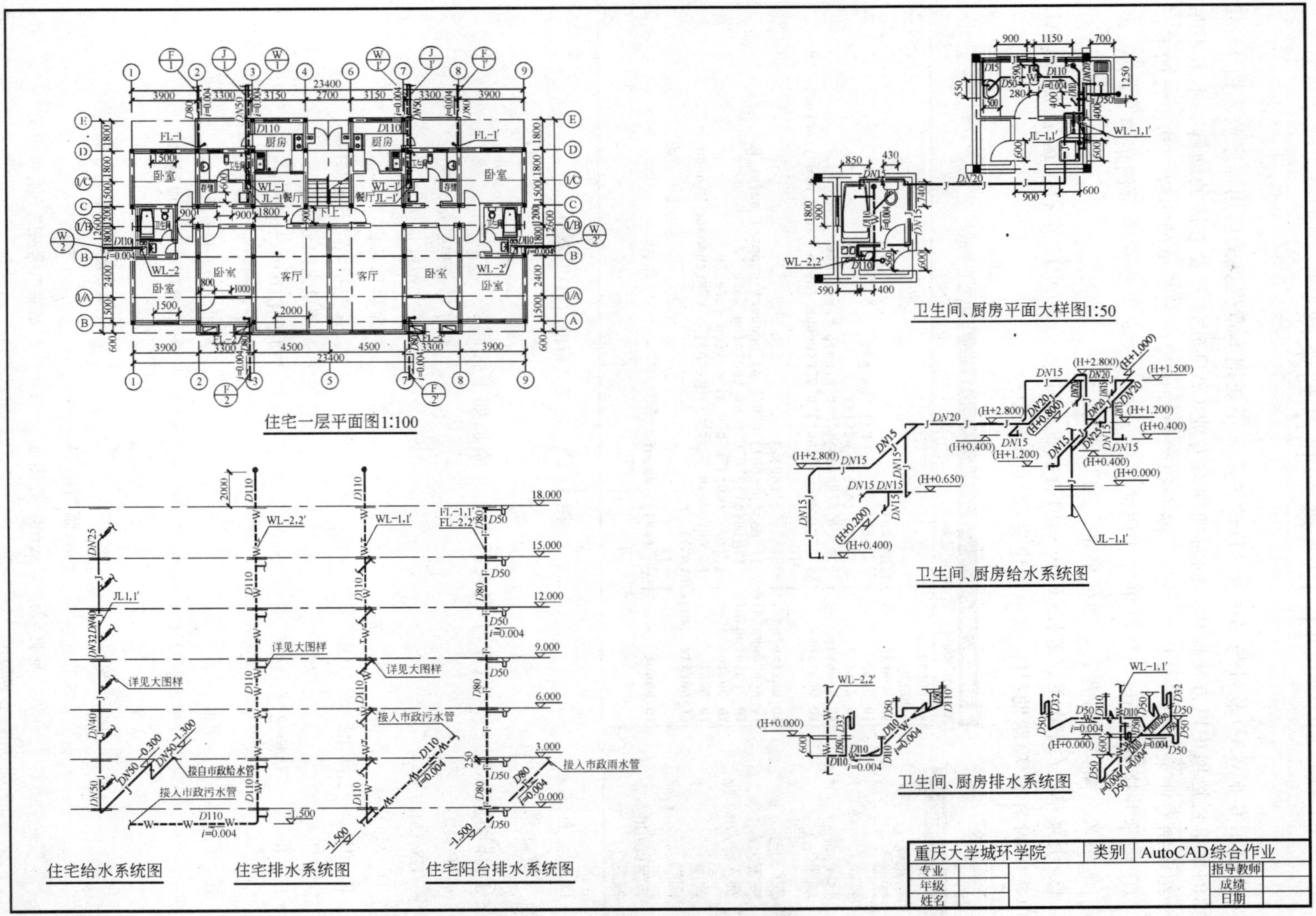

住宅一层平面图1:100

卫生间、厨房平面大样图1:50

卫生间、厨房给水系统图

卫生间、厨房排水系统图

住宅给水系统图

住宅排水系统图

住宅阳台排水系统图

重庆大学城环学院		类别	AutoCAD综合作业
专业			指导教师
年级			成绩
姓名			日期

图 11-21　总图布局

11.10 添加程序到菜单

为揭示专业 CAD 软件与 AutoCAD 的关系，不妨把本章提供的应用程序放入图 11-22 所示的菜单栏选项中以方便操作，同时加深对专业 CAD 软件开发方法的理解。本节不系统介绍定制专业菜单和工具栏的方法，仅介绍添加应用程序到菜单的步骤。其步骤如下：

① 搜索并拷贝 AutoCAD 菜单源代码的文件 acad. *mns*，并更名为示例菜单 . *mns*；

② 用文本编辑器打开它，如记事本、书写器等；

③ 用**菜单栏/编辑(E)/查找(F)**…选项查找文件中 *** POP11 字符，这是 AutoCAD 菜单栏中的第 11 项**帮助(H)** 菜单的定义区（图 11-23)；

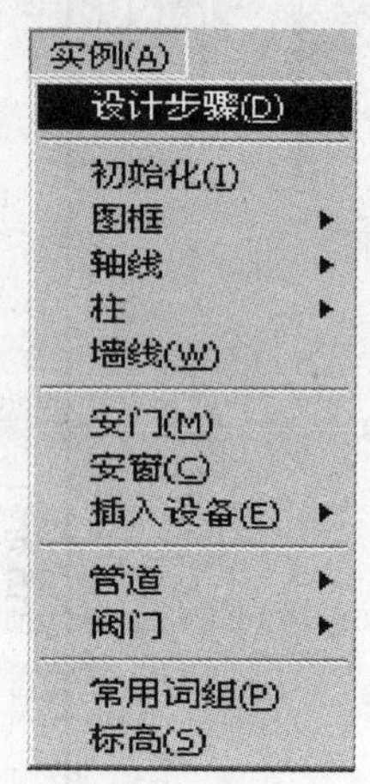

图 11-22 自定义菜单示例

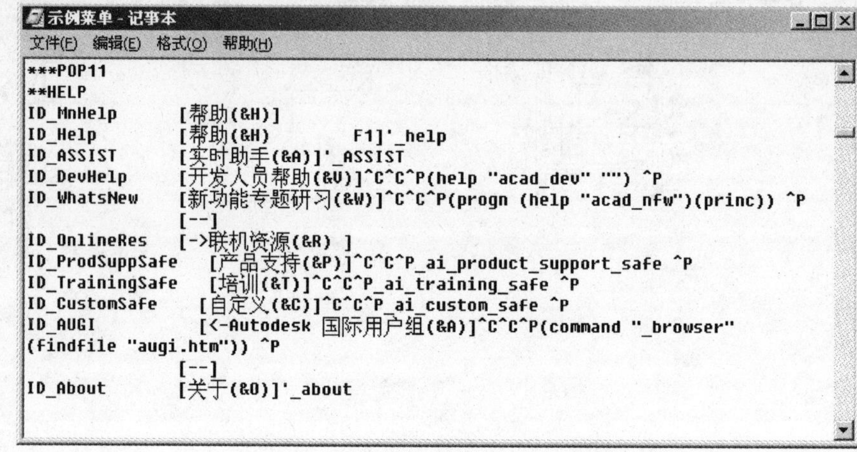

图 11-23 定义“帮助（H)”菜单

④ 移动鼠标到 *** POP11 定义区末，并添加如下代码：

```
***POP12                                                    //新增菜单栏定义
**EXAMPLE                                                   //子菜单区标题
ID_MnTest  [实例(&A)]                                        //菜单项名称
ID_Demo    [设计步骤(&D)]^C^C script;设计步骤;                  //菜单项名与对应操作
           [--]                                             //菜单之间分隔符
ID_Init    [初始化(&I)]^C^C (if (null c:init)  (load  "初始化(init).lsp"));init;
                                                            //菜单项名与对应操作
ID_Frame   [->图框]                                          //定义1级子菜单
                 [生成]^C^C (startapp  "生成图框")             //菜单项名与对应操作
                 [--]
                 [->0号图]                                   //定义2级子菜单“0号图”
                   [水平]^C^C script;画图框 H-0;
                   [<-垂直]^C^C script;画图框 V-0;           //结束“0号图”子菜单定义
                 [->1号图]
                   [水平]^C^C script;画图框 H-1;
```

```
            [<-垂直]^C^C script;画图框 V-1;
         [->2号图]
            [水平]^C^C script;画图框 H-2;
            [<-垂直]^C^C script;画图框 V-2;
            [->3号图]
              [水平]^C^C script;画图框 H-3;
              [<-垂直]^C^C script;画图框 V-3;
            [->4号图]
              [水平]^C^C script;画图框 H-4;
              [<-<-垂直]^C^C script;画图框 V-4;  //结束1、2级子菜单定义
            [->轴线]
ID_Center          [生成(&G)]^C^C (startapp  "生成轴线")
ID_DrawCenter        [<-绘制(&E)]^C^C script;画轴线;
ID_Cylin          [->柱]
                  [矩形柱(&R)]^C^C (if  (null  c:cyl)  (load  "画柱子(cyl).lsp"));cyl;
                    [<-柱变空(&N)]^C^C (if  (null  c:cyh)  (load  "柱变空(cyh).lsp"));cyh;
ID_Wall            [墙线(&W)]^C^C (if  (null  c:dp)  (load  "画墙线(wa).lsp"));wa;
                   [--]
ID_Door            [安门(&M)]^C^C (if  (null  c:ind)  (load  "插入门(ind).lsp"));ind;
ID_Windows         [安窗(&C)]^C^C (if  (null  c:iw)  (load  "插入窗(iw).lsp"));iw;
ID_Equipment         [->插入设备(&E)]
                        [面盆] $I=face  $I=*
                        [浴盆,水池] $I=bare  $I=*
                        [便池,地漏] $I=ground  $I=*
                        [阀门] $I=par  $I=*
                        [水龙头] $I=water  $I=*
                        [管道附件] $I=pipe  $I=*
                        [消防设备] $I=fire  $I=*
                        [<-设备仪表] $i=disgen  $I=*
                      [--]
                      [->管道]
ID_SingPipe        [单线管(&S)]^C^C (if  (null  c:sp)  (load  "单线管(sp).lsp"));sp;
ID_DoublePipe      [双线管(&D)]^C^C (if  (null  c:dp)  (load  "双线管(dp).lsp"));dp;
ID_Pipe            [断管线(&B)]^C^C (if  (null  c:bp)  (load  "断管线(bp).lsp"));bp;
ID_Thickly         [<-改线宽(&T)]^C^C (if  (null  c:lwe)  (load  "改线宽(lwe).lsp"));lwe;
                   [->阀门]
ID_Vblock          [做阀门块(&K)]^C^C (if  (null  c:vb)  (load  "阀门块(vb).lsp"));vb;
ID_Install         [<-安装阀门(&T)]^C^C (if  (null c:iv)  (load  "安阀门(iv).lsp"));iv;
                   [--]
ID_Phrase          [常用词组(&P)]^C^C (if  (null  c:wt)  (load  "输文字(wt).lsp"));wt;
ID_Elevation       [标高(&S)]^C^C (if  (null  c:sd)  (load  "标高(sd).lsp"));sd;
```

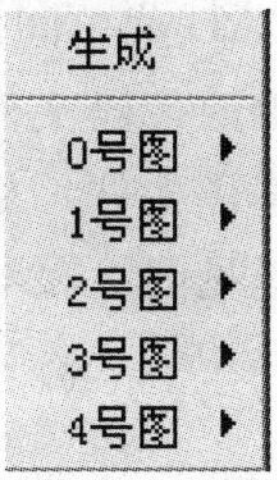

生成
0号图 ▸
1号图 ▸
2号图 ▸
3号图 ▸
4号图 ▸

执行 AutoCAD 内部命令 menu，将出现选择菜单文件的对话框，选择和打开扩展名

是 mnc 或 mns 的菜单文件可实现不同菜单间的转换。例如，专业 CAD 软件菜单到 AutoCAD 菜单间的转换，AutoCAD 菜单与自定义示例菜单 *.mnc* 间的转换。若所选文件是菜单源代码文件，如示例菜单 *.mns*，AutoCAD 将自动进行编译。编译成功将产生同名菜单编译文件，如示例菜单 *.mnc*。当既有菜单源代码文件又有菜单编译文件时，菜单调用流程见图 11-24。其中，扩展名为 *.mnu* 的文件叫菜单样板文件。

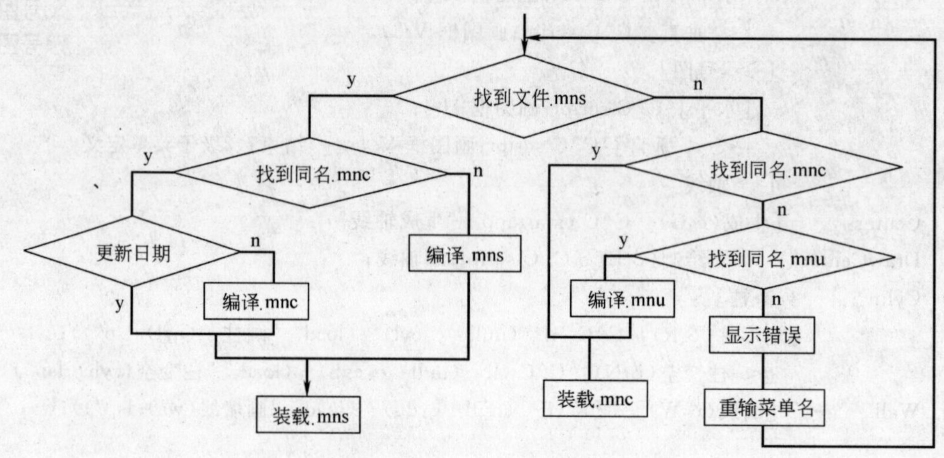

图 11-24　菜单调用流程

上机实验与思考

实验 1：熟悉 AutoCAD 的操作界面

1. 目的要求

了解 AutoCAD 的操作界面，熟悉系统菜单、工具栏、绘图区、命令区和状态栏等主要功能及用途，掌握改变绘图区窗口颜色和十字光标大小的方法。

2. 操作指导

1）进入：双击 Windows 桌面上 AutoCAD 图标，进入 AutoCAD 操作界面。

2）功能键

① 试按功能键 F2，以便打开或关闭 AutoCAD 操作过程的命令文本窗口。

② 试按功能键 F3、F6、F7、F8、F9，观察状态栏的变化。

③ 试按功能键 F6，移动绘图区内十字光标，观察状态栏左下角数值的变化。

3）菜单

① 打开或关闭屏幕菜单。

② 拾取**菜单栏/绘图(D)/直线(L)** 选项，观察命令行的提示，用极坐标绘出长度为 100mm 的水平线或 45°的斜线。打开正交功能（F8）能绘出斜线吗？

③ 单击绘图工具栏/图标按钮⊙，在命令提示引导下绘制半径为 100 的圆。

4）工具栏

① 打开或关闭**修改**工具栏。

② 移动**绘图**工具栏到绘图区的右方。移动时先将光标放到绘图工具栏上，按下鼠标左键拖动到指定位置后释放。

5）坐标系及图标

① 执行 ucs 命令，用 3 点法新建一用户坐标系。

② 拾取**菜单栏/视图(V)/显示(L)/UCS 图标/原点(R)**，使坐标系图标的原点位于新建用户坐标系原点位置。

③ 拾取**菜单栏/视图(V)/显示(L)/UCS 图标/开(O)** 选项，观察坐标系图标的变化。

6）布局选项卡

① 单击［**布局 1**］进行页面设置，进入图纸空间，并观察坐标系图标的变化。

② 单击［**模型**］以返回模型空间。

7）帮助

① 按下功能键 F1 或执行命令行命令 help，打开 **AutoCAD 帮助**，查看直线 line 命令的用法。

② 执行命令 assist 以打开实时助手，使用工具栏命令画圆或直线，观察实时助手内容的变化。

8）退出：执行命令 quit 或拾取**菜单栏/文件(F)/退出(X)** 选项，退出 AutoCAD。

3. 以实验报告形式回答以下问题

① AutoCAD 的操作界面由哪几部分构成？各部分的作用是什么？如何打开工具栏？

② 打开或关闭功能键 F9 能否限制鼠标移动？如何调整栅格大小或鼠标移动的步长，使它只能在栅格点上移动？

③ 功能键 F1、F2、F6、F7、F8、F9、Esc 的作用？

④ 回车键的作用？它与空格键的异同？鼠标中键（滚轮）有何妙用？

⑤ 设置绘图窗口颜色和十字光标大小的方法，通过**选项**对话框可改变系统的哪些设置？

⑥ 鼠标左键与右键的分工？出现箭头光标与十字光标的位置？将光标放在命令行中的形状？

实验 2：管理图形文件

1. 目的要求

AutoCAD 图形文件类型是 dwg，在绘图编辑过程中用户经常要对图形文件进行有关的操作，因此本实验要求掌握新建、打开、浏览/搜索、存储图形文件的操作。

2. 操作指导

1）新建工作目录。在指定磁盘上新建一用户目录，比如 F：\ 建筑设备与环境设计。

2）打开选项对话框。执行命令行命令 config 或拾取**菜单栏/工具(T)/选项(N)…**。

3）添加工程文件搜索路径：

① 置**选项/文件/搜索路径、文件名和文件位置/工程文件搜索路径**为当前项目，即单击**工程文件搜索路径**使之变为蓝色背景；

② 单击 添加（D）… 按钮，以添加工程；

③ 再次单击 添加（D）… 按钮，使用 浏览（B）… 按钮所附对话框将新建用户目录添加到当前工程。

4）支持文件搜索路径

① 将本书所附光盘目录 **CAD 开发或应用**拷贝到用户磁盘，例如 F：CAD 开发或应用 \ Program。

② 将此目录添加到**支持文件搜索路径**下，以便使用自编的应用程序。

5）设置自动保存时间

① 单击**选项/打开与保存**；

② 在此选项卡中要求每次保存均创建备份、改变自动保存时间间隔、和打开文件时的密码等。

6）新建图形文件。以 *acadiso. dwt* 为样板新建一图形文件，并保存在指定工程文件目录下。如 F：\ 建筑设备与环境设计 \ 建筑给排水。

3. 以实验报告形式回答以下问题

① 打开图形文有哪些步骤?

② 如何浏览/搜索图形文件?

③ 保存图形文件时可选择哪些扩展名和版本？用处何在？3 个命令 sace、save as、qsave 的区别?

④ 何时会产生图形文件的 . *bak* 文件？删除图形文件后如何使用同名的 *bak* 文件?

⑤ 关闭图形文件与退出 AutoCAD 有何区别?

实验 3：利用对象捕捉工具与绘图命令画出下图

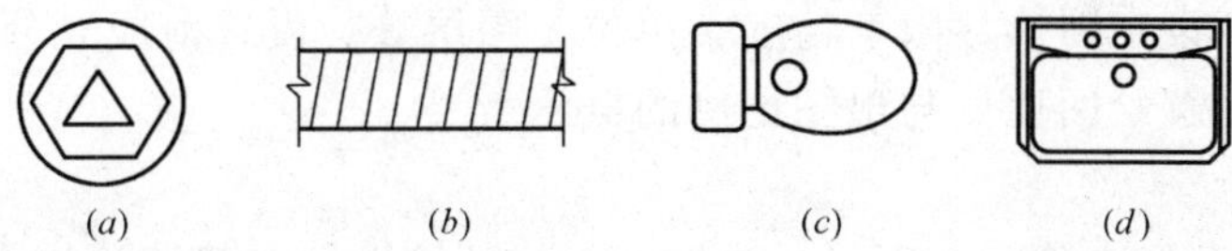

(*a*) (*b*) (*c*) (*d*)

1. 目的要求

绘图工具栏和下拉式菜单是执行绘图命令的主要途径，而使用命令别名是提高操作速度的有效方法，绘图时应尽量使用对象捕捉工具。

2. 操作指导

略。

3. 以实验报告形式回答以下问题

① 使用对象捕捉有哪些途径？如何打开对象捕捉菜单?

② 如何选择填充图案和确定填充区域?

③ 绘制圆角矩形的主要步骤?

④ 指定对象线宽与使用非 0 宽度的多段线有何异同?

实验 4：使用外部参照

1. 目的要求

把建筑平面图作为建筑设备与环境工程设计的外部参照，有利于基础图的更新与编辑。要求通过本实验熟悉外部参照类型和掌握外部参照相关操作，以便于自动更新工程设计的底图。

2. 操作指导

① 在指定目录下新建一个图形文件，如 F：\ 建筑设备与环境设计 \ 空调系统 . *dwg*。

② 执行 xref 命令，将建筑底图附着到新图形文件中。例如，单击**外部参照管理器/附着 (A)…**按钮，可把已有的建筑平面图 . *dwg* 附着到空调系统 . *dwg* 文件中。

③ 用子项**范围(E)** 响应 zoom 的命令提示使图形充满屏幕，保存后关闭该文件。

④ 打开并修改被附着的文件，例如在建筑平面图 . *dwg* 中补画一个圆，保存后关闭它。

⑤ 再次打开使用了建筑底图的图形文件，将会看到什么变化？是不是在空调系统 . *dwg* 文件中也将增加一个圆？

3. 以实验报告形式回答以下问题

① 附着与绑定有何区别？何时应选择绑定操作？

② 在使用外部参照的图形文件中能不能修改被它参照的图形？

③ 外部参照文件的绘图环境（如线型、字体或标注）能否用于当前图形文件？

实验 5：配置绘图环境

1. 目的要求

绘图环境包括设定图形界限、精度、单位、图层等。设置前应充分了解建筑设计的相关标准与规范，理解绘图比例与出图比例的概念。

2. 操作指导

1）打开已建图形文件，如 F：\ 建筑设备与环境设计 \ 建筑给排水。

2）执行命令行命令 units，在**图形单位**窗体中设置绘图单位、精度与角度方向。

3）设置绘图界限或插入图框。

① 设置绘图界限时，应按出图比例计算。比如，选用 A1 图幅并按 1∶100 出图时，绘图区域为 84100×59400，然后用 rectang 绘制矩形或用 limits 定义图形界限。

② 插入标准图框时，应根据出图比例来计算插入比例。

4）根据设计需要创建图层。例如图框、轴线、墙线、门窗、电梯、设备、给水、排水、消防、空调、供热、管道附件、文字、标注等，并为每个图层指定颜色、线型与线宽。

定 义 图 层

图层	颜色	线型	线宽	图层	颜色	线型	线宽
图框	7(黑或白)	continuous	0.25	排水	5(蓝)	dashed	0.25
轴线	2(黄)	continuous	0.25	消防	2(黄)	continuous	0.25
墙线	7(黑或白)	continuous	0.3	空调	202	continuous	0.25
门窗	4(青)	continuous	0.25	供热	11	continuous	0.25
电梯	3(绿)	continuous	0.25	管道附件	103	continuous	0.25
设备	8(灰)	continuous	0.25	文字	6(品红)	continuous	0.25
给水	1(红)	continuous	0.25	标注	3(绿)	continuous	0.25

5）置对象的颜色、线型、线宽特性为随层 ByLayer。

6）用子项**范围（E）**响应 zoom 的命令提示，使矩形充满屏幕。

7）置“轴线”为当前层，在矩形框左下角内任选一点，以此为起点各绘一条水平线和铅垂线。

8）调整线型比例以满足用户要求。

3. 以实验报告形式回答以下问题

① 用开(ON) 响应命令 limits 提示后，能不能在图形界限外绘图？

② 把对象颜色特性由随层 ByLayer 改为某种具体的颜色，原有对象的颜色会随之而变吗？新对象的颜色呢？

③ 如何调整线宽的显示比例？线宽的显示比例会不会随视图的缩放而变化？

④ 关闭、冻结、锁定图层的作用与区别？

实验 6：综合使用绘图、编辑命令绘出下图（忽略文字）

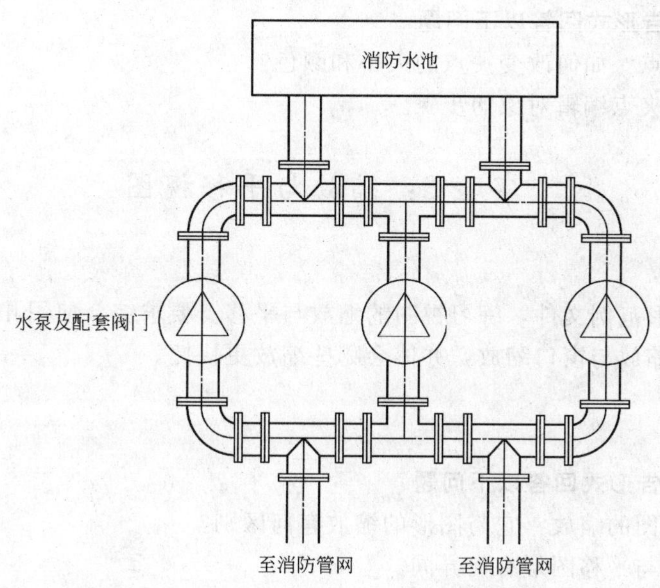

1. 目的要求

综合使用绘图、编辑命令进行绘图是实际操作中最快捷的方法，绘制该图时可参照 3.5.2 中管道连接（图 3-16）的方法，并体会有关命令的应用特点、操作技巧，掌握常用编辑命令的使用方法与技巧。

2. 操作指导

参见 3.5.2 节中管道连接图的画法。

3. 以实验报告形式回答以下问题

① 用 offset 命令偏移一个圆或一条斜线效果如何？

② 怎样进行多重拷贝？每次多重拷贝的基点是否相同？它与阵列的异同？

③ 怎样选择拉伸对象，拉伸 stretch 操作有何妙用？什么情况下与移动 move 具有相同效果？

④ 圆角与倒角有何区别？单选对象的位置会不会影响编辑效果？怎样选择圆角半径？

⑤ 简述修剪操作的主要步骤，若要成批修剪对象应用什么方式选择对象？

⑥ 用 mirror 命令镜像文字对象效果如何？怎样才能保持文字的可读性。

实验7：使用夹点进行编辑

1. 目的要求

使用夹点编辑对象是一种非常方便和快捷的方法。通过本次实验应了解夹点编辑模式有哪几种？掌握模式切换方法和夹点编辑的各种方法。

2. 操作指导

利用夹点进行编辑的模式有："拉伸"、"移动"、"旋转"、"比例"或"镜像"。要使用夹点进行编辑，首先选择要编辑的对象（显示出夹点），然后选择一个夹点作为基点，再利用空格键或回车键循环切换这些模式，并进行编辑。

3. 以实验报告形式回答以下问题

① 什么是夹点？如何改变夹点的大小和颜色？

② 简述利用夹点编辑对象的步骤。

实验8：缩放与平移视图

1. 目的要求

打开任一图形范例文件，练习视图的缩放与平移。要求综合使用几种方法缩放与平移视图，比较实时缩放与窗口缩放，并体会哪些缩放更快捷。

2. 操作指导

略。

3. 以实验报告形式回答以下问题

① 什么是视图的缩放？它与图形的缩放有何区别？

② 平移视图与平移图形有何异同？

③ 在缩放与平移视图中，鼠标中键（滑轮）有何妙用？

④ 怎样使用鸟瞰视图？它与动态缩放有何区别？

⑤ 怎样观察三维视图？如何回到俯视位置？

⑥ 怎样查询图形对象的相关信息以及两个对象间的距离？

实验9：创建与插入图块

1. 目的要求

块在工程设计中具有很重要的作用，通过把图2-8、2-9中的图形定义成图块，然后用不同比例插入的操作练习，以便全面掌握块的概念、定义、插入、修改的方法。

2. 操作指导

① 绘制图2-8、2-9所示图形。

② 将图2-8定义为"阀门"内部块，图2-9定义为"消火栓"外部块。

③ 并用如下比例值插入"阀门"块：

x=1，y=1；　x=－1，y=1；　x=1，y=－1；　x=－1，y=－1；　x=2，y=1

④ 用如下比例值插入“消火栓”外部块，并得图（*a*）和（*b*）。

x=1，y=1；　x=－1，y=1

⑤ 用explode命令炸开图（*a*）块，将双口消火栓图形修改为单口消火栓。

⑥ 用使用新图形（单口消火栓）重新定义“消火栓”图块，观察屏幕上原“消火栓”图块的变化。

3. 以实验报告形式回答以下问题

① 简述创建块的步骤，比较内部块与外部块的创建与使用方法。

② 简述插入块的步骤，能用explode命令炸开minsert命令插入的图块吗?

③ 简述修改块的步骤，重新定义图块时不使用原插入点将有什么影响?

实验10：定义并使用带属性的图块

1. 目的要求

将图4-31中的轴号定义成为“轴号”属性块，圆中间的文本为图块属性，使用属性块的方法改变轴号值，以完成图4-31中轴号的注写。

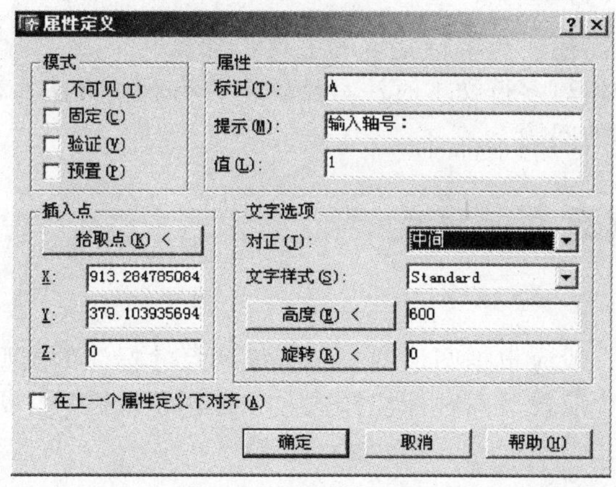

2. 操作指导

① 画一个半径为400的圆。

② 参考右图定义属性，指定插入点时需捕捉圆心。

③ 将圆与标记A作为块对象定义“轴号”块。

④ 插入“轴号”块，并注写图4-31中轴号。

⑤ 使用**菜单栏/工具(<u>T</u>)/属性提取(<u>X</u>)**…提取轴号属性。

3. 以实验报告形式回答以下问题

① 简述属性定义的过程。

② 简述插入属性块的步骤。

③ 在不炸开属性块的情况下怎样修改图块中属性的定义?

实验11：文字样式

1. 目的要求

定义文字样式是注写文本的先行工作，它建立了样式名与字体文件的对应关系。通过本实验要求掌握创建文本样式的方法，理解字体文件与字体间的关系。

2. 操作指导

按表5-2要求创建文字样式。

3. 以实验报告形式回答以下问题

① 简述定义文字样式的主要步骤，为什么定义文字样式时最好将字高设为0?

② 简述注写文本与文字样式间的关系。

③ 修改文字样式后对现有文本有何影响？

④ 在哪些情况下不能正常显示汉字。

实验 12：注写文本

1. 目的要求

注写文本是工程设计中不可缺少的部分，要求能按出图比例与文本大小准确计算输入文字高度。并能使用单行文本编辑器或多行文本编辑器注写或修改文本。

2. 操作指导

① 用不同文字样式输入任一单行文本，并观察不同文字样式的字体效果。如注写：工程设计与 AutoCAD。

② 改变 qtext 的值，并观察单行文本有无变化，重生成后如何。

③ 用不同的 mirrtext 值镜像上述文本并进行比较。

④ 在多行文本编辑器插入文本文件内容，并输入一些特殊字符。

⑤ 改变多行文本的行间距、宽度、文字样式等。

3. 以实验报告形式回答以下问题

① 注写单行文本与多行文本有何不同？简述注写单行文本的主要步骤。

② 注写单行文本时怎样输入特殊字符，注写多行文本时注写特殊字符有哪些方法？

③ 如何解决打开图形文件时找不到字体的问题？

实验 13：创建标注样式

1. 目的要求

设置标注样式是标注尺寸的首要工作。一般应根据图形的复杂程度和尺寸标注的类型来设置多种标注样式。根据工程设计经验至少应设置两种标注样式：一种用于线性尺寸标注，另一种用于角度、半径、直径尺寸的标注。

2. 操作指导

① 按表 5-9 要求设置线性尺寸标注样式“建筑标注”。

② 修改“建筑标注”中变量 dimlfac 的值 1 为 0.5，用以“大样图标注”创建标注样式。

③ 按同样的方法设置另一标注样式。

3. 以实验报告形式回答以下问题

① 简述在**标注样式管理器**中，使用 **修改（M）…** 和 **替代（O）…** 按钮进行设置的区别。

② 简述在“标注样式管理器”中，设置角度尺寸标注格式的步骤。

③ 标注样式与标注外观有何关系？

实验 14：选用标注样式进行尺寸标注

1. 目的要求

通过实验掌握常见尺寸类型的标注方法，检验标注的设置是否符合要求。对不符合要求的尺寸利用尺寸编辑的方法进行修改。

2. 操作指导

① 创建或打开 F：\ 建筑设备与环境设计 \ 建筑平面图，置“标注”为当前层，“建筑标注”为当前标注样式；

② 执行 dim 命令，进行标注子模式；

③ 执行 hor 子命令完成第一个水平标注；

④ 以第一个水平标注为基础，用 con 命令完成连续的水平标注；

⑤ 用同样的方式完成一组垂直标注；

⑥ 参考图 5-18 练习角度标注、圆心标注、直径标注、引线标注等；

⑦ 参考图 5-20 修改现有标注外观。

3. 以实验报告形式回答以下问题

① 标注尺寸有哪些途径？

② 什么是快速标注？如何进行快速标注？

③ 如何修改标注更简单？

思 考 题

1. AutoCAD 主要应用在哪些领域？它与 CAD 是什么关系？

2. AutoCAD 采用了哪两个坐标系统？如何建立用户坐标系？能把坐标系图标移到原点吗？

3. 什么是直角坐标、极坐标、相对坐标？表示点坐标的方法？

4. AutoCAD 是如何工作的？命令工作方法的执行途径？

5. 图层的特性与作用？何处使用 0 层？

6. 对象特性的用法？它与图层显示特性的关系？

7. 为什么要加载线型？线型比例与线宽显示比例有何异同？

8. 打印比例、绘图比例、图样比例的关系？怎样才能正确计算绘图比例和输入文字高度？

9. 执行对象捕捉的方式有哪些？简要说明这些捕捉方式？使用自动追踪有何好处？

10. 多线与多段线的区别，如何编辑这类复杂的图形对象？

11. 如何绘制填充的圆与圆环，应使用哪个命令来改变圆环的填充效果？

12. 怎样构造选择集？什么是快速选择、过滤选择、选择编组？有何用处？

13. 删除与取消有何异同？删除与恢复有何关系？

14. 倒角与圆角有何异同？修剪与打断有何异同？

15. 延伸和拉伸有何区别，延伸时可以完成修剪吗？

16. 怎样调整拾取框、捕捉框、夹点和十字光标的大小？

17. “重画”与“重生成”图形有何区别？谁的速度更快？何时执行重生成？

18. zoom 命令与 scale 命令有何区别？pan 与 move 有何异同？

19. 什么是图块？使用图块的步骤及好处？

20. block 与 wblock 的区别与联系？如何使用负比例插入因子来改变块的插入方向？

21. 何为属性？属性有哪些特点？数据库与属性在用法上有何区别？

22. 什么是文字样式？创建文字样式的步骤？如何使用不同的文字样式来注写说明？
23. AutoCAD 字体文件的存放位置？大致分类？
24. 能否将 AutoCAD 中文本自动转换到类似 word 编辑器？反之如何？
25. 何为标注样式？创建标注样式步骤？标注样式与标注外观的联系？
26. 简述执行标注的途径与方法、修改标注的途径与方法。
27. 出图前应作哪些准备？怎样更名命名对象？如何清除未使用的块、层及线型等？
28. 打印设置的主要内容？打印时只能输出到设备吗？

附录 A　AutoCAD 常用命令

命　令	作　用	说　明
ABOUT	显示关于 AutoCAD 的信息	可透明使用
ADCENTER	启动 AutoCAD 设计中心	Ctrl+2 键
APERTURE	控制对象捕捉靶框大小	可透明使用
APPLOAD	加载或卸载应用程序	可透明使用
ARC	创建圆弧	
AREA	计算对象或指定区域的面积和周长	
ARRAY	创建按指定方式排列的多重对象副本	
ARX	加载、卸载 ObjectARX 应用程序	
ASSIST	打开“实时助手”窗口	2000i 版新增
ATTDEF	创建属性定义	
ATTDISP	全局控制属性的可见性	可透明使用
ATTEDIT	改变属性信息	
ATTEXT	提取属性数据	
AUDIT	检查图形的完整性	
BASE	设置当前图形的插入基点	可透明使用
BATTMAN	编辑块定义中的属性特性	2002 版新增
BHATCH	使用图案填充封闭区域或选定对象	
BLIPMODE	控制点标记的显示	
BLOCK	根据选定对象创建块定义	
BREAK	删除部分对象或把对象分解为两部分	
CAL	计算算术和几何表达式的值	可透明使用
CHAMFER	给对象的边加倒角	
CHANGE	修改现有对象特性	
CHPROP	修改对象特性	
CIRCLE	创建圆	
CLOSE	关闭当前图形	
CLOSEALL	关闭当前所有打开的图形	2000i 版新增
COLOR	定义新对象的颜色	
COPY	复制对象	
DBCCLOSE	关闭“数据库连接”管理器	
DBLCLKEDIT	控制双击对象时是否显示对话框	2000i 版新增
DBCONNECT	为外部数据库表提供 AutoCAD 接口	Ctrl+6 键
DBLIST	列出图形中每个对象的数据库信息	
DDEDIT	编辑文字和属性定义	
DDPTYPE	指定点对象的显示模式及大小	可透明使用
DIM(或 DIM1)	进入标注模式	
DIMALIGNED	创建对齐线性标注	
DIMANGULAR	创建角度标注	
DIMBASELINE	创建基线标注	
DIMCENTER	创建圆和圆弧的圆心标记或中心线	
DIMCONTINUE	创建连续标注	
DIMDIAMETER	创建圆和圆弧的直径标注	

续表

命　令	作　　用	说　明
DIMEDIT	编辑标注	
DIMLINEAR	创建线性尺寸标注	
DIMORDINATE	创建坐标点标注	
DIMOVERRIDE	替换标注系统变量	
DIMRADIUS	创建圆和圆弧的半径标注	
DIMREGEN	更新关联标注	2002 版新增
DIMSTYLE	创建或修改标注样式	
DIMTEDIT	移动和旋转标注文字	
DIST	测量两点之间的距离和角度	可透明使用
DIVIDE	定距等分	
DONUT	绘制填充的圆和环	
DSVIEWER-	打开“鸟瞰视图”窗口	
EATTEDIT	增强的属性编辑	2002 版新增
EATTEXT	增强属性提取	2002 版新增
ELLIPSE	创建椭圆或椭圆弧	
ENDTODAY	关闭“Today(今日)”窗口	2000i 版新增
ERASE	从图形中删除对象	Del 键
EXPLODE	将组合对象分解为对象组件	
EXPORT	以其他文件格式保存对象	
EXTEND	延伸对象到另一对象	
FILL	设置对象的填充模式	可透明使用
FILLET	给对象的边加圆角	
FILTER	创建选择过滤器	可透明使用
FIND	查找、替换、选择或缩放指定的文字	
GRID	在当前视口中显示点栅格	可透明使用
GROUP	创建对象的命名选择集	
HATCH	用图案填充一块指定边界的区域	
HATCHEDIT	修改现有的图案填充对象	
HELP	显示联机帮助	F1 键
ID	显示位置的坐标	可透明使用
INSERT	将命名块或图形插入到当前图形中	
ISOPLANE	指定当前等轴测平面	可透明使用
JUSTIFYTEXT	改变文字的对齐方式	2002 版新增
LAYER	管理图层	
LEADER	创建一条引线将注释与一个几何特征相连	
LENGTHEN	拉长对象	
LIMITS	设置并控制图形边界和栅格显示	可透明使用
LINE	创建直线段	
LINETYPE	创建、加载和设置线型	可透明使用
LIST	显示选定对象的数据库信息	
LOAD	加载形文件	
LTSCALE	设置线型比例因子	可透明使用
LWEIGHT	设置当前线宽、线宽显示选项和线宽单位	
MATCHPROP	把某一对象的特性复制给其他若干对象	可透明使用
MEASURE	将点对象或块按指定的间距放置	
MENU	加载菜单文件	
MENULOAD	加载部分菜单文件	
MENUUNLOAD	卸载部分菜单文件	

续表

命令	作用	说明
MINSERT	在矩形阵列中插入一个块的多个引用	
MIRROR	创建对象的镜像副本	
MLEDIT	编辑多重平行线	
MLINE	创建多重平行线	
MOVE	在指定方向上按指定距离移动对象	
MSLIDE	创建幻灯片文件	
MTEXT	创建多行文字	
MULTIPLE	重复下一条命令直到被取消	
NEW	创建新的图形文件	Ctrl＋N 键
OFFSET	创建同心圆、平行线和平行曲线	
OOPS	恢复已被删除的对象	
OPEN	打开现有的图形文件	Ctrl＋O 键
OPTIONS	自定义 AutoCAD 设置	
OSNAP	设置对象捕捉模式	可透明使用
PAN	移动当前视口中显示的图形	可透明使用
PEDIT	编辑多段线和三维多边形网格	
PLINE	创建二维多段线	
PLOT	将图形打印到打印设备或文件	Ctrl＋P 键
POINT	创建点对象	
POLYGON	创建闭合的等边多段线	
PROPERTIES	控制现有对象的特性	Ctrl＋1 键
PURGE	删除图形数据库中没有使用的命名对象	
QDIM	快速创建标注	
QSAVE	快速保存当前图形	
QSELECT	基于过滤条件快速创建选择集	
QTEXT	控制文字和属性对象的显示和打印	可透明使用
QUIT	退出 AutoCAD	Alt＋F4 键
RAY	创建单向无限长的直线	
RECOVER	修复损坏的图形	
RECTANG	绘制矩形多段线	
REDEFINE	恢复被 UNDEFINE 替代的 AutoCAD 内部命令	
REDO	恢复前一个 UNDO 或 U 命令放弃执行的效果	Ctrl＋Y 键
REDRAW	刷新显示当前视口	
REDRAWALL	刷新显示所有视口	
REGEN	重生成图形并刷新显示当前视口	
REGENALL	重新生成图形并刷新所有视口	
REGENAUTO	控制自动重新生成图形	可透明使用
RENAME	修改对象名	
ROTATE	绕基点移动对象	
SAVE	用当前或指定文件名保存图形	Ctrl＋S 键
SAVEAS	指定名称保存未命名的图形或重命名当前图形	
SCALE	在 X、Y 和 Z 方向等比例放大或缩小对象	
SHELL	访问操作系统命令	
SNAP	规定光标按指定的间距移动	可透明使用
SOLID	创建二维填充多边形	
STATUS	显示图形统计信息、模式及范围	可透明使用
STRETCH	移动或拉伸对象	

续表

命　令	作　用	说　明
STYLE	设置文字样式	可透明使用
TEXT	创建单行文字	
TIME	显示图形的日期及时间统计信息	可透明使用
TODAY	打开“今日”窗口	2000i 版新增
TRIM	用其他对象定义的剪切边修剪对象	
U	放弃上一次操作	
UNDEFINE	允许应用程序定义的命令替代 AutoCAD 内部命令	
UNDO	放弃命令的效果	Ctrl＋Z 键
UNITS	设置坐标和角度的显示格式和精度	可透明使用
VSLIDE	在当前视口中显示图像幻灯片文件	
WBLOCK	将块对象写入新图形文件	
XATTACH	将外部参照附着到当前图形中	
XBIND	将外部参照依赖符号绑定到图形中	
XLINE	创建无限长的直线(即参照线)	
XREF	控制图形中的外部参照	
ZOOM	放大或缩小当前视口对象的外观尺寸	

附录 B AutoCAD 常用系统变量

变量名	类型	作　　用	说明
APBOX	整型	打开或关闭 AutoSnap 靶框	
APERTURE	整型	以像素为单位设置对象捕捉的靶框尺寸	
AREA	实型	存储由 AREA、LIST 或 DBLIST 计算的最后一个面积	只读
ATTMODE	整型	控制属性的显示方式	
AUNITS	整型	设置角度单位	
AUPREC	整型	设置角度单位的小数位数	
AUTOSNAP	整型	控制 AutoSnap 标记、工具栏提示和磁吸	
BLIPMODE	整型	控制点标记是否可见	
CECOLOR	字符型	设置新对象的颜色	
CELTSCALE	整型	设置当前对象的线型比例缩放因子	
CELTYPE	字符型	设置新对象的线型	
CELWEIGHT	整型	设置新对象的线宽	
CIRCLERAD	实型	设置缺省的圆半径	
CLAYER	字符型	设置当前图层	
CMDDIA	整型	控制是否显示文件对话框	
CMDECHO	整型	控制 AutoLISP 的(command)函数运行时 AutoCAD 是否回显提示和输入	
CMDNAMES	字符型	显示活动命令和透明命令的名称	只读
CMLSCALE	实型	控制多线的全局宽度	
CURSORSIZE	整型	按屏幕大小的百分比确定十字光标的大小	
DATE	实型	存储当前日期和时间	只读
DIMADEC	整型	控制角度标注显示精度的小数位	
DIMALT	开关	控制标注中换算单位的显示	
DIMALTD	整型	控制换算单位中小数的位数	
DIMALTF	实型	控制换算单位中的比例因子	
DIMALTTD	整型	设置标注换算单位公差值的小数位数	
DIMALTZ	整型	控制是否对换算单位标注值作消零处理	
DIMASO	开关	控制标注对象的关联性	
DIMASSOC	整型	控制标注对象的关联性	2002 版新增
DIMASZ	实型	控制尺寸线、引线箭头的大小	
DIMAUNIT	整型	设置角度标注的单位格式	
DIMBLK	字符型	设置显示在尺寸线或引线末端的箭头块	
DIMBLK1	字符型	当 DIMSAH 为开时，设置尺寸线第一个端点的箭头	
DIMBLK2	字符型	当 DIMSAH 为开时，设置尺寸线第二个端点的箭头	
DIMCEN	实型	控制圆或圆弧的圆心标记和中心线的绘制	
DIMDEC	整型	设置标注主单位显示的小数位位数	
DIMDLE	实型	设置尺寸线超出尺寸界线的距离	
DIMDLI	实型	控制基线标注中尺寸线的间距	

续表

变量名	类型	作用	说明
DIMEXE	实型	指定尺寸界线超出尺寸线的距离	
DIMEXO	实型	指定尺寸界线偏离原点的距离	
DIMGAP	实型	在尺寸线分段以放置标注文字时,设置标注文字周围的距离	
DIMJUST	整型	控制标注文字的水平位置	
DIMLDRBLK	字符型	指定引线的箭头类型	
DIMLFAC	实型	设置线性标注测量值的比例因子	
DIMLUNIT	整型	为所有标注类型(角度标注除外)设置单位	
DIMLWD	ENUM	指定尺寸线的线宽	
DIMLWE	ENUM	指定尺寸界线的线宽	
DIMSAH	开关	控制尺寸线箭头块的显示	
DIMSCALE	实型	为标注变量(指定尺寸、距离或偏移量)设置全局比例因子	
DIMSD1	开关	控制是否禁止显示第一条尺寸线	
DIMSD2	开关	控制是否禁止显示第二条尺寸线	
DIMSE1	开关	控制是否禁止显示第一条尺寸界线	
DIMSE2	开关	控制是否禁止显示第二条尺寸界线	
DIMSOXD	开关	控制是否允许尺寸线绘制到尺寸界线之外	
DIMSTYLE	字符型	显示当前标注样式	只读
DIMTAD	整型	控制文字相对尺寸线的垂直位置	
DIMTDEC	整型	设置标注主单位的公差值显示的小数位数	
DIMTFAC	实型	设置用来计算标注分数或公差文字的高度的比例因子	
DIMTIH	开关	控制标注文字在尺寸界线内的位置(坐标标注除外)	
DIMTIX	开关	在尺寸界线之间绘制文字	
DIMTM	实型	当 DIMTOL 或 DIMLIM 为开时,为标注文字设置最大下偏差	
DIMTMOVE	整型	设置标注文字的移动规则	
DIMTOFL	开关	控制是否将尺寸线绘制在尺寸界线之间	
DIMTOH	开关	控制标注文字在尺寸界线外的位置	
DIMTSZ	实型	指定线性标注、半径标注以及直径标注中替代箭头的小斜线尺寸	
DIMTVP	实型	控制尺寸线上方或下方标注文字的垂直位置	
DIMTXSTY	字符型	指定标注的文字样式	
DIMTXT	实型	指定标注文字的高度	
DIMTZIN	整型	控制是否对公差值作消零处理	
DIMZIN	整型	控制是否对主单位值作消零处理	
DRAGMODE	整型	控制拖动对象的显示	
DWGTITLED	整型	指出当前图形是否已命名	只读
FILEDIA	整型	禁止显示文件对话框	
FILLETRAD	实型	存储当前的圆角半径	
FONTALT	字符型	指定在找不到指定的字体文件时使用的替换字体	
FONTMAP	字符型	指定要用到的字体映射文件	
GRIDMODE	整型	打开或关闭栅格	
GRIDUNIT	二维点	指定当前视口的栅格间距(X 和 Y 方向)	
GRIPSIZE	整型	以像素为单位设置显示夹点框的大小	

续表

变量名	类型	作　用	说明
HPNAME	字符型	设置缺省的填充图案名称	
HPSCALE	实型	指定填充图案的比例因子	
HPSPACE	实型	为用户定义的简单图案指定填充图案的线间距	
INSNAME	字符型	为 INSERT 设置缺省块名	
INSUNITS	整型	当从 AutoCAD 设计中心拖放块时，指定图形单位值	
LIMCHECK	整型	控制在图形界限之外是否可以生成对象	
LIMMAX	二维点	存储当前空间的右上方图形界限	
LIMMIN	二维点	存储当前空间的左下方图形界限	
LTSCALE	实型	设置全局线型比例因子	
LWDEFAULT	整型	设置缺省线宽的值	
LWDISPLAY	开关	控制"模型"或"布局"选项卡中的线宽显示	
LWUNITS	整型	控制线宽的单位显示为英寸还是毫米	
MBUTTONPAN	整型	控制定点设备第三按钮或滑轮的动作响应	
MEASUREMENT	整型	设置当前图形的图形单位(英制或公制)	
MENUECHO	整型	设置菜单回显和提示控制位	
MENUNAME	字符型	存储菜单文件名，包括文件名路径	只读
MIRRTEXT	整型	控制 MIRROR 对文字的影响	
OFFSETDIST	实型	设置缺省的偏移距离	
ORTHOMODE	整型	限制光标在正交方向移动	
OSMODE	整型	使用位码设置执行对象捕捉模式	
PDMODE	整型	控制如何显示点对象	
PDSIZE	实型	设置显示的点对象大小	
PICKADD	整型	控制选定对象是替换当前选择集或加到当前选择集中	
PICKAUTO	整型	控制"选择对象"提示下是否自动显示选择窗口	
PICKBOX	整型	设置选择框的高度	
PICKDRAG	整型	控制绘制选择窗口的方式	
PICKFIRST	整型	控制在输入命令之前还是之后选择对象	
PLATFORM	字符型	指示 AutoCAD 工作的操作系统平台	只读
PLINEWID	实型	存储多段线的缺省宽度	
POLARANG	实型	设置极轴角增量	
POLARMODE	整型	控制极轴和对象捕捉追踪设置	
PSLTSCALE	整型	控制图纸空间的线型比例	
QTEXTMODE	整型	控制文字的显示方式	
REGENMODE	整型	控制图形的自动重生成	
RE-INIT	整型	初始化数字化仪、数字化仪端口和 *acad. pgp* 文件	
SAVEFILE	字符型	存储当前用于自动保存的文件名	只读
SAVEFILEPATH	字符型	为 AutoCAD 任务中所有自动保存文件指定目录的路径	
SAVENAME	字符型	在保存图形之后存储当前图形的文件名和目录路径	只读
SAVETIME	整型	以分钟为单位设置自动保存的时间间隔	
SNAPANG	实型	为当前视口设置捕捉和栅格的旋转角	
SNAPISOPAIR	整型	控制当前视口的等轴测平面	
SNAPMODE	整型	打开或关闭"捕捉"模式	
TDCREATE	实型	存储图形创建的本地时间和日期	只读

续表

变量名	类型	作　用	说明
TDINDWG	实型	存储总编辑时间	只读
TDUPDATE	实型	存储最后一次更新/保存的本地时间和日期	只读
TDUSRTIMER	实型	存储用户消耗的时间	只读
TEXTSIZE	实型	设置以当前文字样式绘制出的新文字对象的缺省高度	
TEXTSTYLE	字符型	设置当前文字样式的名称	
TRACEWID	实型	设置宽线的缺省宽度	
TSPACEFAC	实型	控制多行文字的行间距。以文字高度的比例计算 t	
TSPACETYPE	整型	控制多行文字中使用的行间距类型	
UNITMODE	整型	控制单位的显示格式	
USERI1～USERI5	整型	存储和提取整型值	
USERR1～USERR5	实型	存储和提取实型值	
USERS1～USERS5	字符型	存储和提取字符串数据	
WHIPARC	整型	控制圆或圆弧是否平滑显示	

附录C DXF文件组码

常用组码范围与组值类型　　表C-1

组码范围	组值类型
0～9	最大长度不超过255个字符的字符串
10～39	双精度类型的三维点
40～59	双精度浮点值
60～79	16位整型值
90～99	32位整型值
100	最大长度不超过255个字符的字符串
102	最大长度不超过255个字符的字符串
105	表示16进制句柄的字符串
110～139	双精度浮点值
140～147	双精度向量的浮点值
170～178	16位整型数
270～275	8位整型值
300～309	任意文本字符串
310～319	十六进制值的二进制字符串
320～329	标识句柄值的十六进制字符串
330～369	标识对象ID值的十六进制字符串
999	注释(字符串)
1000～1009	最大长度不超过255个字符的字符串
1010～1059	浮点值
1060～1070	16位整型值
1071	32位整型值

常用组码及其含义　　表C-2

组码	说明
－1	APP:图元名。不保存在*DXF*文件中,每次打开是可变的(固定用法)
0	标识节、表项、图元的分割,其组值为字符串以表明具体的含义(固定用法)
1	图元的主文本值
2	名称(节名、表名、块名、和属性标记等)
3～4	其他文本值或名称
5	图元句柄,最大长度为16个字符的16进制数字字符串(固定用法)
6	线型名称(固定用法)
7	字型名称(固定用法)
8	图层名称(固定用法)
9	只能用于*DXF*文件标题节,标注系统变量名称
10	主要点的X坐标,如圆心、直线起点等
11～18	其他点的X坐标,如直线终点
20,30	主要点的Y,Z坐标
21～28,31～37	其他点的Y,Z坐标,与11～18配对使用。如用11,21,31描述直线的终点
38,39	若非零,分别为图元的标高与厚度
40～48	双精度浮点值。表示文字高度、缩放比例等

续表

组　码	说　　明
48	线型比例；双精度浮点标量值；默认值适用于所有图元类型
50～58	角度(在 DXF 中以度为单位，在 AutoLISP 和 ObjectARX 应用程序中以弧度为单位)
60	图元可见性。0(含未赋值或整数)—表示可见；1—表示不可见
62	颜色号：1—红；2—黄；3—绿；4—青；5—蓝；6—品红；7—白
67	空间。0—模型空间；2—图纸空间
70～78	整数值，例如重复计数、标志位或模式
100	子类数据标记(用导出类名字符串)。从其他具体类派生的所有对象和图元类必须具有此标记，常用于分离由同一对象的继承链中的不同类定义的数据
105	DIMVAR 符号表入口句柄
210、220、230	拉伸方向的 X，Y，Z 值
300～309	任意文本字符串
999	注释字符串，即可用 999 为 *DXF* 文件加入注释

常用符号表组码及含义　　　　表 C-3

表名	组码	说　　明			
APPID	100	子类标记(AcDbRegAppTableRecord)			
	2	用户为扩展数据提供的应用程序名称			
	70	标准标志			
BLOCK-RECORD	100	子类标记(AcDbBlockTableRecord)			
	2	块名			
DIMSTYLE	100	子类标记(AcDbDimstyleTableRecord)			
	2	尺寸标注格式名			
	70	标准标志：			
	其他常用组值	5—DIMBLK	6—DIMBLK1	7—DIMBLK2	40—DIMSCLAE
		41—DIMASZ	43—DIMDLI	44—DIMEXE	46—DIMDLE
		73—DIMTIH	74—DIMTOH	75—DIMSE1	76—DIMSE2
		77—DIMTAD	140—DIMTXT	141—DIMCEN	142—DIMTSZ
		144—DIMLFAC	146—DIMTFAC	147—DIMGAP	172—DIMTOFL
		174—DIMTIX	175—DIMSOXD	271—DIMDEC	280—DIMJUST
LAYERS	100	子类标记(AcDbLayerTableRecord)			
	2、6	分别是图层名、线型名			
	70	标准标记：1—冻结层；2—在新视图中缺省的冻结层；4—锁定层			
	62	颜色号(若为负值表示图层关闭)			
LTYPE	100	子类标记(AcDbLinetypeTableRecord)			
	2、3、40	分别是线型名、线型文字描述和线型总长度			
	70、73	分别是标准标记和线型定义元素个数			
	49	线、点或空的长度(每个元素一项)			
	74	复杂线型元素：0—简单线型；2—嵌入文字串；4—嵌入形			
	75	复杂线型的型号码(如果 74 组的值为 2)			
	46	S—比例因子(可选)，有多项			
	50	R—旋转因子(可选)，有多项			
	44	X—x 偏移量(可选)，有多项			
	45	Y—y 偏移量(可选)，有多项			
	9	文本串(如果 74 组值为 2，每个元素一个)			
STYLE	100	子类标记(AcDbTextStyleTableRecord)			
	2	字型名			
	70	标准标记：1—如果设置该表项描述一个 SHAPE，4—垂直文本			
	40	固定字高，而代表不固定字高			
	41、50	分别代表宽度因子、倾角			
	71	文本生成标记：2—反向；4—倒置			
	42	最后使用高度			
	3	基本字体文件名			
	4	大字体文件名，无大字体时无此项			

续表

表名	组码	说　明
UCS	100	子类标记(AcDbUCSTableRecord)
	2、70	分别为 UCS 名称和标准标志
	10、20、30	在 WCS 中原点的 X，Y，Z 坐标
	11、21、31	在 WCS 中第一指定点的 X，Y，Z 坐标
	31、32、33	在 WCS 中第二指定点的 X，Y，Z 坐标
VIEW	100	子类标记(AcDbViewTableRecord)
	2	视图名
	70	标准标志值。1—如果设置代表图纸空间视图
	10、20	中心点的 X，Y 坐标(在显示坐标系 DCS 中)
	40、41	视图高度与宽度(在显示坐标系中 DCS 中)
	11、21、31	来自目标观测方向(在 WCS 中)的 X，Y，Z 分量
	12、22、32	目标点(在 WCS 中)的 X，Y，Z 分量
	42、50	镜头长度与旋转角
	43、44	前剪平面与后剪平面(从目标点起的偏移量)
	71	视图状态(参阅系统变量 VIEWMODE)

附录 D　常用 AutoLISP 函数

D.1　赋值与计算

D.1.1　赋值与算术求值

1. 赋值（seqt　＜符号1＞　＜式1＞…）：依次将表达式的值赋给对应符号。

如：(setq　a　3.0)　将 3.0 赋给符号 a，返回 3.0。

(setq　a　3.0　L　'(a b))　将 3.0 赋给符号 a，表（a，b）赋给符号 L

2. 加（＋　＜数1＞　＜数2＞…）：返回所有数之总和。

如：(＋1　2　3　4.0)　返回　10.0

3. 减（－　＜数1＞　＜数2＞…）：返回＜数 1＞与其后所有数之和的差。

如：(－50　40.0　2.5)　返回　7.5

4. 乘（ *　＜数1＞　＜数2＞…）：返回所有数的乘积。

如：(* 2　3　4.0)　返回　24.0

5. 除（ /　＜数1＞　＜数2＞…）：返回＜数 1＞与其后所有数之积的商。

如：(/　100　20.0　2)　返回　2.5

6. 加1（1＋　＜数＞）：返回＜数＞加 1 的结果。

如：(1＋　－17.5)　返回　－16.5

7. 减1（1－　＜数＞）：返回＜数＞减 1 的结果。

如：(1－　－17.5)　返回　－18.5

8. 表达式（eval　＜式＞）：返回表达＜式＞的计算结果。

如：(eval　(abs　－10))　返回　10

D.1.2　函数求值

1. 绝对值（ abs　＜数＞）：返回＜数＞的绝对值。

如：(abs　－99.2)　返回　99.2

2. 平方根（ sqrt　＜数＞）：返回＜数＞的平方根（实数）。

如：(sqrt　4)　返回　2.0

3. 正弦（ sin　＜角度＞）：返回＜角度＞的正弦弧度值。

如：(sin　1.0)　返回　0.841471

4. 余弦（ cos　＜角度＞）：返回＜角度＞的余弦弧度值。

如：(con　0.0)　返回　1.0

5. 反正切（ atan　＜数1＞　[＜数2＞]）：返回＜数 1＞/＜数 2＞的反正切值弧度值∈（$-\pi/2$，$\pi/2$），并取＜数 1＞的符号。若＜数 2＞为 1 可省略不写。

如：(atan　－0.5)　返回－0.463648　　(atan　1.0　2.0)　返回　0.463648

6. e的任意次幂（ exp　＜数＞）：返回 e 的＜数＞次幂。

如：(exp　1.0)　返回　2.71828

7. 乘方（expt　＜底数＞　＜幂＞）：返回＜底数＞的＜幂＞次方。

如：(expt　3.0　2.0)　返回　9.0

8. 对数 (log　＜数＞)：返回＜数＞的自然对数，其结果为实数。

如：(log　4.5)　返回　1.50408

9. 最大公约数 (gcd　＜数 1＞　＜数 2＞…)：返回所有数的最大公约数。

如：(gcd　81　57)　返回　3

10. 最大值 (max　＜数 1＞　＜数 2＞…)：返回所有数中的最大值。

如：(max　4.07　−144)　返回　4.07

11. 最小值 (min　＜数 1＞　＜数 2＞…)：返回所有数中最小值。

如：(min　73　2　48　5)　返回　2

12. 求余 (rem　＜数 1＞　＜数 2＞)：返回＜数 1＞除以＜数 2＞的余数。

如：(rem　12.0　16)　返回 12.0　　(rem　8　3)　返回 2

13. 补码 (～　＜数＞)：此＜数＞为整数，其结果得补码。

如：(～　3) 返回−4　　(～　−4) 返回 3　　(～　100) 返回−101

D.1.3　几何计算

1. 指定点 (polar　＜点＞　＜角＞　＜距离＞)：在当前 UCS 坐标系中，返回从已知＜点＞出发在方位＜角＞上按＜距离＞截取而获得的点坐标。

如：(polar　′(1.0　1.035)　0.785398　1.414214)

2. 交点 (inters　＜点 1＞　＜点 2＞　＜点 3＞　＜点 4＞　[＜方式＞])：返回当前 UCS 中＜点 1＞＜点 2＞与＜点 3＞＜点 4＞两条直线间的交点坐标。若＜方式＞为 nil，该函数允许交点在两条线段的延长线上；若＜方式＞非 nil 或无＜方式＞，则函数只求两条线段内的交点。

若：(setq　a　′(1.0　1.0)　b　′(9.0　9.0)　c　′(4.0　1.0)　d　′(4.0　2.0))

则：(inters　a　b　c　d　t) 返回　nil　(inters　a　b　c　d　nil) 返回　(4.0　4.0)

3. 捕捉点 (osnap　＜点＞　＜捕捉方式＞)：按＜捕捉方式＞根据已知＜点＞去寻找另一个点，并返回获得点坐标。如，有一条直线的端点坐标为 (721，490)，则寻找直线上中点函数为：

(osnap　′(721　490)　"mid")　；返回　(971　408　0)

4. 距离 (distance　＜点 1＞　＜点 2＞)：返回＜点 1＞与＜点 2＞间的距离。

如：(distance　′(1.0　2.5　3.0)　′(7.7　2.5　3.0))　返回　6.7

5. 方位角 (angle　＜点 1＞　＜点 2＞)：返回＜点 1＞与＜点 2＞间连线在当前 UCS 坐标系中的投影与 X 轴的夹角（按逆时针方向计算）。

如：(angle　′(5.0　1.33)　′(2.4　1.33))　返回　3.14159

D.2　逻辑函数

在 AutoLISP 中用 T 表示逻辑真，nil 表示逻辑假，其函数的逻辑值非真即假。

D.2.1　关系判断

1. 等于 (=　＜原子 1＞　＜原子 2＞…)：所有原子值相等返回 T，否则返回 nil。

如：(=　499　499　500)　返回　nil　　(=　4.0　4　4.0)　返回　T

2. 不等 (/=　＜原子 1＞　＜原子 2＞)：若＜原子 1＞与＜原子 2＞的值不等返回 T。

如：(/=　5.43　5.44)　返回 T　　(/=　"YOU"　"YOU")　返回　nil

3. 小于 (＜　＜原子 1＞　＜原子 1＞…)：若每个原子均小于其右面的原子，返回 T。

如：(＜　2　3　4　4)　返回　nil　　(＜　2　3　8)　返回　T

4. 小于等于 (＜=　＜原子 1＞　＜原子 2＞…)：若每个原子均小于等于其右面的原子，返回 T。

如：(<=　2　9　9)　返回　T　　　(<='a' 'c')　返回　nil

5. 大于 (>　<原子1>　<原子2>…)：若每个原子均大于其右面的原子，返回T。

如：(>　77　4　4)　返回　nil

6. 大于等于 (>=　<原子1>　<原子2>…)：若每个原子均大于等于其右面的原子，返回T。

如：(>=　77　4　9)　返回　nil

D.2.2　逻辑判断

1. 逻辑与 (and　<式1>　<式2>…)：当所有表达式的值均为真时，返回T。

若：(setq　a　103)　　(setq　b　nil)　　(setq　c　"string")

则：(and　a　b　c)　返回　nil　　(and　a　c)　返回　T

2. 逻辑或 (or　<式1>　<式2>…)：任一表达式为T时，返回T。

如：(or　nil　45)　返回　T　　(or　nil　'())　返回　nil

3. 逻辑非 (not　<式>)：表达<式>的计算值为nil时，返回T。

若：(setq　a　123)　　(setq　b　nil)

则：(not　a)　返回　nil　　(not　b)　返回　T

D.2.3　测试判断

1. 原子测试 (atom　<项>)：若<项>为表，返回nil。

若：(setq　a　'(x y z))

则：(atom　'a)　返回　T　　(atom　a)　返回 nil

2. 原子值测试 (boundp　<原子>)：若<原子>有约束值，返回T。

若：(setq　a　2)　　(setq　b　nil)

则：(boundp　'a)　返回　T　　(boundp　'b)　返回　nil

3. 表测试 (lispt　<项>)：若<项>是表，返回T。

如：(listp　'(a b c))　返回　T　　(listp　'a)　返回　nil

4. 空值测试 (null　<项>)：若<项>的约束值为空 (nil)，则返回T。

若：(setq　a　123)　　(setq　b　nil)

则：(null a)　返回　nil　　(null　c)　返回　T

5. 零值测试 (zerop　<项>)：若<项>的值为零，返回T。

如：(zerop　0.00001)　返回　nil　　(zerop　0)　返回　T

6. 数值测试 (numberp　<项>)：若<项>为数值 (整数或实数)，返回T。

如：(numberp　" Howdy")　返回　nil　　(numberp　4)　返回　T

7. 负值测试 (minusp　<项>)：如果<项>为负数 (整数或实数)，返回T。

如：(minusp　−4.293)　返回　T　　(minusp　830.2)　返回　nil

8. 相同测试 (eq　<式1>　<式2>)：如果<式1>与<式2>完全相同，返回T。

若：(setq　f1　'(a b c))　　(setq　f2　'(a b c))　　(setq　f3　f2)

则：(eq　f1　f3)　返回　nil　　(eq　f3　f2)　返回　T

9. 相等测试 (equal　<式1>　<式2>　[<误差量>])：若<式1>与<式2>的值在误差范围内相等，返回T。

若：(setq　a　1.123456)　　(setq　b　1.123457)

则：(equal　a　b　0.000001) 返回　T　(equal　a　b) 返回　nil

10. 字符匹配测试 (wcmatch　<字符串>　<模式>)：按通配符的匹配模式测试<字符串>与<模式>是否相同，若相同则返回T，否则返回nil。其中<模式>有：

如：(wcmatch　"Name"　"N*")　　返回　T

(wcmatch　"Name"　"???, *m*, N*")　　返回　T

D.3 程序控制函数

1. 顺序（progn ＜式 1＞ ＜式 2＞ …）：按顺序依次计算每一个表达式，返回最后表达式的求值结果。常用它来实现程序的顺序结构，并用于只能使用一个表达式的地方。

```
如：(if (= a b)   (prong  (setq a  (+ a 10))
                  (setq b  (- b 10))
                  )
    )
```

2. 条件（if ＜条件＞ ＜式 1＞ [＜式 2＞]）：若＜条件＞为 T，则执行＜式 1＞，否则执行＜式 2＞，并返回计算结果。

```
如：(if  (=1 3)   "YES!"   "no.")   返回  "no."
    (if  (= 2  (+ 3 4)   "YES!")    返回  nil
```

3. 分支（cond （＜条件 1＞ ＜式 1＞）（＜条件 2＞ ＜式 2＞）…）：以任意数目的表为参数，依次计算每个表的第一项，直到某＜条件 *i*＞非 nil 为止（不再检测剩余子表），然后计算对应的＜式 *i*＞，并返回＜式 *i*＞的值。

```
如：(cond  ((<  a  1)   "yes")
           ((>  a  1)   "no")
           (T  "yes  or  no?")     ；常用此法设置缺省选项
    )
```

4. 重复（repeat ＜次数＞ ＜式 1＞ ＜式 2＞…）：按＜次数＞重复计算的有表达式，并返回最后一个表达式的计算结果。

```
若：(setq  a  10) ( setq b 100)
则：(repeat 4
          (setq  a (+  a  10))
          (setq  b (+  b  100))
    )                               ；返回  140
```

5. 循环（while ＜条件＞ ＜式 1＞ ＜式 2＞…）：重复判断＜条件＞，当＜条件＞为 T 时依次执行后面的所有表达式，直到＜条件＞非真为止，并返回表达式的最终结果。

```
若：(while  (<=  a  10)
            (setq  s (+  s  a))
            (setq  a (1+a))
    )                               ；当 a=1，s=0 时返回 1～10 的和
```

6. 结束程序（quit）：强制结束当前的 LSP 应用程序，并返回" error：quit / exit abort"。

7. 退出程序（exit）：与 quit 函数相同。

D.4 字符串与类型转换函数

D.4.1 字符串函数

1. 字符串连接（strcat ＜串 1＞ ＜串 2＞…）：依次连接所有字符串，并返回连接后的结果。

```
如：(strcat  "a"   "bout")                返回  "about"
```

2. 测字符串长（strlen ＜串 1＞ ＜串 2＞…）：返回表中所有字符串长度的总和。

如：(strlen "abcd") 返回 4 (strlen "thise" "is" "test") 返回 10

3. 子字符串 (substr ＜串＞ ＜起点＞ [＜长度＞])：返回＜串＞中开始于＜起点＞连续＜长度＞的字符子串。如果没有指定＜长度＞就延续到＜串＞末。

如：(substr "abcde" 2) 返回 "bcde"

(substr "abcde" 2 1) 返回 "b"

4. 大小写转换 (strcase ＜串＞ [＜方式＞])：按指定＜方式＞将字符＜串＞全部转换成大写或小写字母，并返回结果。若＜方式＞为 nil 或省略，则把所有字符转换为大写字母，否则转换为小写字母。

如：(strcase "sample") 返回 SAMPLE

(strcase "Test" T) 返回 test

D.4.2 型转换函数

1. 取类型 (type ＜项＞)：返回作为一个原子的＜项＞的类型。这些类型有：

REAL——实型数； FILE——文件描述符；

STR——字符串； INT——整型数；

SYM——符号； LIST——表及用户函数；

SUBR——AutoLISP 内部函数； PICKSET——AutoCAD 选择集；

ENAME——AutoCAD 实体名； PAGETB——函数分页表；

如：(type '(1 4)) 返回 LIST (type "a:") 返回 STR

2. 字符变 ASCII 码 (ascii ＜串＞)：返回字符＜串＞中第一个字符的 ASCII 码。

如：(ascii "BIG") 返回 66

3. ASCII 码变字符 (chr ＜整数＞)：把整数代表的 ASCII 码转换为只有一个字符的字符串。

如：(chr 65) 返回 "A"

4. 整型变实型 (float ＜数＞)：将＜数＞转换为实数，并返回结果。

如：(float 3) 返回 3.0

5. 实型变整型 (fix ＜数＞)：将＜数＞转换为整型数，并返回结果。

如：(fix 3.7) 返回 3 (fix −2.6) 返回 −2

6. 整型变字符串 (itoa ＜整数＞)：返回将整数转换为字符串的结果。

如：(itoa −17) 返回 "−17"

7. 字符串变整数 (atoi ＜串＞)：将字符串转化为整数。

如：(atoi "3.9") 返回 3

8. 实数变字符串 (rtos ＜数＞ [＜模式＞ [＜精度＞]])：将＜数＞按指定＜模式＞转换后根据＜精度＞进行截取，并以字符串的方式返回转换结果。＜模式＞含：

1—科学； 2—小数； 3—工程； 4—建筑； 5—分数

如：(rtos 17.5 1 4) 返回 "1.7500E+01" (rtos 17.5 2 2) 返回 "17.5"

9. 字符串变实数 (atof ＜串＞)：将字符串转化为实型数的函数。

如：(atof "97.1") 返回 97.1

10. 弧度变字符串 (angtos ＜弧度＞ [＜模式＞ [＜精度＞]])：将＜弧度＞按指定＜模式＞转换后根据＜精度＞进行截取，并以字符串的方式返回转换结果。＜模式＞含：

0—度； 1—度/分/秒； 2—百分数； 3—弧度； 4—勘测单位；

如：(angtos pi 0 0) 返回 "180" (angtos 0.785398 0 2) 返回 "45.000"

11. 字符串变角度 (angtof ＜串＞ [＜模式＞])：根据＜模式＞指定的格式将＜串＞转换为浮点数，并返回以弧度（∈ [0, 2π]）为单位的结果。缺省＜模式＞为当前系统变量 AUNITS 值，它包含：

0—度；　1—度/分/秒；　2—百分度；　3—弧度；　4—勘测单位；

如：(angtof　"45.000")　返回　0.785398　　(angtof　"45.000"　3)　返回 1.0177

12. 单位转换（cvunit　＜值＞　＜旧单位＞　＜新单位＞）：将＜值＞从＜旧单位＞转换为＜新单位＞。如果转换成功将返回转换后的结果，否则返回 nil。

如：(cvunit 1　"minute"　"second")　返回　60.0

(cvunit 1.0　"inch"　"cm")　　返回　2.54

(cvunit　'(1 2 3)　"ft"　"in")　　返回　(12.0　24.0　36.0)

13. 坐标系转换（trans　＜点＞　＜坐标系＞　＜指定坐标系＞）：将＜点＞坐标从它所在＜坐标系＞转化为＜指定坐标系＞，并返回一个三维点。其中：

0—世界坐标系（WCS）；　1—用户坐标系（UCS）；　2—显示坐标系（DCS）

如：给定某一 UCS 坐标系统，它相对 WCS 中的 Z 轴针旋转 90°

则：(trans　'(1.0　2.0　3.0)　0　1)　　返回　(2.0　−1.0　3.0)

(trans　'(1.0　2.0　3.0)　1　0)　　返回　(−2.0　1.0　3.0)

D.5　表处理函数

1. 引用（quote　＜表＞）：返回未经计算的＜表＞，简写为：'＜表＞。

如：(quote　(a　b))　　简写为　'(a　b)　　返回　(A　B)

2. 取表首元素（car　＜表＞）：返回＜表＞中第一个元素。如果表为空则返回 nil。

如：(car　'(a　b　c))　　返回　A

3. 去表首子表（cdr　＜表＞）：返回除去＜表＞中第一个元素后的子表。如果表为空返回 nil。

如：(cdr　'(a　b　c))　返回　(B　C)

4. car 与 cdr 组合：这种组合多达 4 级，用于取＜表＞中元素或构造子表。其意义为：

(cadr　x) = (car　(cdr　x))　　如：(cadr'(1　2　3　4))　返回　2

(cddr　x) = (cdr　(cdr　x))　　如：(cddr'(1　2　3　4))　返回　(3　4)

(caddr　x) = (car　(adr　(cdr　x)))　如：(caddr'(1　2　3　4))　返回　3

5. 取表尾元素（last　＜表＞）：返回＜表＞中最后一个元素，且＜表＞不能为空。

如：(last　'(a　b　c　(d　e)　)　　返回 (D　E)

6. 取指定元素（nth　＜n＞　＜表＞）：返回＜表＞中第 n+1 个元素，若超出范围则返回 nil。

如：(nth　3　'(a　b　c　d　e))　　返回　D

7. 表联接（list　＜表 1＞　＜表 2＞…）：连接任意数目的表，以构成一个新表。

如：(list　'a　'(b　c)　'd)　　返回　(A　(B　C)　D)

(list　3.9　6.7)　　　返回　(3.9　6.7)

8. 测表长（lenth　＜表＞）：返回表中元素数目的一个整数。

如：(length　'(a　b　c　d))　返回　4

9. 联接表达式（append　＜表 1＞　＜表 2＞…）：连接所有表中的表达式以构成一个新表。

如：(append　'(a　b)　'(c　d))　　返回　(A　B　C　D)

(append　'((a)　(b))　'((c)　(d))　返回　((A)　(B)　(C)　(D))

10. 表首加元素（cons　＜新元素＞　＜表＞）：将＜新元素＞一个元素加入＜表＞的开头，并返回加入之后的表。

如：(cons　'(a)　'(b　c　d))　返回　((A)　B　C　D)

11. 查找替换（subst　＜新项＞　＜旧项＞　＜表＞）：用＜新项＞替代＜表＞中＜旧项＞，并返回替换后的表。

如：(subst 'find 'b '(a b (c d) b)) 返回 (A FIND (C D) FIND)

12. 表倒置 (revers ＜表＞)：返回元素被倒置后的＜表＞。

如：(reverse '((a) b c)) 返回 (C B (A))

13. 搜索表中关联项 (assoc ＜关键字＞ ＜关联表＞)：在＜关联表＞中按＜关键字＞搜索，返回＜关键字＞所在项。

若：(setq a '((name box) (width 3) (size 4.7263) (depth 5)))

则：(assoc 'size a) 返回 (SIZE 4.7263)

(assoc 'weight a) 返回 nil

14. 按式截取表 (member ＜式＞ ＜表＞)：返回＜表＞中最早出现的表达＜式＞后的全部内容。

如：(member 'c '(a b c d e)) 返回 (C D E)

15. 用表求表达式值 (foreach ＜变量名＞ ＜表＞ ＜式＞…)：将＜表＞中每个元素依次赋给变量名，以便同步计算＜式＞，并返回最后一个＜式＞的运行结果。

如：(foreach n '(a b c) (print n))等价于依次运行：

(print a) (print b) (print c)

16. 用表求函数值 (apply ＜函数＞ ＜表＞)：按＜表＞中指定变元，逐步执行给定＜函数＞，返回最后运行结果。

如：(apply '+ '(1 2 3 4)) 返回 10

(apply 'strcat '("a" "b" "c")) 返回 "abc"

17. 求对应表的函数值 (mapcar ＜函数＞ ＜表 1＞…＜表 n＞)：把＜表 1＞到＜表 n＞中每组对应变元，依次带入＜函数＞进行计算并返回结果。

如：(mapcar '+'(1 6 8)'(5 1 4)) 返回 (6 7 12)

D.6 自定义函数

1. 无名函数 (lambda ＜变元＞ ＜表达式＞…)：定义一个"无名"函数，返回最后表达式的值，常与 apply 和/或 mapcar 一起使用。

如：(apply '(lambda (x y z) (* x (- y z))) '(5 20 14)) 返回 30

如：(mapcar '(lambda (x) (setq counter (1+counter)) (* x 5)) '(2 4 -6 10.2))

当 counter=0 时，返回 (10 20 -30 51.0)

2. 有名函数 (defun ＜符号＞ ＜变元表＞ ＜表达式＞…)：定义一个以＜符号＞为名称的函数，＜变元表＞可以为空，形参与局部变量用符号"/"分开，返回函数名。

如：(defun myfunc (x y) …) ；函数 myfunc 有 2 个变量

如：(defun myfunc (x / temp) …) ；函数 myfunc 有 1 个形参和 1 个局部变量

如：(defun add (x) (+ 5 x)) ；返回函数名 ADD

调用函数时应给出实参，并将实参带入函数进行计算，返回最后计算结果。

如：(add 10) 返回 15

3. 新命令 (defun ＜C：命令名 ()＞ ＜表达式＞…)：定义了一个 AutoCAD 新命令，调用时在 AutoCAD 命令行提示符下直接输入"命令名"即可。

如：(defun c：q () (command "qtext")) ；定义了一个命令别名

4. 出错处理函数 (*error* ＜信息＞)：是一个由用户定义的出错处理函数。只要该函数不为 nil，当 AutoLISP 产生错误时将被自动执行。

如：(*error*"no file!")　显示 error：no file!　　返回　nil

D.7　交互数据输入函数

1. 整数输入 (getint [<提示>])：等待用户输入一个－32768～32767 间的整数，并返回该整数。其中：[<提示>] 为可选项，以下相同不再强调。

如：(setq　x　(getint))　　　　　　　　　　　　　　；将输入整数值赋给 x

(setq　y　(getint　"Enter a number:"))　　　　　；将输入整数值赋给 y

2. 实数输入 (getreal [<提示>])：等待用户输入一个实数，并返回该实数。

如：(setq　x　(getreal))　　　　　　　　　　　　　；将输入实数值赋给 x

(setq　y　(getreal　"Scale factor:")　　　　　　；将输入实数值赋给 y

3. 字符串输入 (getstring [<cr>] [<提示>])：等待用户输入一个字符串（个数≤132），并返回该字符串。[<cr>] 是可选项，若它非 nil 则输入字符串可含空格。

如：(setq　s (getstring　"What's your first name?"))　　　　；输入不含空格的字符串

(setq　s　(getstring　T　"What's your first name?"))　　；输入可含空格的字符串

4. 点输入 (getpoint [<基点>]　[<提示>])：等待用户输入一个点（当前 UCS 系统）。若有<基点>，系统会从该点向当前的光标位置画一条皮筋线，以下相同。

如：(setq　p　(getpoint　"Where?"))

(setq　p　(getpoint　'(1.5　2.0)　"Second point:"))

5. 距离输入 (getdist [<基点>] [<提示>])：等待用户输入一个距离或用光标输入两个点，并返回两点间的距离。若有<基点>则只需输入一个点，该点与<基点>间的距离就是输入值。

如：(setq　dist　(getdist　'(1.0　3.5)))

(setq　dist　(getdist　"how　far ?"))

(setq　dist　'(1.0　3.5)　"how　far ?")

6. 矩形对角点输入 (getcorner　<基点>[<提示>])：在当前 UCS 坐标系统中，等待用户输入一个与<基点>成对角的矩形点，并将该点返回。

如：(setq　p (getcorner　'(0　0)"input　corner?"))

7. 角度输入 (getangle [<点>] [<提示>])：等待用户输入一个角度或用光标指定两点，以确定输入角终边，返回它与零基准线的反时针方向旋转角（弧度）。

如：(setq　ang (getangle　'(1.0　3.5)"Which way?")

8. 方位角输入 (getorient [<点>]　[<提示>])：返回当前 UCS 平面的一个绝对方位角（弧度），常用于零度基准线不向东或旋转方向改变时。如，用 UNITS 进行单位设置时，若把零基准线定为正北向，指定顺时针旋转为正，则相对于当前设置的输入角，对函数 getangle 和 getorient 而言，返回的角度（弧度）值是不同的。

输入角(°)	getangle 返回相对旋转角	getorient 返回绝对方位角
0	0.0(0°)	1.570796(90°)
－90	1.570976(90°)	3.141593(180°)
180	3.141593(180°)	4.712389(270°)
90	4.712389(270°)	0.0(0°)

9. 输入控制函数 (initget [<位值>]　[<关键字符串>])：用<位值>控制紧跟其后的函数族 getxxx（不含 getsering 和 getvar）的输入方式。<位值>可由下列整数经任意累加组合而成。

位 值	意 义	位 值	意 义
1	不接受空串	16	返回三维点而不是二维点
2	不接受零值	32	用虚线画皮筋或框
4	不接受负值	64	忽略三维点的 Z 坐标(仅用于 getdist)
8	不检查图形范围	128	返回任意键盘输入

如：(initget (＋ 1 2 4)) ；位值＝1＋2＋4＝7

(setq age (getint "How old?")) ；表明 getint 不接受空值、零值、负值输入

该函数总是返回 nil。其可选项＜关键字符串＞的格式为：

"关键字 1 关键字 2…"

关键字之间用空格分开，并把保留缩写用大写字母表示，其余用小写字母，如："Yes No"。

带有＜关键字符串＞的 initget 函数要求其后的 getxxx 将输入值与＜关键字符串＞进行匹配，若输入字符与某一关键字相符，则返回所匹配的关键字，否则 AutoCAD 会要求用户重新输入。

如：
```
(defun getnum (/x)
  (initget 1 "Pi Two-pi ")                    ；控制 getrea 允许输入方式，并匹配关键字串
  (setq x (getreal "Pi/Two-pi/<number>:"))    ；要么输入字符 Y、N，要么输入数值
  (cond ((eq x "Pi") pi)                      ；输入 Y 返 Yes，运行结果为 3.14159
        ((eq x "Two-pi") (* 2.0 pi))          ；输入 N 返回 No，运行结果为 6.28319
        (T x)                                 ；输入数值 5，返回实数 5.0
  )
)
```

10. 关键字输入函数 (getword [＜提示＞])：等待用户输入一个关键字，并将输入值与 initget 函数设置的有效关键字进行比较，返回与之匹配的关键字。否则，返回 nil。

如：(initget 1 "Yes No")

(setq x (getkword "Are you sure? (Yes or No)"))

应响应输入 Y 或 N，否则要求重新输入。

D.8 文件操作与 I/O 函数

1. 加载 AutoLISP 程序 (load ＜文件＞[＜错误信息＞])：运行 AutoLISP 程序前必须先进行加载，该函数的作用是装入指定的 LSP＜文件＞，并返回它所定义的最后一个函数名。否则返回用户设置的＜错误信息＞。

如：(load "test2" "bad") ；不存在 test1.lsp 程序时返回"bad"

＜文件＞名可以包含文件路径，并允许省略扩展名 .lsp。

2. 加载 arx 程序 (arxload ＜文件＞ [＜错误信息＞])：装入指定的 *ARX*＜文件＞，返回正常加载的应用程序名，否则给出＜错误信息＞。

如：(arxload "acdim""no load!")

3. 查询 arx 程序 (arx)：返回当前已装入的应用 ARX 程序列表。

4. 卸载 arx 程序 (arxunload ＜文件＞ [＜错误信息＞])：卸载已装入的 *ARX*＜文件＞，否则显示＜错误信息＞

如：(arxunload "no unload!")

5. Windows 应用程序启动函数 (startapp ＜应用程序命令＞ [＜文件＞])：该函数将启动一个

Windows 应用程序。

如：(startapp "calc. exe") ；运行 Windows 计算器

(startapp "notepad" " userdate. txt") ；启动“记事本”程序并打开 *userdate. txt* 文件

6. 打开文件 (open ＜文件名＞ ＜读/写标志＞)：按＜读/写标志＞打开文件，返回文件描述符。其中：＜文件名＞含路径与扩展名，而且须将路径分隔符“\”用字符“/”代替；而＜读/写标志＞须用单个小写字母表示。“r”代表读文件，“w”表示写文件，“a”代表读写文件。若在磁盘上无旧文件供用户进行写操作，系统将自动产生并打开一个新文件。设下面 2 个文件均不存在，则：

如：(setq f (open "nofile. txt" "r")) 返回 nil

(setq p (open"d：/LISP/logfile. lsp" "a")) 返回 ＜File "d：/LISP/logfile. lsp"＞

7. 文件查找 (findfile ＜文件名＞)：在 AutoCAD 的“支持文件搜索路径”上查找指定的文件，如若找不到就返回 nil。

如：(findfile "expd. lsp") 返回"f：/建筑设备与环境工程/expd. lsp"

(findfile "nosuch. txt") 返回 nil

8. 关闭文件 (close＜文件描述符＞)：关闭与有效＜文件描述符＞关联的已打开文件，并返回 nil。

如：(close p) ；关闭文件 d：/LISP/logfile. lsp，并返回 nil。

9. 读函数 (read ＜字符串＞)：返回从＜字符串＞取得的第一个表或原子。

如：(read "hello") 返回 HELLO (read "(x y) (a b)") 返回 (X Y)

10. 读字符 (read-char [＜文件描述符＞])：从＜文件描述符＞表示的打开文件或键盘输入缓冲区当前位置读入一个字符（指针下移一个字符），并返回该字符的 ASCII 码值。若键盘输入缓冲区为空：

(read-char)

将等待用户输入。若用户键入 "ABC" 将返回第一个字符 A 的 ASCII 代码 65。

11. 读行 (read-line [＜文件描述符＞])：从＜文件描述符＞表示的打开文件或键盘输入缓冲区当前位置读入一行字符串（指针下移一行），并返回读入的行字符。若遇文件结束符将返回 nil。

如：(read-line)

12. 写字符 (write-char ＜整数＞ [＜文件描述符＞])：将一个字符写到屏幕上或由＜文件描述符＞表示的打开文件中。其中＜整数＞是要写符的 ASCII 码，也是返回值。

如：(setq f (open "userfile. txt" "w"))

(write-char 67 f) ；把大写字母 C 写到文件 *userfile. txt* 中并返回 67

13. 写行 (write-line ＜字符串＞ [＜文件描述符＞])：将＜字符串＞写到屏幕上或写到由＜文件描述符＞表示的打开文件中。如，下式可将字符串“test”写入已打开的文件 *userfile. txt* 中。

(write-line "test" f)

14. 无控制输出 (prin1 ＜式＞ [＜文件描述符＞])：将＜式＞打印到屏幕上或＜文件描述符＞表示的打开文件中，并返回表达＜式＞。注意的是，不能用“\”打头的控制字符实现打印控制。

如：(prin1 "\nhello") 打印 "\nhello" 返回 "\nhello"

(prin1 '(* 3 4)) 打印 (* 3 4) 返回 (* 3 4)

(prin1 (* 3 4)) 打印 12 返回 12

当表达＜式＞中含有控制字符时，常用“\”打头的转义字符来代替它。其中：

\\—\字符； \"—"字符； \e—代表 ESC； \n—代表换行；

\r—代表回车；\t—代表 TAB；\nnn—代表八进制码为 nnn 的字符

如：(prin1 (chr 10)) 打印 "\n" 返回 "\n"

(prin1 (chr 13)) 打印 "\r" 返回 "\r"

(prin1 (chr 15)) 打印 "\017" 返回 "\017"

(prin1 (chr 65)) 打印 "A" 返回 "A"

15. 有控制输出（princ　＜式＞　[＜文件描述符＞]）：与 prin1 基本相同，区别在于该函数能通过控制字符实现打印格式的控制。

如：(princ　"\nhello")　　　换行打印"hello"　　　返回　"\nhello"

(princ　"\thello")　　　跳格打印"hello"　　　返回　"\thello"

(princ　(chr　10))　　　换行后返回"\n"

16.（换行输出（print　＜式＞　[＜文件描述符＞]）：除在打印表达＜式＞之前换行和在打印之后加空格外，其他均与 prin1 相同。

如：(print　"\nhello")　　　换行打印　"\nhello"　返回　"\nhello"

17. 屏幕换行（terpri）：该函数不用于文件操作，只在屏幕上实现打印换行功能，并返回 nil。

18. 屏幕提示（prompt　＜信息＞）：将＜信息＞显示在用户的屏幕提示区，并返回 nil。

如：(prompt　"New value:")　　　显示 "New value:"　　返回 nil

19. 信息框（alert　＜信息＞）：将警告＜信息＞显示在 AutoCAD 信息框中，并返回 nil。

如：(alert　"That function is not available!")

D.9　系统操作与设备访问函数

1. 取环境变量（getenv　＜环境变量名＞）：返回 Windows 操作系统赋给＜环境变量名＞的字符串。

如：(getenv"OS")　　　　返回 "Windows_NT"

(getenv"windir")　　　　返回"C:\\WINNT"

(getenv"path")　　　　返回"C:\\WINNT\system32;…"

2. 取版本号（ver）：返回表示当前 AutoLISP 版本号的字符串。

如：(ver)　　　　返回　"Visual LISP 2004 (en)"

3. 运行 AutoCAD 命令（command　＜AutoCAD 命令＞　＜参数＞…）：在 AutoLISP 内执行＜AutoCAD 命令，而＜参数＞是对命令的响应。注意，当系统变量 CMDECHO＝0 时执行命令将不被显示。

如：(command　" line" '(1　2)'(13　20)"")

4. 取系统变量（getvar　＜系统变量名＞）：用于在 AutoCAD 中提取放入双引号中的＜系统变量名＞的设定值。若不存在应返回 nil。

如：(getvar　"PICKBOX")　　　　返回　4

5. 重置变量值（setvar　＜系统变量名＞　＜值＞）：将指定＜值＞赋给放入双引号中的 AutoCAD＜系统变量名＞，并返回该＜值＞。

如：(setvar　"filedia" 0)　　　　返回　0

6. 菜单转换（menucmd　＜串＞）：用以实现 AutoCAD 菜单中各子菜单之间的转换。其中字符＜串＞变元的格式为：

类＝子菜单。

有效菜单类型名为：

S——屏幕菜单；　B——按钮菜单；　I——图标菜单；　P1～P10——下拉式菜单；

T1～T4——图形输入板菜单；　　　A1——辅助菜单；

如：(menucmd　"S=OSNAP")　　；将以 OSNAP 菜单作为屏幕子菜单

7. 图形屏幕（graphscr）：将文本屏幕转换为图形屏幕。

8. 文本屏幕（textscr）：把图形屏幕转换为文本屏幕。

9. 文本屏幕初始化（textpage）：把图形屏幕转换为文本屏幕，并清除该屏幕中的文本。

10. 操作方式（redraw [＜实体名＞[＜方式＞]]）：该函数的操作取决于变元个数。

① 无变元（redraw），将重画当前视图。

② 只有实体名变元（redraw＜实体名＞），将重画选中实体。

③ 两个变元都有（redraw＜实体名＞＜方式＞），将按＜方式＞值操作实体。若＜方式＞为正整数，按下表处理主实体及所有的子实体；若＜方式＞为负整数，只对主实体操作。

不同方式变元作用

方式	作　用	方式	作　用
1	在屏幕上重画实体	3	加亮实体
2	不画实体(隐去)	4	不加亮实体

11. 取视窗说明表（vports）：返回当前工作视窗的说明表。它由视窗标号、左下角、右上角位置构成。如，两个垂直平分视窗的说明表如下。

((2 (0.5　0.0) (1.0　1.0)) (3　(0.0　0.0) (0.5　1.0)))

12. 矢量线（grdraw　＜起点＞　＜终点＞　＜颜色＞　[＜高亮度＞]）：在当前视窗中按指定＜起点＞与＜终点＞画一条＜颜色＞矢量线。＜高亮度＞非空（或 T），则该矢量以高亮度显示。

D.10　选择集与符号表

D.10.1　选择集

1. 方式选择（ssget　[＜方式＞]　[＜点 1＞　[＜点 2＞]]）：按指定选择实体的＜方式＞，得到一个主实体选择集（不含多段线顶点和图块属性等子实体）。而＜点 1＞、＜点 2＞是可选项，为对应选择方式所需要的参数。如，作为窗选“w”的两个对角点。若省略变元，可用交互方式构造选择集。

```
如：(ssget )                                  ；要求用交互方式选择实体
    (ssget  "p")                              ；选择前一次选过的实体
    (ssget  "w"'(0  0)  '(420  297))          ；选择在两个角点窗内的实体
    (ssget  '(5, 9))                          ；选择通过（5，9）点的实体
```

2. 过滤选择（ssget　"x"　＜过滤表＞）：按照＜过滤表＞的要求构造选择集。＜过滤表＞是指明检查实体特性及匹配值的关联表。

```
如：(ssget  "x" (list (cons  0  "CIRCLE")))    返回所有圆（组码为 0）构成的选择集
    (ssget  "x" (list (cons  8"给水层")))       返回“给水层”（组码为 8）中所有实体
```

3. 选择集长度（sslength　＜选择集＞）：返回＜选择集＞中的实体个数。

4. 添加实体（ssadd [＜实体名＞[＜选择集＞]]）：向＜选择集＞添加一个用＜实体名＞表示的新实体，返回修改后的选择集。若无＜选择集＞，将构造一个新选择集（含 1 个实体）；若无任何变元，则返回一个空选择集。

```
如：(ssadd  e1  asse)                    ；将实体名为 e1 的实体加入到 asse 选择集中
```

5. 移出实体（ssdel　＜实体名＞　＜选择集＞）：从＜选择集＞中移出由＜实体名＞指定的实体。

```
如：(ssdel  e2  asse)                    ；从选择集中移出实体 e2，返回 asse
```

6. 测试实体（ssmemb　＜实体名＞　＜选择集＞）：若＜实体名＞指定的实体在＜选择集＞中，则返回实体名，否则返回 nil。

```
如：(ssmemb  e  asse)                    ；测试实体 e 是否在选择集 asse 中
```

D.10.2　实体名

1. 取第 1 个实体（entenxt　[＜实体名＞]）：返回数据库中指定＜实体名＞后的第 1 个实体，若无＜实体名＞取数据库中第一个实体，并返回实体名。常用于访问子实体，如三维多段线的顶点、图块的属性等。

如：(setq　e1 (entnext))　　　　　　　　　；置 e1 为数据库中第一个实体

(setq　e2 (entnext　e1))　　　　　　　；取主实体 e1 后的第 1 个子实体 e2

2. 取新实体 (entlast)：返回数据库中最后一个实体名，常用来获得最新所作的实体的名称。

如：(setq　e1 (entlast))　　　　　　　　　；置 e1 为图中最后一个实体的名称

(setq　e2 (entnext e1))　　　　　　　　；置 e2 为 nil

3. 取实体表 (entsel)：要求用户用交互方式单选一个实体，并返回一张实体表。其格式为：

(实体名　选择点)

如：(entsel)　　　　　　　　　　　　　　　；在屏幕上单选一条直线

(＜图元名：7ef50e88＞　(703　440　0))　　；返回所选实体的实体名与选择点坐标

4. 索引取实体 (ssname　＜选择集＞　＜索引号＞)：返回＜选择集＞中序号为＜索引号＞的实体名。

如：(setq　asse　(ssget))　　　　　　　　；建立一个名为 asse 的选择集

(setq　ent4　(ssname　asse　3))　　　　；取选择集 asse 中第 4 个实体名

(setq　entx　(ssname　asse　50843.0))　；编号在 32767 之后用实数表示

5. 句柄取实体 (handent　＜句柄＞)：返回指定＜句柄＞所对应的实体名。＜句柄＞值可通过 list 命令查询实体而得。

如：(handent"8A")　　　　　　　　　　　；可能返回　＜图元名：7ef50e90＞

D. 10. 3　实体操作

1. 生成实体 (entmake　＜表＞)：按定义＜表＞生成一个新实体，若成功则返回定义表，否则返回 nil。定义＜表＞与 entget 函数返回的表具有相似格式，应提供实体的所有信息。如，建立一个红色的圆，其圆心坐标为 (4, 4)，半径为 1，图层和线型取缺省值。

如：(entmake　'(0 . "CTRCLE")　　　　　；实体形态

(62 . 1)　　　　　　　　　　　　　　；颜色

(10　4.0　4.0　0.0)　　　　　　　　；圆心

(40 . 1.0)))　　　　　　　　　　　　；半径

2. 删除实体 (entdel　＜实体名＞)：在当前图中删除由＜实体名＞指定的实体，也可用此函数恢复当前图形中已被删除的实体。

如：(setq　e1　(entnext))　　　　　　　　；置 e1 为图中第一个实体名

(entdel　e1)　　　　　　　　　　　　　；删去实体 e1

(entdel　e1)　　　　　　　　　　　　　；恢复已被删除的实体 e1

3. 检索实体 (entget　＜实体名＞)：从数据库中检索到用＜实体名＞指定的实体，并以表形式返回。其中内容是按 AutoCAD 的 DXF 组码形式来定义的，可用 assoc 函数检查到关联表中的每一项。如，在 0 层用 continuous 线型，画一个以 (0, 0) 为圆心、1 为半径的白色圆。

执行：(entget　(entlast))　后将返回如下实体表：

((－1. ＜图元名：7ef5ef28＞)　　　　　　；实体名

(0. "CIRCLE")　　　　　　　　　　　　　；实体类型

(330. ＜图元名：7ef5ecf8＞)

(5. "AD")　　　　　　　　　　　　　　　；句柄号

(100. "AcDbEntity")

(67.0)

(410. "Model")

(8. "0")　　　　　　　　　　　　　　　　；图层名

(100. "AcDbCircle")

(10 0.0 0.0 0.0)　　　　　　　　　　　　；圆心坐标

(40.1.0)　　　　　　　　　　　　　　　　　；半径

(210 0.0 0.0 1.0))

4. 更新主实体（entmod <实体定义数据表>）： 根据修改后的<实体定义数据表>更新主实体在数据库中的信息（不含实体类型和标号），而不更新屏幕显示。基本方法是：修改用 entget 提取的实体数据表，再用 entmod 函数进行主实体更新。

如：(setq en (entnext))　　　　　　　　　　；置 en 为图中第一个实体

(setq ed (entget en))　　　　　　　　　；置 ed 为实体 en 的数据表

(setq ed (subst (cons 8 "给水") (assoc 8 ed) ed))　；将 ed 中的图层组设为“给水”层

(entmod ed)　　　　　　　　　　　　　　；修改实体 en 的图层

5. 更新子实体（entupd <实体名>）： 用于更新子实体的屏幕显示。当用 entmod 修改了多义线顶点或属性后，整个实体并不在屏幕上更新显示，故需用该函数来更新屏幕显示。假设当前图形中的第一个实体是含多个顶点的三维多段线，则：

(setq e1 (entnext))　　　　　　　　　　；置 e1 为 3D 多段线的实体名

(setq e2 (entnext e1))　　　　　　　　；置 e2 为多义线的第一个顶点

(setq ed (entget e2))　　　　　　　　；置 ed 为顶点的数据

(setq ed (subst '(10 1.0 2.0) (assoc 10 ed) ed))　；改变 ed 中的顶点位置为（1，2）

(entmod ed)　　　　　　　　　　　　　；移动图中的顶点

(entupd e1)　　　　　　　　　　　　　；重新生成 3D 多段线实体 e1

6. 取实体数据（nentsel [<提示>]）： 根据<提示>或默认提示选择实体，并返回实体的定义数据。

① 若被选择实体不是复杂实体（多段线或块），该函数返回和 entsel 一样的信息。

② 若被选择实体是多段线，该函数返回所选（某段）子实体的名称和选取点坐标。

③ 若被选择实体是一个块，该函数返回一个含四个元素的表。其格式为：

（实体名　选取点　通用转换矩阵（含 4 个子表）　实体里所含块名（从内向外））

D.10.4　符号表

1. 按序取符号表（tblnext <表名> [<返转>]）： 按给定<表名>检索当前图形的符号表，返回一个与 entget 有类似返回值的 DXF 点对表。有效<表名>可能是如下字符串："LAYER"、"LTYPE"、"VIEW"、"STYLE"、"BLOCK"、"UCS" 和"VPORT"。如：执行（tblnext"layer"）将返回：

如：((0 . "LAYER")　　　　　　　　；符号类型

(2 . "0")　　　　　　　　　　　　；符号名

(70 . 0)　　　　　　　　　　　　；标志

(62 . 7)　　　　　　　　　　　　；颜色号（关闭图层时，颜色号的值为负）

(6 . "CONTINUOUS"))　　　　　　；线型名

若重复执行（tblnext "layer"），将返回下一图层的 DXF 点对表，…，返回最后一个图层的点对表后执行该命令将返回 nil。只有当<返转>值非 nil 时（或 T），又会反绕回到符号表的开头。

如：(tblnext "Layer" T)　　　　　　；返回第一个图层的符号表

2. 取指定符号表（tblsearch <表名> <符号> [<顺序状态>]）： 此函数搜索用<表名>指定的符号表，寻找由<符号>指定的符号名。如果找到了给定的符号名，有关信息用与 tblenxt 一样的格式返回，否则返回 nil。如，执行语句（tblsearch "style" "standard"）将检索字型，并返回：

((0 . "STYLE")　　　　　　　　；符号类型

(2 . "STANDARD")　　　　　　；符号名字

(70 . 0)　　　　　　　　　　；标志

(40 . 0.000000)　　　　　　　；固定字高

```
(41  .  1.000000)                          ; 字宽因子
(50  .  0.000000)                          ; 倾斜角
(71  .  0)                                 ; 生成标志
(3   .  "TXT")                             ; 主字体文件
(4   .  "STYLE"))                          ; 大字体文件
```

一般而言，函数 tblsearch 不会影响用 tblnext 来检索符号表的顺序。但若<顺序状态>非 nil（或 T），则会影响或调整 tblnext 的检索顺序。即：下次调用 tblnext 时能返回紧随在这次调用 tblsearch 之后的表项。

参 考 文 献

1. 中华人民共和国国家标准《房屋建筑制图统一制图标准》GB/T 50001—2001
2. 中华人民共和国国家标准《总图制图标准》GB/T 50103—2001
3. 中华人民共和国国家标准《给水排水制图标准》GB/T 50106—2001
4. 中华人民共和国国家标准《暖通空调制图标准》GB/T 50114—2001
5. 张曜编著．中文 AutoCAD 建筑设计案例教程．北京：冶金工业出版社
6. 邵长波主编．暖通 CAD 工程绘图与设计教程．北京：机械工业出版社
7. 郭启全等编著．AutoCAD 2000 基础教程．北京：人民邮电出版社
8. 梁雪春等编著．AutoLISP 实用教程．北京：人民邮电出版社
9. 李士国主编．轻工机械 CAD．北京：中国轻工业出版社
10. 林龙霞编著．AutoCAD 12.0 使用手册．北京：学苑出版社
11. 郭朝勇等编著．AutoCAD R14（中文版）二次开发技术．第 2 版．北京：清华大学出版社
12. 谭浩强编著．C 程序设计．北京：清华大学出版社
13. 钱能主编．C＋＋程序设计教程．北京：清华大学出版社
14. 张龙祥等编著．数据库原理与设计．北京：人民邮电出版社
15. 王珊等编著．数据库系统原理教程．北京：清华大学出版社
16. 高伟杰．AutoCAD 内常用术语的自动标注方法．工程设计 CAD 及自动化．1998